湛庐CHEERS

与最聪明的人共同进化

HERE COMES EVERYBODY

CHEERS
湛庐

马兆远　著

Logic of the World
世界的逻辑

（上）

浙江科学技术出版社·杭州

测一测

你了解什么是逻辑的基石吗？

扫码加入书架
领取阅读激励

- 理发师亨利在挂出的招牌上写道：“本人只给那些不给自己理发的人理发。”那么，如果按照这个规则，亨利给自己理发是否会导致矛盾？

  A. 是

  B. 否

扫描二维码获取全部
测试题及答案，
一起来了解世界的逻辑

- 在雅典学院中，柏拉图正与学生争论“数学规律是否天生存在”，他会赞同以下哪种观点？（单选题）

  A. 数学是人类发明的工具

  B. 数学规律是宇宙的本质，等待被发现

  C. 数学无用，应专注伦理研究

  D. 数学规律随语言变化而改变

- 三角形内角和等于 180°。柏拉图认为这个真理存在于何处？（单选题）

  A. 存在于雅典的石柱上

  B. 存在于人类的思维创造中

  C. 存在于宇宙的本质结构中

  D. 不存在，只是约定俗成

扫描左侧二维码查看本书更多测试题

《世界的逻辑》作为通识教育的稀缺价值，会被越发“草台班子”的纷乱世相日益佐证。早就听闻兆远教授俯拾即是、信手拈来的串讲热烈，学习者闻道日肥，开眼、开悟。今又有全课大书在手，开卷、开练，云胡不喜？

杨　斌

清华大学经济管理学院教授

本书作者试图归纳总结出人类迄今为止所掌握的知识的精髓，他认为这精髓就是逻辑。本书在某种程度上是科学史和哲学史的融合，突显了逻辑在两者发展过程中自始至终所扮演的关键角色。逻辑是人类追求确定性和拓展认知疆域的有效工具。作者相信，这将是比我们更聪明的后代也用得着的知识。

江晓原

上海交通大学讲席教授、科学史与科学文化研究院首任院长

认识世界需要逻辑，表达思想也需要逻辑。人类从走出非洲到移民外星球的文明演进，从日心说到宇宙大爆炸的科学认知，所有知识体系的构建始终未离开逻辑的导引。如果你自觉占理却又常有说不清、道不明的憋屈，或是想提升逻辑表达的精准度，特别推荐您阅读讲授逻辑学火遍珠三角的南方科技大学马兆远教授新著《世界的逻辑》。

高大伦

山西大学考古文博学院院长

阅读本书是一次险象环生的精神旅行，人类科学史和认知史被作者精妙的叙事塑造成为一种不断经历险境和危机的成长故事，而成长故事是所有武侠小说的模型。这让这本探讨科学基础的严肃学术著作具有了动作片一般激发肾上腺素的魅力。

马兆远以雄辩的斗士的姿态去捍卫确定性所立足的古典逻辑，并以确定性逻辑传人的姿态，面对潮水般袭来的不确定性的侵蚀，没有充足的证据，不可能支撑如此坚定的信念。阅读此书经常令我们想起萨根的名作《魔鬼出没的世界》，不过萨根面对的魔鬼是伪科学，而马兆远所面对的魔鬼是不确定性，是对逻辑的充满恶意的怀疑。马兆远的解决方案是在数学和物理学等领域的现代思想危机中圈定不确定性的自然本性，从而明确了当代不确定性的边界，制止它四处蔓延，防止它破坏我们生活的根基。这位不确定性怪兽的驯兽师，在这场实验中如庖丁解牛一般娴熟而高效，甚至于一举一动都合乎音律与舞蹈的优美，让思想的推理、追问、回旋与奔逸变成一种艺术。

书中充满大量创造性的论述，比如一开篇将语言视为一种确定性技术，接着又将宗教也视为另一种确定性技术，而它们都将水到渠成地奔赴古典逻辑理性的大河。又如马兆远将“直觉”定义为“在信息不完备时，基于潜意识的概率评估快速决策”，令人拍案叫绝！这是一位忠诚的理性主义者对不确定性的招安和收编，在我这么一个艺术家看来，这也是科学与艺术的终极和解。

邱志杰

艺术家、策展人，中央美术学院和中国美术学院教授

天津美术学院院长

一部非常好读的人类逻辑发展史，最聪明的头脑，曾经傲慢的宣称，永无止境的探索，从古希腊直到当下。论述清晰，文字可亲，人物形象鲜明，故事生动。文科生只看文字，可以得其大意；若下点功夫，还能习得数学论证。作者给未来的基础教育开出良方，包含数学、物理、工程、艺术和文学，历史虽不在列，却是本书的构成逻辑。真正的学习，何分文理，无论东西。

赵冬梅
北京大学历史学教授

我们正在经历一个人类历史上罕见的超级大周期，全球的政治经济环境，变量之多、变化之快，不确定性之大，前所未有。如何在纷繁复杂的周期下做出更好的决策，如何穿越这段不寻常的周期，你需要学会透过多变的现象看到背后的逻辑。

《世界的逻辑》这本引人深思、极具洞察力和原创性的书的最大价值，是让我们明白：理解财富和经济的关键，不是掌握多少术语，而是有没有一套能应对“意外”的逻辑和思维模式，一旦掌握了现象背后的“逻辑”，财富和经济周期的变动就一下子透亮起来——原来所有的复杂背后，都有简单的逻辑；所有不确定里，都藏着确定性的机会。

我相信兆远的这本极具远见的书，能给在这个超级周期下感到困惑的所有人提供一幅思维和逻辑的路线图，帮助我们校正自己的思维方式，应对世界之变并更好地参与人类当前面临的重大主题的辩论与解决。

马光远
经济学家

如果希望在两周内对人类的探索之旅有一个整体性的了解，同时又不想错过各大主流学科里那些有趣的梗和具有强大公众影响力的技术要点，《世界的逻辑》是最佳之选。金字塔与语言的统一、柏拉图的洞穴、逻辑学与慧能公案、非欧几何的形象解释、相对论、数学的三次危机、海森堡不确定性原理的证明、贝叶斯定理、量子逻辑、哥德尔不完备定理的要点、AI、蝴蝶效应、自由意志、阿罗不可能定律……篇幅小，内容却罕见地丰富。一点耐心、很多笑声、更多的智性喜悦。在飞机上，在高铁里，在酒吧间，在公众演讲中，在大学课堂上，这本书将帮助你与听众和宇宙来一场深入交流。

苏德超

武汉大学珞珈特聘教授

知识是关于世界的逻辑。所有知识的产生都源于人类对确定性的追求。有意思的是，试图抵达确定性的知识，只要发展，就一定会用更深刻的方式揭示世界的不确定性本质。这是关于世界逻辑的逻辑。物理学家马兆远穿透学科壁垒的洞见，值得每一个对通识教育有信心的人阅读。

梅赐琪

清华大学新雅书院院长、公共管理学院教授

读老马的《世界的逻辑》，经常会让我想起我们小时候。几十年过去，他成了研究量子的物理学家，我成了用画笔讲故事的人，却在“追问世界本质”这件事上始终保持默契。

老马最让人佩服的地方，是能把量子力学、哥德尔不完备定理这些硬知识，转化成每个人能唠的家常。他讲人类7万年的认知史，从智人到量子力学，说到底就是一部“学会和不确定性共处”的指南。小时候我们总求一个标准答案，长大后才明白，能在混沌里找到支点、在变量里锚定方向，才是真本事。

我在做动画创作的时候，总想着捕捉那些“说不清楚却能打动人”的瞬间；老马写这本书，大概也是想给每个迷茫的人搭个认知的梯子。毕竟我们都信，无论是公式里的规律，还是故事里的温度，最终都是为了搞懂：这世界再复杂，每个人都能找到属于自己的逻辑。

於 水

北京航空航天大学新媒体艺术与设计学院动画艺术系主任

《浪浪山小妖怪》导演

韶音科技和兆远教授以及本书颇有渊源，两年前我们请兆远在公司内部做了内容大致相同的 18 场连续讲座并且讲座大受欢迎，所有听过讲座的人都反映说打开了认知的边界。因为讲座的主题虽然是逻辑，但是内容包括并且不限于逻辑学、数学史、科学史和技术史，乃至人类基于逻辑的理性认识论和方法论。作为一名企业家，我能够看到我们的教育缺乏这些内容，导致在企业内部，无论是要求精准严密的日常沟通、站在无人区的科研攻关还是面对不确定性的创新探索，都是问题重重、缺乏章法的。马老师的新书《世界的逻辑》一书为我们提供了我们急需的思想指南。因为急于想将此书作为公司培训的教材之用，在催促之下，很高兴本书终于面世了。

一位知名创业导师曾问我：“如果只推荐一本书，该读什么？”我会推荐大家阅读这本《世界的逻辑》，因为对科技创新企业来说，本书对于管理、沟通、研发和创新，都是非常具有启发性和实用价值的。

陈 皞

韶音科技创始人、CEO

马教授这本新著没有以实用为导向，脱胎于南方科技大学最受欢迎的一门通识课，从此西丽镇也有了自己的“马康德”。就像康德完成的“蓄水池”工作，以前的一切哲学都汇入其中，之后的一切哲学都从此流出。马教授捻了一根从古希腊认识论串到今天的量子物理、AI 理论的金线。读者广目多闻之余，会生发对世界秩序走向的深思之渴望。这本书秉承马教授一贯的大巧不工，简洁才是深刻，有通识大课讲义的风度，读者需要的前置知识储备门槛不高，点赞并推荐！

梁在中

三一集团轮值董事长

《世界的逻辑》是一本难得的思想启蒙之作，作者马兆远教授以独特的视角和清晰的逻辑，带领读者穿越人类认知的千年历程。从语言的诞生到宗教的演化，从古希腊哲学的理性追求到现代科学的不确定性探索，这本书不仅展现了人类对确定性的执着，更揭示了知识边界的扩展与突破。

作为一位科技领域的实践者，我深感逻辑与科学方法的重要性。本书不仅帮助我们理解世界的运行规律，更启发我们以开放的心态接纳不确定性，在混沌中寻找秩序。无论是科学爱好者、哲学思考者，还是对未来充满好奇的年轻人，都能从中获得智慧的启迪。

推荐每一位渴望突破认知边界的读者翻开这本书，它或许会改变你看待世界的方式。

占　卓

福建三安集团（三安光电）高级副总裁

作者以生动的笔触提醒我们：在人工智能迅猛发展的时代，唯有掌握逻辑构建知识体系的能力，保持终身学习的态度，才能在未来的人机共生中找到人类的独特价值。

然而，若将这一思想延伸至投资领域，我们便能发现“世界的逻辑”与“投资的逻辑”之间存在着深刻的内在联系。正如该书所揭示的，世界并非静止不变，而是处于不断变化与重构之中。资本的流动、技术的革新、社会结构的演变，都在不断重塑着经济与投资的逻辑。因此，理解“世界的逻辑”，也就意味着理解“投资的逻辑”。

《世界的逻辑》不仅是一本关于人类认知演进的哲学著作，更是一本关于如何在复杂世界中保持理性与智慧的指南。它提醒我们，在人工智能与资本交织的时代，唯有掌握逻辑思维，才能在投资的迷雾中找到方向，在不确定的世界中实现价值的创造。

罗　飞

松禾资本创始合伙人

这本书以逻辑为核心，带领读者穿越人类文明的曲折历程，揭示科学发展的脉络和治学规则的深层缘由。它不是一本枯燥的逻辑教材，而是通过历史叙事、哲学反思和科学洞见，教导我们如何在不确定中构建确定，理解科学一路走来的足迹。我看到逻辑不仅是思维工具，更是创业者在商业模式的逻辑磨炼中、在不确定性中锻造成功的途径。马兆远博士希望读者通过学习逻辑，理解科学治学规则的缘由——这与创业投资异曲同工：逻辑帮助我们从经验中提炼模式，在不确定中把握可复制的机遇。

黄　荔

同创伟业创始合伙人、CEO

学习逻辑，获得智慧

93 叟王义遒
北京大学教授、原常务副校长

“这个世界会好吗？”

这是被尊为“中国最后的儒家”梁漱溟先生的父亲梁济先生在 1918 年 11 月 7 日向漱溟先生提出的问题。

三天之后，梁济在积水潭投湖自尽。

我想，梁济先生之死是很冤的。因为他不清楚什么是“好”的定义。

其实，当时梁漱溟是回答了这个问题的：“我相信世界是一天一天往好里去的。”但我觉得梁济认为漱溟也不知道什么是“好”，不过敷衍一句罢了。于是梁济随便说了一句：“能好就好啊！”然后只能问阎王去了。中国的知识分子（所谓“士”）提问总是要问到根本、极致的，如果得不到合理回答，就生不如死！

这个问题你能回答吗？

我不能回答。但当我读到了这本叫作《世界的逻辑》的书后，我至少晓得了回答这个问题的线索。

这本书的作者叫马兆远。我早就认识他了，当年他还是个年轻活跃的小伙子，聪明机敏，善思能干。20世纪末，那时我们量子电子学的研究缺房、缺钱、缺设备，处于半死不活的状态。而当时还是学生的他，居然找到了彼时正红火的山西“煤老板”，要帮我们建设一个研究所。有房、有钱，当然有设备了。这件事虽然最后没成，如今“煤老板”这个词也很少听说了，但我们的科研确实得到了点实惠。当下的成果已今非昔比了，有的实验还在天宫上做呢。马兆远后来去英国留学，在美国访学，后又在北大、清华工作，现在南方科技大学执教。他博览群书，追究世界终极问题，曾出版三本既是高级科普又值得深究的著作：《量子大唠嗑》、《人工智能之不能》和《智造中国》，后者还常被我翻阅。这本《世界的逻辑》手稿已被我没日没夜地啃了一个多礼拜。

本书包罗万象，涉及的学科有哲学、语言学、数学、物理学、心理学、脑神经科学、美学、宗教学、社会学、经济学、政治学……涵盖古今中外的重要经典著作。说实话，笔者还算是个喜欢读点杂书的人，但对本书作者所列举的外国哲学家、思想家或数学家等，还真有一批从来都没有听说过名字的。

现在我们总说：“世界正处于百年未有之大变局。”有人甚至发明了一个英文单词VUCA，汉译为“乌卡”或“雾卡”。它由英文的Volatility、

Uncertainty、Complexity、Ambiguity 四词的首个字母组成，意思是多变的、不确定的、复杂的和模糊的。说正处在“乌卡时代”，其实就是我们的思想、科学、技术、生产、经济、社会的发展不断积累，已经达到指数型增长的阶段。在梁济先生看来这无疑是一个极不好的时代。那么这个局面是怎样形成的？我们应该如何应对？这本书就是告诉你这些问题的答案的，而且你只要仔细地浏览一下目录，包括引言与结语，你就可以大致知道其中的道理了，而且会觉得一切都是正常的。

依我粗浅而疏陋的理解，这本书的线索大体是这样的。人是理性的动物，对存在于其中的世界总要弄个明白：这世界和人是从哪里来的？要到哪里去？人怎样生存得方便一点……人又是群居动物，在一起劳作与探究的时候总要交流。怎么交流，怎么探究？一是靠感官察觉，二是用语言和符号。后者是人靠想象、思考而创造出来的，是抽象的。“探究”就要靠这种本事，想象、思考、猜测等。也许是偶然，或者还带点必然，古希腊贤人想出来思考还要有一定的形式和方法，还要有点规则，这样思考就会得出一些确定的结果，即知识。知识可以用言辞或符号（含文字）来表达。而这套关于思维的形式、方法与规则的学问就是“逻辑”。古希腊人的逻辑经过阿拉伯人的中转，传给了古罗马人；在欧洲文艺复兴以后发扬光大而有所新进，创造了现代科学体系，使数学、物理等科学光芒万丈。

总之，理性通过逻辑使我们对世界有了确定性的认知。即使不用逻辑，我们还有一条路，这就是在“有效描述”下来检验事实，“实践是检验真理的唯一标准”。不过，数学的进展也带来了知识的许多烦恼与灾难，如无理数、无穷大和无穷小、集合的罗素悖论等。进入 20 世纪，更多的数学与物理学理论使科学陷入更大的困境。比如，哥德尔的不完备定理、概率与贝叶斯统计、混沌与蝴蝶效应、爱因斯坦的相对论、量子力学的波粒二象性和海森堡的不确定关系等。相应地，逻辑体系也有了复杂的创新。这样，似乎对于这个世界，复杂、模糊、不确定、不断变易等就是它的本质！这里还不包括像语言学家季羡林先生曾经对笔者说的："词不达意是常态，人们永远不可能用语言来完整、准确地表达头脑里的思想。"也就是说，人造的符号还不一定能全面、正确地反映人的思维，总可能还会有点扭曲或丢失。

这种局势大概就是梁济先生所恐惧的，是极不好的。

我们却对此处之泰然，认为没有什么不好。人作为世界体系的一部分，不可能认知和控制整个世界；何况"世界"还是有"界"的，"界外"还有什么以及为什么有，我们就更不可能认知和掌控了。至于如何应对这样的局势，本书结语告诉我们，还在于通过学习逻辑，获得智慧。

上面笔者对本书平淡干瘪的叙述，当然不可能道出这本厚达600余页的书于万一了。这本书沿着历史的径迹，用严谨的语言进行描述和辨析，不时还来点幽默、诙谐和揶揄，或用严密的数学符号计算、演绎、推导和论证（科学数字与数学符号的演绎、推导、验证对于年已93的我，有时难免还有点力不胜任，个别地方原著可能还有点小瑕疵）。故而，你得将它作为教科书来严肃地研读。但是，其中还穿插着大量五彩缤纷的故事和名人轶事，你还可以将它作为小说来捧读，非常有趣，心情快哉！

作者要将如此悠久的历史、浩瀚的文献和繁复的事实串联起来，建构成一本有条理、有系统的书，着实费了许多功夫，真可谓"玉汝于成，功不唐捐"。所以，我要推荐大家快乐地来读。不过，读者如果没有一点数理基础知识的积累，要领会本书可能还有点难，大学本科的阅历还是需要的。

我想，上面这些我对本书的理解，也许就像书中所描述的：维特根斯坦在以《逻辑哲学论》为题进行博士论文答辩时，面对两位主审官罗素和摩尔直白地说过：“别在意，我知道你们永远不会懂的。”因此，我是不够资格来为本书写序的。不过，承蒙作者好意，愿意接受它，就只好滥竽充数了。

是为序。

在科技与人文的交汇处，找到属于自己的认知坐标

薛其坤
中国科学院院士
南方科技大学校长

在科学与教育深刻变革的今天，我们比任何时候都更需要重新思考知识的本质与教育的使命。马兆远教授的《世界的逻辑》恰逢其时，为我们提供了一个独特而深刻的思考框架。作为一名物理学工作者，尽管这本著作主要阐述的是西方哲学可借鉴的部分，没有涉及中国古代哲学思想和教育内容，我在阅读过程中还是感受到了它对当代高等教育的启示意义。

马教授以物理学家的严谨和哲学家的洞见，带领我们穿越人类认知的千年历程。从古希腊的理性启蒙，到哥德尔不完备定理对数学根基的撼动，再到量子力学对经典决定论的反思，他清晰地勾勒出了科学思维演进的完整图景。这种对知识体系的系统性梳理，正是当下高等教育中非常珍贵的部分。在南科大，我们始终强调“知其然更要知其所以然”的教学理念，这与马教授所展现的知识构建过程是一致的。

本书最令我深思的是其对“确定性追求”的反思。在传统教育中，我们往往过于强调确定性的知识传授，却忽视了科学探索中的不确定性。马教授通过对数学三次危机的剖析，揭示了人类认知的边界与局限。这一洞见对高等教育改革具有重要启示：我们不仅要教会学生掌握知识，更要培养他们面对不确定性的勇气和能力。在南科大的教学实践中，我们通过“问题导向学习”（Problem-Based Learning，PBL）等方式，鼓励学生拥抱不确定性，在探索中成长。

《世界的逻辑》中提出的 MAPLE 教育框架——数学（Mathematics）、艺术（Art）、物理学（Physics）、文学（Literature）、工程学（Engineering），展现了一种全新的教育理念。这与南科大倡导的“新工科”教育高度契合。我们近年来大力推进学科交叉融合，开设“科学 + 艺术”“工程 + 人文”等创新课程，就是希望培养既有逻辑思维又有人文情怀的复合型人才。马教授对逻辑思维的强调，以及对艺术与文学在创新中作用的肯定，为我们的教育改革提供了很有借鉴意义的理论基础。

在人工智能快速发展的当下，马教授的思考显得尤为珍贵。他强调，教育的本质不在于知识点的传授，而在于思维方式的培养。这一观点与南科大“创知、创新、创业”的教育理念深度共鸣。我们建立的“书院 - 学院”双院制育人体系，正是希望突破传统专业限制，让学生在跨学科交流中培养批判性思维和创新能力。

《世界的逻辑》不仅是一部科学思想史的汇编，也是一本介绍科研规则的手册，更是一部面向未来教育的思想集。它提醒我们：在科技日新月异的时代，教育既要传承人类文明的智慧结晶，又要培养应对变革的关键能力。马教授对逻辑思维的深刻阐释，对交叉融合的前瞻思考，都将对高等教育的发展产生深远影响。

当我们将目光转向中国，先秦诸子在古希腊几乎同一时期早已构建起另一套认知体系：老子的“道可道非常道”揭示了语言与真理的辩证张力，墨家的“三表法”（本之者、原之者、用之者）展现出经验验证的雏形，而荀子的“解蔽”说则直指逻辑建构中的认知局限。尤其值得注意的是，程朱理学“格物致知”与陆王心学“知行合一”的争论，恰恰映射了西方理性主义与经验主义的对立统一。中国哲学中“即体即用”的圆融智慧，打破了西方古典逻辑“非此即彼”的刚性框架——譬如王阳明“岩中花树”的公案，便以直觉体认突破了主客二分的认知窠臼。本书的留白恰似一扇未推开的门，邀请读者以中国文化的智慧，共同参与这场未完成的东方与西方的跨文明对话。

期待这本书能够启发更多教育工作者和学子，在科技与人文的交汇处，找到属于自己的认知坐标，为不确定的未来做好准备。

目 录

第四部分 科学与技术发展的哲学基础

引 言

认识世界的必经之路

Logic
of the World

在阅读本书之前，请你先思考一下，以下陈述哪些是正确的？

- 人类对自然的认知是无限的。
- 自然现象可以被确定性地预测。
- 计算与观察具有一致性。
- 存在一个独立于人类观察的客观世界。
- 正确的数学命题迟早会得到证明。
- 数学理论最终可以实现大统一。
- 物理理论最终可以实现大统一。

在我学习物理学的早期，我坚信上述每一项陈述都是无误的真理，是每一个物理学工作者心中不证自明的常识。这种信念源自我在学习量子力学之前的教育背景。古典科学体系深入我的认知体系，构成我所有知识的大背景，即存在一个独立于人类观察的客观世界。

客观现实是存在的，并且它的存在与人类的观察行为无关。然而，随着时间的推移和人类科学知识的不断进步，我开始意识到这些观点可能并不都完全正确。

以古希腊的方式思考世界

自20世纪二三十年代以来，科学界出现了许多新的发现和理论，这些发现和理论挑战了传统的客观实在性观念。我们逐渐认识到，观察和认知过程本身就是主观的，而我们所生活的世界充满了不确定性。这种不确定性不再是认知过程中的一个偶然现象，而是具有自然性。

对传统观念的怀疑促使我们重新审视和定义对世界的理解。20世纪初到现在形成的新科学的核心观点之一是：**不确定性构成了人类认知的边界。只有当我们不断探索和理解这种不确定性，并将其转化为相对确定的知识时，我们的认知才能得到扩展。这一过程不仅推动了现代科学的发展，也深化了我们对世界本质的理解。接受并探索这种自然内容的不确定性，是我们拓宽知识视野、增进对世界认识的必经之路**。因此，在这本书里，我根据现代科学的观点补充了与古典理性相关的知识，阐述了我所认为的现代科学世界图景的基本特征，并将这些特征追溯到西方哲学思想的最早阶段，以说明它们是历史的偶然产物，而非必然会出现。这是本书详述早期哲学思想的真正目的。

古希腊文明在历史上具有独特地位，它不仅塑造了我们理解世界的方式，还奠定了哲学、科学和艺术的基础。源于古希腊的科学精神中有一种不可或缺的倾向，那就是坚定不移地勇敢面对不明确的事物，并将它们视为进一步探索的动力和路标。抛开这种信念不谈，正如薛定谔在《自然与希腊人》中所写："古希腊人的哲学至今仍然吸引着我们，因为无论在此之前还是在此之后，世界上其他任何地方都没有建立起像他们那样高度发达的、清晰明确的知识体系和思辨体系。"

几大古代文明展现了一种显著的共性：从兴起到繁荣，大约经历了千年的时间，之后逐渐停滞，最终被新兴的、军事上更强大的文明所取代。例如，古埃及文明从公元前3200年左右开始发展，直至公元前5世纪到公元前4世纪逐渐衰落，最终在公元前332年被马其顿王国征服。类似的情况也出现在古印度、古巴比伦和古代中国等文明中，它们在大约2 000年的时间里进入成熟和稳定的阶段，之后发展速度明显放缓，达到了一个饱和点，接下来几乎是原地踏步，发展相对停滞。很多考古学研究发现，这些古代文明晚期的人类的生活水平与工业革命前的人类相当。例如，古埃及人在金字塔建造时期的人均热量摄取已经与后者达到同一水平，包括肉类、蔬菜、面包以及啤酒的消费量；古埃及人的人均寿命、医疗和手术水平也与工业革命前的人类普通状况类似。

古希腊的哲学思想、理性探索和实证方法为后来的科学发展奠定了基础。古希腊的学者们通过观察、实验和逻辑推理，开创了一种全新的认识世界的方法，这种方法在文艺复兴时期得到了发扬，在工业文明的辅助下，最终引发了近代科学革命。这一革命性的变化，标志着人类对自然界的认识和利用达到了一个全新的高度，也为现代科学技术的发展奠定了坚实的基础。从诸多古代文明的发展来看，科学的出现并非必然，而是具有偶然性，这种偶然性最早发生在古希腊。约翰·柏奈特[①]在《早期希腊哲学》的序言中写道："科学是'以希腊的方式思考世界'，这是对科学恰如其分的描述。因此可以说，除了那些受到希腊影响的民族，科学从未存在过。"

当我们认真审视古希腊时会发现，我们在中学阶段学习的数学知识，包括平面几何、代数等，以及大部分物理学知识，在古希腊时期就已经为人知

① 约翰·柏奈特（John Burnet），苏格兰哲学家和古典学者。柏奈特以其对古希腊哲学的深入研究而闻名，尤其是在对柏拉图和亚里士多德的研究领域。他在《早期希腊哲学》（*Early Greek Philosophy*）中探讨了从公元前6世纪的泰勒斯到苏格拉底时期的古希腊哲学发展。

晓，并且被写进了著作和教材。当我们谈论地球时，已经默认它是球形的，中国古人说“天圆地方”。那么地球是如何被发现是球形的？人们又是如何证明它是球形的？古希腊人首先观察到金星在不同日子里的明暗变化，并因此推论金星在反射太阳光，因为距离的远近差异，导致它在地球上看起来明暗不同。他们推测月亮也在反射太阳光。当地球运行到太阳和月亮之间，就会挡住太阳光，因此月亮的盈亏是地球的影子造成的。而只有球形物体的影子才能总是圆的，因此他们推断地球肯定是球形的。古希腊人甚至测量了地球的直径，测量结果与实际误差不超过 10%。

奥地利哲学家、古典学者特奥多尔·贡珀茨（Theodor Gomperz）在《希腊思想家》中说：“我们几乎全部的智力教育都源于希腊人。要想从他们势不可当的影响中解脱出来，就必须首先彻底认识这些渊源。”古希腊的确是个特殊的存在。古希腊文明不仅塑造了古罗马，而且在罗马文明的框架内孕育了基督教。基督教是为数不多建立在逻辑规则之上的宗教之一，它对逻辑问题的深入探讨为后来的科学发展提供了哲学基础。

与其他文明相比，古希腊文明形成了一套完整的逻辑体系，这使得知识能够稳定地积累和传承。在没有逻辑体系的古代文明中，知识很难有稳定的沉淀。这样的古代文明在发展到一定阶段后，往往会遇到瓶颈。随着文明人口的增长，不同的观点和想法难以达成共识，旧的知识被遗忘又被重复发现，导致知识无法稳定积累。古希腊人发展出的逻辑学让知识得以沉淀和积累。经过一代代人的努力，相对正确的知识被筛选出来并得以积累，为文明的爆发奠定了基础。在古希腊文明之后大约又过了 2 000 年，科学在基督教世界内部爆发，这与基督教继承了古希腊的逻辑学精神，即严格的思维方式，有着密切的联系。这种思维方式为科学方法的发展提供了理论支持，促进了人类对自然界的深入理解和技术的快速进步。

现代科学自古典逻辑而来

在本书中，我将20世纪30年代之前的逻辑学称为古典逻辑，又称经典逻辑。这种逻辑体系建立在确定论的基础之上，强调对清晰思维的信念，并在此框架下构建了传统的认知体系，包括如何获取新知识、如何在知识体系的假设范畴内进行有意义的讨论和证明。

基于古希腊的古典逻辑，人们发展出了数学、物理学等基本领域内的知识，这些知识如今已成为教育的常识。然而，随着近代数学的发展，人们开始深刻反思这种数学确定性的可靠性。例如，算术中看似简单的概念，如1+1=2这样的常识性内容是我们从小就被教条式灌输的。但如果我们深入思考，“1”究竟代表什么含义？如果将“1把椅子”和“1张桌子”相加，结果得到2件家具，但这并不等于“2把椅子”。这里的加法究竟代表什么操作？等号在这一过程中是否有明确的定义？在布尔代数的二进制系统中，1+1=10也是成立的。这种灵活性提示我们，算术的基础和知识体系的构建并非一成不变，有些主观的味道在其中。

在学习微积分时，我们会接触到“无穷大”和“无穷小”的概念。这些概念究竟是什么意思？我们在实际应用中往往不假思索地使用它们。牛顿在建立微积分时，也直接采用了这些概念，尽管他意识到这并非严格的数学证明，只是一种实用工具。这种做法为数学的第二次危机埋下了伏笔。

直到1880年左右，乔治·康托尔[①]认真研究了“无穷大”和“无穷小”

---

① 乔治·康托尔（Georg Cantor，1845—1918），德国数学家，被誉为集合论的创始人。集合论是现代数学的基础概念之一，是专门研究集合的理论。康托尔提出了许多革命性的概念，如“无穷集合的大小比较”“一一对应”等。

的确切含义，才解决了这一问题，但这又引发了数学的第三次危机，甚至导致了后来的数学革命。这些历史事件表明，即使对于最基本的数学概念，也需要经过严格的审视和重新构建，以确保知识体系的稳固和发展。通过这种批判性的反思和逻辑分析，我们能够更深入地理解知识的结构，推动科学的进步。

坊间有说法称“物理学的终点是哲学，哲学的终点是神学”。然而，在过去的 100 年里，科学界的看法是：哲学在过去的 100 年里对科学最大的贡献是没有贡献。——你别添乱就好了，100 多年前大家已经分了家了，你干你的、我干我的。维特根斯坦又促成两者的彻底分离。在 20 世纪二三十年代，维特根斯坦“终结”了古典哲学形而上学传统，但同时又启发了新的哲学学派。他深刻地影响了维也纳学派[①]，而维也纳学派制定了科学这个行当的行规，即我们只能研究“有效陈述下的可检验事实”。任何科学陈述必须是符合逻辑规则的陈述，且最好是能用数学方式来表达的陈述。这是我们对所有科学论文陈述方式的基本要求：它是有效陈述。

科学陈述必须构建一个可检验的事实。只有在事实真伪可检验的情况下，一个陈述或一个假设才能成为一个科学可以研究的命题，才能发展成所谓的科学论文。无论你研究哪些内容，一定要遵循这样的行规，并在研究过程中遵循科学规范：怎么给出假设，怎么进行证明，怎么设计实验，怎么得出结论。只有在这个范畴之内的可检验的事实才是科学，不能按照这个规则来进行的都不是科学的命题，也就不需要冠之以科学之名，不需要以“科学”或“不科学”来评价。人们可以提出其他各种想法或观点，但如果不能

① 维也纳学派发源于 20 世纪 20 年代的奥地利首都维也纳。学派成员主要包括当时欧洲大陆优秀的物理学家、数学家和逻辑学家，他们对德国的唯心主义及其形而上学理论感到不满，发起了逻辑实证主义运动，对 20 世纪的哲学，尤其是科学哲学和分析哲学产生了巨大影响。

构建一个可检验的事实，那就不属于科学范畴。从这个角度上讲，在现代科学中，数学偏重工具性，物理学偏重应用和实践。在这样的简单规范下，数学通过理性来构架工具，系统梳理和表达我们脑中的想法，做出有效陈述；物理学则是把这些想法跟自然界进行对接，形成第一道“界面”，并给出可验证的事实。

在大学，老师在培养博士生时会不断训练他们学习本行业的行规，就像铁匠培养徒弟一样。无论学哪门手艺，规矩都是要先学会的。科学也是如此，研究的兴趣和范围可以很广，但有特别明确的行规，这些行规最初是从维也纳学派开始确立的。之前有很多不同的科学家，也有各种不同的流派，但都没有确立科学的行规，直到维也纳学派的创立，科学的行规才最终得以确立。

不确定性为我们提供了新的思维方式

本书会介绍数学的三次危机，这三次危机把我们对知识的态度从对确定性的追求转向了对不确定性的接纳。数学的第一次危机指的是毕达哥拉斯①关于无理数的危机。第二次危机源于对“无穷小量”的研究——无穷到底是什么？第三次危机则源于集合论。1900 年前后，伯特兰·罗素②提出了集合论的基础困难。这个困难至今未被彻底解决。这实际上重塑了我们对数学的认知，甚至让我们对整个理论框架提出了质疑，使我们不得不谨慎思考数学本身是不是一个稳定可靠的工具。这场危机至今仍未结束，对未来认知的影

① 毕达哥拉斯，古希腊著名的数学家、哲学家。他的一个核心观点是“万物皆数”。他认为数是万物的本原，他最著名的贡献是发现了毕达哥拉斯定理，在中国被称为勾股定理。

② 伯特兰·罗素，英国哲学家、逻辑学家、数学家，分析哲学的主要创始人之一。他与怀特海共同撰写的《数学原理》是现代数理逻辑的基础，他的《西方哲学史》和《人类的知识》对 20 世纪的哲学产生了巨大影响。

响仍在持续，甚至现在仍在被人激烈地讨论。

20世纪30年代，哥德尔不完备定理[①]将数学的第三次危机推向高潮。这个定理几乎是人类历史上最重要的证明，可以说是人类认知史上最重要的事件。在哥德尔不完备定理的框架下，我们可以探讨如何构建一个理想的制度，因为哥德尔不完备定理告诉我们，任何有限的可描述体系都是有缺陷的。比如，我们是否可以构架一个理想的投票机制？投票这件事从古希腊时代就开始了，经过2 000多年的时间，我们是否找到了一个令大家都满意的投票方式呢？事实是，无论怎么做，我们的选举规则必然是有限的，因此无法避免哥德尔不完备定理。1951年，数学家肯尼斯·阿罗[②]证明了阿罗不可能定理。在哥德尔不完备定理的大框架下，这意味着，人们通过有限的规则，是不可能设计出一个能够充分反映民意的、自由的、公平的、无独裁的选举方法的。

艾伦·图灵继承了哥德尔的想法，真正把哥德尔的思想发扬光大并落实。在图灵的许多重要工作中，我们都能看到哥德尔的影子。图灵对现代科技的影响是显而易见的。如今所有计算机，包括量子计算机，都是基于图灵机的原理构建的。图灵机成为人工智能（AI）和所有现代计算机硬件的基础。在1936年发表的那篇知名论文中，图灵阐述了通用计算设备的设计，

---

① 哥德尔不完备定理是由奥地利裔美籍逻辑学家库尔特·哥德尔（Kurt Gödel）在1931年提出的，这个定理主要包含两个部分，通常分别被称为哥德尔第一不完备定理和哥德尔第二不完备定理。哥德尔第一不完备定理表明，在任何包含了“算术”的形式系统中，总存在这样的命题，它既不能被证明也不能被反驳。哥德尔第二不完备定理是第一定理的一个推论，它表明公理体系的一致性不能在这个公理体系内被推导出来。

② 肯尼斯·阿罗（Kenneth Arrow）是20世纪最杰出的经济学家之一，他在多个经济学领域都做出了开创性的贡献，包括一般均衡理论、社会选择理论、风险决策与信息经济学等。1972年，因其在一般均衡理论方面的突出贡献与约翰·希克斯共同获得了诺贝尔经济学奖。

并指出其核心目的是证明哥德尔不完备定理。为此，他构想了一种能够自动执行计算的机器，即后来广为人知的图灵机。

图灵证明了计算机的指令和数据没有区别，所有的指令序列或物理定律都可以被视为图灵机的数据。冯·诺伊曼[①]利用这一原理建立了现代计算机体系结构，确保了计算机的输出与通用图灵机的结果等效。在这个体系结构中，指令和数据都被视为存储在计算机中的信息，它们之间不存在本质的差异。图灵机的概念构成了现代计算机的基础，无论计算机的形态如何变化，无论是可穿戴设备、智能手机，还是云计算中心，它们都可以被视为等效的图灵机。

在1936年发表的论文中，除了设计了图灵机，奠定了今天人工智能的物理基础，图灵还指出了图灵机的局限性，并证明停机问题的不可判定性，为哥德尔不完全性定理提供了计算理论的对应证明。图灵机的这一特性使得后来的研究者意识到，尽管图灵机非常有用，但它并非万能的。这启发人们开始探索机器和人工智能的局限性，理解它们存在无法完成的任务范围。换句话说，无论知识体系如何，只要它是可计算的，就与人的认知存在不同，人类认知中的一些能力可能超出算法可处理的范畴。这也意味着，可计算性与完全性在本质上是不相容的。

近年来人工智能技术的研究为我们提供了新的思考方式和启发，特别是贝叶斯统计[②]的重新发现。尽管贝叶斯统计已经存在了将近300年，但随着

---

① 冯·诺伊曼是匈牙利裔美籍数学家、计算机科学家、物理学家，开创了算子环理论，即冯·诺伊曼代数。他被后人称为“现代计算机之父”“博弈论之父”。

② 贝叶斯统计是一种基于贝叶斯定理的统计方法，由18世纪英国数学家和哲学家托马斯·贝叶斯提出。贝叶斯在数学方面主要研究概率论，并首次将归纳推理法用于概率论的基础理论，创立了贝叶斯统计理论。

人工智能的兴起，它被证明可能是更为合理的方法论。实际上，使用贝叶斯方法所需的计算和信息理论比经典概率统计方法更为接近人的真实主观认知过程。因此计算机科学在经验性领域的进展也可以作为理论计算机科学的补充。

哥德尔是人类认知发展史上的一位光辉的里程碑式人物，他的思想开启了一个全新的时代。在本书中，我将从哥德尔的工作出发，探讨人工智能、确定性计算、信息理论以及香农熵①的概念，并深入讨论混沌理论②所带来的不确定性。通过探讨量子计算，我们将理解量子力学的基本逻辑基础。量子力学向我们展示了一种新的逻辑体系，它不同于 20 世纪 30 年代之前的古典逻辑。**哥德尔不完备定理和量子力学所体现的不确定性为我们提供了一种新的思维方式，这种思维方式虽然建立在古典科学的基础上，却代表了一种新的理性。它不同于感性，也不完全等同于传统理性，而是代表了一种全新的逻辑体系。**

自 20 世纪 30 年代以来，物理学、数学以及混沌理论的发展向我们揭示了世界的不确定性本质。不确定性在许多领域逐渐显现，挑战了传统对确定性的追求，已经成为当今科学研究中最深奥、最迷人、最有前景的论题。它不仅挑战了我们对确定性的传统认知，还推动了我们对计算、信息和逻辑本质的深入理解。

藏传佛教有一种坛城艺术，僧侣们用彩色沙子在地上精心创作作品，这个过程可能耗时数月甚至数年。在画作即将完成之际，僧侣们会将其摧毁，

① 香农熵是由美国数学家克劳德·香农（Claude Shannon）在 1948 年提出的，它是信息论中的一个核心概念，用于量化信息的不确定性或混乱程度。

② 混沌理论是一种研究复杂系统的科学理论，是复杂性科学的一个重要分支。混沌指发生在确定性系统中的貌似随机的不规则运动。该学科揭示了即使系统的动力学方程是确定的，其演化结果也可能表现出极大的不确定性。

以此象征世间的无常和变迁。古人说“功不唐捐”，而作为清华大学美术学院建院以来唯一聘用的物理学家，我有资格说，科学家也是艺术家。科学本身就是一种行为艺术和精神信仰，科学家在知识的领域中不断构建新的理论框架，就如同建造坛城的创作一样，每一步都极具匠心、庄严肃穆。科学家构建起宏伟的知识体系，预测了许多现象，但在某个时刻，他们可能会推翻这个体系，重新构建一个新的体系。物理学尤其如此，它不断建立和推翻知识体系，不断进行创造性的重生。

艺术家常常认为科学家过于理性，但实际上，科学家在某种程度上是更加感性的：我们辛勤建立起的成果，最终可能会被我们自己推翻。但正是这种不断的自我超越，构成了科学的魅力。科学家通过推翻旧的体系，建立新的体系，即使知道新的体系也可能会被未来的发现所推翻，我们仍然坚持不懈。

理性和感性本就是融汇的、一体的。人类需要理解自己和自然，同时也需要通过表达来沟通思想。沟通的方式多种多样，除了语言和艺术，科学也是一种强有力的表达工具。通过不同的表达方式，我们能够更全面地理解世界，更深刻地体验人类的智慧和创造力。

第一部分

人类对确定性的追求

通过理性思考和科学方法，
人们试图沟通和理解外部世界，
从而减少主观认知的不稳定性，
实现对客观真理的追求。

第1章

语言，人类文明形成的关键因素

Logic

of the World

我语言的边界便是我思想的边界。

——维特根斯坦

大约在 7 万年前，智人从非洲出发迁徙到世界各地。智人的活动，是包括尼安德特人等其他人属物种以及大量其他大型动物灭绝的重要原因。那么问题来了：

1. 智人凭什么能够灭杀比自己强壮的种族？
2. 智人又是怎样越过高山、森林、海洋，到达人类从未去过的地方的？

答案很简单，智人学会了使用强大的工具，其中最为重要的工具就是语言。语言使得智人可以灵活地进行大规模合作。智人能够用声音传递无比复杂的信息，促进了人类彼此交流信息，学会合作，分享经验，学习知识，并最终成为自然界的主宰者。

智人在交谈与合作中会产生大量的信息，除社团规则外，还必须记录各种交易、税收、军用物资和商品的库存量，而智人大脑的记忆有局限性，于是他们又发明了文字，用实体符号来存储信息。文字发明之后一万多年，人类的语言不断发展，变得越来越复杂、细化。**语言是人类文明形成过程中的关键因素，它不仅反映了智人丰富的语言能力，还塑造了不同的文明和思维方式。**人类从开始思考关于“存在”的深刻问题之时起，便开始通过讲述故事来表达思想、构建社会，并追求与自然、社会以及内心世界的和谐关系。语言成为连接这些元素的重要桥梁，使得人类文化得以传承和发展。

所有现代人都是非洲一个部落的后裔

2022 年的诺贝尔生理学或医学奖被授予斯万特・帕博（Svante Pääbo），以表彰他对已灭绝古人类的基因组和人类进化的开创性发现。我上大学时学的是北京猿人是我们的祖先，再往前还有元谋人，而欧洲人的祖先是尼安德特人。然而，在最近 20 年里，基因考古学的新研究成果告诉我们，这些说法都是错误的。除考古学之外，现代科学的各个分支发展都告诉我们，相对稳定且重要的是我们如何发现和掌握新的知识所用的研究方法，但学科涉及的具体知识内容和结论可能随着新证据的出现而发生变化。

在 21 世纪最初的 10 年里，基因考古学经历了迅猛的发展，许多传统观念发生了转变。基因考古学研究表明，现代人类起源于约 20 万年前的非洲，其直接祖先群体可能由数千人构成。这些人群在迁徙过程中与尼安德特人、丹尼索瓦人等古人类发生基因交流。尽管存在区域性演化差异，但所有现代人类共享约 7 万年前的最后一次非洲迁徙事件，其基因根源可追溯至撒哈拉以南非洲的多个早期智人群体。这一结论得到线粒体 DNA、Y 染色体分析和古人类化石的多重支持，但非洲内部的具体迁徙路径与基因混合细节仍需进一步研究。

那么，什么是基因考古学？下面我通过一个例子来说明。

宋代发明家毕昇发明了活字印刷术。在此之前，在木板上雕刻文字和图案的雕版印刷术作为一种早期的印刷技术，已经能够实现规模的印刷生产。那么，我们怎么确定活字印刷术是何时开始应用的呢？在一份北宋的《佛说观无量寿佛经》中，其他文字都是正常排版，只有一个“色”字被横置，即被旋转了 90 度。这种排版错误成为活字印刷术被使用的证据。然而，毕昇所创造的泥活字印刷术并不好用。泥活字在印刷过程中承受压力时容易损坏，大大限制了印刷效率。因此，毕昇的泥活字印刷术始终未得到广泛推广。直到 15 世纪，德国人谷登堡发明了金属活字印刷术，特别是铅合金活字的使用，使得金属字模能够承受更大的压力，可以反复使用，这大大提高了印刷的效率和质量，从而使活字印刷术得到了广泛的应用。

在印刷术尚未被普遍使用的年代，各类文学作品主要以手抄本的形式流传。人在手抄过程中难免会出现错误，而这些错误往往会在后续的抄写中不断被复制。由于抄写者无法确认原作的内容，他们往往会将前一版本中的错误继承下去。例如，当我们拥有多个版本的《红楼梦》（见图 1-1）时，可以通过对比这些版本中的抄写错误，追溯它们的传播路径和不同版本间的先后关系，从而辨识不同版本之间的衍生关系。这种版本间的误差传承现象在许多古典文学作品中都有体现，为研究者提供了关于版本流传和历史变迁的线索。

这种现象启发了科学家对人类起源问题的研究。人类基因组由 30 多亿个碱基对组成，每次细胞分裂时，碱基对序列都有可能在 DNA 复制过程中出现错误。这些错误就被传递给下一代。随着时间的推移，DNA 复制过程中留下的一些错误会在人类群体中得到积累和继承。通过收集现代人类的基因数据以及可获取的古人类的 DNA 信息，科学家们可以进行比较分析，研究不同种族之间共有的和独特的基因特征，以及碱基对序列中突变的位置，从而追溯人类种族的起源和迁徙历史。这种方法就被称为基因考古学。

1 甲戌本
2 己卯本
3 戚本
3.1 戚正本
3.2 戚张本
3.3 戚宁本
3.4 王府本
4 郑藏本
5 卞藏本
6 吴藏抄本
6.1 吴藏残抄本
7 戳谷抄本

图 1-1 《红楼梦》的部分版本

顺便说一下，DNA 复制过程中的错误也是导致癌症的主要原因之一。每个细胞都有其生命周期，但某些细胞如果失去了对生命周期的控制，就可能无限制地繁殖。癌症正是由于这些异常细胞的基因突变而产生的，而且因为这些细胞是自身细胞的癌变，免疫系统通常无法识别并消除它们，导致它们在体内不断生长和分裂。大多数 DNA 序列中的碱基对对个体的特征表达没有直接影响，对于这种现象，科学家至今仍未完全理解。一种解释是，DNA 中存在的大量冗余碱基对可能是为了降低复制过程中的错误风险。在密码学中，冗余编码用于确保系统的稳定性，类似地，DNA 序列中的冗余信息可能也有助于维持基因的稳定性。即使有 1% 的 DNA 序列发生突变，这些突变可能不会表现为生物特性，因此对人体没有影响。这种数据冗余确保了遗传的稳定性和可靠性。

大部分碱基对不被表达出来，就不会影响生物性状，也不会对人体有任何影响，但这些不被表达出来的碱基对依然会进行复制，即使在复制过程中出现错误，也不会对人体有任何影响。于是这些错误保留在基因序列中，成为人类种族研究的重要证据。

利用基因考古学的工具，科学家们构建了人类的基因谱系，并探索了不同人种之间的关系。大约 7 万年前，一个部落的一部分成员因战争和食物短缺离开非洲，向北迁徙，并在途中发展出稳定的农业生产技术，逐渐定居并最终遍布全球，他们被称为智人。基因考古学还帮助科学家们描绘了智人从非洲出发后的迁徙路线图。不涉及种族歧视地说，今天的一小部分非洲人与我们的基因确实有些不同。从基因上看，他们的祖先与我们的祖先的分离发生得比较早，在非洲智人的早期阶段就已经分离。这些人的后代至今仍生活在非洲。

在 4 万年前到 2 万年前之间，这一族人与尼安德特人产生了生存竞争。那时的尼安德特人拥有非常繁荣的文化，而且在身体上比现代智人更强壮，但最终他们仍在多重因素的作用下走向了灭绝。再后来，这一族人到达了亚洲，并在那里停留了 2 万～ 3 万年，其中一支通过白令陆桥到达美洲。美洲原住民与亚洲人的长相有许多相似之处，这是因为他们在较晚的时间点才从亚洲人群中分离出来。

人们曾经以为澳大利亚人和现代智人拥有不同的祖先，因为他们彼此被广阔的大洋相隔绝，但基因考古学研究表明，澳大利亚原住民是 5 万～ 6 万年前走出非洲的智人分支的后裔。这些群体通过冰河期形成的陆桥迁徙至大洋洲大陆。在迁徙过程中，他们与尼安德特人、丹尼索瓦人等古人类发生基因交流，最终取代了更早抵达大洋洲大陆的直立人等早期人种。现代澳大利亚原住民的遗传多样性既包含非洲起源的古老基因，也融合了欧亚大陆古人类的基因。

语言奠定了智人在地球上的主导地位

曾经在很长的一段时间里，欧洲学术界认为尼安德特人是现代欧洲人的祖先。人们在法国和西班牙的岩洞中发现过尼安德特人的壁画，这些壁画描绘了尼安德特人狩猎的场景，画上有他们创作时留下的手印和指纹。尼安德特人在岩洞中进行创作，可能是一种早期的宗教活动，类似于图腾膜拜。尼安德特人也许相信这些行为能够帮助他们在狩猎中获得更多猎物，可以称之为祭祀活动。画面还描述了人与动物之间的关系，或者人和自然界之间的沟通。通过复原出土的尼安德特人遗骨可以看出，他们的脑容量比智人更优越，他们的骨骼更粗壮。那么，在体能甚至智力上都优于智人的尼安德特人，为什么会被我们的祖先所取代呢？

尼安德特人通常以一个家庭或几个家庭的小部落形式群居。他们面对的是现代智人祖先成群结队的攻击，虽然尼安德特人的体能和智力都很强，但仍显劣势。最终，智人征服了尼安德特人。智人能够取得这一优势，得益于其复杂的语言能力，这种能力使他们能够组织大规模的狩猎活动和战争行动。

一些证据表明，虽然尼安德特人拥有更大的脑容量，但由于颌骨结构的限制，他们无法发出复杂的声音组合，因此沟通能力有限。而智人具备一种独特的能力，即极强的沟通能力，而这源于他们口腔的发音系统比尼安德特人更加精细。因此，大约 7 万年前的智人经常聚在一起交流和讨论。语言是一个极其有效的工具，使他们拥有强大的社会组织能力，这种社会组织能力使他们在与其他大型动物和尼安德特人的冲突中占据优势。

比如，即使面对体形庞大且强壮的动物，如剑齿虎和猛犸象，智人依然能够成功地进行狩猎。智人的优势尤其体现在集体行动上，比如几十甚至上百人共同参与围猎和群殴，语言为智人提供了强大的组织和协作能力。自从现代智人出现以后，我们的祖先几乎灭绝了各大洲无法被驯服的各种大型哺乳动物。剑齿虎和猛犸象等强大的哺乳动物在我们的祖先征服地球的过程中因被猎杀、环境变化等因素而灭绝。在大规模的狩猎活动中，语言发挥了至关重要的作用，它不仅促进了群体间的沟通，还使得智人能够进一步发展精密的协调行动。

当这种灭绝行为作用在其他人类种群时，会显得过于残忍，但我们的祖先确实将对方视为异类。通婚是当时的一种较为温和的融合方式，但所占比例并不大。现代人基因中来自尼安德特人的基因占 1% ～ 4%，其他古人类的基因在现代人中留下的痕迹微乎其微。一些现代病，如糖尿病、高血压等，可能与尼安德特人的基因有关。与尼安德特人相比，经常在草原上奔跑的非洲人可能没有这些基础疾病，这可能与他们的遗传背景和生活方式有关。

智人的显著优势是其卓越的语言沟通能力。这种能力不仅在古代狩猎活动中发挥了关键作用，而且在人类社会的形成和发展中也起到了核心作用。语言不仅是一种沟通工具，它还塑造了我们的思维方式。**语言的精确性和逻辑性使我们能够进行清晰而深入的思考，同时也是我们与他人交流思想和信息的高效手段**。在智人与尼安德特人的竞争中，语言发挥了至关重要的作用。它不仅有助于组织和协调群体行动，还促进了知识的积累和文化的传承，从而使得智人在与体格更强壮、智力可能更高的尼安德特人的竞争中占据优势。

进一步来说，虽然我们可以通过语言进行思考，但思维过程远比语言所能够表达的要复杂得多。我们的思维活动往往依赖于直觉和概念，而不仅仅局限于语言和文字。在我们的大脑中，经常形成各式各样的图像和概念，而大脑不会将每一个想法都转化为文字。尽管语言并非思维的全部，但它确实是我们思考和沟通的重要工具。最终，语言成为现代智人在地球上生存和繁衍的关键因素之一，它帮助人类的祖先在与地球上其他物种的竞争中占据了优势，并成功地将人类的种族传播到世界各地。

通过语言，现代智人建立了复杂的组织结构，发展了先进的技术和文明，奠定了人类在地球上的主导地位。

保存完整的古埃及语言系统

智人之后，在人类文明的开端，古埃及的例子非常典型。

1799 年，拿破仑带领法军在埃及作战，一位法军上尉在埃及的港湾城市罗塞塔发现了一块石碑。拿破仑战败后，根据英法之间的《亚历山大议定书》，法国人在埃及取得的战利品全部归英国人所有。从 1802 年起，罗塞塔石碑被保存于大英博物馆。在这块公元前 196 年制的石碑上，从上到下共刻有同一段文字的 3 种语言版本（见图 1-2）。最上面是 14 行古埃及代表与神沟通的圣书体象形文，句首和句尾都已缺失；中间是 32 行古埃及平民使用的世俗体文字，这是一种象形文字的草书变体；下面是 54 行古希腊文，因为刻写这些文字时古埃及已经被希腊统治。1813 年，英国学者托马斯·杨（Thomas Young）发现碑文中多次提及的一段古埃及文字组合对应“托勒密”的古希腊语发音。这个发现像一把打开神奇宝藏的钥匙。学者们能够读懂古希腊语，以此对照其他两种语言的文本，法国历史学家、语言学家让·弗朗索瓦·商博良等人经过努力，逐步解开了古埃及象形文字的密码。罗塞塔石碑的破译标志着埃及学的正式诞生。这不仅让古埃及文字得以重见天日，也使得整个埃及文化如同一幅画卷，在 2 000 年后向世人徐徐展开。托马斯·杨还是一位物理学家，力学里的杨氏模量和光学里的杨氏双缝干涉实验也是以他的姓氏命名的，后者证明了光的波动性。

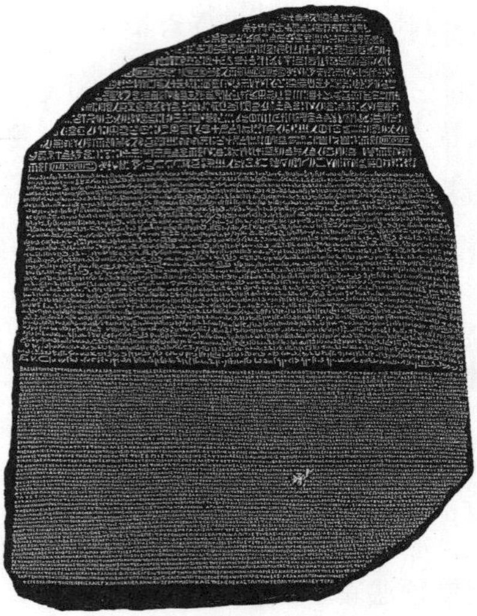

图 1-2　罗塞塔石碑图

古埃及文字在形状上类似于象形文字，但它实际上是一个包含象形表意和表音元素的复杂系统。古埃及语的字符具有表音性质，这让我们在今天不仅知道这些古埃及文字的意思，甚至可以像古埃及人一样流利地朗读它们。尽管这些文字在墙上静默了几千年，但它们仍然清晰可辨，并且我们可以掌握其确切的发音。这些符号组合起来，能够完整地叙述事件。古埃及语的破译帮助我们更全面地了解了古埃及人的生活方式、宗教信仰、政治结构和社会习俗。古埃及文字的稳定性使得从古埃及出土的文献和壁画以及墓葬中的碑刻，成为我们了解古埃及历史的重要线索。这些资料使我们能够将古埃及法老年表追溯至公元前 31 世纪左右的早王朝时代。

古埃及时期可以分为以下几个主要阶段：

- 早王朝时期（约前 31—前 27 世纪）。
- 古王国时期（约前 27—前 22 世纪）。
- 中王国时期（约前 21—前 17 世纪）。
- 新王国时期（约前 16—前 11 世纪）。

古埃及语的圣书体（见图 1-3）在当时已经发展得相当完善，尽管其书写过程颇为烦琐且并非普及的语言。普通的古埃及人并不使用这些文字，而是由祭司——神职人员，通过书写圣书体文字来与诸神沟通。在多神教的古埃及文化中，与神的交流是一种宗教仪式，因此，祭司们在书写时严格遵循已有的规范，几乎杜绝任何个人意义上的创新，按照固定模式准确地书写文字。古埃及壁画也是经过精心设计的，尽管看起来是图画，但它们实际上是严格遵循特定规则的表达，往往附有拼音文字的详尽注解。对古埃及人来说，壁画与其说是艺术创作，不如说是与神明沟通的方式。因此，壁画中的元素往往显得刻板，并不完全反映现实世界，而是反映了一种深刻的宗教意识和表达方式。

古埃及壁画并非为了真实再现，而是按照神圣的模式来表达重要、被认为有价值的事物。例如，壁画中人物的手指除拇指之外总是等长的。壁画中的人物形象常常呈现出一种特殊的侧脸，却搭配着正面的眼睛——在现实中，我们从侧面是看不到正面的眼睛的。此外，人物的肩膀总是画成正面的，腰部则奇怪地扭曲到侧面，这种姿势在现实中是不可能实现的。古埃及壁画中的这种表现手法是一致的，无论描绘的是凡人还是神明，如太阳神的身体结构与人类一致，两个大脚趾全部是朝外的，而正常人也无法这样站立。这些壁画的一致性表明，古埃及人关注的是表达他们认为最重要的事物，而不拘泥于对现实的精确描绘。

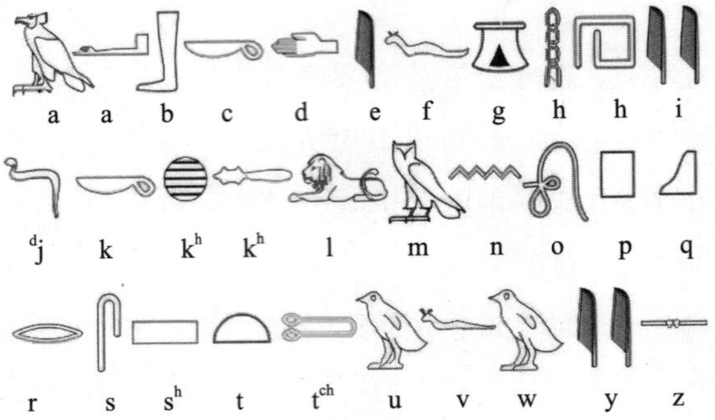

图 1-3　古埃及语的圣书体

扩展
知识的边界
Logic of the World

古埃及壁画对毕加索的影响

古埃及壁画的作画风格启发毕加索创立了立体派。19 世纪，日渐成熟的摄影技术对传统宫廷画师构成了挑战。画师们通常为富有的客户绘制耗时数周甚至数月的肖像画，如我们今天所见的欧洲贵族肖像。随着摄影技术的发展，这些肖像可以迅速且准确地通过拍照完成，而且效果往往胜过绘画。未来的艺术该如何发展？这是摆在 19 世纪整个艺术界面前的一个难题。

毕加索在他的蓝色时期①之后，对非洲文化产生了浓厚

① 毕加索的蓝色时期大致从 1901 年持续到 1904 年，这是他在巴黎度过的早期岁月。他在这一时期的作品的主要特征是大量使用蓝色、青色等冷色调颜料作画，作品主题多涉及贫困、孤独、绝望的社会边缘人物的生活状态。

兴趣，尤其受到古埃及壁画的深刻启示：画作不必严格反映现实世界，而是可以传达画家个人的思想或情感。在古埃及时代，这些思想往往是神圣的；在毕加索和凡·高等所开启的艺术新时代，艺术家们可以利用绘画来表达个人的思想和情感。

毕加索的立体派作品打破了传统的透视规则，通过分解和重新组合对象来表现多角度的视野，这与古埃及壁画中对形象的处理方法有着异曲同工之妙。用一个平面表现立体，立体派的这一创新标志着艺术从传统的现实模仿转向了画家个人意识和思想的表达。在这样的背景下，艺术家们开始探索新的艺术方向。毕加索和凡·高等人在这一时期涌现，在短时间内开辟了多种新的艺术途径。从此，艺术界的立体派、野兽派、达达派、后现代主义等流派相继兴起。艺术作品成为一种语言，传达着艺术家的独特视角和内在世界。

语言统一保证了金字塔工程的顺利完成

古埃及的另一伟大工程——金字塔的建造也体现了其语言系统的重要作用。关于古埃及金字塔的建造者，流传最广的观点是法老和神职人员驱使成千上万的奴隶，耗费数十年的时间完成了这些宏伟的工程。然而，这一传统观点受到了近些年考古新发现的挑战。最初将金字塔与奴隶劳动联系在一起的是2 000多年前的古希腊人。而当古希腊人看到金字塔的时候，这些巨型建筑已经矗立了2 000多年！在古希腊人看来，谁会心甘情愿去干这种一眼看不到头的工作？肯定是被驱使的奴隶！而奴隶制，是古希腊人早已习惯的社会制度。

然而在过去的几十年里，在金字塔周围发现的建筑工人的村落揭示了与传统观点不同的情况。例如，在这里出土的泥板记录了建筑工人的考勤情况，并详细记载了工人请假的原因，如被蝎子蜇伤、参加家庭祭祀活动、参加朋友婚礼，甚至是因为宿醉等。这些记录表明，工人享有人身自由，有正常的市井生活，不太可能是奴隶。此外，考古发掘的纸莎草文献详细记录了金字塔建设期间的食物分配情况，包括为建筑工人购买的羊的数量及工人的日常工作记录。文献还包括政府官员的工作日志和地方政府的会计记录，且显示了支付给建筑工人的薪酬。有意思的是，没有证据表明古埃及人发明了货币，薪酬是以面包和啤酒的形式发放的。

墓葬中的壁画进一步展现了这些建筑工人的日常生活状态。画面中描绘了搬运大量供应给工人的啤酒容器，以及远途驱赶牛羊的场景。在金字塔附近的灰坑中发现的食物残渣表明，建筑工人的饮食中包含大量的牛肉，其中大部分来自年轻健壮的小牛。对牛骨的化学成分分析显示，这些牛并非在金字塔周围饲养，而是为了给工人提供丰富的饮食，从远处的牧场被驱赶着长途跋涉而来的。

通过这些考古发现，我们可以得出结论：金字塔的建造者不太像是奴隶，而是享有一定社会地位和待遇的普通平民，他们的工作得到了充分的尊重和劳动报酬。那么，古埃及人为什么要大兴土木建造金字塔呢？

根据目前的观点，主要有两个原因。第一个是宗教原因。古埃及沿尼罗河发展而来，河流自南向北，上游地区被称为上埃及，入海口附近的三角洲地区则被称为下埃及。金字塔主要集中在尼罗河下游的三角洲地区，西岸是太阳落山的方向，象征法老希望在死后能够回归太阳神的身边，实现永生。

第二个是社会治理方面的原因。尼罗河每年泛滥，从上游带来富饶的淤泥，使得古埃及人仅需农耕半年就能收获足够全年食用的粮食。这种农业生产的周期性导致了一个问题：人们在农忙季节之外有大量的空闲时间。

古埃及人在农闲时节的“无所事事”成了社会治理的一个难题。因此，法老和神职人员“共谋”了宏伟的建筑工程，将普通民众在农闲时节的剩余时间转化为建造金字塔的劳动力。这样一个以宗教为背景的伟大工程不仅为人们提供了稳定的工作，还满足了人们的精神追求，消耗了多余的体力和时间。因此，大量平民在不耕作的半年时间里，带着对神赋予的使命感和热忱，投入到金字塔的建造中。

长年累月地建造金字塔这样的巨型工程，使得古埃及社会产生了一个副产品。每年在建造金字塔期间，法老选拔最优秀的工匠参与这一伟大工程，来自古埃及各地的人们会汇聚到尼罗河三角洲。这样的集体努力不仅体现了当时人们对法老和宗教信仰的忠诚与奉献，也展现了古埃及社会的组织能力。在这种复杂的协作过程中，他们需要统一的语言来协调和组织这项浩大的工程。可以想象，语言不通将成为协作的巨大障碍（可以参考《圣经》里巴别塔的故事）。因此，古埃及语言的统一性和稳定性不仅是文化需要，也是组织大规模建设工作的实际需求。

这些工匠和劳动者在经过半年的建筑工作后，会返回各自的家乡，带着在工地上的见闻和神职人员讲述的故事，将法老的思想和国家的信仰传播到国家的每一个角落。这样的文化塑造了古埃及的统一性，尽管国家幅员辽阔，但半年的集体劳动使得民众能够围绕共同的目标团结起来，并使用统一、稳定的语言进行沟通。

这种语言和文化的统一性使得古埃及文明持续近 4 000 年，直至公元前

332 年被亚历山大大帝的马其顿王国征服。

总结来说，古埃及文明的长期稳定和中央集权的政治体制，促进了语言的统一。在这样一个统一的政治和文化环境下，语言作为一种重要的沟通和传播工具，其发音和书写形式更容易得到规范和传承。因此，尽管古埃及地域广阔，古埃及语在很长的时间内仍然保持了相对稳定性。

另外，关于古埃及文化的神秘，如金字塔的精确构造，有人提出过外星人干预的假说，但如果我们审视历史上所有的金字塔，就会发现这些结构是通过不断试验和改进而形成的。古埃及之所以建造金字塔，最初的目的是让法老更接近太阳神，因此他们努力将金字塔建得更高且更稳固。但在早期，由于建造经验不足，金字塔在修造过程中不断经历修改，每位法老都通过试错来改进设计。胡夫金字塔的完美形状是经过数十座金字塔试验和改进的结果，代表着古埃及建筑技术的巅峰。

语言方式深刻影响文化的形成和发展

语言方式不仅是文化的载体，更是其内在逻辑的体现。如图 1-4 所示，美索不达米亚楔形文字、古埃及象形文字与中国早期文字展现了不同文字的演化路径。

讨论古埃及的语言和文字系统，为我们揭示了人类语言的两种不同发展方向：表音语言和表意语言。古埃及语言是一种结合表音与表意的语言，其书写系统是根据发音来构建的。由于古埃及的特殊历史背景，尤其是需要组织大规模工程的需求，其语言在长时间内保持了相对稳定的发音。

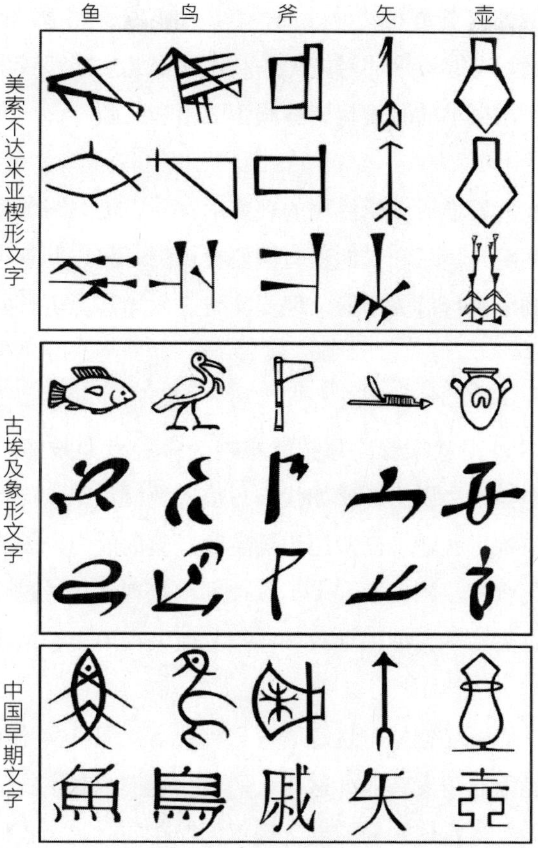

图 1-4　美索不达米亚楔形文字、古埃及象形文字与中国早期文字

这其实是一个特例，人类社会的方言多样性才是普遍现象。不同地区之间的发音差异巨大，所谓“十里不同音”，甚至相邻的村庄都可能有着截然不同的口音。在古代缺乏先进传播工具的情况下，这种差异导致了彼此间的沟通障碍，不同地区的人很难理解对方的语言。

随着时间的推移，世界绝大多数语言逐渐发展成为表音语言。表音语言的优势在于学习过程相对简短，因为它基于发音来书写，使得听、说、读、写对应简单。例如，英语和其他欧洲语言，如拉丁语、意大利语、法语等，其发音和书写之间有着直接的对应关系。这使得儿童能够较早地掌握阅读和写作技能，从而在很小的时候就能够阅读书籍和文献。

中文是当今世界唯一广泛使用的表意语言。它的书写与发音之间没有简单直接的对应关系，学习和掌握读写需要更长的时间。儿童可能在两三岁时就能与别人流畅地进行口头沟通，但要花费五六年甚至更长的时间来学习阅读和写作。

漫长的学习过程意味着读写技能被视为一种专业技能。因此在古代中国，读写能力能够用来谋生，比如代人写信或教授私塾。与此同时，这种学习难度也限制了各行各业工匠阶层记录实践经验的能力，因为他们往往没有受过正规的文化教育。因此，许多工程技术和发现无法通过书面形式广泛传播，只能通过口头传承，结果导致一些技艺遗失在历史长河中。

读到这里，你可能会觉得表意语言只有缺点，但事实完全不是这样。表意语言的沟通是独立于发音的，这让人们在跨越广阔时空的沟通上有得天独厚的优势。比如，当古埃及的巨型工程不再存在的时候，人们不再为伟大工程从全国各地汇聚到一起，语言的发音也渐渐随着时空的扩大而分化。文字不再体现读音，而仅仅是僧侣坚持的特殊表达方式，逐渐被普通人遗忘。最终，这些文字成为“死语言”，导致了文化的断层。

而表意语言的书写系统不受发音差异的影响，在通信技术不发达的时代成为人们跨越方言障碍沟通的桥梁。例如，尽管日语和中文的发音差异显著，但因为汉字是表意文字，所以即使不懂日语的中国人也能够大致猜出日本街头招牌的意思。

中文也曾经有独立的拼音系统，被称作注音符号。汉语拼音在新中国成立后被引入，用罗马字母代替了注音符号。中文的拼音系统和书写系统是并存的。而韩国为了强化民族文化认同，20 世纪 70 年代由政府公文开始完全停用汉字，其他领域逐步减少汉字使用，转而使用基于拼音的韩语书写系统，形成今天我们看到的现代韩语的书写方式。然而，这种转变也带来了文化上的断层。我曾与一位韩国朋友参观首尔的奉恩寺。这座寺庙有着数百年的历史，墙上刻有许多古代文人的诗句，我的韩国朋友却无法阅读这些汉字，因为他作为一个“70 后”，从没学习过汉字。我只能用英文向他解释韩国古代先贤留下的诗句含义。尽管表音文字在提高识字率和书写效率方面具有优势，但它们也可能导致历史文化遗产和文化交流上的困难，甚至是割裂。表意文字则不存在这方面的问题，这也使得中国成为唯一能够流传至今、拥有连续文化的文明古国。

表意语言在中国历史上的作用不容忽视。文字与发音的独立性使得即使在方言众多的地区，人们也能通过书写进行有效沟通。唐朝时期的通关文牒与现代的护照类似，是发放给旅行者的官方文件，用于记录和授权个人进行长途旅行。通关文牒详细说明了持有人的起始地点、目的地以及旅行的详细情况。此外，通关文牒上还会描述持有人的体貌特征，如性别、身高、肤色等，因为在没有照片的年代，这些描述对于确认身份至关重要。通关文牒上还会记录随行人员的数量、携带的行李以及可能的行进路线。古代的交通和气候条件多变，洪水或恶劣天气可能导致某些路线不可通行，通关文牒上会提供几条备选路线，以供旅行者根据实际情况选择。通关文牒具有法律效力，旅行者必须按照规定的路线行进，并在通过关卡时获得官方的认证盖章。如果未能获得相应的印章，旅行者在到达下一关卡时可能会被当作非法越境者处理。

1972 年出土的一份唐朝通关文牒记录了一个具体的案例：一名在濛池

都护府（今中亚地区）服役的偏将被中央政府调任至福建。他先行赴任，一年后，他的妻子携带了十几名随从和多匹骡马，计划从濛池都护府出发，长途跋涉至福建与丈夫团聚。这份通关文牒详细记录了他们的旅行信息，包括随行人员和行进路线。从濛池都护府到福建路途遥远，在古代，这段旅程更加艰辛和漫长。一行人走了约22个月才到达。人，走着走着就老了。

这种艰苦的长途跋涉凸显了古代中央集权对边远地区的管理难度。如果采用表音文字，由于发音和书写方式的差异，不同地区之间很快就会产生隔阂，一个村庄的发音和书写方式可能与隔壁村庄不同，这会使国家的统治变得极为困难。汉字的独特之处在于，它能够克服地域和方言的障碍，使得统治者的命令能够从首都传达到数千千米之外的边疆。通过这种方式，统治者的意志得以在整个国家范围内贯彻执行。表意文字为维持一个庞大的国家的统治提供了有力的工具。

表意文字在古代中国不仅是沟通工具，也构成了社会阶层流动的重要通道。在中国古代，科举制度是隋唐以后朝廷选拔官员的主要途径。通过科举考试选拔出的人才具备了成为官员的资格，再通过考试进入士大夫阶层，进而为国家服务。在古代中国，皇权的治理通常不会直接延伸到县级以下地区，县官的任命由朝廷以皇帝的名义发布，而县级以下地区的治理则依赖于地方乡绅，即所谓的“皇权不下县”。这种治理模式体现了皇权与地方士绅共治的特点，继而形成了中国特有的“士”文化。科举考试的核心在于考察应试者书写文章的能力，这是因为通过书写来表达政治见解是与统治者沟通的重要手段。县官需要能够准确理解统治者的意图，并代表统治者治理地方。通过科举制度培养出的官员，会被派遣到国家的各个角落，如新疆、福建等地，以代表皇权进行治理。通过科举制度选拔出的官员，不仅具备良好的文化素养，还深谙儒家哲学，即使在缺乏即时信息的情况下，也能够独立地进行地方治理。同时，他们还能通过书信与中央政府保持沟通，确保治理理念和政策的一致性。这种官员的培养模式，使得古代中国在辽阔疆域内的行政管理更加高效和统一。

为什么中国文化有“学而优则仕”的传统？在古代中国，当一个人学会了读书写字，他就能够理解统治者的旨意，并将这些旨意传达给全村的人。这样的人成为乡村与皇权之间的桥梁，是唯一能够解读统治者命令的人。为了精通这项任务，一个人需要投入多年的学习和实践。随着学问的提高，个人与皇权的沟通能力也随之增强，这使得他有资格担任更高的官职。

书写和语言的选择对一个国家的文化和治理体系产生了重要影响。在中国古代，尽管方言众多，但是表意文字的使用和科举制度的实施，促进了文化的统一和皇权的有效实施，使国家保持了文化的连续性和统一性。表意文字作为一种沟通方式，能够跨越时间和空间的限制，使得信息的传递更为持久和广泛。

至于使用表音语言还是表意语言，沟通方式的选择在很大程度上具有历史的偶然性，但对文化的发展和形成有着深远的影响。相比于中国，在欧洲，语言和文字的多样性促成了民族国家的形成和文化多样性的发展。欧洲各地都有自己独特的语言，一开始可能只是少部分发音不同，但随着时间的推移和地域的分离，发音的差异导致了书写方式的分歧，进而形成了各自独立的语言，并产生了不同的文化和治理体系。

举个例子，当你去欧洲旅游时，你会发现许多词在不同语言中发音相似。这是因为许多欧洲语言共享相同的词源。英语和法语之间的区别尤其有趣。这种区别可以追溯到征服者威廉[①]的诺曼征服时期，来自法国的贵族统治了英国很长一段时间。因此，早期英国贵族都讲法语，这对英语词汇产生了深远影响，特别是在食物命名方面。例如，桌上的食物名多源自法语，而地上跑的家畜名多源自古英语。比如，pork（猪肉）源自法语，而pig（猪）则是英语词；lamb（羊肉）是法语词，而 sheep（羊）是英语词；chicken（鸡肉）是法语词，而 hen（母鸡）和 cock（公鸡）则是英语词。这反映了当时的社会分工：普通英国人负责饲养家畜，而讲法语的英国贵族则享用已经烹制好的食物。

虽然拉丁语的书写和发音在欧洲各国都一致，但拉丁语更多是作为教会僧侣集团使用的一种小众语言，民间使用的主要是当地语言。语言和文化上的多样性在一定程度上推动了欧洲各国之间的竞争和发展，但也给他们带来了沟通和统一的挑战。人们之间难以进行有效沟通，就可能产生误解和冲突，使得欧洲难以统一为一个大国。这种差异逐渐演变，最终在 16 至 19 世纪演化产生了“民族国家”这一概念。

① “征服者威廉”即英王威廉一世。他原本是诺曼底公爵罗贝尔一世的私生子，但凭借卓越的军事才能和政治智慧，最终成为诺曼底的统治者，并在 1066 年成功征服英格兰（史称“诺曼征服”），自立为英王，称威廉一世，号称“征服者”。

第2章

宗教，古代人类对确定性的终极追求

Logic
of the World

就我的理解而言，哲学介乎神学与科学之间。哲学与神学类似，是因为它含有人类对目前受知识所限，无法企及之事物的猜想思索；哲学与科学类似，是因为它诉诸人类理性，而非诉诸关乎传统或神示之权威。我认为，凡有限之知识，皆属科学；凡超越有限知识之信条，皆属神学。然而，在神学与科学的夹缝之中，存在一无主之域，它左右为难，两头受气。这个无主之域，就是哲学。

——伯特兰·罗素

在人类发展的早期阶段，人们对未来的预期和对确定性的需求并不强烈，他们的生活更倾向于即兴和短期的满足。就像其他动物一样，人类专注于眼前的需求，对于长远的规划和未来的确定性并没有太多的考虑。

随着时间的推移，人类逐渐进入了一个新的阶段，开始寻求某种终极的确定性。这种确定性可能源于对某种超自然力量的诉求，如上帝或其他形式的神圣存在。宗教信仰在这一过程中起到了关键的作用，它引导人们朝着特定的方向前进，并帮助人们树立对绝对真理的追求。

在不断变化的世界中找寻确定性

从历史的角度来看，在从远古时代逐步演化到现代社会的过程中，人类对确定性的需求和追求也在不断演变。这种演变不仅反映了人类对未知的好奇心和探索精神，也体现了人们对稳定性和可预测未来的渴望。通过不断的探索和学习，人类逐渐建立了更为复杂的社会结构和知识体系，以期在不断变化的世界中找寻某种程度的确定性和秩序。为了更好地理解这种确定性，我们可以根据其涉及的时间和空间范围，将其分为 4 个层级：

1. 心理层面的确定性。心理层面的确定性从个体出发，基于感性，是最小的范畴。
2. 道德层面的确定性。道德层面的确定性由族群和文化出发，基于理念和共识。
3. 认知层面的确定性。人们希望找到一种适合人类认知习惯的稳定性，这种稳定性保证人们可以获得正确的知识，从而实现知识的积累和跃迁。
4. 物理层面的确定性。这种确定性是自然世界的确定性，适用于我们观察到的宇宙部分，是适用于宇宙各个尺度的物理学规律。

约 7 万年前，智人从非洲走出并分散到世界各地，慢慢发展出各自独立的文化。早期，这些文化多以图腾崇拜为主，在今天的美洲、澳大利亚原住民和非洲部落中，甚至在中国的一些地区，仍能找到图腾崇拜的痕迹。图腾崇拜希望通过具体的形象，将人对未来和未知的信心与超自然的神秘力量联系起来。

语言助推社会组织与信仰体系的诞生

现代智人的显著特征之一是对确定性的追求。我们通过交流和思考寻求长期的未来的确定性，这种追求不仅体现在物质层面，也体现在精神和文化层面。通过这种方式，我们构建了复杂的社会结构和文明体系，以期在未来实现更加稳定和有序的生活。智人从游牧生活过渡到农耕生活，寻求稳定的收成和人口的可持续增长。农耕时代的稳定生活促使人们敢于繁衍后代，因为预期的稳定粮食产量使得养育更多子女成为可能。这种对确定性的追求，逐渐积累成为文化的一部分，并推动了社会契约的形成。

当一群人聚集在一起时，必须有一个组织过程。在这个过程中，会产生领头人和执行者，从而形成社会组织。当大量的人聚集在一起共同行动时，合作的默契是必不可少的。这些合作的规则逐渐演变为社会契约。社会契约是基于人们对世界、人际关系以及内心世界的认识而逐步形成的。人类面临的首要问题包括与自然的关系、社会中人与人之间的互动，以及个体与自己内心世界的联系。人们不仅关注当下的生存，还对未来产生预期，通过讲述故事和进行经济活动，人们试图连接现实与未来，掌握未来的规律，从而超越对自然不确定性的依赖。社会契约有三种主要表现形式：一是法律；二是经济和交易规则；三，也是最广泛和最重要的部分——信仰。

信仰在这三者中占据着核心地位，因为它提供了对自然、社会和个体内心世界的终极解释。不同的信仰体系，包括宗教信仰，大都提供了对以下3个问题的解释：

1. 人与自然的关系。
2. 人与社会的关系。
3. 人与自己内心世界的关系。

在这里，我将信仰与宗教混为一谈了，多多少少带有实用主义色彩。然而，在许多严谨的宗教研究中，人们对宗教与信仰是有所区分的。虽然宗教和信仰存在的目的之一都是约束社会关系，但宗教通常指的是基督教等有神信仰。法律和经济都在规定有限的社会关系，信仰则规定有限的社会关系之外的关系。

不同的信仰体系在解决上述 3 个问题时各有侧重。例如，儒家信仰在解决人与社会的关系方面表现尤为突出，对于人与自然的关系则关注较少。孔子在《论语》中说“子不语：怪、力、乱、神”，孔子不愿意谈论超自然现象，讲究入世，所谓“未知生，焉知死”。孔子关于人与内心世界的讨论也相对较少，但这也给其他信仰留下了融合的空间。佛教则更多关注人与自己内心世界的关系，而不愿意多谈人与社会的关系。不同的信仰体系虽然在以上 3 个问题上有不同的侧重点，但都是围绕这 3 个问题展开的。

以儒家哲学为代表的中国传统文化主张，导致中国人缺乏对唯一神的信仰，但也因此具备了包容各种有神宗教文化的能力。例如，在中国许多庙宇中，佛教、道教的神祇和儒家圣贤常常共存于一室，一个庙宇里既供奉如来佛、太上老君，也供奉孔子。人们对这些神祇或先贤的态度是实用主义的，认为“哪个管用哪个对”。在献祭时，人们可能会将同样的供品同时献给不同的神祇或先贤，人们相信他们会自己分配。这种对神祇或先贤的态度对处于一神教文化背景中的人来说是难以理解的。在中国，人们还信奉山神、土地神和狐仙；在一些城市，树上挂着红布条以崇拜树仙；在广东等地，人们信仰妈祖等。人和神之间也是可以互通的，例如，关帝和钟馗都是被信奉的由人到神的代表。在中国，没有固定的神，这与古代一些多神教文化相似，典型的例子是古埃及。许多早期的宗教都信仰众神，每个神都有复杂的关于各自神职的描述，最终形成多神论信仰。

古埃及的各个村落统合为一个统一的大国家时，不同的信仰相遇，有些地方神的传说被其他传说吸收，有些则结合在一起，最终形成三大系统。

- 太阳城的九柱神。
- 赫尔摩波利斯的八元神。
- 孟菲斯的三联神。

在这里，以太阳城的九柱神系统为例，讲述信仰体系（见图 2-1）。

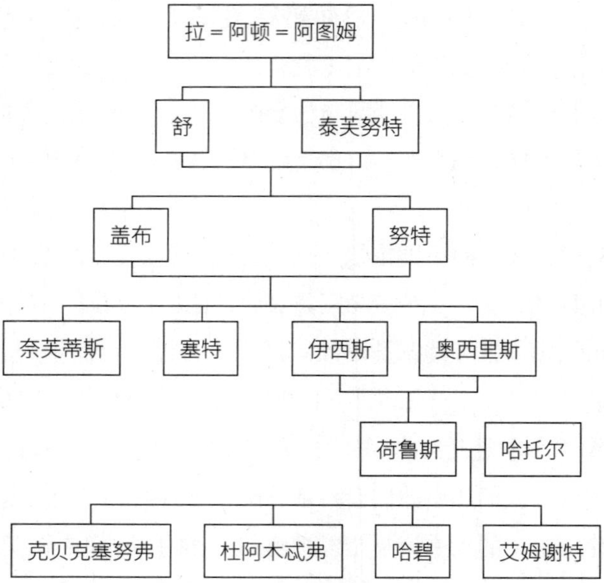

图 2-1　太阳城的九柱神体系

阿图姆或叫作拉（Atum 或 Ra），是太阳城地区信仰的造物神。太阳神拉（Ra 或 Re）的名字则大概出现在在早王朝时期，法老以太阳神为王权的来源，所以大力支持，拉很快成为全国性的信仰主神。阿图姆于是被与拉结合，代表落日，是太阳疲惫衰老等待重生的形象。新王国时期，阿顿则被法老埃赫那吞尊崇为唯一的太阳神。

第二代神是风神与空气之神舒（Shu）以及雨神与湿气女神泰芙努特，他们由阿图姆通过自我繁衍的方式诞生。之后两位生下第三代的大地之神盖布和天空女神努特。太阳每天清晨被努特生出来，黄昏又被吃下去。盖布和努特生下冥神与农业之神奥西里斯、生育女神伊西斯、沙漠与风暴之神塞特、死者守护神奈芙蒂斯，加上阿图姆、舒、泰芙努特以及盖布和努特，构成九柱神。其中，伊西斯和奥西里斯有四个儿子，他们镇守四方，负责保护死者的内脏，因而被雕刻在收藏木乃伊内脏的卡诺普罐当守护神：艾姆谢特（人首，南方，肝）、哈碧（狒狒首，北方，肺）、杜阿木忒弗（豺狼首，东方，胃）、克贝克塞努弗（鹰首，西方，肠）。

在另外两个神话系统里，赫尔摩波利斯城的八元神是四对男女共八位神祇，象征四种世界初始的状态：努恩（Nun）与纳乌乃特（Naunet），代表水；哈赫（Heh）与哈乌特（Hauhet），代表永恒；库克（Kuk）与库克特（Kauket），代表黑暗；阿蒙（Amun）与阿蒙奈特（Amaunet），代表空气。其中男性都是蛙头，女性都是蛇首。

孟菲斯是上下埃及统一之后的第一座首都，这座城邦的三联神之中的父亲是造物神普塔，母亲是狮首女战神萨赫麦特，二者生下的儿子奈菲图姆负责美与疗愈。其中最重要的是造物神普塔，孟菲斯人相信普塔创造了世界，并用精液和手指制造出其他诸神，并称他为九柱神之心与舌，因为心脏和舌头是古埃及人认为灵魂和智慧之所在。

地域的维度之外，埃及人所崇拜的神灵形象还可以大致分两大类。第一类是动物化诸神，其形象一般是动物或兽头人身或兽身人面。如女神哈托尔在顿德拉以牛的形象受到尊奉，布托的西岸寺庙则供奉着女蛇神艾约，等等。图腾崇拜和以动植物形式出现的地域神是普遍现象，但古埃及神话的这种特点尤为突出。第二类是拟人化诸神。这类神通常以人的形象出现，代表各种宇宙元素和自然现象，是自然力量或抽象观念的人格化，如天空女神努特、地神格卜、冥神与农业之神奥西里斯、创造之神普塔赫等。其中尼罗河泛滥之神哈比与埃及农业文明密切相关。“埃及是尼罗河的赠礼”，由于尼罗河每年泛滥后大片肥沃的土地是丰收的重要保证，因此埃及农民把尼罗河看作神圣的施恩者，哈比则被想象为一位居住在远方大洞穴中的神祇，尼罗河水就从这个洞穴中流出。埃及人用歌舞和献祭欢庆一年一度“哈比的来临”。

在古希腊的信仰中也有许多神灵。这些神灵之间存在复杂的亲缘关系以及稀奇古怪的故事。众神有神力和神迹，他们之间的爱恨情仇比凡人更为复杂。在古希腊神话故事里，神与神之间存在矛盾、忌妒甚至仇恨，常常引发在人间的战争，如特洛伊战争就是因为神之间的忌妒而导致凡人经历了几十年的战争。古希腊神话故事反映了当时人们对精神寄托，对人与神即人与自然之间关系的思考和解答。

把视线转回东方，印度同样是一个文化丰富多样的国家，其神话传说和宗教信仰尤为独特。印度人对神的重视体现在他们对神祇数量的描述上，据说有三亿三千三百万之多，这一数字虽然夸张，却反映了他们对神秘主义的浓厚兴趣。

公元前 6 世纪左右出现的佛教，是印度早期诸多宗教的一个学派，它从对终极力量梵天[①]的信仰转向对人内心的关心。佛教的一支在公元 1 世纪初

① 在印度教中，梵天被认为是宇宙的创造者，是三位主神之一，与毗湿奴和湿婆并称。这三位神分别代表了宇宙的创造、维持和毁灭这 3 个基本功能。

传入中国之后，佛教与本土宗教信仰之间经历了几个世纪的斗争与融合，最终形成了汉传佛教，与中国的多神信仰融合。它吸收并丰富了中国传统文化，被称为大乘佛教。佛教在唐朝又传到了朝鲜和日本。公元 7 世纪，佛教通过唐与吐蕃的交流传入西藏，与西藏本土的教派结合，形成了具有浓郁图腾色彩的藏传佛教。佛教的另一支独立传播到泰国、缅甸等地，形成了今天被称为南传佛教或小乘佛教的教派。而在印度本土，唐玄奘去取经之后不久，佛教便逐渐衰落，最终成为一种比较边缘化的小众宗教。

一神教兴起，提供更清晰的道德和行为指导

尽管多神信仰在诸多古代文明中占据主导，但古埃及新王国时期发生了一件特别的事情，挑战了传统。法老埃赫那吞[①]提出了第一个一神教信仰。埃赫那吞主张太阳神阿顿是唯一值得凡人崇拜的真神，埃赫那吞这个名字就是“阿顿的奉事者”的意思。埃赫那吞反对宗教仪式所崇尚的对神和法老脱离现实的描述方式。他主张雕像和画作应该描绘现实，按真实情况描绘，而不拘泥于宗教仪式。古埃及壁画的形象在他主张的教义下发生了很大变化，更多地描绘真实的场景。

现存的关于埃赫那吞的雕像中，他的面部修长而颧骨高耸，不符合埃及传统审美标准，绝对没有被描绘成一个美男子。埃赫那吞的雕像和壁画也反映了法老真实的身材，臀部宽大，腿部不正常的粗壮，据现代医学分析，这极有可能是近亲结婚的后遗症。埃赫那吞的王后是纳芙蒂蒂，被称为埃及最美丽的女人，她的名字在古埃及语中意为“美丽的来临”。古埃及有个说法，

① 埃赫那吞（Akhenaten），原名阿蒙霍特普四世（Amenhotep IV），在位时期大约是公元前 1353 年至前 1336 年，他是古埃及第十八王朝法老，该王朝属于古埃及历史上的新王国时期。

如果纳芙蒂蒂的鼻子再高一点，可能会改变埃及历史。纳芙蒂蒂的雕像今天收藏于德国国家博物馆。古埃及历史上有两位著名的女人，一位是纳芙蒂蒂，另外一位是“埃及艳后”克利奥帕特拉七世[①]。

虽然在埃赫那吞死后，古埃及重新恢复了多神崇拜，但埃赫那吞的一神崇拜信仰体系为古埃及宗教带来了一种新的视角，它提倡了一个统一的、绝对的真理概念，即真理由一位神掌握，而非众多神明之间的纷争而使信徒无所适从，甚至让别有用心者从中渔利。这种对单一真理的追求也反映了人们对确定性和稳定性的向往。在多神教中，众多神明代表着不同的信仰和价值观，这可能导致信仰上的混乱和冲突。相比之下，一神教提供了清晰的道德和宗教指导，人们可以从中找到相对确定的真理和秩序。埃赫那吞的一神教思想对后来的宗教产生了深远的影响。一些说法认为，埃赫那吞的一位祭司继承并发展了这一思想体系，最终形成了古犹太教的基础，这位祭司可能就是犹太《旧约》里的摩西。这一说法由弗洛伊德提出，尚缺乏足够的证据。

《出埃及记》是《旧约》里的第二卷书，紧跟在《创世记》之后，它记述了摩西带领犹太人离开埃及的故事。今天看来，有可能是以摩西为代表的犹太人创立了犹太教，声称与上帝订立了《摩西十诫》这一契约，约定犹太民族是上帝选民。

犹太教坚信上帝是唯一的真神，要求信徒专一敬拜，主要为犹太民族所信仰。但公元元年前后，耶稣的传教向世人传达了一个新理念：信仰上帝与种族无关，所有人都可以通过相信上帝进入天堂。基督教这样一个普世信仰

① 克利奥帕特拉七世，古埃及托勒密王朝的最后一位女法老，统治时间为公元前 51 年至前 30 年。她于公元前 31 年败于屋大维之手，次年结束了自己的生命。她的死标志着托勒密王朝的结束，埃及随后成为古罗马共和国及后来古罗马帝国的一个行省。

便从犹太教这样一个民族性的信仰中衍生出来，所有人都可以通过信仰得到救赎，成为上帝的选民。这也就导致基督教脱离了犹太民族的范畴，变成欧洲众多民族的共同信仰。《旧约》和《新约》这两部分合在一起，构成了《圣经》。

《新约》记述了耶稣的生平，从他的诞生、传教、展示神迹到最后的受难与复活。不同门徒从各自的角度记录了耶稣的生平和言论。近年来，通过考古发现，人们找到 80 多个不同抄本的《圣经》。这些抄本中，许多故事是重复的，相互印证，但也存在不同的细节甚至相互矛盾的内容。4 世纪初，罗马皇帝君士坦丁大帝皈依基督教。公元 325 年，第一次尼西亚会议在君士坦丁大帝的支持下召开，旨在解决阿里乌派神学争议。此次会议制定了《尼西亚信经》。从公元 4 世纪末至 5 世纪初，多次教会会议对《新约》进行梳理，逐步确认了 27 卷《新约》正典，并由教皇英诺森一世（Pope Innocent I）在公元 405 年认可，形成了今天广泛流传的《新约》。

虽然有对上帝一致的核心信仰，但在关于教义的具体解释和实践上的不同衍生出众多教派。例如，犹太教与基督教之间的分裂，主要体现在对上帝之子身份的认同问题上。在犹太教的《旧约》中预言，弥赛亚，即救世主将在最终审判之时降临。然而，耶稣暗示自己就是弥赛亚，这一主张在犹太教中引起了争议，因为不符合《旧约》里对救世主降临的描述。

对信仰《旧约》的普通犹太人而言，终极审判的时刻尚未到来，此时有人声称自己是上帝的儿子，并要与上帝重新订立契约，这显然是离经叛道的。而且耶稣宣称所有人，无论种族出身，只要信仰上帝，都有被救赎的机会。那时的犹太人可能会真的认为他是个狂妄、处心积虑的阴谋家。在他们看来，耶稣的教导与犹太教的传统教义格格不入，是对《圣经》的挑战，是异端分子的主张。

基督教的分化体现了语言诠释的多义性

基督教对教义的严肃讨论，部分源于古希腊流传下来的思辨习惯，尤其是亚里士多德的逻辑学说。如果将这些问题放在其他宗教系统中，可能并不需要如此详细、苛刻的讨论。然而，基督教严肃认真地讨论这些问题，如“上帝是唯一神”的问题，以及“上帝之子耶稣是否为神”的问题。最终教会提出圣父、圣子、圣灵“三位一体”的教义。圣父是上帝，圣子是耶稣，圣灵是神的精神存在，它们是一个神的不同位格，共享同一本质。在基督教内部，这一教义的诠释针对“一神论”与“耶稣神性”问题达成了一致。

天主教与基督新教之间的分裂是宗教历史上的另一个重要事件，其争议焦点之一涉及对耶稣的母亲玛利亚的神圣地位的认知。在天主教教义中，玛利亚被尊为“圣子之母”，并被赋予了受特殊敬仰的地位。这种信念体现在天主教教徒的日常生活中，比如在美国，如果去墨西哥裔的天主教教徒家中拜访，常常会见到他们供奉着怀抱圣子耶稣的玛利亚像。与此相对，基督新教一般不强调玛利亚的神圣地位，而是更侧重耶稣基督的教导和救赎行为。

在基督教的世界里，亚里士多德有着崇高的地位，他关于逻辑的规则成为基督教理性的标准。基督教创立之初就首先假设只有一个真神，在这个基础上，人们可以进行严格的逻辑讨论。借鉴了古希腊用上千年时间积累的逻辑方法，基督教在形成过程中就经历许多严肃的哲学命题讨论。按照亚里士多德的逻辑基本规则，一套理论需要有基本假设，而对基督教来说，则有3个基本假设。

1. 《圣经》是真实的，是思考的起点。

2. 上帝是存在的唯一神。
3. 人是上帝创造的，上帝爱人。

对于这 3 个假设，人们是不能讨论为什么如此的，它的正确性依靠信仰。

基于这样的假设，基督教的教义和实践成为可以通过逻辑辩论和推论来探讨的领域。亚里士多德的逻辑学说——包括同一律、矛盾律、排中律和因果律这 4 大基本规律，为这些辩论提供了基础。基督教的教义建立在一系列逻辑规律之上，并且随着时间的推移，出现了关于灵魂和信仰的讨论，因为这些问题在《圣经》中并没有明确。这种空白导致的不确定性为教义的扩展和知识的发展提供了丰富的土壤。

我们通常将基督教、犹太教等称为宗教，而将中国的儒家哲学称为信仰。因为这些宗教中都有一个“宗”，即唯一的信仰体系，围绕唯一的神来构建，而儒家哲学并不追求类似的统一的宗教体系，没有固定的神。与一神教不同，儒家的教化不需要定期礼拜或者去教堂，因为它假设社会结构是家庭结构的映射，在家庭教育的耳濡目染和氏族宗亲的氛围里，儒家哲学完成了关于伦理和社会关系的传播和继承。

随着时间的推移，基督教演化出了“一教三系”的结构：公元元年前后出现的被称为“天主教”（Catholicism）；1054 年教会分裂后，留在西罗马的被称为“大公教”（Catholic），意为“普遍”；而东部的拜占庭教会，他们自称正统派，中文翻译为“东正教”（Orthodox），意为“正信”；16 世纪，马丁 · 路德宗教改革之后出现的分支有很多，现在被统称为“新教”，其英文 Protestantism 源自拉丁语 protestari，意为“公开声明”或“抗议”。在欧洲旅行时，我们可以通过教堂的一些特点来区分天主教和新教。天主教教堂通常被称为大教堂（cathedral），其内常常供奉圣母玛利亚像。天主教十字架装饰繁复，通常有耶稣受难的雕像。相比之下，新教的教堂一般被称为教会（church），其十字架通常样式简洁，很少有受难的耶稣像。现存的天主教大教堂通常是规模宏大的巴洛克式建筑，而新教的教堂则相对规模较小、装饰朴素，甚至在教徒的聚居地也并不非常显著，体现了新教的简约风格。

天主教堂内有专职的神职人员，如神父，他们专职负责与神沟通，并主持复杂的宗教仪式。新教则主张每个人都可以直接与神沟通，而且新教的牧师是可以结婚的。与神的沟通能力很大程度上依赖于《圣经》的媒介：宗教语言。在中世纪，宗教语言是拉丁文，这是一种独立于本地方言的语言，作为神职人员的特殊知识。由于当时的《圣经》是用拉丁文写的，不是人们日常使用的语言，普通人无法读懂《圣经》，需要通过神职人员的讲述来了解《圣经》的内容。当人们需要与上帝沟通时，必须通过神职人员进行祷告和忏悔。神父作为信徒和上帝之间的中间人，拥有解释和传达信息的权力。僧侣的这种特殊地位导致了滥用职权等行为的出现，如以上帝的名义“销售”赎罪券。

文艺复兴时期，《圣经》被翻译成包括英文和德文在内的多种世俗语言版本，普通人得以用自己的语言直接阅读，不再需要依赖神职人员作为中介。随着谷登堡发明的金属活字印刷术的推广，《圣经》开始被以欧洲各民族的本民族语言大量印刷，这为以马丁·路德为代表人物的宗教改革创造了广泛的群众基础。欧洲各地的信众根据自己的理解诠释教义，推翻了以罗马教宗为最终解释权威的天主教体系，形成了多样的基督教新教教派。

亨利八世的婚姻闹剧与英格兰宗教改革

对《圣经》的不同解释在这一时期形成了不同的新教教派。以英格兰的宗教改革为例，天主教教义主张一夫一妻，不允许离婚，但亨利八世[①]的私生活一直是个困扰国家和民族信仰的问题。于是亨利八世找出了罗马教廷规定的漏洞：虽然不能离婚，但妻子去世后可以再婚。他的第一任王后是阿拉贡的凯瑟琳，两人于 1509 年结婚。1533 年，亨利八世宣布这段婚姻无效，因为凯瑟琳是亨利八世已故哥哥的遗孀。凯瑟琳为亨利八世生下了后来的玛丽一世，玛丽一世因其对异教徒的残暴统治，获得外号“血腥玛丽”，后来这成了一种鸡尾酒的名字。凯瑟琳的继任者是她的侍女安妮·博林，然而安妮也很快失宠。结婚三年后，亨利八世以通奸罪处死了安妮。

亨利八世的第三任妻子简·西摩在结婚一年后病逝。他的第四任妻子是克里维斯的安妮，结婚前，双方从未见过面。亨利八世在婚礼当天才发现她的容貌与媒人的描述相去甚远。对此极为不满的亨利八世很快宣布这段婚姻无效。为了补偿她，亨利八世赐予她“国王的姐妹”头衔，赠予她城堡和大量财产。同时，亨利八世将媒人推上了断头台。他的第五任妻子凯瑟琳·霍华德于 1540 年与他结婚，1542 年，她被以通奸罪处决。他的第六任妻子是凯瑟琳·帕尔，她终于熬过了亨利八世。

天主教不允许离婚，但也没有说可以处决配偶来再婚。

① 亨利八世，英国都铎王朝国王，1509—1547 年在位。他因与罗马教宗决裂、建立英格兰教会及拥有多次婚姻而闻名，推动了英格兰宗教改革。

在离婚问题上，亨利八世与罗马教宗有严重分歧，教宗最终决定对亨利八世处以绝罚，开除亨利八世的教籍。在那个时代背景下，绝罚是一项极为严重的惩罚，被开除教籍者会被身边的人排斥，成为一个被诅咒的、行走在人间的魔鬼。对于一个虔诚信仰上帝的信徒而言，与被开除教籍的人交谈无异于与魔鬼沟通，甚至连仆人也不敢与他说话。

亨利八世被开除教籍这一事件发生在宗教改革和启蒙运动逐渐兴起的大背景下。在这一时期，德国已经开始质疑传统天主教的传教方式，并寻求宗教和知识的改革。《圣经》被翻译成英文和德文，使得更多的普通民众能够直接阅读和理解《圣经》的内容，这进一步削弱了人们对罗马教廷传统的信仰，全欧洲各地开始对宗教权威进行反思。英格兰教区的坎特伯雷大主教这一职位往常需要由罗马教宗任命，而英国国王的加冕仪式也通常由教宗主持。在亨利八世被开除教籍之后，坎特伯雷大主教向亨利八世提出建议，如果英国王室以后承担起册封英国教区的大主教即坎特伯雷大主教的责任，他可以为亨利八世恢复教籍，并主持今后国王的加冕仪式。这样，英格兰教区就可以完全独立于罗马教廷。

1534年，英格兰国会通过了《至尊法案》，这一行动标志着英格兰建立了独立于罗马天主教会的英格兰教会，也被称为“圣公会”，亨利八世成为英格兰教会的最高领袖，教宗无权干涉英格兰教会的事务。英格兰教区的坎特伯雷大主教的任命后来也由英国国王来指定，这一传统一直延续至今。今天，英国大多数教堂都属于圣公会教派。

亨利八世的长女玛丽一世信仰罗马天主教，她继位之后积极推动天主教的复辟。在牛津的圣吉尔斯广场上，有一个十字架标志，名为殉道者纪念碑（Martyrs' Memorial），这是玛丽一世在位期间烧死三位新教改革者的地方。玛丽一世死后，伊丽莎白一世继位。伊丽莎白一世信仰新教，在她的统治时期，她对天主教和新教采取了包容的态度。此时，大多数英国人转向信仰新教。但很快，来自平民阶层的新教教徒发现，对比罗马教廷，国教会也没有太多的改变。原来的宗教领袖是教宗，现在变成了国王，其他方面几乎没有改变。这些人认为宗教改革不彻底，主张进行更加彻底的宗教改革，并发展了清教运动，推动新教进一步净化。由于清教徒的主张也在反对英格兰王室对宗教的控制，因此他们在英格兰受到迫害，不得不逃到荷兰，最终从荷兰迁往美国。

在基督教的教义讨论中，教义本身对信徒的行为设定了明确的界限。然而，当教义中存在模糊或未明确规定的情况时，信徒可能会寻找其中的漏洞。以离婚为例，虽然教义明确禁止离婚，但若有人发现教义并未提及对极端行为（如“推上断头台”）的禁止，他们可能会利用这一点来为自己的行为辩护。一旦这样的漏洞被发现，信徒和神职人员可能会尝试对其进行解释和修补，以适应当时社会的需求。这种对教义的不同演绎和解释，最终可能导致新教派的形成。基督教作为一神教，所有教派都信仰同一位神，尽管所有基督教教派都以《圣经》为信仰的核心文本，但由于《圣经》的开放性和语言的多义性，它允许多种诠释方式，因此信徒们对《圣经》的解读和应用可以有很大的不同，这可能导致信徒之间的理解出现差异。这些不同的诠释和实践逐渐形成了多样化的基督教教派，丰富了基督教的宗教景观。从这种演化趋势中可以看出，无论语言本身是表音还是表意，写下来的语言就会有不同的诠释，而不同的人会对其有不同的认知。

语言是人类思想的浓缩，是人思想的一部分。当我们把思想用语言写出来时，便即刻丢失了很多用语言无法描述的另一部分信息。在重新解释这些书写内容的时候，每个人会有不同的认知。古人提过的内容，是否意味着他们已经意识到这些问题呢？《论语》中有一句话："瞻之在前，忽焉在后。"如果用现代物理学来解释，其表达的确实可以被理解为量子叠加态。那么，孔子在那个时代是否就已经意识到量子测量和量子叠加态？你看它在那里，它也不在那里，你一测量"瞻"了，它就坍缩到一个态上了。一句话被写下来之后，会被后人不断诠释，并根据自己的经历对它进行解释。每一次解释可能都会把人们带到完全不同的理解境地，甚至形成不同的信仰。

有一句听起来很"佛系"的话：少年时看山是山，中年时看山不是山，老年时看山还是山。[①] 这句话可以有不同的诠释。"山"在这句话里如何定义？什么时候说看山是山，什么时候又不是山？为什么在不同生命阶段，对山的理解会发生变化？这是否意味着在不同的生命阶段，我们对世界的认知和理解发生了变化？这种变化反映了这类知识的不稳定性和主观性。在不同人的解读下，语言会产生不同的含义，这依赖人的悟性。如果一个权威人物在场时，大家会信仰他的解读。但如果这个权威人物不在场了，或者经年后他改变了自己的看法，说年轻时教的"山是山"不再正确，而应该是"山不是山"，这无疑会对学生造成困扰。这种语言的模糊性和多义性，使得知识难以沉淀为稳定的理论，也难以传递和推广。

---

① 这句话引申自宋代禅宗大师青原行思的《三重境界》，原话为"参禅之初，看山是山，看水是水""禅有悟时，看山不是山，看水不是水""禅中彻悟，看山还是山，看水还是水"。这三句话体现了从对事物表象的直接认识到对本质的深入理解，再到最终返璞归真的过程，是禅宗对认识和悟道过程的总结。

对确定性的追求贯穿了人类认知史

要理解我们所处的世界，诉诸权威是一个强大、有效、实用，但也懒惰的工具。它带来了一个问题：谁是最可靠的权威？爱因斯坦提出的论证是否比莎士比亚的论证更有价值或者更值得信任？我们是否可以盲目地信任科学家？在面对这些问题时，捍卫批判性思维的人会强调科学方法的客观性。他们认为，科学家得出结论的方法往往是相对严谨、客观且经过同行评议论证的。因此，他们的结论比伪科学家的结论更有价值，因为伪科学家并不遵循这一方法。

一神论体系的出现，为信仰和真理的追求提供了一个共同的参照标准，避免了信仰上的混乱和不确定性。在多神论体系中，众多的神祇可能导致信徒在选择信仰对象时感到迷茫，而一神论则简化了这一过程，确立了一个明确的信仰中心。这样的信仰体系不仅促进了对稳定真理的追求，也为信徒提供了一个共同的道德和精神支柱。例如，在基督教信仰中，信徒们会通过阅读《圣经》这唯一的经典，来寻求生活和信仰上的指导。

从认知的角度来看，主观认知的多样性和变化性，使得知识的稳定性和客观性成为人们追求的目标。人的主观认知受到个人经验和情感的影响，因此可能存在差异和不确定性。而客观真理则是独立于个人感受和观点之外的，追求普遍性和一致性。所以，这种对客观真理的追求，促使人们去探索更加稳定和更加可靠的知识体系。

在哲学领域，唯心主义和唯物主义的讨论也体现了对稳定性和客观性的追求。唯心主义强调内心世界和主观体验的重要性，唯物主义则认为物质世界是客观存在的，独立于人的感受之外。**通过理性思考和科学方法，人们试图沟通和理解外部世界，从而减少主观认知的不稳定性，实现对客观真理的追求。**

人类对确定性的追求是一种深刻的文化和认知动力。它促使我们不断探索、学习和创新，期望发现那些能够被广泛接受和应用的稳定的客观真理。这种追求丰富了人类的精神世界。

从古希腊哲学到基督教神学，再到现代科学的发展，人类对确定性的追求也贯穿了整个认知史。这种追求不仅体现在对自然现象的解释和对神的祈祷上，也体现在对科学和逻辑的深入探讨上。从某种意义上说，科学的发展是基督教对逻辑和科学根源严肃认真的讨论的延伸。**无论是宗教信仰还是科学探索，人类对确定性的追求推动了知识的进步和文明的发展。**

在社会和文化的层面，法律和信仰构成了维护社会秩序的两大支柱。法律能够规定有限的体系，但面对无限的体系，比如道德和伦理问题，信仰就显得尤为重要。信仰原则并不追求涵盖所有可能性，而是通过归纳和总结来形成道德指导。在不同文化中，信仰是不可或缺的，它指导着人们的行为，尤其是在法律无法明确规定的模糊地带。

信仰的建立和教育对于形成个人的道德观和社会契约至关重要。在基督教文化中，通过学习《圣经》和参与教堂礼拜活动，人们在内心建立起对善恶和正义的认识。而在中国文化中，儒家哲学和父母的言行，教导人们如何对待他人和追求内心的平和。这些价值观和道德标准超越了法律文字所能描述的范畴，成为社会和谐与稳定的基石。信仰的多样性反映了不同文化形成的路径，尽管路径各异，但目标一致，都是希望构建稳定、和平的社会。从智人发展出语言直到现代社会，信仰和文化的形成是一个随机但必然的过程。语言的产生和传播，从最初的象形文字到表意文字，再到表音文字的发展，都是人类适应和改造世界的工具。这些工具不仅促进了知识的传播和交流，也为文明的进步和社会发展奠定了基础。

扩展
知识的边界
Logic of the World

文化共同体，对确定性的追求

中国是一个“伪装成国家的文明”，这一说法源自19世纪欧洲“民族国家”这一概念的形成，这也奠定了对“现代国家”的定义。然而，在中国的悠久历史中，民族国家的概念并不明确，而是一种“文化共同体”的观念。在古代中国，只要能够理解中文并接受儒家哲学，就会被视为皇帝的子民，属于这个统一的文化实体。这种文化共同体超越了民族的界限，形成了一种独特的国家认同，也是人类应对不确定性的伟大创造。

当《万国公法》[①]所倡导的民族国家概念被应用于近代中国时，文化背景的不同产生了诸多困扰。比如在《瑷珲条约》等不平等条约中，清朝官员还是展现了他们对现代国家的理解。他们意识到，如果按照欧洲的民族国家概念来划分中国，那么清朝有可能会分裂成满、汉、回、蒙、藏5个独立的国家。为了避免这种分裂，清朝官员在划定国界时采取了一种策略，即接受外部的领土割让，但保持内部的统一。这种策略在当时可能被视为一种权宜之计，但从后来的正统观点来看，这被认为是一种丧权辱国的行为。理解历史决策的关键在于回到那个特定的时代背景。当时的

①《万国公法》是由美国外交官、国际法学者亨利·惠顿（Henry Wheaton）撰写的一本国际法著作，原书直译为《国际法原理》（*Elements of International Law*）。这本书是中国正式出版发行的第一本系统完整的西方国际法著作，它从框架体系、结构内容、制度原则、概念术语乃至思想观念等各个方面，将西方的国际法移植进了中国。《万国公法》的内容包括国际法的基本原则、国家间的权利与义务、战争法、外交使节的权利与义务等，强调国家主权的平等、国家间和平交往、遵守国际公约和双边条约等原则，为民族国家的形成和国际关系的发展提供了法律基础和理论支撑。

清朝官员并非闭目塞听，他们对欧洲的动态有所了解，并基于自己的理解和实际情况做出了决策。我们不能简单地用现代视角来评价历史人物的选择，应尝试从当时的时代背景出发，来看待他们的决策逻辑。

第二部分

理性认知的基础

从亚里士多德开始，经过文艺复兴，理性已经走到了越来越乐观的时代。人们逐渐找到了筛选、沉淀和归纳自然经验的方法。在建设新学科的过程中，这些方法一再地被证明有效。人们逐渐相信，随着这些方法的应用，数学、物理、社会和自然的一切知识终将被一一了解。人们逐渐建立起了一种可以俯视宇宙的信心。

第3章

古希腊哲学，从理性的角度追求确定性

Logic
of the World

古希腊人的哲学至今仍然吸引着我们，因为无论在此之前还是在此之后，世界上其他任何地方都没有建立起像他们那样高度发达的、清晰明确的知识体系和思辨体系，而且没有导致那种致命的分离。数个世纪以来，这种分离一直阻碍着我们，今天已经变得令人难以忍受。

——薛定谔

智人认为自然是混乱、反复无常的，甚至是令人恐惧和敬畏的。在古人看来，自然现象是无法解释和把控的，所以他们希望通过各式各样的方式与自然沟通，来获得关于未来的确定性，如萨满、图腾、绘画、舞蹈等。从古印度到古代中国，人们对自然界都有很多想象，目的就是理解自然现象，把握或多或少的规律，以及通过对神的祭拜来获得神的眷顾。世界各地的人对自然现象也有许多观察和思考，比如生活在公元前约 2000 年的古巴比伦人和公元前约 3000 年的古埃及人发现了自然界的一些规律，但这并没有改变他们对自然的基本态度。

没有哪一个文明像古希腊这样，一代又一代人真诚而执着地思考自然的本质，古希腊人认为自然是可认知的，并坚信这种认知可以通过系统的知识进行梳理。通过这种梳理，古希腊人相信自然界是按照理性设计的，这种理性不受个人行为的影响，但能被人理解。古希腊人摒弃了故弄玄虚、神秘主义以及对自然杂乱无章的认识，代之以可理解的、有规律的、决定性的逻辑性认知。古希腊人还认为，智慧的努力在于从理性的角度来追求确定性，尤其把数学归纳为确定性的基本工具。但需要注意的是，由于当时工业尚未发展，这些科学理论常常淹没在各种思维学说中。我们在回顾历史时，才发现它们的伟大。对当时的芸芸众生而言，这些理论不过是诸多贤人（或闲人）创造的众多说法之一：这些是“他们”感兴趣的、觉得有趣的东西，与我何干？

《雅典学院》，群星璀璨的年代

对古希腊学派的具象总结，最好的莫过于拉斐尔于 1510—1511 年在梵蒂冈圣彼得大教堂创作的壁画《雅典学院》（见图 3-1）。画面中居中的柏拉图右手朝上，指向天空，意在表达他对宇宙奥秘的探求。他的左边是亚里士多德，其右手手心向下，意在表达对实践的强调。左侧人群中柏拉图的老师苏格拉底正在用他的特征姿态，掰着手指头与人辩论。站在苏格拉底对面、穿着盔甲在悉心聆听的可能是亚历山大大帝，他也是亚里士多德的学生。画的左下角，在本子上书写的是毕达哥拉斯。画的右侧，俯身用圆规在黑板上作图的是欧几里得。画中举着地球仪的人是托勒密，正在研究行星运动的规律。画的正中坐在台阶上的人是第欧根尼，他是犬儒主义的代表人物。传说第欧根尼住在一只大木桶里，终日在雅典的广场上晒太阳。有一天，亚历山大大帝请他出山，答应他提出的任何要求。第欧根尼看了亚历山大大帝一眼，说：“麻烦您让一让，别挡住我的阳光！”

图的左边趴在石柱上的是伊壁鸠鲁，他被认为是科学思想的早期奠基人之一。他说世界是由微粒和原子组成的。伊壁鸠鲁同意德谟克利特关于“灵魂原子”的说法，即人死后，灵魂原子离开肉体四处飞散，因此人死后并没有生命。“死亡和我们没有关系，因为只要我们存在，死亡就不会来临，而死亡来临时，我们也不再存在了。”伊壁鸠鲁认为，对死亡的恐惧是非理性的，因为对自身死亡的认识只能导致对死亡本身的无知。

值得一提的是，伊壁鸠鲁对上帝的存在提出了质疑：

- 如果上帝想阻止恶却阻止不了，那么上帝就不是全能的。
- 如果上帝能阻止恶却不愿阻止，那么上帝就是恶的。
- 如果上帝既想阻止又能阻止恶，那为什么我们的世界依然充满了恶呢？
- 如果上帝既不想阻止也阻止不了恶，那为什么还叫他上帝呢？

需要注意的是，这里所说的上帝是指一个全能全善的神，与后来基督教所指的上帝不完全一样。

《雅典学院》这幅画还藏着一个“彩蛋”，创作者拉斐尔夹带“私货”，把自己偷偷画在了图右下角的柱子旁，图中他正探出侧脸。我们可以这么理解拉斐尔的心声：真遗憾啊，晚生了 2 000 年，我多么希望自己可以生活在那个年代啊！

虽然我们不能生活在群星璀璨的古希腊时期（见图 3-2），但是仍然可以，也应该认识一些哲学萌芽时期的伟大思想家。

图 3-1　拉斐尔巅峰之作《雅典学院》中的一些主要人物

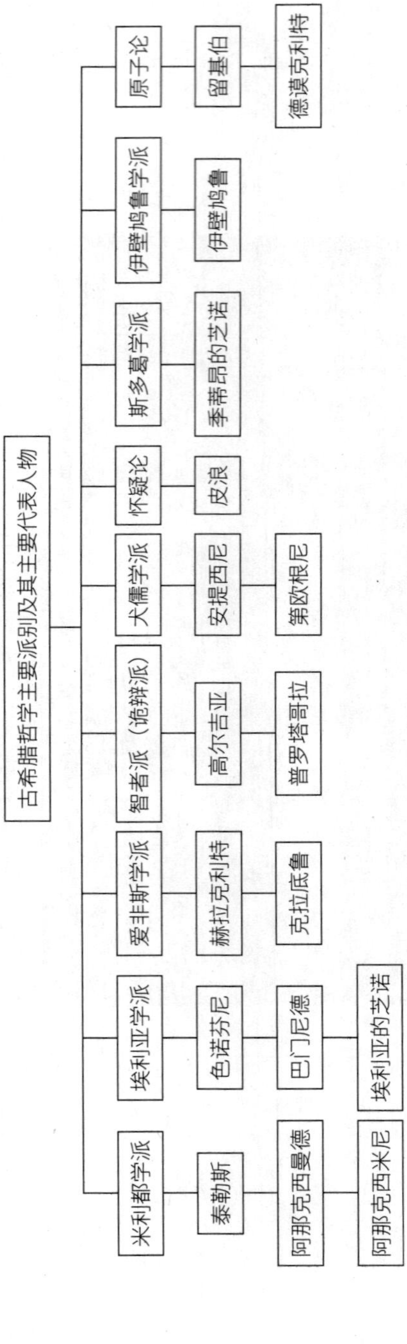

图 3-2　古希腊哲学主要派别及其主要代表人物

苏格拉底：自知无知才是真正的智慧

大约在公元前 3000 年至公元前 1450 年，爱琴海的克里特岛上曾出现过极为先进的文化，史称“米诺斯文明”[①]。米诺斯文明在毁灭之前传到了希腊，发展成为《荷马史诗》所描绘的迈锡尼文明[②]。希腊文明的第一位巨匠是荷马。一般认为，荷马并非一位诗人的名字，而是众多诗人的集体称呼。《荷马史诗》完成于公元前 6 世纪，与此同时，古希腊的数学、科学、哲学也开始发端。

苏格拉底生于公元前 469 年，柏拉图生于公元前 427 年，亚里士多德生于公元前 384 年，三人前后师承。孔子生于公元前 551 年，卒于公元前 479 年，他和苏格拉底大致生活在同一年代；墨子生活于公元前 468 年到公元前 376 年；释迦牟尼更早些，生于公元前 565 年，卒于公元前 486 年[③]。这个阶段，世界各地几乎同一时间都出现了很多哲学家。在中世纪经院哲学[④]时期，基督教文化选择性继承了亚里士多德的学说，原因有二：第一，亚里士多德以清晰的思维和完整的理论学说总结了古希腊的诸多学说，其严谨性被用于支持基督教教义；第二，经托马斯·阿奎那的整合后，亚里士多德的学说与基督教《圣经》所讲述的上帝与人之间关系的内容相协调，因此在文艺复兴之前的基督教世界里成为经院哲学的核心。自此之后，“古希腊三杰”——苏格拉底、柏拉图和亚里士多德也被认为是古希腊哲学家的权威代表。

① 米诺斯文明的名称源于古希腊神话中的克里特国王米诺斯，其起源可以追溯到青铜时代早期，是欧洲最早的古代文明之一，也是希腊古典文明的前驱。

② 迈锡尼文明是古希腊青铜时代的文明，大约从公元前 1600 年延续到公元前 1100 年，是爱琴文明的重要组成部分，其中心位于伯罗奔尼撒半岛的迈锡尼城，以其坚固的城市、宫殿以及复杂的社会结构和丰富的艺术品而闻名。

③ 南传佛教认为他生于公元前 624 年，卒于公元前 544 年（一说生于公元前 623 年，卒于公元前 543 年）。——编者注

④ 经院哲学是天主教教会在其所设经院中教授的理论体系，它运用理性形式，通过抽象且烦琐的辩证方法论证基督教信仰，为宗教神学服务，是一种与宗教神学相结合的唯心主义哲学。

据说苏格拉底相貌丑陋，脸面扁平，嘴唇肥厚，眼球突出，鼻子扁大且上翘，还有张奇大无比的嘴，“比滑稽戏里的一切丑汉都还丑”。苏格拉底的怪模怪样常常惹来人们的嘲笑，甚至成为朋友们闲聊时的谈资，但他本人对此毫不在意。苏格拉底认为认识自我是最重要的，他常说自己是最没有智慧的人。传说苏格拉底的一个朋友向特尔斐神谕提问：“谁是雅典最聪明的人？”神谕回答：“没有人比苏格拉底更智慧。”苏格拉底对此感到困惑，为了验证神谕的真实性，他开始与雅典城邦中那些被公认为有智慧的人进行对话，包括政治家、诗人和工匠等。通过一系列的问答，苏格拉底发现，这些人虽然在某一领域有所专长，却误认为自己在所有领域都无所不知。苏格拉底最终领悟到，正是因为他知道自己一无所知，所以他比那些自以为有知识的人更聪明。苏格拉底说：“我是城里最没有智慧的人。我只是热爱智慧，才得到神的眷顾，只有神才拥有真正的智慧。”philosophy（哲学）的词根是philo（爱）和sophos（智慧），它们代表了哲学的本意。

苏格拉底的学说聚焦于伦理学而非科学。柏拉图在多部作品中记录了他与苏格拉底的对话，被学术界公认为最接近苏格拉底本人的言论记录，在这些对话中，苏格拉底探讨了伦理学的一些定义。例如，《卡尔米德篇》讨论了节制和中庸的定义，《吕西斯篇》谈论了友谊，《拉凯斯篇》讨论了勇敢。与“自知自己无知”相联系的是“美德即知识”，美德是关于善的知识，而无知则是邪恶的。苏格拉底认为，一个人的德行与知识有着密切的联系，这反映了古希腊思想的一个特征，与之后形成的基督教思想不同。基督教认为，一个人内心的纯洁才是最本质的，因此一个完全无知的人和有学问的人之间也可以有共同之处。

苏格拉底以其“打破砂锅问到底”的诘问法[①]闻名雅典。但他认为这就

① 苏格拉底的诘问法是苏格拉底在与他人的对话中采用的一种系统性提问手段，旨在通过一系列精心设计的提问引导对方深入思考，揭示其思想中的矛盾之处，从而促进对问题更深层的理解和洞察。

像助产婆一样，引导人们在对话中自己找到问题所在。苏格拉底认为导师的主要任务不是传授现成的知识，而在于通过交谈与讨论，修正错误和模糊的认识，唤醒学生（年轻人）的意识，从而自觉地发现真理。苏格拉底的方法包括 3 个步骤：

1. **讽刺：** 导师以无知的面目出现，通过巧妙的连续诘问，使学生意识到自己原有意识中所存在的错误、混乱和模糊。因为只有当人们认识到自己的无知时，才会产生学习的愿望，也才有可能学习知识。
2. **定义：** 在第一步的基础上，通过进一步的归纳，引导学生修正或明确定义和概念。
3. **助产术：** 在这个步骤中，导师进一步启发、引导学生，使其能通过思考得出结论。

关于这种方法，苏格拉底曾经说过，他自己虽然无知，却能用辩论的方法帮助别人获得知识，正如助产婆能帮助别人生孩子一样。由于这个原因，苏格拉底的这种方法又被称作“产婆术”。这种方法是近代启发式教学法和现代发现法的萌芽。

扩展
知识的边界
Logic of the World

苏格拉底与尤苏戴莫斯的对话

一位名叫尤苏戴莫斯的青年一心想成为政治家。为了帮助这位青年认清正义与非正义的问题，苏格拉底运用启发式教学法与他进行了如下对话[①]（以下两人分别简称为

① 对话有提炼，具体可见色诺芬的《回忆苏格拉底》第四卷第二章，商务印书馆出版。

"苏""尤")。

苏：虚伪应归于哪一类?

尤：应归入非正义类。

苏：偷盗、欺骗、奴役等应归入哪一类?

尤：非正义类。

苏：如果一个将军惩罚那些极大地损害了其国家利益的敌人，并对他们加以奴役，这能说是非正义吗?

尤：不能。

苏：如果他偷走了敌人的财物或在作战中欺骗了敌人，这种行为该怎么看呢?

尤：这当然正确，但我指的是欺骗朋友。

苏：那好吧，我们就专门讨论朋友间的问题。假如一位将军所统帅的军队已经丧失了士气，精神面临崩溃，他欺骗自己的士兵说援军马上就到，从而鼓舞其斗志取得胜利，这种行为该如何理解?

尤：应算是正义的。

苏：如果一个孩子有病不肯吃药，父亲骗他说药不苦、很好吃，哄他吃下去了，结果治好了病，这种行为该属于哪一类呢?

尤：应属于正义类。

苏：如果一个人发了疯，他的朋友怕他自杀，偷走了他的刀子和利器，这种偷盗行为是正义的吗?

尤：是，他们也应属于这一类。

苏：你不是认为朋友之间不能欺骗吗?

苏格拉底的这种诘问方式导致了两个结果：一，雅典市民烦死了他这个老头，他最终在集体投票中被微弱多数判处死刑；二，启发了柏拉图，并间接影响了亚里士多德的逻辑学体系，使讨论更加准确，思考更加有效。苏格拉底的言论被柏拉图以对话的方式记录下来，柏拉图笔下的苏格拉底被塑造成了后世哲学家的典范。苏格拉底对世俗的成败坦然处之，直到生命的最后时刻仍然保持着安详、儒雅，并对自己所信仰的真理表现出深深的热忱。然而，对话也展现了苏格拉底的另一面，即他的对话似乎充满了诡辩，他试图用理智来证明自己的论点，而不是把理智运用到对知识的追求。苏格拉底的言辞中或多或少还流露出自鸣得意和油腔滑调的态度。

柏拉图：理性思考和深入分析是达到更高层次认知的必要途径

作为苏格拉底的学生，柏拉图曾一度离开雅典，在公元前 387 年回到雅典后，他在雅典西北郊外创办了一所学校。这所学校被命名为阿卡德米学园，以纪念当地一位名叫阿卡德摩（Academus）的战斗英雄。后人为了方便，通常称之为柏拉图学园，这也是学院（academy）的由来。柏拉图学园吸引了许多当时著名的思想家，之后又延续了 900 多年，直到公元 529 年，由于东罗马皇帝查士丁尼一世（Justinianus Ⅰ）认为学园宣扬的异教习俗与基督教信仰相悖，下令关闭了它，它才最终结束。

柏拉图是客观唯心主义的开创者，创立了理念论。他认为对具体事物的观察是在人思想经验屏幕上的投影，这种观点继承并展开了苏格拉底的认知理念。柏拉图的哲学思想涵盖以下 5 个重要方面：

- **理念论：**这是柏拉图哲学体系的核心，认为只能通过理性来认识不变的、永恒的理念。这些理念是完美无瑕的原型，存在于超越物质世界的某个领域，而我们通过感官所经验的物质世界只是这些理念的不完美复制品或某一面的投影。

- **灵魂的不朽**：柏拉图相信灵魂是不朽的，它在肉体死亡后继续存在。他认为灵魂在进入肉体之前已经具有了所有知识，但当灵魂依附于肉体后，这些知识被遗忘了。
- **理想国思想**：柏拉图主张建立一个由哲学家统治的社会，各阶层分工合作、共享财产、追求智慧和正义，以实现个人和国家的和谐与秩序。这可以说是历史上最早的乌托邦理念。
- **宇宙论**：在《蒂迈欧篇》中，柏拉图提出了一个宇宙的创造和构造的解释，认为宇宙是由一个“神圣工匠”根据“善”的理念创造的。
- **伦理学**：柏拉图的伦理学强调美德和正义，他认为个人的美德和社会的正义是相互关联的。在《理想国》中，他探讨了个人美德和社会正义的关系。

柏拉图的理念论把世界分成两层境界：第一层是可感世界，也叫感性世界，这是我们通过感官可以感受到的物质世界；第二层是可知世界，也叫理念世界，是超越感官知觉的世界。理念的层次又进一步细分为 6 种，分别是自然物的理念、人造物的理念、数理的理念、范畴意义上的理念、道德和审美意义上的理念以及最终极的善的理念。柏拉图认为，任何事物都有两种形态，一种是具体的事物，一种是事物的共同本质，即所谓的共相。

柏拉图还认为，感性世界是转瞬即逝的，有生灭变化，而理念世界是不生不灭的、独一无二的本质世界，人应当关注本质世界。因此，在柏拉图看来，肉体是暂时的，灵魂是永恒的。灵魂被囚禁在肉体中，因此不能获得纯净的知识，因为肉体是引诱灵魂堕落的媒介。灵魂如同人类的眼睛，当它凝视在真理照耀下的事物时，就能读懂它们。灵魂散射着理智之光；可当它转向模糊不清的事物时，就会闪烁不定：有时觉得自己看到的是这种物体，有时又觉得是那种物体，仿佛丧失了理智。被识别出的东西具有真理性，是确实的知识，而能识别的人则具有认知能力。

柏拉图以“洞穴隐喻”更深入地阐释了以上两个世界的含义。他在这个寓言中表达了对苏格拉底作为理性启蒙者的理解，探讨了认知、现实与知识的本质。

扩展
知识的边界
Logic of the World

柏拉图的“洞穴隐喻”

一群囚徒被束缚在一个幽暗的洞穴中，他们的背后是一团火光，而他们面前是一堵墙壁。囚徒们无法转动头部，因此他们只能看到墙壁上由火光投射出来的物体的影子，并听到回声。对他们来说，这些影子和回声就是他们所知道的全部现实。

某一天，一个囚徒挣脱了束缚，走出了洞穴，首次接触到了外面的世界。他被阳光下绚丽多彩的景象深深震撼，意识到自己曾被洞穴中的影子所欺骗。他想要回到洞穴，向其他囚徒揭示真相，带领他们走出黑暗。然而，当他回到洞穴并试图说服其他囚徒时，他们不仅不相信他的话，反而认为他在外面的世界变得愚蠢而不可信。

柏拉图认为，人们通常所感知的现实只是事物表面的、不完整的投影，而非事物的真实本质。只有通过理性思考和哲学探索，人们才能认识到更高层次的真实。这种真实超越了感官的直接感知，需要通过理性和智慧予以揭示。

柏拉图继续想象着细节，这个囚徒被带出了洞穴，也许他是被强行拽出来的。起初，他感到惊恐不安、不知所措，但随着时间的推移，他逐渐发现了一个比洞穴中的岩壁和影子更为真实的世界，并从中获得了极大的乐趣。激动万分的他回到了洞穴，向其他囚徒讲述了他所发现的无数奇迹。然而问题在于，其他囚徒把他当成了一个疯子！他们不相信他，完全否定了他所说的一切。对柏拉图来说，这描绘了与他同时代的人们的最大弱点：他们宁愿生活在虚假的现实中，而不愿对此提出质疑。

柏拉图将灵魂分为三个部分，一个是理性思辨的部分（logos），第二个是非理性或者是欲望的部分（appetite），第三个是产生愤激的部分或是意气的部分（thumos）。理性思辨的作用是统治，监护督导整个灵魂，体现了智慧的美德；意气服从于理性，起着护卫的作用，代表了勇敢的美德；克制则源于三个部分的和谐，即理性对欲望与意气的稳定统治。他指出，欲望部分通过感官体验来获取对具体事物或个体实体的认知。这种通过感官获得的知识是经验主义的基础，它代表了认知的起点和认知最原始的源泉。柏拉图强调，理性的灵魂在认知过程中扮演着关键角色。理性不仅反映在感官体验中，而且能够超越感官所提供的信息。因为感官只能捕捉事物的表象，无法深入到事物的实质。换句话说，灵魂欲望性的一面能够让我们认识到事物的外在特征，但要理解事物的内在本质和普遍属性，则需要理性的参与。普遍性的知识并不是单纯从理性灵魂中产生的，也不是通过理性对感性知识的简单提炼，而是蕴含在欲望性灵魂的体验中。**理性思考和深入分析是达到更高层认知——普遍性知识的必要途径。**

柏拉图主张灵魂和精神是世界的本质，他认为物质是转瞬即逝的，而精神和灵魂是永恒的。他认为知识既有先天的成分也有后天的成分，学习是对内心已存在知识的回忆，这种观点被称为“回忆说”。回忆说认为，人们通过学习来唤醒内心对神的认知。这里的神指存在于精神世界的、代表永恒且不变的一种力量。物质世界是变化的且会湮灭的，只有神所独有的精神世界才是永恒的。神的精神世界是由人产生的，天然存在于人的内心世界。学习在于唤醒内心世界中神的力量，从而使自己变成一个智慧的人。

在政治哲学方面，柏拉图对后世影响最大的是他的《理想国》。《理想国》以个人的灵魂特质和道德水平对社会阶层进行划分。个人的灵魂特质分为理性、意志和欲望，道德则包括智慧、勇敢、节制和正义。由此，在一个国家中，人可以分为以下三类：

1. 统治者，以理性治理国家，其美德体现为智慧。
2. 保卫者，以意志保卫国家，其美德体现为勇敢。
3. 劳动者，以欲望致力生产，其美德体现为节制。

此外，柏拉图主张国家的统治者应该是“哲学王”，具体表现为以下4个方面：

1. 善与实在都是永恒的，没有时间性，最美好的国家是最低限度的动荡与最大限度的静止的完美结合，这样的国家的统治者应是一位充分理解善的理念、具有永恒性的人。
2. 一个人想要成为一名优秀的政治家，必须理解善的本质，而这就要求他必须把知识和道德完美结合在一起。如果不具备这一能力的人执政，无疑会给国家带来不同程度的破坏。柏拉图的信仰中存在依托确实性的理念，人如果想要获得这种确实性，就必须通过某种生活方式来塑造自己。
3. 按照柏拉图的原则，塑造一个好的统治者，人就需要接受教育，其中，数学教育是必不可少的。柏拉图认为数学是最本质的东西，也最能体现一个人的智慧。音乐和体育也是必不可少的。柏拉图时代的音乐和体育涵盖的内容比现在广泛得多：音乐是指文艺女神所掌管的所有事物，相当于今天我们所说的“文化”；体育则是指与身体训练有关、涉及适应能力的一切事物，比我们现在所说的“运动”更广泛。

4. 和古希腊大多数哲学家一样，柏拉图认为闲暇是产生智慧的必要条件。因此，智慧与那些为了生存终日需要劳作的人无缘。智慧只能在那些拥有大量财富，或享受国家俸禄、不必为生活担忧的人们身上找到。

柏拉图的观点为后来欧洲中世纪兴起的贵族精神奠定了基础。

最后，我们来讨论一下柏拉图为何批评民主制。1787 年，法国画家雅克－路易·大卫（Jacques-Louis David）创作了一幅描绘苏格拉底之死的油画（见图 3-3）。画中的苏格拉底坐在床上，手指指天，做出他论辩时的标志性动作。他的学生一手递上毒酒，另一手掩面痛哭。

苏格拉底之死成为民主制度下多数人的暴政的典型案例，尽管狱卒并不希望这位智者真的去死，让他尽快逃走，但他拒绝了。苏格拉底之死揭示了古希腊的民主制在失去智慧引导时可能导致的极端后果。一旦全民公决的流程忽略了公义，就变成了暴民的民主。在雅典的一人一票的投票中，苏格拉底被判定为不敬神和蛊惑青年，他最终选择了自尽，而并没有通过逃跑来回避。暴民制常用“少数服从多数”的口号来发动民众进行决议，然而，在暴民统治的国家里，少数人的权益是无法被保障的。类似的事情发生在 2 000 多年之后的法国大革命时期，正如当时的诗人罗兰夫人（Madame Roland）被群情激昂的民众推上断头台时说的“自由、自由，多少罪恶假汝之名以行”。

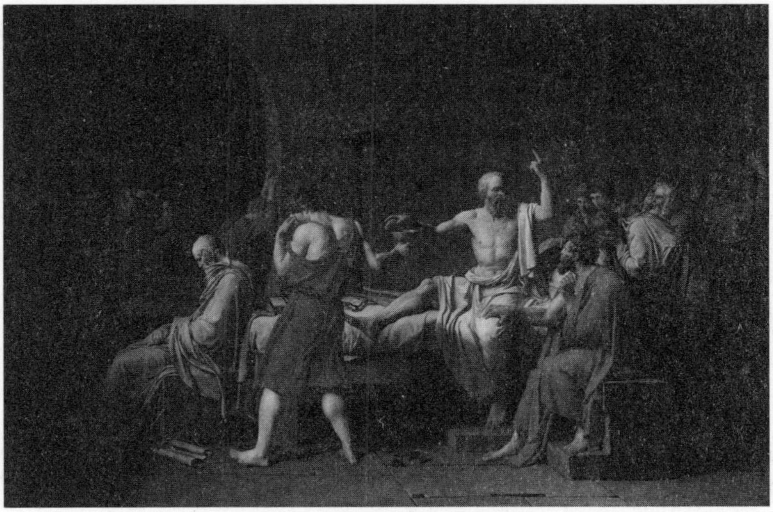

图 3-3 《苏格拉底之死》

我们再以美国为例，看如今这个问题有怎样的应对方法。美国现行的国家制度由 1787 年《美利坚合众国宪法》确立。在这部律法的制定过程中，以华盛顿为首的各州代表进行了长达 5 个月的讨论。这次讨论的核心问题并非如何实现民主，而是如何在建立强有力的联邦政府的同时平衡各州利益，特别是在民主体系下保护小州和特定群体的利益。在一个民主体系中，多数人的利益往往不需要特别的保障，因为他们通常拥有更强的力量来维护自己的权利。相反，如何在多数人主导的民主体系中保护少数人的利益，才是应当讨论的关键问题，如当“大州”和“小州”就美国国家事务进行投票时，后者的利益如何得到保障。

例如，在解决独立战争借款问题时，如果按州平均分摊债务，小州就会处于不利地位。美国早期共有 13 个州，其中大州不仅有人口优势，还有广阔的土地和更强的财务能力。如果按照人口来分配债务，大州会支付更多资金，但在国家性的政治权利上与人口少得多的小州相同，这显然也不太有说服力。罗得岛州这样的小州由于担心在人口比例投票体系中无法保障自己的利益，干脆没有派出代表参加制宪会议。罗得岛州的代表认为，一旦参与到民主投票体系中，如果按照人口一人一票，他们的利益将无法得到保障。

为了团结更多的州，制宪会议将如何在新国家中保护少数派的利益当作核心讨论内容之一。最终，制宪会议形成了参议院和众议院的两院制决策机制。每个州在参议院都有两名参议员，保障了小州的利益；众议院的席位则根据各州的人口数量来决定，保障了大州的利益。通过这种安排，美国 1787 年《美利坚合众国宪法》构建了一个复杂的制衡体系，以解决现代民主国家中如何保障少数人利益的问题。

在一个暴民统治的国家里，当民众认为公共财产应该被平均分配时，穷人首先不会感到害怕，因为他们希望分得富人的财产。然而，这并不是现代民主所追求的方式。现代民主的核心在于如何保护少数人的利益免受集体侵害，而不是通过多数人的力量剥夺国家中发言权小、力量薄弱群体的基本权利。柏拉图认真探讨了何种国家制度更为合理，因为他目睹了现实的残酷：他的老师苏格拉底在雅典民主程序下被投票处死。因此柏拉图认为，民主并不是一个好的制度，至少不是最好的制度，因为它可能演变成多数人迫害少数人的暴民体制，而多数人往往不具备他所推崇的善的美德。

亚里士多德：逻辑学是不依赖个人意志的知识积累方式

亚里士多德是柏拉图的学生，被誉为希腊哲学的集大成者和百科全书式的科学家。他相信真正的知识需通过感性经验并经过直观和抽象过程获得。这种抽象离不开人的思维，必须通过思维的作用才能存在。亚里士多德总结道，哲学的宗旨是研究事物的普遍原因和本质。

亚里士多德的《政治学》对后世影响巨大，其贡献在于对国家体制的深入分析，如今仍然影响着各种国家政体的形式。作为柏拉图思想的继承者，亚里士多德发展了前者对政治体制的分类，并按照“是否守法”以及“由少数人还是由多数人统治”两个维度，把政体分为 6 种（见表 3-1）。

表 3-1　亚里士多德提出的 6 种政体

	一个人统治	少数人统治	多数人统治（民主制）
守法	君主制（王制）	贵族制	共和制
不守法	僭主制	寡头制	暴民制

在亚里士多德的政治理念中，统治者遵循法律的政制是好的，不遵循法律的政制是坏的。这里的“法”指的不仅是条文式的法律，还包括社会已经形成的公序良俗，即符合古典美德的社会契约。遵循法律的政体有 3 种：君主制、贵族制、共和制（依法统治的民主制）；不遵循法律的政体也有 3 种：僭主制、寡头制、暴民制（不依法统治的民主制）。对于一个人统治的独裁国家，如果统治者守法，则为君主制；如果统治者不守法，则为僭主制。对于少数人集体统治的国家，如果少数人守法，则是贵族制；如果少数人不守法，则为寡头制。多数人集体统治称为民主制，如果多数人组成的统治团体守法，则为共和制；如果不守法，则为暴民制。亚里士多德认为这 6 种政体的优劣次序是：君主制、贵族制、共和制、暴民制、寡头制、僭主制。君主制与贵族制在实际操作中很容易退变为僭主制与寡头制，而对于僭主制与寡头制，除非通过革命，否则二者很难转化为君主制与贵族制，而民主制无论如何变化总是民主制。

例如，一个朝代开始时常常由开明守法的君主统治，使国家成为君主制，然而到了后期，统治者跨越了法的边界，使国家变成了僭主制。僭主制无法自动演化，必须通过暴力革命来推翻，以实现改朝换代并重新回到君主制。民主制无论好坏都是民主制，柏拉图认为，民主制虽然未必能带来最幸福的生活，却是最能令人容忍的制度。

亚里士多德在《政治学》中的政体分类对现代社会几乎所有国家组织形式具有启发性。亚里士多德认为，君主制相对来说是一种好的政体，如果君主守法且开明，他可以开创一个繁荣的时代。然而，一旦君主开始“违法”，他所造成的社会创伤是最大的。在民主制下，决策过程往往非常冗长，效率也很低，而且，若多数人民不守法，纯粹民主制就会变成暴民统治，通过民主流程也会侵犯个人的权利，甚至也无法避免出现独裁者。

此外，亚里士多德对僭主制也做了“马基雅维利式”的讥讽[①]。他指出，一个僭主想要保住权力，必须防止有才能的人脱颖而出，甚至不惜采用极端手段；他必须禁止公共集会，防止反对者对大众进行宣传；他不会允许文艺集会，以防止人民之间相互了解。相反，他会强迫人民在城门口过集体生活，以便于监控；他应该雇用一些像叙拉古女探[②]一样的人充当密探；他必须暗中制造纷争，并使臣民变得穷困潦倒；他要想方设法使人民从事巨大的工程，就像古埃及国王动员无数人建造金字塔那样；他应该授予女人和奴隶一定的权力，使他们成为监视者；他还应该制造战争，使人民永远有事可做，并且因此永远需要一个“英明领袖”。亚里士多德总结道：“对于僭主，没有什么是太大的罪恶。”他说，要想保留僭主制，也可以通过另一种方法，

① 此处指僭主制的马基雅维利主义倾向，“马基雅维利主义”一词源于政治哲学家马基雅维利的著述，衍伸为不择手段达到目的的一种处世之道。哈佛学者李汉松则通过考证指出，各个传统中的“马基雅维利主义”都依赖一定的伦理道德基础，因此“非道德”的合理化也必须建立在“道德”的语言之上。

② 叙拉古是古希腊时期一个城邦，位于西西里岛。叙拉古面临着内部和外部的各种威胁。为了巩固统治，叙拉古统治者会雇用密探，包括女探。他们的主要任务是刺探民情，监视和报告臣民的言行，以确保统治者能够及时掌握潜在的威胁和不满情绪。

即让僭主保持一定节制，并假装信仰宗教。

《政治学》一书的最后讨论的不是政治，而是教育。亚里士多德认为，受教育的对象应该是那些将会成为公民的孩子。

亚里士多德批判性地发展了柏拉图的思想，在《论灵魂》中将人的灵魂分为 3 个部分：营养的灵魂，这是所有生物共有的灵魂部分，负责生长、营养和繁殖；感觉的灵魂，这是动物所具有的灵魂部分，负责感知和运动；理性的灵魂，这是人类特有的灵魂部分，负责思考、理解和推理。他强调经验的重要性，通过感性灵魂和感官经验，人们可以获得关于具体事物和个别实体的认识。他提出了经验主义的基本原则，即凡在理智之中的，无不体现在感觉之中。他认为感官经验是获取知识的基础。但是，人只能感觉事物的形式，不能感觉事物的质料。通过感觉只能认识事物的表象，不能认识事物的本质。亚里士多德认为，普遍的知识或科学知识源于对感性经验进行提炼和归纳获得的理性洞见，而非唤醒先天记忆。

亚里士多德在《尼各马可伦理学》中论述了大量关于友谊的内容。他认为，只有善良的人之间才存在完美的友谊，而且一个人不可能有太多朋友。人们不应该与地位高于自己的人交朋友，除非他有更完美的品德，值得我们尊敬。正如我们已经看到的，社会中存在不平等的关系，比如夫妻关系、父子关系，其中地位较高的一方往往轻易获得更多的爱。那人能否和自己成为朋友呢？亚里士多德断言：只有善良的人才可以和自己成为朋友。他说，罪恶的人时时刻刻都憎恨着自己。善良的人不仅应爱自己，而且应以高贵的方式爱自己。一个人遭受不幸时，朋友的安慰会让他感到舒适，但人在寻求朋友的同情时，不应该令朋友烦恼。人不仅在痛苦时需要朋友，在快乐时也应该把自己的幸福分享给朋友。人是政治动物，天性使然，人必须与他人共同生活。

在亚里士多德心中，最好的人是不过分低估自身能力且怀有一定自豪感的人。他对这种自豪感或者说“恢宏大度”的品质给予了很高的评价：恢宏大度的人既然是最好的人，就必然是善良的，他们的一切德行都是伟大的。

亚里士多德在论述快乐时表现得通情达理，他不同意柏拉图以苦行僧的眼光来看待快乐的观点。亚里士多德认为世人对快乐有 3 种观念：

1. 快乐是伴随和完成人们向善行为中的体验。
2. 快乐在过程中有兴衰，是维持生命所必需的。
3. 不同的活动有不同的快乐，只有思辨的快乐能引向最高的幸福。

实体说是亚里士多德哲学体系中的核心概念，涉及对存在的本质、形式和物质的探讨。他首先讨论了什么是实体：实体本身是具体的，是个别的东西，而非抽象的概念。实体不同于属性，没有与之相反的东西，也不存在程度上的差别，如一个苹果就是一个实体，没有与这个苹果相反的东西，也没有“更苹果”或者“不怎么苹果”的差别。亚里士多德还区分了形式和物质这两个基本概念：

1. **物质：**构成事物的基本实体，是事物存在的物质基础。物质是不具备特定形式的，它拥有的是潜在的、可能的状态。
2. **形式：**赋予物质以特定的特征和身份。它是实际存在的，是使物质成为具体事物的因素。

亚里士多德认为，一个完整的实体是形式和物质的结合。例如，一尊雕像，其物质可能是大理石，其形式则是雕刻成的特定形象。在这个例子中，大理石是潜在的，可能成为许多形式的物质，而雕像的特定形象则是已实现的形式。

亚里士多德还提出了实体的“四因说”，认为任何事物的存在都有4种不同的原因：质料因、形式因、动力因、目的因。质料因起源于留基伯的原子论①；形式因来自形而上学，形式既是动力又是目的，任何事物的形式比质料更加实体。任何事物都由质料和形式构成。例如，苏格拉底的铜塑像以铜作为质料因，以苏格拉底的形象为形式因，匠人手工加工是其动力因，教化民众是其目的因。四因说解释了个体之所以为个体的原因，也是独立个体作为独立个体的具体原因。他的实体说是西方哲学史上对存在本质的首次系统性探讨，奠定了后续哲学讨论的基础。

亚里士多德对现代科学最重要的贡献是系统地提出了逻辑学说。逻辑学作为一门研究思维的规则和规律的学问，是现代科学的基础。从古希腊对西方思维模式的影响开始，逻辑学就发挥了重要作用。正是因为有了这套相对明确的体系，人们才能从纷繁复杂的自然现象中总结出一些相对稳定的规律。具体来说，亚里士多德对形式逻辑学的贡献在于以下几个方面：

1. 创立了范畴表和谓词表。
2. 总结了形式逻辑的4大基本规律，即同一律、矛盾律、排中律和因果律。②
3. 确定了判断的定义和分类。
4. 制定了三段论推理的基本规则。

亚里士多德注重逻辑和客观事件之间的关系，也确立了主谓词之间的关

① 留基伯的原子论是古希腊哲学中的一个重要理论，由留基伯和他的学生德谟克利特共同提出。这一理论认为，宇宙万物都是由不可分割的、永恒的原子构成的，这些原子具有不可破坏性和宁静性，无法被创造或摧毁，只能组合。

② 严格意义上讲，因果律不属于形式逻辑的基本规律之一。但因果律是基于亚里士多德的四因说等内容发展起来的重要规律，因此作为他的重要观点一并讲解。——编者注

系。实体即构成事物最根本的本质。我们知道，“判断”构成对事物的认识和对世界的知识，比如在“云朵是白色的”这一句话中，“云朵”就是主词，其他的一切范畴都是属性。按照亚里士多德的观点，实体就是主词所规定的范畴，属性就是谓词所规定的范畴。判断的主词还可继续划分为两种：只可作为主词的主词和可以作为谓词的主词。实体又内在地蕴含着“第一实体”和“第二实体”。第一实体即具体事物，第二实体包含第一实体的属、种，我们称之为“类”或“共相”。在实体的分类上，亚里士多德将自然世界的描述分为 10 个范畴，这 10 个范畴包括描述任何一个具体事物时所使用的实体、数量、性质、关系、地点、时间、姿态、状况、动作及遭受。

亚里士多德对谓词判断的分类如下：

1. **质的判断，**分为肯定判断和否定判断。
2. **量的判断，**分为全称判断和特称判断。全称判断“所有”，特称判断“存在”。

亚里士多德开创了逻辑判断的规范，并在《后分析篇》中使用“通用观念”和“公设”（基本假设）这两个概念对所有逻辑规范进行了划分：

- 通用观念适用于所有思想领域，包括“等量加等量，其和相等”这样的命题。这不仅在数学中成立，在几何中也同样适用，是一种基本的逻辑规则。逻辑的几个基本规律也属于通用观念。
- 公设则适用于具体的专业学科，如几何学中的“两点决定一条唯一的直线”就是一个公设。公设一定是自明的。例如，欧几里得几何学有 5 条公设；牛顿力学以牛顿三大定律和万有引力定律为基本假设。具体学科的公设通常是根据大量的事实归纳得出的，公设本身无须证明。

再来说说亚里士多德关于论证的观点。

常用的论证有 3 种方法，即归纳法、演绎法和类比法，其中只有演绎法能够证明结论的有效性。因此，演绎法，尤其是三段式演绎法，被亚里士多德提到非常高的地位。归纳法得出的结论不一定可靠，因为我们不可能遍历宇宙间的所有可能性，且还可能存在小概率事件，而小概率事件有时候影响巨大，一个反例就足以推翻已经建设好的整套理论体系。归纳法所涉及的未知小概率事件也被称为"黑天鹅事件"①。

虽然归纳法不能遍历宇宙的所有可能性，但它是人认识未知世界的重要途径。演绎逻辑无法推出任何新东西，在逻辑上又被称为重言式，即换一种新的方式重新表达已知的东西。对于演绎法，基于选定的基本假设，只要遵守逻辑的基本规律，就一定会推出相应的结论，只是换个说法而已。例如，四边形的内角和是 360°，这一结论在定义四边形时就已经包含在平面几何的公设中。因此，演绎法只是在整理我们已知的知识，相反，归纳法则能够提供新的知识：通过观察大量现象，从中找出相似性，提出猜想或假设，再通过实验验证这些猜想或假设，从而获得新的相对可靠的结论，成为进一步认知的基础。

类比法与形式逻辑所要求的严谨无关，不能算作证明。例如，要证明甲

① 它源于这样一个典故，人们在欧洲、亚洲和美洲看到的天鹅都是白色的，因此得出结论：天鹅是白色的。直到有人在澳大利亚发现了一只黑色的天鹅，才发现"天鹅是白色的"这个结论是不正确的。

事物和乙事物之间的关系，需要在数学上存在严格的同构映射[①]，即不仅两个事物之间相关，它们与其体系内的其他事物的关系也要一一对应。这个要求非常苛刻。大多数情况下，甲事物和乙事物之间并不存在同构映射的关系。我们往往是从一个事物联想到另一个事物。例如，“上善若水”是将道德的“善”与“水”进行类比，两者之间没有任何直接关系：水的性质，是否都适用于善呢？例如，水能流动，善可以流动吗？矿泉水可以用钱买，善可以买吗？

在亚里士多德的逻辑学说中，他将上述 3 种方法分为直接推理和间接推理两类：

1. **直接推理：**从一般到特殊的推理方法，从一个或多个普遍前提出发，通过逻辑推理得出一个特殊的结论。这种推理通常是确定性的，意味着如果前提是真的，那么结论也必然是真的。亚里士多德的三段论是直接推理的经典例子。例如，“所有人都会死（普遍前提），苏格拉底是人（特殊前提），因此苏格拉底会死（结论）”。
2. **间接推理：**从特殊到一般的推理方法，从一系列特殊的观察或实例出发，归纳出一个普遍性的结论。这种推理通常是概率性的，意味着即使所有的特殊实例都是真的，得出的普遍结论也可能不是绝对真实的。例如，通过观察大量的白天鹅，我们可能会归纳出“所有的天鹅都是白色的”这一结论，但这个结论并不是绝对确定的。

① 同构映射是数学群论中的一个关键概念，在处理复杂问题时，可通过找到同构映射，将其转化为一个更简单的问题，从而简化解决过程。

直接推理强调从普遍原则出发推导特殊情况的确定性结论，间接推理则强调从特殊案例或观察中归纳普遍性的概率性结论。推理的一个典型方法是归谬法，或称反证法。矛盾律是归谬法的基础，它要求一个命题非此即彼。然而，矛盾律不一定总是成立的，许多命题没有正反之分，也没有明确的对错之分。例如，“这句话是错的”就是一个没有非此即彼性质的命题。这类命题对逻辑产生了不同寻常的影响，并带来了巨大的挑战。

扩展
知识的边界
Logic of the World

三段论的论证模式

亚里士多德尤其强调了三段论的论证模式。如果一个对象的全部具有某种属性，那么它的部分也必然具有这种属性。我们以刚才提到的“所有人都会死，苏格拉底是人，因此苏格拉底会死”为例，具体分析一下。

1. “所有人都会死”，普遍前提或称大前提；
2. “苏格拉底是人”，特殊前提或称小前提；
3. “苏格拉底会死”，结论。

这里的“所有”是范畴，指代对象的整体，“都会死”是一个判断，“所有人都会死”，这是普遍前提。苏格拉底是“人”这个对象的一部分，这是特殊前提。因此苏格拉底本身也具有人的特征，所以得出结论：苏格拉底会死（见图 3-4）。这种推理方式即三段论，由三段论推导出的结论必然是正确的，因为它基于更普遍的通用观念，即局部小于整体。然而，这种推理方式并不会增加我们的知识总量，因为它只是重新组织已知信息而已。

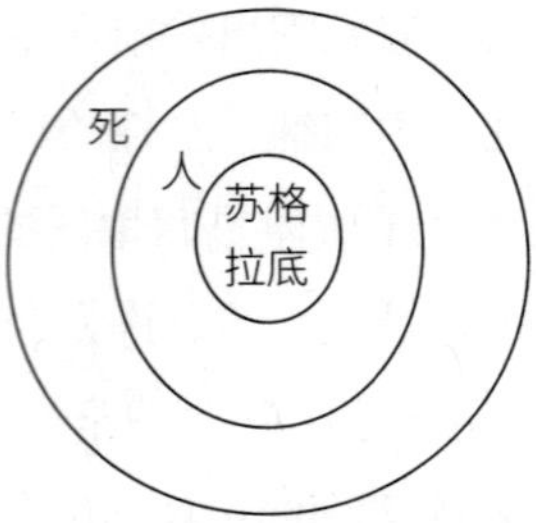

图 3-4　三段论推理示例

以上这种三段论被称作“巴巴拉”（Barbara，AAA）形式，即三句话都是全称肯定，类似的还有：

所有的希腊人都是人；
所有的人都是白人；
所以，所有的希腊人都是白人。

此外，三段论还有其他变化形式，如“切伦特”（Celarent，EAE）形式、“达里”（Darii，AII）形式、“费里奥”（Ferio，EIO）形式等。

“切伦特”形式的三句话分别是全称否定、全称肯定、全称否定，比如：

没有一条鱼是有理性的；
所有的鲨鱼都是鱼；
所以，没有一条鲨鱼是有理性的。

“达里”形式的三句话分别是全称肯定、特称肯定、特称肯定，比如：

人都有理性；
有些动物是人；
所以，有些动物是有理性的。

“费里奥”形式的三句话分别是全称否定、特称肯定、特称否定，比如：

没有一个希腊人是黑皮肤的；
有些人是希腊人；
所以，有些人不是黑皮肤的。

亚里士多德创造的这一体系是形式逻辑的开端，也是人类理性认知的真正起点，它是值得赞美的。然而，如果将其视为形式逻辑的最终真理，其不足也显而易见。下面，我们具体来看看形式逻辑有哪些不足。

形式逻辑有其固有缺点

以下面的两句话为例：“苏格拉底是人”和“所有的希腊人都是人”。

我们必须把这两句话区别开来讨论，亚里士多德在《逻辑学》中并未做出这种区分。“所有的希腊人都是人”这句话通常隐含的前提是：有希腊人存在。如果没有这一前提，亚里士多德的某些三段论形式就会无效。即，即使推论过程严格遵循形式逻辑的要求，但如果前提假设是错误的，或者在推论过程中忽略了隐含条件，那结果也会出错。例如，“所有的希腊人都是人，所有的希腊人都是白人，所以有些人是白人”，如果有希腊人存在，那么这个三段论就是有效的。但如果说“所有的金山都是山，所有的金山都是纯金的，所以有些山是纯金的”，这个结论就是错的。

根据以上例子，我们必须把“所有的希腊人都是人”这句话分为两个部分：一部分是“有希腊人存在”，另一部分是“如果有任何东西是一个希腊人，那它就是一个人”。这样，“所有的希腊人都是人”就比“苏格拉底是人”在形式上要复杂得多。“苏格拉底是人”以“苏格拉底”为主语，但“所有的希腊人都是人”的主语并不是“所有的希腊人”，因为在“有希腊人存在”和“如果有任何东西是一个希腊人，那它就是一个人”这两句话中，实际的主语是“希腊人”，而“人”又是“希腊人”的谓词，因此很容易推出“人”是“苏格拉底”的谓词。但“人”实际上并不是“希腊人”的谓词。这样的陈述混淆了名字与谓词之间的区别或名词和其类之间的差别，因此给哲学带来了很多灾难性后果。对于这一点，一直到罗素的逻辑原子论才予以澄清。

对三段论形式评价过高

三段论只是所有演绎推理中的一种。比如，数学完全是演绎的，但并不采用三段论。例如，假设我买了价值 4 元 6 角 3 分的东西，支付了一张 5 元的钞票，那对方应该找多少钱呢？将如此简单的数学题写成三段论的形式显然是荒谬的，并且会掩盖这种推理的真实意义。

逻辑学中也存在大量的非三段论推理，如“马是一种动物，因此马的头是一种动物的头”。应该说，三段论只是演绎推理的一种形式，对于其他形式的推理，它并没有绝对的优先权。

对演绎法的评价过高

相比于近代哲学家，古希腊人更加重视演绎法。亚里士多德注意到了这个问题，并一再承认归纳法的重要性，但他仍和所有古希腊人一样，给予了演绎法不适当的重要地位。归纳法没有演绎法那样确切可靠，它只为人们提供可能性、或然性而非确切性，但同时，它又提供了演绎法所不能提供的新知识。除了逻辑学和纯粹数学，一切重要的推论几乎都是归纳的，而非演绎的。

在探讨可研究的命题时，首要条件是命题必须遵循逻辑的基本规律，如果一个命题违反了这些基本规律，那么它就失去了意义。例如，在古代哲学中，我们经常遇到一些表面上看似矛盾的陈述，如佛教中的“菩提本无树”。这里的“菩提树”是一种树，如果说它“不是树”，则显然违反了矛盾律，导致该命题失去讨论的价值，讨论就无法进行。

逻辑不仅是哲学探讨的基础，也是现代科学发展的支柱。它为人类提供了一种在有限范畴内梳理思考内容以及积累相对正确的知识的方法。逻辑的重要性在于，它提供了一种不依赖个人意志的知识积累方式。只有对于符合古典逻辑的命题，人们才能进行有效的讨论，获得相对准确的认识。这种认识是客观的，不受个人信仰的影响。相反，如果没有逻辑，文化和知识的发展可能最终停滞。随着新知识的产生，旧知识可能会被遗忘，而新知识也可能在无穷无尽的争辩中被湮没。这甚至会影响人们探索新知识的兴趣和驱动力。历史上的许多文明，如古埃及、古巴比伦、古印度，都在经历长期发展后出现了中断或衰落现象。这可能是因为在知识的传承过程中，新发现和旧知识之间出现了断层。随着新世界的到来，旧知识被遗忘，文明的发展因此停滞不前。这种现象并非个案，而是普遍存在于多个世界古代文明中。

苏格拉底、柏拉图和亚里士多德是中世纪乃至今天谈及的古希腊哲学家的代表。其中，亚里士多德的学说体系因其逻辑严密性和知识广博性，在中世纪欧洲经院哲学中占据了重要地位。他的著作弥补了《圣经》里未涉及的学问，特别是通过阿奎那等神学家的努力，亚里士多德哲学与基督教教义实现了某种程度的融合。任何人对他的思想提出怀疑，都会被欧洲中世纪教宗界视为离经叛道，甚至被视作异教徒而被惩罚。

米利都学派：世界是可以被理解的

《理想国》提出了一个对后世科学发展影响深远的观点：造物主以“理念”为原型构造宇宙，而数学（几何）是人类接近理念世界的重要阶梯。“几何学所要求的知识是永恒的”，柏拉图认为几何学是数学的代表，上帝用数学工具来治理世界，一切事物最终都可以用数学的语言来描述。与其同时代的毕达哥拉斯学派持有更深入的见解，认为数是自然事物内在固有的。柏拉图认为，数超越了事物本身。从理性认识世界的角度来看，他与毕达哥拉斯学派的精神是一致的，即认为数才是我们认识世界的本质，具体事物只是相对表面的现象。

虽然以今天的眼光来看，古希腊哲学家的很多设想是不对的，但他们开创的研究方法和对自然背后的规律的探求精神仍然被继承了下来，影响了理性逻辑和科学的发展。可以想象，再过几十年，今天的很多科学结论也会发生变化，但研究方法和科学精神会相对稳定地被继承下去。接下来，我们来了解古希腊最早的哲学学派之一——米利都学派的三位重要成员。

米利都学派的创始人泰勒斯关注对自然的研究。泰勒斯主张万物都是由气态、液态和固态的“水”组成，他用水的观点来解释很多现象。他认识到尽管构成世界的所有物质千变万化，但它们有许多共同之处，因此它们本质上必定是同一种东西。泰勒斯大胆地认为水是最基本的物质。当然，我们不应将他所说的“水”简单地理解为现代科学中的氢氧化合物，而应将其理解为一种象征性的液体或流体。

泰勒斯认为，大地像“一根木头”一样浮在水上。这必定意味着相当一部分大地是浸没在水中的。这应和了古希腊神话：提洛岛一直漂移不定，直到女神勒托在岛上生下了一对双胞胎，即阿波罗和阿耳忒弥斯。这与现代的地壳理论有惊人的相似之处，根据这一理论，大陆的确“漂浮”在一种流动的物质之上，尽管这种物质不是海水，而是地壳之下的一种更重的熔融物质——由岩浆组成的地幔。

在公元前600年左右，泰勒斯最早尝试用数学解释自然现象，他也是最早引入命题证明的数学家之一。自他之后，数学才进入了逻辑证明阶段，因此可以说演绎推理的美妙世界始于泰勒斯。

阿那克西曼德是泰勒斯的学生，被认为是第一位绘制世界地图的人。阿那克西曼德提出了极具突破性的“无定”理论，认为万物的本原不是一种具体的物质，而是“无定”。阿那克西曼德的学生阿那克西米尼则进一步发展出“气本原论”，他意识到，最明显的物质转变是“稀释和凝聚”。他明确指出，任何物质在适当的条件下都可以转变为固态、液态或气态。他选择把气作为基本物质，认为液体水，甚至是坚硬的固体石头，都是由一种基本的气态物质凝聚而成的。这种观点更为大胆，也更接近现代的观点，因为现代的观点确实认为，气体处于最简单、最原始的“非聚集”状态，在能量不同的情况下，气体形成了较为复杂的液体和固体。阿那克西米尼并未沉浸在抽象的幻想中，而是渴望将其理论应用于具体的事实，这可以从他在某些情况下获得的极为正确的洞见中看出。比如，他告诉我们，冰雹和雪花（两者都是由固态水，即冰构成的）的区别在于，冰雹是从云中落下的水（雨滴）冻结而成的，雪花则是潮湿的云本身变为固态的结果。不过，他的这一理论最重要的贡献在于，它为随后原子论的提出奠定了基础。

泰勒斯创立的学派后来被称为米利都学派，虽然在今天看来，泰勒斯的很多观点多数站不住脚，但米利都学派的重要性不言而喻，不仅在于它所取得的成就，更在于它所体现的对自然背后的规律的探索精神。米利都学派提出并讨论了以下两个特征：

- 认为世界是可以被理解的。
- 把作为“理解者”的人（认知主体）从所要构造的理性世界图景中排除。

人们很少意识到，把认知主体暂时排除在外是一种特殊策略，即试图以“灵魂”的形式来探讨物质世界图景内部的主体，无论这种灵魂是由极为精细的、动荡不定的物质构成，还是由与物质相互作用的幽灵似的东西构成。这种“客观”的思考策略，是从理性的、第三者的角度来观察世界的。这些朴素的观念流传了数个世纪，至今仍未消亡。虽然我们不能追溯这种“排除”有意识确立的明确阶段（可能永远也不会如此），但我们可以在赫拉克利特（活跃于泰勒斯之后约 100 年）的著作残篇中发现明显证据，表明他对此是有所知晓的。

古希腊人获知了一个伟大的观念：**只要细心观察，就能发现周围的世界是可以理解的**。世界不再是鬼神和精灵随心所欲行事的地方，这些超自然存在不再因激情、愤怒、爱和复仇欲望而驱动世界，人也不再通过虔诚的供奉而安抚诸神的情绪。这些人已经摆脱了迷信，拒绝接受以上所有观念。他们把世界视为一个复杂的机械体系，按照永恒不变的规律运转，并且他们非常愿意寻找这些规律。这也是古希腊人与古巴比伦人、古埃及人的最大差别，后两者对天体轨道的规律性，特别是日食和月食，虽然早就有很多了解，但他们只是把这些视为宗教秘密，而不尝试对自然现象做出科学解释。

毕达哥拉斯：自然界是按照数学原理构成的

最早给出自然界的具体数学表达方式的，是以毕达哥拉斯为领袖的毕达哥拉斯学派。该学派把数字视为抽象概念，认为物体只是数字的具体化。

让我们回到前文提到的一般观念，即“数是万物的本原”。但为了做出公正的评价（尽管它的衍生理论在今天看来可能显得荒唐），我们绝不能忘记，它是古希腊时代数学和几何学领域最早的伟大发现之一。这些发现通常涉及物体的某种实际应用或想象中的应用。这些模型或公式突然间就给从未预料到的领域带来了秩序。这些体验非常令人难忘，极易让人相信数学的神秘力量。

毕达哥拉斯学派凭借其独特的见解、对美与简洁性的追求，在理解宇宙和自然的结构上颇有建树。在毕达哥拉斯的概念模型里，数量和形状决定一切自然物体的形式，他把数视为宇宙的本质。他认为数是自然物体的形式和形象，并坚信数是世间万事万物的根源。毕达哥拉斯将音乐归结为数与数之间的简单关系，因为他发现了以下两个关键事实：第一，弦所发出的声音取决于弦的长度；第二，两根绷得一样紧的弦，若一根是另一根长度的整数倍，两根弦才能发出调和音，声音才会特别美妙。毕达哥拉斯意识到数在音乐中的重要性，发现了音高与弦长之间的数学关系，“调和级数”的叫法即源于此。通过对琴声的和音序列的研究，毕达哥拉斯将自然数与弦长联系起来，认为自然界的数字彼此之间应该都是整数或分数的关系，像美妙的音乐一样，因为造物主这样安排才能让自然和谐。他对弦长比例与音乐关系的探讨已经展现了科学研究的萌芽。

毕达哥拉斯还认为，数是自然界中更高层次的表现，是更持久、更普遍的规律。他特别强调数与自然的关系，尤其是整数在音乐发展中的重要性，音乐与数字之间有着紧密的对应关系。他还将数与几何形状联系起来，引入了“平方”“立方”等概念。毕达哥拉斯认为“1”是数的起源。与几何对应，1 代表点，2 代表线，3 代表面，4 代表体，而这与泰勒斯所强调的构成自然界的 4 种基本元素（土、气、火、水）相呼应。

毕达哥拉斯学派把天文学和音乐总结为数，从而与算术和几何建立了联系。这 4 门学科——天文学、音乐、算术和几何，最终被认为是以数学为本质的。甚至到了中世纪，它们依然被作为教士学习的基础课程，被称为“4 大学科”。

毕达哥拉斯的另一项伟大发现是关于直角三角形的命题，即直角三角形两条直角边的平方和等于斜边的平方，这一命题在中国被称为勾股定理，毕达哥拉斯还对此给出了几何证明，即毕达哥拉斯定理。

从毕达哥拉斯定理证明开始，几何学逐步发展为一门独立的学科。它不仅关注对现象的观察，其更重要的意义在于对抽象规律的严格推理这一思维方式。从毕达哥拉斯学派开始，哲学才真正摆脱了广义的自然哲学，具有了形而上学的特点，这是哲学真正的开端。

在中国，成书于西汉时期的《九章算术》通过举例说明了直角三角形直角边与斜边的关系：勾三股四弦五。其实中国很早就开始探索数字和几何的奥秘了。例如，公元 5 世纪，数学家祖冲之已经能够计算出 π 的 7 位小数。这些计算展示了古人对数字精确性的追求，但他们并没有总结出普遍适用的数学规律。虽然古人发现了“勾三股四弦五”这一特定的数学关系，并在实际工程中应用这些几何知识，比如使用简单的工具来确保建筑的墙壁足够直，然而这些应用仅停留在工匠的技术层面。类似地，古代中国人在实践中积累了大量的数学知识，但他们并没有将这些知识抽象化、理论化，形成一套完整的数学体系和科学理论。

再说回毕达哥拉斯。在对信徒的行为规范上，毕达哥拉斯学派是一个有神秘色彩的团体，他们在进食或进行其他活动时遵循奇特的仪式，并对外界严守秘密，尤其是有关教义的内容。毕达哥拉斯学派还立下了许多怪异的戒条，如，禁吃豆子，东西落在地上不要捡起来，不要去碰白色公鸡，不要用铁拨火，不要乱掐花环，不要吃整个面包，不要吃动物的心脏，不要在大路上行走，不要让燕子停在屋里。

毕达哥拉斯有一名学生名叫希帕索斯，他违背了学派立下的其中一条规定，后死于船只失事，有人认为这是神对他的惩罚。当然，至今流行更广的说法是，希帕索斯发现了等腰直角三角形的斜边无法用整数的比来表示。但毕达哥拉斯认为，自然界所有的数应该像音乐一样，是整数或整数比，我们后来称之为有理数，而那些不能写成整数比的数则被称为无理数。为了维护老师理论的正确和师道尊严，毕达哥拉斯的其他学生在与希帕索斯一起乘船时，趁他不注意将其推下水。希帕索斯的这一发现，导致了数学的第一次危机。

英国著名古典学者、哲学家弗朗西斯·康福德（Francis Cornford）在《从宗教到哲学》（*From Religion to Philosophy*）一书中说："毕达哥拉斯代表了与科学对立的神秘主义思潮。"毕达哥拉斯学派认为，如果没有数和数的性质，世界上任何事物本身或与别的事物之间的关系都无法被人了解清楚。人们可以在人类的一切行动和思想中，甚至在各个行业和音乐中看到数字的魅力。但这种魅力或多或少都具有神秘性，且无法被进一步解释。正如《西方哲学史》中所写，理性的事物与神秘的事物是相互对立的，这种对立贯穿于从古希腊开始的整个人类历史。这种对立表现在希腊神话中的奥林匹斯山众神与不太开化的其他信仰中的神（近似于人类学者所说的原始信仰）之间。如果仅从科学与神学的分野上看，毕达哥拉斯确实是站在神秘主义一边的，但他的神秘主义具有特殊的理性。他认为自己身上具有某种神性，因此曾自负地说："世间有神，有人，还有毕达哥拉斯。"因此，毕达哥拉斯死后被他的学生推崇为神一样的人物，传说他被赋予各种神力。

亚里士多德在《形而上学》一书中总结了毕达哥拉斯学派对数的现实世界的认识：他们似乎察觉到了存在的以及将要形成的事物在数方面的共性，而不仅仅表现在土、气、火、水上；由于音阶的修正和比例可用数字表示，再加上其他事物在本质上都能用数字来模式化，数字似乎成为整个自然界的基础。他们认为，所有事物里都含有数的成分，整个宇宙就像是由数组成的神的和谐音乐。毕达哥拉斯学派预见了两条后来被证明极为重要的信条：一是，自然界是按数学原理构成的；二是，数学关系决定、统一并显示了自然的秩序。这对现代科学的影响深远，我们今天把物理学规律总结为数学规律，并通过数学表达科学内容的标准方式，可以追溯到毕达哥拉斯。

德谟克利特：认知事物本质需要深入到原子层面

赫拉克利特是爱非斯学派的创始人，首次提出了对立统一与矛盾的学说，列宁称其为“辩证法的奠基人”。赫拉克利特的这种“对立统一”论闪耀着智慧的光芒，可以说是黑格尔哲学的萌芽，而黑格尔哲学正是通过对立和统一的综合发展出来的。

此外，与泰勒斯认为“水是万物之本原”不同，赫拉克利特认为火是万物的本原，他还提出“万物都处于变化状态”的学说。柏拉图和亚里士多德都赞同赫拉克利特曾经教导过他们的话，“没有什么东西是永恒的，一切都是变化着的”（对柏拉图）；“没有什么东西可以固定地存在”（对亚里士多德）。

恩培多克勒是毕达哥拉斯学派的追随者，他发现了空气是独立的实体。他观察到：当一个瓶子或任何器皿倒置放入水中时，水不会进入瓶内。在天文学方面，他认识到月亮是通过反射而发光的，但他错误地认为太阳也是如此。他指出光是以有限速度传播的，光照射到地球需要时间，但由于时间非常短，人们不能察觉。他还提出，日食是由于月亮挡住了太阳而产生的。他还提出了土、气、火、水这4种元素具有永恒性，并认为它们可以用不同的比例混合起来，产生各种复杂的物质。

德谟克利特是最早的唯物主义哲学家，也是原子论的创始人，他这一理论的最初思想来自他的老师留基伯。德谟克利特的原子论主张，万物由无数个小得无法看见的简单而永恒的原子构成。这些原子的形状、大小、次序、位置各有差异。原子是终极的、不可再分的质点，形状和大小只是原子的特性之一。原子的内部是充实的，其数量是无限的。原子处于永恒的运动中，这种运动在各个方向上是无规则的。原子在虚空中是直线运动，是不生不灭的，其本身自发具有运动的性质。“热”等其他性质并非原子固有，而是源于观察者的感知。

原子论基于德谟克利特关于无穷小的思想实验：如果物体本身具有一定的体积，显然我们可以不断将它分成更小的部分，但在某个层次上，必定会有一个无法再分的小体积。因为如果物体能够无限地分割成越来越小的部分，直到变为零，那么即使再多的零相加也不能形成一个有限大小的量。当物体被不断分割到最小的部分时，这些部分仍然是实体。这些“非零”的实体堆积起来，才形成一个完整的实体。因此，最小的微粒必定是大于零的某种实体，这便是原子。

当我们今天探讨宇宙中最小的空间和时间单位时，我们采用了与德谟克利特相似的推理方法。比如量子力学认为，空间也必须有一个不可再分割的最小体积，这一概念在现代物理学中被称为普朗克长度[①]。普朗克长度是量子引力理论中一个基本的尺度，它表明在非常小的尺度上，空间不再是连续

① 普朗克长度由物理学家马克斯·普朗克提出，代表了物理学意义上可能存在的最小长度。普朗克是德国著名的理论物理学家，他提出了“能量量子化”的假设，是量子论的奠基人之一。

的，而是呈现出离散或者说“量子化”的特性。普朗克长度的概念揭示了空间的不连续性，意味着空间存在一个基本的“颗粒”尺寸，低于这个尺寸的空间体积无法进一步进行分割。如果空间是完全连续的，那么理论上它可以无限分割直至为零，这样的话，构建任何有限的空间结构将变得不可能。因此，普朗克长度为空间设定了一个下限，确保了空间的离散性。同样的推论也可以应用到时间的不连续性上，比如最小的时间间隔为约 5.4×10^{-44} 秒，称为普朗克时间。

现代量子力学中的不连续概念与德谟克利特的推论方法在本质上是一致的。量子力学告诉我们，在微观尺度上，物理量（如能量和动量）是量子化的，即它们只能以确定的大小或“量子”存在。这种量子化的特性是自然界的基本规律之一，与德谟克利特关于最小不可分割物质单元的古老思想遥相呼应。

在德谟克利特的哲学中，原子和虚空构成了现实的基础，万物的本原是原子和虚空。原子是不可再分的物质微粒，虚空是原子运动的场所，而对于这些基本构成的了解构成了真理性的认知。相对地，对具体事物的认知，即我们通过感官所感知到的事物的外在特征，则是表象的。这些外在特征“堆积”起来，形成了我们眼前的世界。要认知事物的真实本质，我们需要深入到原子层面，理解构成事物的基本单元。

德谟克利特的这一思想与近代科学中“观测决定认知”的理念有着直接的联系。在现代科学中，我们通过精密的观测工具和实验方法来探索自然界的基本原理，这与德谟克利特关于通过观察来获取知识的观点如出一辙。特别是量子物理学的发展，更是强调了观测者与被观测系统之间的相互作用，以及这种相互作用对认知过程的影响。

原子论者往往也是严格的决定论者，他们认为万物的生息都遵循某种自然规律。留基伯否定随机性，他指出："没有任何事物是无端发生的，万物的发生都有理由，而且都是必然的。"此外，德谟克利特基于对影像原理的研究也提出了独到见解。他认为，事物必须通过感官与人发生联系，通过观察才能进入人的认知。人们的认识是从事物中流射出来的原子形成的"影像"作用于感官与心灵而产生的。在伦理观上，原子论者强调幸福论，主张道德的标准就是快乐和幸福。

德谟克利特对几何学极其热衷，而不是像柏拉图那样对其仅仅是感兴趣。德谟克利特深刻地洞见了无穷小量的意义和困难。这可见于一个有趣的问题，他显然是在思考对圆锥体积的证明时碰到这一问题的：用一个平行于圆锥底面的平面将圆锥切成两部分，切面两侧的圆的面积是否相等？如果不相等，那么圆锥侧表面的光滑性如何体现？如果相等，那么圆锥是怎样从底面的一个大圆逐渐缩小到顶点的一个点的？后来，阿基米德采用穷竭法证明了圆锥体积等于其底面积和高的乘积的 1/3，避开了德谟克利特的困境。如图 3-5 所示，他将圆锥视为无数薄片叠加，并证明了其体积为与之同底等高的圆柱体积的 1/3。

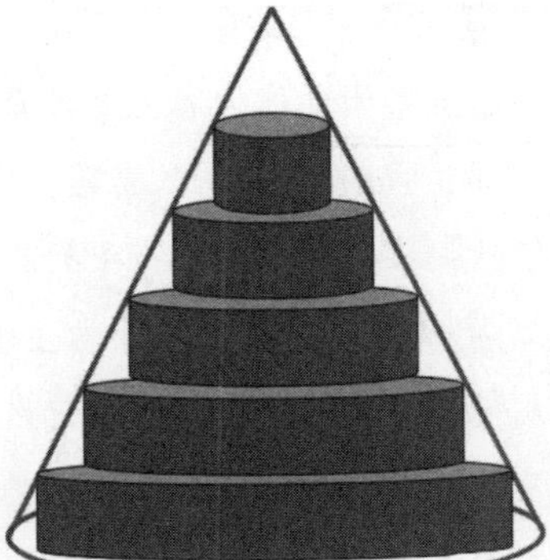

图 3-5　将圆锥想象成一叠逐渐缩小的圆柱薄片

德谟克利特著有《大宇宙秩序》《小宇宙秩序》《论荷马》《论音乐》《论诗的美》《论绘画》等，但这些作品仅以残篇形式流传至今。

欧几里得：发现几何的优美

数学家欧几里得生活的时代相当于中国的战国晚期。欧几里得完成了平面几何和代数的基本内容，并将其记录在《几何原本》里。直到 1607 年，徐光启与利玛窦才将前 6 卷翻译成中文，并依据拉丁文 geometria 的 geo 音确定了“几何”的概念。徐光启在翻译这本书时写道“几何原本者，度数之宗，所以穷方圆平直之情，尽规矩准绳之用也”，意思是《几何原本》是研究数理的基础，包含探求方圆平直的原理，可以发挥“规”“矩”等工具的作用。《几何原本》囊括了从点、线、面到圆锥曲线等平面几何的内容。在中世纪，《几何原本》对欧洲的工程建筑起到了非常重要的作用：从罗马斗兽场、引水渠到巴洛克式教堂，都体现了欧几里得几何学的优美。

扩展
知识的边界
Logic of the World

《几何原本》13 卷内容

《几何原本》共 13 卷。

第一卷至第六卷的内容主要涉及平面几何。

第一卷：几何基础。本卷确立了基本定义、公设和公理，还包括一些关于全等形、平行线和直线形的定理。

第二卷：几何与代数。该卷主要讨论的是毕达哥拉斯学派的几何代数问题，包括大量代数定理的几何证明。

第三卷：圆与角。本卷阐述了圆、弦、割线、切线、圆心角、圆周角的一些定理。

第四卷：圆与正多边形。本卷讨论了已知圆的某些内接和外切正多边形的尺规作图问题。

第五卷：比例。本卷详细阐述了比例理论。

第六卷：相似。本卷阐述了比例的属性，以及相似形的概念，包括泰勒斯定理。

第七卷至第十卷主要阐述数论。

第七卷：数论（一）。本卷内容包括整除性、质数、最大公约数、最小公倍数等初等数论内容。

第八卷：数论（二）。本卷继续讨论初等数论，包括欧几里得辗转相除法、各种数的关系，如质数、合数、平方数、立方数等。

第九卷：数论（三）。本卷涉及比例、几何级数，给出了许多重要的初等数论定理。

第十卷：无理数。本卷定义了无理量（不可公约量），并蕴含了极限思想（如穷竭法）。本卷篇幅最大，内容较为复杂。

第十一卷至第十三卷主要讨论立体几何。

第十一卷：立体几何。本卷论述立体几何；将第一卷至第六卷的主要内容推广至立体，如平行、垂直以及立体图形的体积。

第十二卷：立体的测量。本卷重在讨论立体图形的体积，如棱柱、棱锥、圆柱、圆锥以及球体的体积。

第十三卷：建正多面体。本卷重点研究正多面体的作图，包含5种正多面体的作图，并证明了不存在更多的正多面体。

古希腊人致力于发现自然背后的普遍规律

古希腊文明之前的多个文明，如古巴比伦、古埃及以及古印度，都在不同时间独立发现了一些数学知识，包括对数字的描述和对几何图形的应用。特别是利用毕达哥拉斯定理来测量直角三角形的属性，这一知识在不同文明中都有体现。然而，除了古希腊文明，其他古代文明并未将数学发展成一套独立的体系。只有在古希腊，数学家们不仅系统地总结了这些经验性的知识，创建了几何和代数等数学分支，而且还将这些知识编纂成书籍，广泛传播和教授。

古希腊人发现并归纳了普遍的数学规律，而非仅仅掌握零散的知识点。他们在数学领域的贡献极为重要，且不仅在当时是一种创新，对后人的思维方式和科学发展也产生了深远的影响。他们对数学背后存在的普适法则的追求和发现，使得数学成为一门系统的科学，为后来的人们提供了强有力的认知工具和知识标准。

在数学与逻辑学的发展过程中，古希腊人探讨了一些有意思的问题。这些问题不仅推动了人类思维体系的发展，它们本身也是值得玩味的思想实验。

比如，埃利亚的芝诺所提出的悖论至今仍被广泛讨论，它对我们的时空观念产生了深远的影响。芝诺生活在公元前 5 世纪，他通过哲学思考提出了一系列关于时空的悖论，这些悖论后来以他的名字命名。芝诺认为，真正的存在是永恒且统一的，感官经验是不可靠的，理性思考才是通向真实的途径。

芝诺尤其以他在运动学方面的悖论而著名，如“阿喀琉斯与乌龟”悖论。

在这个悖论中，阿喀琉斯是古希腊第一勇士，也是一位长跑健将，当他与一只乌龟赛跑时，乌龟被允许超前于阿喀琉斯一小段距离。当阿喀琉斯跑到乌龟原先的位置的同时，乌龟已经前进了一点。当阿喀琉斯追到乌龟这一新的地点时，乌龟已经又往前爬了一点。按照这个逻辑，芝诺说阿喀琉斯永远无法追上乌龟。虽然我们现在知道，当有了微积分，掌握了无穷级数求和的方法之后，这就不再是个问题了，但从后面的相关章节可以看到，无穷级数又引出一个更深奥、更困难的数学问题。在这一点上，芝诺悖论的深意远远超出了我们的想象。

芝诺的“飞矢不动”悖论提出了另一个关于时空连续性的问题：一支箭射出去之后，在某一瞬间去观察它，它要占据空间中的某一个位置，下一瞬间再看它时，它仍然占据空间中的某个位置。如果每一次观察时，箭都在空间中的一个具体位置上，那么将这些瞬间累积起来，箭也应该是静止的。这听起来很荒谬，然而在近代量子力学的研究中，我们发现类似的这种效应确实存在。比如当持续观测一个量子系统时，它会坍缩在最可能的态上；从量子系统一开始演化就持续对其进行高频测量，量子系统只好保持在原状态不动，不断地观测会导致它的演化速度远低于不被观测时的速度，这种现象被称为量子芝诺效应。

公元前 6 世纪，希腊克里特岛传说中的哲学家埃庇米尼得斯提出了说谎者悖论。据传埃庇米尼得斯活了 157 岁（一说 299 岁），其中有 57 年的时间他是在睡眠中度过的。醒来后，他声称：“所有克里特岛人都是说谎者。”由于埃庇米尼得斯本人就是克里特岛人，他的这一陈述引发了自指的问题：如果他的陈述是真的，那么作为克里特岛人的他所说的“所有克里特岛人都是说谎者”也应是谎言，这意味着他的陈述是假的；但如果他的陈述是假的，那么“所有克里特岛人都是说谎者”就不是真的，至少埃庇米尼得斯本人不是说谎者，这又似乎支持了他的陈述是真的。

在逻辑学中，说谎者悖论被认为是一个无真值的陈述，挑战了命题必须为真或为假的传统二元逻辑。这个悖论表明，在某些情况下，一个陈述可能既不完全正确也不完全错误，而是处于一种逻辑叠加状态。说谎者悖论在逻辑学和哲学上的重要性在于，它揭示了语言和古典逻辑体系的局限性，特别是在处理自指和回归问题时。

从日心说到地心说，古希腊人的宇宙观

古希腊哲学家阿那克萨哥拉发现月亮的光源来自太阳。他注意到，水星和金星这两颗行星的亮度在不同的日子会发生明显变化。另一位哲学家兼天文学家赫拉克利德斯把这种变化归因于水星和金星与太阳距离的变化，因此他推断它们不可能围绕地球做圆周运动。类似的推论很快也被拓展到火星，因为火星的亮度也会发生明显变化。

毕达哥拉斯学派在公元前 6 世纪就认为地球是一个球体。他们注意到月亏时的月球弧线是地球的部分影子导致的，而只有球体的影子在任何情况下都呈弧线。如果地球是椭圆形或其他形状，它的影子不可能总是呈现圆弧状。

古希腊人不仅知道地球是球体，还计算了它的大小。数学家埃拉托色尼曾从亚历山大城（今埃及亚历山大）到赛伊尼（今埃及阿斯旺）旅行。他注意到，在夏至日的正午，在赛伊尼太阳光能够直射到井底，而在亚历山大城则不能。于是，他组织人测量了亚历山大城一座方尖塔的阴影长度，计算出阳光与塔身的夹角。这个角度实际上代表了亚历山大城与太阳直射点之间的纬度差，对应于这两点之间地球的弧度。基于这个距离和测量到的角度，埃拉托色尼估算出亚历山大城与赛伊尼之间的距离大约是 400 千米，地球的周长大约为 3.9 万千米。这个估算值与现代测量结果 4 万千米非常接近。准确

来说，地球的周长是被“定义”的。法国大革命时期，法国人认为地球是个正球体，“定义”了地球的周长是4万千米，并重新定义了米制单位，将地球子午线周长的四千万分之一作为1米的标准长度。

萨摩斯岛的阿里斯塔克比阿基米德年长20多岁，他在公元前3世纪提出了日心说体系。然而，他的这一体系当时并没有得到大多数人的认可。阿里斯塔克的日心说认为，一切行星，包括地球在内，都以圆形轨道围绕太阳运转；同时，地球每24小时自转一周。他发展并完善了阿波罗尼奥斯提出的天体运动的周转圆理论，在行星的圆形轨道上再增添新的小圆运动，让它们的运动轨迹能够与观测一致。阿里斯塔克还通过观测月食时的地影宽度，估算出了地球直径和月球直径的比值，并进一步估算出了地月距离。

然而亚里士多德反对阿里斯塔克的日心说，他驳斥道：“地球永远位于宇宙的中心不动，没有任何理由能够证明大地会沿着一个方向运动而不是另一个方向。”

亚里士多德关于物理学的两部著作对后世影响深远，分别为《物理学》和《论天》(*On the Heavens*)，它们之间有着密切的联系。这两部著作体现了这样的思想，即当哲学家不再将天体视为神明本身时，自然会将天体视为由一位带有希腊烙印的、热爱秩序和几何美的神明所推动的物体。因此，运动的根源最终落在了“内在本性”上：在人间，便是人类与动物的随心所欲的内在本性；在天上，天体则因“第一推动者”的驱动而做永恒匀速运动。

亚里士多德认为，运动是事物实现其潜在性质的过程。有运动秉性的事物应该运动，而有静止秉性的事物应该静止。比如一只狗抓到一根骨头时，狗在运动，而骨头静止，狗运动的目的是实现它的“自然”(性质)。然而，这种观点无法适用于无生命的物质，且在严格的科学意义上，任何形式的运动都必须被视为相对的。

亚里士多德继承了恩培多克勒的观点，认为宇宙最终是由土、气、火、水 4 种基本元素的不同组合构成的。

亚里士多德在宇宙论中还提出第五元素，即“以太”，这种元素与前 4 种元素不同：以太构成的物体的自然运动是圆周运动，而其他元素组成的物体的运动是直线运动。以太也因此是构成天空里星体的元素。由于这种物质没有对立面，没有任何东西可以抵抗它的运动，因此它以及由它组成的天体是永恒运动的。亚里士多德进一步观察到，水自然地形成球形水滴落下，并流向球面上的最低点，因此他得出结论，天空和地球也都应该是球形的，地球位于天球的正中心和最低点。这一点通过日食和星体在不同纬度的可见性得到了进一步的验证。因此他坚持认为大地是球形的，位于宇宙的中心。

他还认为，月亮是以太和其他元素构成的事物的分界线。在月亮以下，所有事物都是由土、气、火、水这 4 种基本元素构成的；在月亮以上的天体是由以太构成的。月亮之下的事物的运动是直线运动，而以太的自然运动是圆周运动。每一层天都是一个完美的球形，越往上层就越神圣。月亮以下的事物都是有生有灭的，而月亮之上的都是不生不灭的。4 种基本元素并不是永恒的，而是通过相互影响而产生的。火在自然运动中是绝对的轻，土是绝对的重，气是相对的轻，水则是相对的重。这一理论给后世的人们带来了很多困扰，因为按照这一说法，被认为是灾难象征的彗星就必须划归到月亮以下的区域里。然而在 17 世纪，人们发现事实并非如此，彗星实际上是绕着太阳运动的。而伽利略发现，抛射体是沿着抛物线运动的。这样的发现使基督教世界里的亚里士多德的信仰者感到震惊。

亚里士多德还提出了关于海洋形成、风、降雨以及其他自然事件（如地震、闪电和雷电）的理论。他关于彩虹的理论暗示水滴悬浮在空气中形成了镜子，将射入水滴的太阳光反射至人眼，但未能准确解释其具体机制。尽管亚里士多德对这些现象的解释与现代物理学相矛盾，但由于他仔细的观察，他的描述对当时的人来说颇具吸引力和说服力。尽管后来的科学发现证明亚里士多德学说中存在一些错误观点，但他的观察方法和理论框架为后来的科学研究奠定了基础。

喜帕恰斯是古希腊著名的天文学家兼地理学家，活跃于亚历山大城学派。他编制出一个载有 850 颗恒星的位置和亮度的星表，首次以“星等”来区分星体，并完善了“地心说”的数学模型。喜帕恰斯是第一个对地心说进行系统阐述的人，并且发现了岁差现象[①]。自喜帕恰斯起，古希腊人就能预报月食，误差不超过两小时。

托勒密进一步发展并完善了喜帕恰斯的地心说：地球处于宇宙中心，静止不动；向外依次有月球、水星、金星、太阳、火星、木星和土星，它们在各自的轨道上绕地球运转。托勒密借鉴了埃拉托色尼的办法，在地球上标注了 8 000 个位置，系统化地确立了经纬度的概念，并绘制了当时已知世界的地图。地图上显示了主要的大洲，但尚未包括南、北美洲。在《天文学大成》中，托勒密将行星运动的圆称为本轮，以地球为中心，其他天体沿着均轮绕地心运转。[②] 托勒密的数学模型后来被基督教普遍接受为真理。

---

① 岁差现象是地球自转轴在空间中的方向逐渐变化导致的一种现象，主要源于太阳和月球对地球赤道隆起部分的引力作用，这种引力力矩会导致地球自转轴的旋转方向逐渐变化。

② 本轮和均轮是托勒密的地心说用来解释行星运动的概念，本轮是一个小圆，行星沿着这个小圆运动，这个小圆的中心沿着一个更大的圆——均轮运动，均轮的中心位于地球。

扩展
知识的边界
Logic of the World

《天文学大成》13卷内容

托勒密的《天文学大成》包括13卷，详细介绍了星体和行星的视运动，尤其是恒星和行星的轨道，内容如下：

第一卷：该卷概述了亚里士多德的宇宙学观点，包括宇宙和天空的球形形态，以及地球作为宇宙的中心。

第二卷：该卷讨论了与天空每日运动相关的问题，如天体的升起和下落、日照时长、纬度的确定、太阳直射点的位置和相关测量等。

第三卷：该卷探讨了一年的长度和太阳的运动。

第四卷和第五卷：这两卷讨论了月球的运动、月球视差、月球远地点的运动，以及太阳和月球相对于地球的大小和距离。

第六卷：该卷讨论了日食和月食。

第七卷和第八卷：这两卷主要讨论了恒星，包括岁差现象以及喜帕恰斯编制的星表。

第九卷至第十三卷：这几卷解释了5颗肉眼可见的行星的运动模型，并讨论了水星等行星的运动。

托勒密的宇宙模型是一个以地球为宇宙中心的体系，认为地球静止不动，而天体围绕地球转动。这个模型被广泛接受并使用了千余年。尽管托勒密的天体运动理论最终被证明是错误的，但他的数学表和对恒星的精确观测被后来的天文学家视为极其宝贵的资料。此外，从天文学的角度看，托勒密对恒星的分类和记录的精确性被认为在当时是极为先进的，他的这部分工作的价值远超他的天体运动理论本身。

古希腊对确定性的追求，源于其独特的城邦制度

古希腊人不仅深入研究数学，还涉足物理学领域。比如前文曾提到的恩培多克勒，他不仅探索了光和色彩的性质，还提出了光以有限速度传播的理论。

在数学方面，阿基米德利用穷竭法算出球表面积、球体积、抛物线下的面积、椭圆面积，后世的数学家对这种方法加以发展，最终形成近代的微积分。他还研究了螺旋形曲线的性质，现今的"阿基米德螺线"就是为纪念他而命名的。在他的著作《方法论》残卷中，阿基米德运用了无限分割的思想，为后世的无穷小分析提供了启发。

阿基米德是第一位依据数学原理系统研究自然现象的实验物理学家，他的作品始终融合数学和物理，在研究中，他使用欧几里得的方法，先假设，再得到结果，并不断地将一般性原则用于解决具体问题。阿基米德发现了浮力定律，为流体静力学奠定了基础。因此阿基米德被称为"流体静力学之父"。另外，虽然杠杆原理不是阿基米德发现的，但是他在研究中解释了其工作原理，并给出计算物体重心的方法。阿基米德关于杠杆的研究曾引出过其非常著名的一句话："给我一个支点，我可以撬起整个地球。"阿基米德改进了复合滑轮系统，可以让水手们利用杠杆原理提起那些过重的、无法单凭人力搬运的物品。

亚历山大的海伦（Heron of Alexandria）是古希腊时期的一位数学家兼工程师，生活在公元 1 世纪。他被认为是实验物理学的先驱之一，在力学、地理学以及数学领域做出了显著的贡献。海伦的《度量论》(*Metrica*）是一部关于几何学的著作，包含了多种几何图形的面积和体积的计算方法。海伦在书中使用系统的几何方法来解决实际的测量问题，包括著名的海伦公式，

该公式提供了利用三角形三条边长直接计算三角形面积的方法：

$$S=\sqrt{s(s-a)(s-b)(s-c)}$$

其中，s 代表三角形半周长，a、b、c 分别为三条边长。

海伦在他的另一部著作《反射光学》（*Catoptrica*）中提出了光在反射时沿最短路径传播的观点，这一观点后来被推广为更普适的费马原理，概括了几何光学的基本定律。此外，海伦还发明了风力管风琴，这是一种利用风力来演奏的管风琴（见图 3-6）。

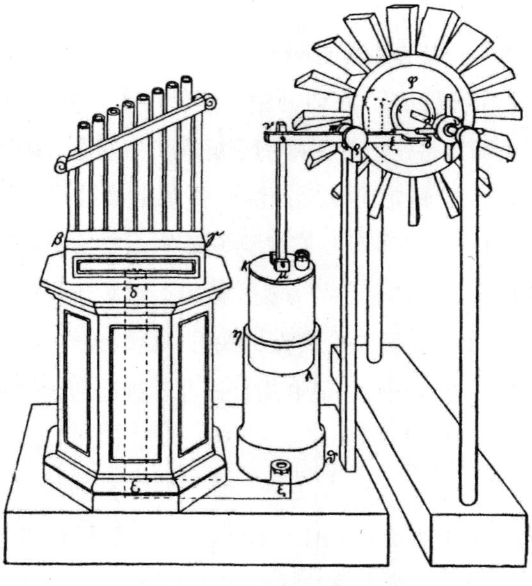

图 3-6　海伦发明的风力管风琴

资料来源：© 2007 W. Schmidt。

这些成就都凸显了数学在理解自然现象中的重要作用，进一步强化了古希腊人的信念，即“数学是洞察自然设计的基本工具”。随着对数学的研究越来越深入，古希腊人逐渐认识到数学是洞察自然界基本规律的工具，自然界的各种现象都可以通过数学的某种形式来表现。这种信念从古希腊时期逐渐确立，并持续到古希腊被罗马人征服，直至罗马帝国被阿拉伯人征服。同一时期，基督教在罗马帝国内部兴起，古希腊思想对基督教的思维逻辑产生了深远影响，成为基督教追求确定性的核心精神之一。

古希腊文明的一个显著特点是对确定性的明确追求。这种追求在其他古代文明中并不常见，大多数古代文明并没有形成如此系统化的思想和逻辑体系。那么，究竟是什么造就了古希腊人这种独特的思维方式呢？

对此，历史上有多种解释。一个重要因素是希腊独特的城邦制度。与统一的中央集权国家体系不同，希腊由众多独立的城邦组成，每个城邦都有自己的哲学家和思想流派。哲学家之间的公开讨论和辩论，形成了一种特殊的社会氛围，推动了对自然现象的深入探索和理论化思考。

古希腊哲学家与大体处于同一时期的中国先秦的诸子百家有相似之处，但两者的侧重点有所不同。古希腊哲学家更多地关注对自然哲学的追问，而诸子百家除了墨子等少数学派，更侧重于对社会治理结构的探讨。

古希腊哲学家的研究命题极为广泛，涵盖多个领域。无论是柏拉图在《理想国》中对乌托邦式社会治理结构的构想，还是毕达哥拉斯对自然现象的深入探讨，都体现出严密的逻辑性。他们致力于对事物进行区分、归类和分级，力求清晰地理解和表达他们的思想。这种追求清晰和逻辑的思考方式成为当时社会的普遍风尚，许多城邦因此涌现了各具特色的哲学思想。

相比之下，诸子百家时代虽然也出现了多种思想体系，但各学派之间对真理的辩论较少。每个学派倾向于认为自己的体系是正确的，对其他学派的理论不太关心，导致了众多学派并存。由于这种思想体系与古代中国治理目标结合，之后形成了“外儒内法”的结构，统治者在不影响统治的前提下，对民间的多神崇拜采取了宽容的态度。

古希腊的学派间并非完全没有交流和冲突，但在一系列思想碰撞后，他们逐渐形成了一些共识。随着时间的推移，人们通过不断的讨论和沉淀，总结出了一些相对公认的正确观念，并逐渐构建了较为系统化的思想体系。

总的来说，古希腊哲学的特点在于普遍性、逻辑性和对真理的不懈探索，这些特点奠定了西方哲学和现代科学方法的基础。

古罗马人和阿拉伯人保留了古希腊文明的火种

公元前 2 世纪前后，古罗马的入侵影响了古希腊人对自然规律的探索。类似的情节在人类历史中不断重复，即一个相对文明的国家因为长期处于和平状态而逐渐疏于对武力的追求，最终被生存条件匮乏、相对落后但武力强盛的国家侵入，导致文明中断。

面对古罗马的入侵和征服，学者们不再追问“如何才能创造好的制度、好的国家”，而是开始自言自语：在这个罪恶的世界里，一个人怎样才能保持自己的德行？或者，在这个悲惨世界中，人怎样才能获得幸福？随之，他们愈加关注个人的救赎，并在公元 1 世纪发现基督教可以带来希望的福音，也是在此时，基督教教会形成更紧密的组织并开始传教。

公元313年，在基督教遭受了长达近300年的打压之后，君士坦丁大帝颁布《米兰敕令》，将基督教立为合法宗教，最终，狄奥多西一世在392年将其立为罗马帝国的国教。基督教会在漫长的中世纪扮演了文明传承者的角色。在基督教背景下的中世纪，哲学承认和继承了古希腊关于自然现象的规律性和一致性的观点，认为这是上帝意志的结果。

相较于古希腊，古罗马人对哲学、逻辑学的兴趣不大，他们对数学和物理的发展也更强调实用性，但他们仍然保留了古希腊文明的火种。476年，西罗马帝国灭亡，古罗马和古希腊文明此时已如风中残烛，对其最后的打击来自642年阿拉伯军队对埃及的征服。尽管如此，阿拉伯学者仍广泛地翻译、评论并批评希腊人的著作，为古典知识的保存做出了贡献。

阿拉伯人与古罗马人不同，他们虽然摒弃了希腊人的宗教，但接受了希腊人的文明。东罗马帝国的文明是希腊式的，而不是拉丁式的。从7世纪至11世纪，阿拉伯人保存了古希腊文学和剩余的希腊文明。11世纪以后，通过摩尔人[①]，西方世界才逐渐恢复了失落的古希腊遗产。现代语言中的很多词语都是经由阿拉伯人引入的，如代数、炼丹、蒸馏器、碱、方位、天顶等。代数是希腊人发明的，传到阿拉伯人手中后，后者将其大大推进了一步；而炼丹、蒸馏器、碱被用于将铁等贱金属炼制成黄金，这些技术也是他们从希腊人那里学来的。阿拉伯人炼金时还引述过古希腊哲学；方位和天顶是天文学名词，阿拉伯人主要将其用在占星术方面。

在哲学方面，阿拉伯人作为古希腊哲学的注疏者，对其传播也发挥了重要作用。西班牙人在接触到伊斯兰教教徒后，重新了解了亚里士多德的著作

① 摩尔人泛指中世纪时期从北非西部进入并统治伊比利亚半岛（今西班牙和葡萄牙等）的柏柏尔人和阿拉伯人。

以及阿拉伯人在数字、代数和化学方面的成就。正是由于阿拉伯人保留下来的注疏传统，才使得文艺复兴时期的欧洲人在复兴古典学术的运动中受益。

在中世纪文明发展到现代文明的历程中，对古希腊著作的获取和研究是史学家十分关心的问题。这依赖于阿拉伯人的翻译和东罗马帝国保存完好的古希腊著作。不过，希腊文著作规模性地回到西方世界是通过西班牙，西班牙获得的是阿拉伯文译本，后将其译成拉丁文，直到后来才直接将希腊文本译为拉丁文，这中间花了上百年的时间。正是通过对这些古希腊著作的研究，欧洲文艺复兴运动的领袖们才意识到自然是依照数学而设计的。于是，欧洲的科学家像希腊人的孩子一样，开始了对自然界的探索。

宗教方面，基督教神学吸取了柏拉图主义的精华，并与其结合，成为神学的重要组成部分。有两位关键人物需要提及：普罗提诺和奥利金。

普罗提诺对抽象美有着异常鲜明的感受，他在《论理智美》（*On the Beauty of Wisdom*）中写道："一切神都是庄严美丽的，我们找不出任何合适的词来描述这种美丽。是什么赋予他们这种美的呢？是理智，特别是在神圣的太阳与星辰内部运行着的可见的理智……一切都是透明的，没有黑暗，没有障碍；不论是在广度还是深度上，每个生存之间都是通透的……"

奥利金生于埃及亚历山大城，他自幼信奉基督教，推崇《圣经》。他曾在普罗提诺的老师阿摩尼阿斯·萨卡斯（Ammonius Saccas）门下求学，因而与普罗提诺有不少共同点。他是第一个系统解释基督教哲学的人，著作众多但多数已遗失，其中许多成为后世基督教学者常引用的经典，但其思想当时被教会认为是异端。

中世纪常被称为"黑暗时代"，但实际上在这个时期，逻辑和科学知识并未完全消失，而是以一种与信仰相结合的方式在欧洲社会延续。尽管柏拉图学园的藏书在战火中遭到破坏，许多典籍流失或被阿拉伯学者保存，关于逻辑的核心知识却得以积累和传承。

中世纪时期，信仰和对神的崇拜无疑是社会关注的焦点，但科学和技术的发展并未因此完全被忽视。尽管中世纪在某些方面看似停滞，但实际上这一时期是知识和文化逐步积累和发展的重要阶段，为后来的科学革命奠定了基础，当条件成熟时，科学知识迅速发展并得到广泛传播。在这一时期，许多与日常生活和宗教活动相关的实用知识，如几何学和工程技术，得到了广泛应用和发展。例如，建造宏伟教堂的需求推动了力学和几何学的进步，这些成就至今仍然可以在欧洲的古老建筑中看到。中世纪的神学家可能没有深入研究古希腊的形而上学，但在工程技术方面取得了显著的成就。例如，石匠们在建造教堂时传承了实用几何技术和静力学经验，他们对这些技术的应用使得其所构建的中世纪教堂达到了令人赞叹的高度和精美度。

这之后，文艺复兴的到来为人们带来了新的视角和启发，但在此之前，现代科学的精神已经在社会中逐渐积累。虽然这一过程并不像人们想象的那样迅速，对科学知识的积累也没有成为社会主流，但它们并未消失，而是在不断发展和演变。

回顾历史，我们可能会思考，为什么古希腊的科学发现没有更早地得到广泛传播，从而加速科学革命的到来？这可能与当时的社会结构、文化价值观和知识传播方式有关。例如，亚历山大图书馆的毁灭导致了大量古希腊知识的丧失，而中世纪时期，欧洲更重视宗教和神学的研究：在思想方面，基督教提供了终极解释；而在自然科学方面，有亚里士多德和托勒密的论述作为标准答案。

第 4 章

古典逻辑，塑造整个现代科学的根基

Logic
of the World

自然法则就是上帝的数学思想。

——欧几里得

数学是上帝规划宇宙的语言。

——伽利略

真理是永恒不变的，这也同我认为上帝是永恒的一样。

——笛卡尔

上帝用美丽的数学语言创造了世界。

——狄拉克

数学家为什么能够在“什么是正确的”这一问题上达成共识，且这种共识能够历经数千年而不被推翻？**因为数学的逻辑推理是抽象的，它打破了文化、时间和空间的限制，是科学领域通用的语言。**这意味着数学结论在全球范围内都是一致的，不受人主观感受和经验的影响。一旦某个数学命题被证明为真，就会被视为绝对真理，直到新的数学领域发展出来，才有可能需要对其进行修正或扩展。正因为这种稳健逻辑，数学成为科学研究中不可或缺的工具。比如，在物理、工程学、经济学等众多领域，数学提供了描述和预测现象的精确方法。数学的稳定性和普适性是它与其他学科不同的关键特点，也是数学理论能够历经时间考验而仍然被认为正确的根本原因。而数学的这种特点，源于其包含的古典逻辑。

逻辑的稳定性，让人类能沉淀出相对确定的知识

逻辑学的发展历史可以分为两个主要阶段：第一，20 世纪 30 年代之前的古典逻辑；第二，20 世纪 30 年代之后的现代逻辑。古典逻辑起源于古希腊，在亚里士多德所在的时代得以总结归纳，为人类系统化地理解世界、人类自身以及社会，并形成相应的观念提供了思维工具。正如前面的章节提到的，它对西方思想产生了深远的影响，尤其在基督教的形成和发展过程中扮演了重要角色。从 20 世纪 30 年代开始，哥德尔提出不完备定理，图灵建立"图灵机理论"，这些成果开拓了现代逻辑的发展方向，开始引入新的符号系统和分析方法。现代逻辑的发展进一步丰富了逻辑学的领域，并在计算机科学、语言学和哲学等多个学科中发挥了重要作用。但由于新技术和科学的发展，之后的逻辑学已经不再是一个哲学分支，也很难再以"逻辑学"这个名词来予以概括。它成为人们认知的基本工具和思维方式。

因为逻辑要求非常明确且严格的规则，以确保不同个体能够通过一致的推理过程得出相同的结论，所以它的效力不依赖于任何个人的主观意识。人的观点可能会随时间变化，甚至随着个体的消逝而无法持续，而逻辑具有超越个人观点和时代限制的稳定性，因此在多样化的观点和不同时间阶段之间，都可以沉淀出相对稳定和客观的知识。

在物理学中有一种运动，被称为布朗运动（见图 4-1），指的是粒子无

规律、随机的运动模式，有时也被形容为“醉汉行走”。就像一个喝醉酒的人走路时东倒西歪，虽然他经过了一段时间的行走，但他与出发点的距离并没有显著增加。在人类的思维和知识的积累过程中，一旦缺乏逻辑的系统性支撑，就会遇到类似的问题。尽管从长远来看，知识在不断积累，新知识不断被发现，但旧知识也会被遗忘。人在学习新知识与遗忘旧知识之间会达到某种平衡。这可能导致整体人类社群的知识总量增长在达到一定水平后呈现饱和趋势，即使随着时间的推移，人类的知识总量也不再有显著的增加。

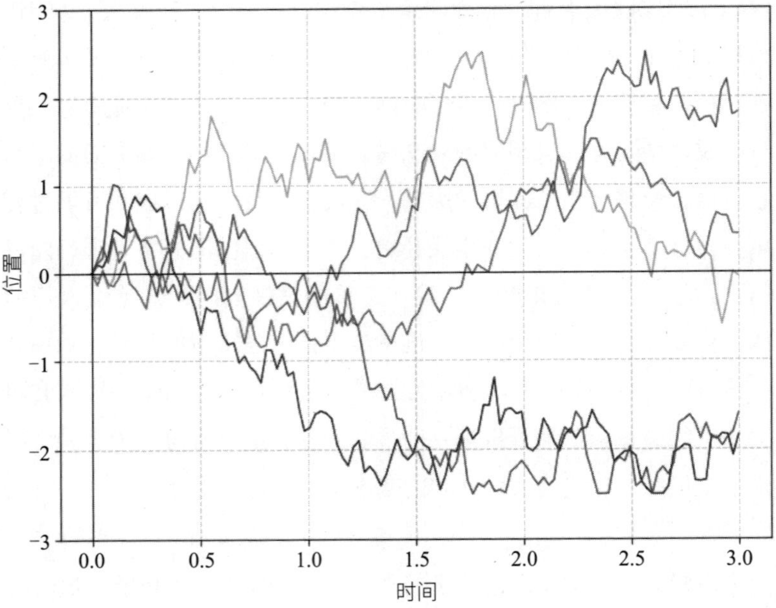

图 4-1　布朗运动模型

资料来源：©2020 Dennis L. Sun。

布朗运动模型不仅能用来解释个体学习的过程，还能用来阐释为何历史上的一些文明在长时间的发展后似乎会进入停滞状态。这种现象在许多文明中都出现过，从古巴比伦到古埃及，从古印度到古代阿拉伯等。如果没有稳定且具有方向性的知识积累过程，文明的发展就会像醉汉行走一样，缺乏明确的进步方向，难以实现持续的成长。

然而，古希腊的情况有所不同，其影响力不仅延续到中世纪，还影响了现代欧洲，这要归因于他们对逻辑的重视。与随机获得知识不同，古希腊人通过逻辑推理和严谨的方法逐步从无到有地构建知识体系。他们的知识的增长速度最初可能与醉汉行走相似，随着时间的推移，他们不断筛选和精炼知识，逐渐提炼出了一套相对正确的知识体系。知识的定向积累和筛选是一个缓慢的过程，可能需要数千年的时间，但是一旦积累到了一定程度，达到某个临界点，它们就会开始相互连接，并逐渐形成更复杂、更高级的知识网络。这种知识网络的联结会引发知识呈几何级数增长，即“知识大爆炸”（见图 4-2）。知识大爆炸不仅标志着人类文明迎来了重大转折点，也标志着知识的快速积累，更标志着人类文明的巨大进步。

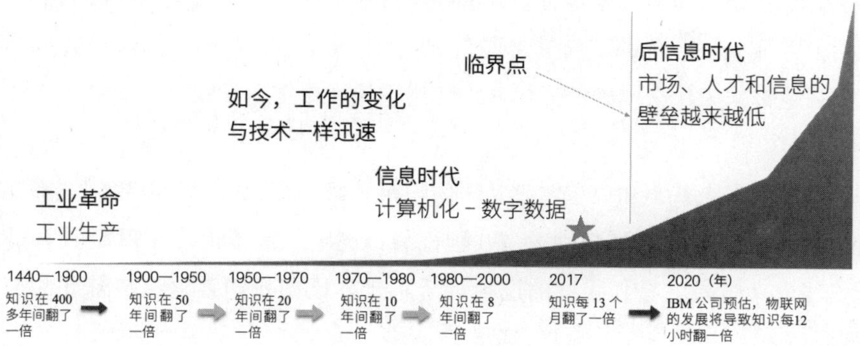

图 4-2　知识的增长

资料来源：©2017 Michael Richey。

具体来说，直到中世纪之前，欧洲的知识积累速度和其他古代文明相差无几。然而，随着文艺复兴的到来，欧洲科学的发展逐渐兴起，并在 17 世纪开始爆发，延续至今。可以看出，经过长期的定向积累，再加上科学方法的助推，知识的增长便会以惊人的速度爆发。

逻辑，获得有效推论的方法

逻辑是关于思维形式及其规律的科学，旨在区分有效推论与无效推论，以梳理我们的思维。掌握了逻辑，就能有效地、正确地做出推理。逻辑可以帮我们组织信息和知识，得出相对可靠的结论。传统上，欧洲将逻辑当作哲学的分支，将它和文法、修辞一起称为“古典三艺”。1974 年，联合国教科文组织把逻辑学列入七大基础学科之一，1977 年版的《不列颠百科全书》更是把逻辑学列为知识的五大学科之首，可见其重要地位。本书提及的逻辑是指形式逻辑，即古典逻辑。古典逻辑中的演绎法、归纳法不断发展，成为有效科学推论的基础，可以说现代科学的各个领域都是建立在形式逻辑的基础上的。正是因为形式逻辑对客观世界进行了不带主观意见的更精确的抽象概括，才成就了今天的“科学大厦”。既然逻辑是很重要的，国际社会也如此重视逻辑，为什么中国的大学并未普遍重视教授逻辑学呢?

现在很多人并不知道逻辑学是一门学科。其实在 20 世纪 80 年代，中国也是教授逻辑学的，到 20 世纪 90 年代后，逻辑学慢慢退出了基础教育的历史舞台。结果就是，我们的逻辑训练不足，比如我们常常混淆辩证法与逻辑。

在中国古代的很多著作中，人们很爱提出概念，但不求解析；而概念的定义抽象且模糊。例如，老子的著作《道德经》被认为是治国、齐家、修身的宝典，阅读这本书的门槛极高。我并不是说《道德经》好与不好，只是讨论一下其中的概念，比如“道可道，非常道”，什么是“道”? 第一个“道”

字和第二个“道”字有什么区别？古人对这句话的注释是作者本人真正要传达的意思，还是后人根据自己的经验理解的呢？那这种理解是对的吗？如果把它看作“仁者见仁，智者见智”的东西，那就意味着它并没有明确的定义，这样的话，围绕不明确的定义展开讨论毫无意义。

如果缺少形式逻辑教育，会导致大部分人的讨论成为诡辩，充斥着“抬杠想赢”，而不是理性讨论。这样，没有逻辑的争论常常只管态度，不论事实；只问动机，不论是非；只问亲疏，不论道理。你解释事实，对方却亮出立场；你想告诉对方是非，对方却说你动机不纯；你想用道理说服对方，对方却用情绪回应你。逻辑也是如此，逻辑只对逻辑本身管用，对相信逻辑的人管用，因为不相信逻辑的人，其思维方式可说是一种“神”逻辑，对其用正常的逻辑是无用的——打败魔法的只能是魔法。

普通人很难意识到自己的逻辑问题，因为他们缺乏基础的逻辑认识，所以他们的很多辩论都是从自身已有观念出发，再找辩论的理由和证据，比如在谈恋爱过程中，无论对错或原因为何，一方可能会用“你不爱我了”这种情绪去压制对方。再比如父母在教育孩子时，一旦孩子开始质疑，父母就会开始说教，比如：“你这孩子怎么不听话？我可都是为了你好。”当学生详细追问老师某道题的逻辑是什么时，有的老师会一时语塞，只好说“背下来就行，考试会考”。这种教育环境和社会氛围会导致有些学生思维混乱。

对于人们没有逻辑这件事，除了无法自我察觉，还有一个典型特征就是人们爱诉诸权威。比如“人家是专家，不比你懂？”“人家是医生，不比你懂该买什么药？”。爱诉诸权威的人，会把“权威人物”的意见视作真理，变得盲从。比如他们会认为领导的地位比你高，说的就一定比你正确，哪怕你摆客观事实作证，他们也不会相信，而且也不会思考，只会跟着领导走，可能会用“他坐到这个位置上，不比你有能力？”的话把你怼回来。这乍一听很有道理，但实际上毫无逻辑。对应到职场上，国内的“一言堂企业”很受员工追捧，很多员工甚至期望不参与任何公司决策，只想做一台不动脑子的机器。诉诸权威，这种没逻辑的态度和作风在社会上成风，其结果就是，任何宣传都爱“造神”、造权威，爱用“权威”“专家”“资深”来包装形象，常夸大事实，误导受众。

再比如，在使用类比推理常见话术时，有的人常说“别人行，你怎么不行？”，这种话术忽略了个体差别，在教育中非常常见。还有很多类似的话，比如，在饭局上常听到：“大家都喝，怎么就你不喝？”；看到孩子的期末考试成绩后，有些家长会问：“别人都能考高分，你怎么考不了？”；解决孩子之间的矛盾时，家长有时会说：“一个巴掌拍不响，苍蝇不叮无缝的蛋。”这些人认为一个事件的发生，相关方必然都有责任。这种类比往往忽略了事件发生的偶然性，也忽略了人与人之间的差异性以及事件与事件之间的差异性。通过这样的类比推理，得到的结论十分荒谬。

不过，也有很多人意识到自己缺乏批判性思维，这一点很好，但问题是他们又走向了另外一个极端，即对事物的看法是二元的，是非黑即白的，也无法从多个角度给出完整、有逻辑的看法。

我们用文学作品来解释一下，比如一部好的文学作品，对人物的刻画一定是丰富且有层次的。但是在生活中，很多人习惯用非此即彼的方式评价事件。比如，家长在看待孩子的学习成绩时，往往只关注成绩的好坏，认为孩子要么学习好，是优秀的，将来会有出息；要么学习不好，没有前途。这种非此即彼的观点忽略了孩子的个性、兴趣爱好、特长以及其他方面的能力和潜力。在与人交往中，有些人会将他人简单地分为朋友和敌人两类。如果一个人没有对自己表现出明显的友好态度，就会被认为是敌人或者不友好的人。这种非此即彼的观点忽略了人与人之间关系的复杂性和多样性。朋友和敌人之间同样有普通熟人、合作伙伴、有共同兴趣爱好的人等多种关系类型。而且，人的态度和行为也会随着时间和情境的变化而改变。看待健康问题时，有些人认为身体要么是健康的，要么就是生病了，其实很多人很多时候处于亚健康状态。他们在没有明显的疾病症状时，就认为自己身体完全健康，不注意生活习惯和保养。而一旦出现一些小毛病，就觉得自己身体很差，陷入焦虑。亚健康状态虽然没有达到疾病的程度，但身体已经出现了一些功能减退或不适的症状，如果不加以重视，就可能发展为疾病。

因此，学习逻辑就成了自我成长道路上一个非常值得重视的问题。比起无逻辑的教育，重视对逻辑的培养是更符合现代科学背景的课程设计。在语言学习和社会学习的相关课程中，要培养学生的逻辑思维，比如对某些历史事实的思考，对电影或名著的创作动机的思考。让学生们一起公开讨论，每个人都可以发表观点，这样的学习氛围才有助于锻炼他们的逻辑思维。那日常如何改变缺乏逻辑的情况呢？一是要先意识到这种情况，然后再努力改变，不然当对方不想跟你再争辩的时候，你可能还以为自己用真理说服了对方；二是要有意地培养和训练自己的逻辑思维能力，多追问为什么，对于该深究的定义要深究。

逻辑之于数学正如证据之于科学

逻辑是一种思维工具，它依赖于一套明确的规则，利用它，不同个体能够通过一致的推理过程得出相同的结论。在逻辑领域，说服力源于纯粹的逻辑思维能力。许多关于古代文化的经典著作依赖于对具体事物的类比来阐释道理，这种类比有益于帮助人们理解陌生的事物，但不能证明任何内容。逻辑则提供了一套抽象的行事规则，这套规则独立于任何具体事物。逻辑确保了推理过程的正确性，但它本身并不关注事实的真实性。

因此，逻辑也有局限性，它可能导致人们脱离具体现实，因为它不依赖于对具体事物的考量。比如，按照逻辑规律，我们可以确保语法结构的正确，但这并不能保证语义内容的正确。语义的真实性需要通过社会共识和实际经验来验证，而语法是一套形式上的游戏规则。逻辑学本身关注的是这些游戏规则是否正确，因为正确且明确的规则可以减少语言歧义，使知识得以定向沉淀和传承。

基于逻辑，科学发现则遵循一套略微不同的规则，包括假说、实验、证据收集和结果的可重复性，对应于相关的物理世界和自然现象，这些规则确保了科学知识的客观性和可靠性。

数学的发展基于逻辑证明，数学真理的建立完全依靠逻辑论证的构建，这是数学的核心特征。19 世纪，布尔代数的发展使数学与古典逻辑等价，完成了古典逻辑的数学化。数学不依赖于证据，也不需要通过实验来验证。科学发现的规则包括对实验证据的依赖和可重复性，而数学发现则不需要这些。实验和验证用于对物理世界和自然现象的解释，而数学只是对逻辑规则的抽象总结，是思维的一部分。

这就引出了一个问题：数学到底是被发现的还是被发明的？以今天的眼光，我们通常认为，数学的假设是被发明的，但数学法则是被发现的（同样，逻辑规则也是被发现的）。数学本身是一种规则游戏，涉及逻辑证明，数学真理是通过构建逻辑论证而建立的，这是其全部内容。数学是人类创造的一种语言，这种语言被广泛用于物理和自然科学中，就像我们不得不用自然语言来描述世界。在描述自然世界时，我们可能需要一些公式和假设，以避免自然语言模糊和充满歧义，这些公式和假设就是数学语言。从这个角度来看，数学更像是一种精确表达人类思维的语言工具，而不是自然界固有的产物。**逻辑对于数学的重要性，就如同证据对于科学的重要性。**

亚里士多德古典逻辑的 4 个基本规律

古典逻辑的 4 个基本规律——同一律、矛盾律、排中律和因果律，构成了古典逻辑的基础，在逻辑推理中起着核心作用。

- **同一律：** 每个事物都与其自身一致，即同一名词指代相同。
- **矛盾律：** 一个命题与其否定不能同时为真，即一个命题不可同时成立和不成立。
- **排中律：** 一个命题与其否定不能同时为假。任何命题要么为真，要么为假，不能有中间状态。
- **因果律：** 也称充分必要律，即如果一个命题是另一个命题的充分必要条件，那么它们之间的关系是不可分割的，前者的存在决定了后者的存在。因果律揭示了时间的单向性，即原因一定出现在结果之前。

接下来，我们来具体了解一下这 4 个基本规律。

同一律

同一律表达的是，在同一思维过程中，必须在同一意义上使用相同的概念并进行判断，不能混淆不相同的概念。

以“苹果”这个词为例，当我们讨论苹果时，必须明确指出我们所指的苹果是可食用的水果、苹果手机、苹果公司，还是其他可能的“苹果”的概念。如果对“苹果”这个词的定义模糊不清，那么交流双方就无法进行有效的沟通和讨论。为了确保讨论的清晰性，每个词都需要有一个准确且一致的定义。这样，当人们使用某个词时，所有人都能理解其具体含义，从而使得对话和推理过程更加顺畅和有条理。进一步而言，同一律的要求如下：

1. 在同一思维过程中，论题必须保持同一。违反这一要求的逻辑错误，被称为“转移论题”或“偷换论题”。
2. 在同一思维过程中，必须保持语境自身的同一。违反这一要求的逻辑错误，被称为“混淆或偷换语境”。

在日常思维中，对任何思想的断定都需要特定的具体背景，这种特定背景被称为“语境”，也叫作“上下文”。对任何思想作评价，特别是批评，必须严格基于该思想原有的语境，保持该语境的同一，不得随意改变。

接下来举几个例子，来说明违背同一律会出哪些问题。

混淆概念的内涵：在讨论一个词时，没有确定的定义，在讨论过程中改变其意义。算命先生常常利用这种逻辑漏洞。

举个例子：3个秀才去赶考，路上遇到一个算命先生。他们问算命先生自己是否能考中。算命先生伸出一根手指，没有说话。这是什么意思呢？实际上，算命先生可以把这一根手指解释为所有可能的结果。比如3个秀才都落榜，这根手指就表示“一个都没考上”；如果有一个考中了，这根手指就表示“一个考上的”；如果有两个考中了，这根手指就表示“一个落榜的”；如果3个秀才都考中了，这根手指表示“一起都考中了”。总之，无论考试结果如何，算命先生的预测似乎总是对的。在这个例子中，“一根手指”的含义在同一件事上不断变化，体现了概念模糊的典型特征，违背了同一律。

混淆概念的范畴：我们来看以下陈述：

- 人是猴子进化来的。

- 张三是人。
- 张三是猴子进化来的。
- 问：张三是哪只猴子进化来的？

在上述陈述中，概念所定义的范畴被不恰当地混淆了。“个体”跟“类”之间是不等价的，但在论证过程中，作为“个体”的张三跟作为“类”的人类被混淆了。这涉及概念的一致性，在讨论同一律时，我们应确保所讨论的对象在内涵和外延上是一致的。例如，当我们说“张三是人”时，是在讨论一个人跟一个类之间的关系。而当我们说“人是猴子进化来的”时，是在讨论两个类之间的关系。如果我们问“张三是哪只猴子进化来的？”，这是在探讨个体与个体之间的关系。而“张三是猴子进化来的”则涉及个体与类之间的关系。因此，在以上陈述中，对概念范畴的混淆导致了逻辑错误。

在任何陈述中，一个词指的是个体还是类，应该是明确且唯一的。混淆概念的错误也会出现在分析“先有鸡还是先有蛋”的问题上。

诸子百家中有一位诡辩家公孙龙，他声称“白马非马”，因为白马至少有两个特征：一是它有马的特征，二是它是白色的。而马只有其中的一个特征，即马只有马的特征。马不具有白马的白色的特征，因此“白马非马”。仔细分析就会发现，这个问题与刚才的陈述存在的问题类似，即混淆了个体和类。

与之相关的另一个常见的逻辑错误，叫作虚假等价，也被称为稻草人论证。稻草人论证经常出现在类比逻辑论证中，其典型形式如下。

1. 论点A被错误地等同于论点B。

2. 论点 B 被证明是正确的，因此得出论点 A 也是正确的。
3. 论点 B 被证明是错误的，因此得出论点 A 也是错误的。

在稻草人论证过程中，一个论点被替换为另一个更容易受攻击的论点，即稻草人论点。人们对后一个论点进行驳斥，驳倒了后一个论点后，论证者会认为最初的论点也被驳倒了。也就是说，真实的论点可能难以驳倒，但易受攻击的论点更容易被驳倒，因此驳倒作为“稻草人”替身的论点被误认为是对真正论点的驳倒。然而，两个论点之间的关联是非常脆弱的，这种论证形式依赖于错误的等价关系，从而导致错误的结论。

我们来看一个例子。在一次关于气候变化的公共讨论中，环保志愿者主张：“为了减少温室气体排放，我们需要采取措施，比如提高能源效率和推广可再生能源。”反对者回应说：“那些环保志愿者只是想让我们回到石器时代，放弃所有的现代便利。”

在这个例子中，反对者通过以下方式运用了稻草人论证。

1. **曲解原意：**环保志愿者并没有提议放弃所有现代便利，而是倡导采取一些措施来减少温室气体排放。他们的立场被反对者错误地简化为“回到石器时代”。
2. **建立易击败的对手：**反对者创造了一个极端化立场，即环保志愿者想要我们“回到石器时代”，这个立场显然不切实际，容易被大众反对和驳斥。
3. **回避真正的问题：**通过攻击一个错误表述立场，反对者回避了实际需要讨论的核心问题——如何在环境保护和经济发展之间取得平衡。

这个例子清楚地展示了稻草人论证的三步曲：曲解原意、建立易击败的对手，以及回避真正的问题。反对者没有公正地对待环保志愿者的真实论点，而是通过攻击一个错误表述的立场来误导听众。

再举一个关于创造力的例子。在讨论创造力时，有些人常常将STEM（Science、Technology、Engineering、Mathematics的首字母缩写）教育与艺术进行对比，认为科学代表逻辑，而艺术代表创造力。这种观念导致了一种误解：从事科学工作的人依赖逻辑，所以缺乏创造力。以下是这一论证中包含的错误及其错误分析。

1. **错误的二分法：**该论证错误地将科学和艺术对立起来，认为科学完全依赖于逻辑，艺术则完全依赖于创造力。这种二分法忽视了科学实践同样需要创造力，艺术创作也常常涉及逻辑、理性思维。科学和艺术并非完全对立，它们在各自的领域中都能够体现创造力。
2. **错误的等同：**将科学等同于逻辑，忽略了科学的广泛性和复杂性。科学不仅仅依赖逻辑推理，还包括观察、实验、假设测试等过程。这些过程都需要创造力，这样才能得出新理论和解决复杂的问题。
3. **偷换概念：**论证错误地将“演绎逻辑本身没有创造力”这一观点偷换为“从事科学工作的人缺乏创造力”。事实上，从事科学工作的人使用的逻辑不仅仅是演绎逻辑，还包括归纳逻辑和其他形式的推理，这些推理过程能够促进创造性思考。因此，从事科学工作的人在科学探索中展现了极高的创造力。
4. **过度简化：**论证过度简化了创造力和逻辑的关系，以及它们在科学和艺术中的作用。创造力和逻辑并非非此即彼，而是可以相互补充的。科学需要逻辑，也需要创造力，艺术同样需要逻辑性思考。

5. **错误的因果关系：**认为艺术家不使用逻辑，所以他们拥有创造力，这是一种错误的因果关系。创造力源于多种思维方式，包括但不限于逻辑思维。艺术创作需要创造力，但这并不意味着逻辑思维在艺术中没有价值。

这一稻草人论证错误地建立了一个不真实的立场，即“从事科学工作的人缺乏创造力”，并错误地将科学与逻辑等同，将科学与创造力对立。

矛盾律

矛盾律表达的是，任何事物不能同时既有某属性又不具有某属性。矛盾律告诉我们，两个相反的命题必有一个是假的，命题 A 与其否命题 $\bar{A}$ 不能同时为真。如果两个矛盾的命题可以同时正确的话，任何结论都可以合理存在。请牢记：矛盾陈述同时为真可以得出任何结论！下面我们通过一个佛教典故来理解这句话。

六祖慧能的师父五祖弘忍在挑选可以继承其衣钵的徒弟时，决定考验徒弟们的悟性。他让每位徒弟说一个偈子来体现对佛法的理解。大徒弟说：“身是菩提树，心如明镜台，时时勤拂拭，莫使有尘埃。”这与《论语》中的“吾日三省吾身”意义相通。这一偈子传达的是修行者要像拂拭镜台一样，不断进行自我反省，以保持内心的纯净，这体现了儒家哲学的主张。传说慧能当时只是一个不识字的扫地僧，他听到这一偈子后随口道：“菩提本无树，明镜亦非台，本来无一物，何处惹尘埃？”弘忍听后，认为慧能的领悟深刻，远超其他徒弟，甚至把佛家的道理置于儒家之上了，于是决定将衣钵传给慧能。

从逻辑学的角度来看，慧能的这一偈子违背了矛盾律。具体来说，“菩提树”本身就是树，而说它“本无树”是自相矛盾。同样，“明镜台”本身是台，称之为“亦非台”也是矛盾的。矛盾律要求命题 A 和其否定命题 $\bar{A}$ 不能同时为真，如果这两个矛盾的陈述被视为同时成立，那么将违反矛盾律，从而使得结论的稳定性和客观性受到挑战。这类矛盾的陈述在佛教及其他宗教文书经典中并不罕见。再如前面提到的“佛系”说法，“少年时看山是山，中年时看山不是山，老年时看山还是山”，它表达的是人随着阅历的增长，在不同年龄阶段对事物认知的深度也不同。在面对这类说法时，我们常常诉诸权威，即信任某位高僧或宗师的解释。然而，这种做法并不保证结论的客观性和可靠性，只能在特定的历史和文化背景下获得某种程度上的认可。不只在佛教公案里，很多其他宗教里也有类似的陈述。对真理的认知依赖于某个人的看法，甚至是某个时间点产生的观点，这种方法在逻辑和科学领域中并不被视为是可靠的。

一个有意思的现象是，许多宗教经典著作并非由其创始人所撰写。例如，《圣经》并不是耶稣亲自写的，而是他的门徒对他言行和事迹的记录和叙述。佛经经典中的开篇常常以“如是我闻”开始，意思是“我听老师是这么说的”，由此可以看出这是佛陀弟子阿难[①]等人记录佛陀教诲的口吻。除了宗教经典著作，其他经典著作也有类似的情况，比如苏格拉底的言论大多存于他的学生柏拉图的著作里。《论语》也并非孔子所著，而是由他的弟子记录下来的。所以，宗教或非宗教的“创始人”的教义和言论是由他们的门徒或追随者记录和传承的，他们的传记和记录往往会随着时间和历史背景的

---

① 阿难的俗家身份是佛陀的堂弟，一直追随在佛陀左右，在佛教中被尊为佛陀十大弟子之一。佛陀讲过什么，只有他记得最清楚，所以被誉为“多闻第一”。佛陀圆寂之后，佛教弟子们立志留住法脉、结集佛典，史称“第一结集”。在这次结集上，属于佛经的部分都是阿难一个人背诵出来的。

变化而被不断诠释和解读，也就有了“一千个人眼中有一千个哈姆雷特”的语言现象。

说回矛盾命题的陈述，罗素说：“如果允许矛盾命题成立，那么就可以推出任何结论，例如‘罗素是上帝’！”在自然数里，我们知道“1 加 1 等于 2”，但是如果我们另外假定命题“1 加 1 等于 1”也成立，就形成了两个矛盾的命题。如果这两个矛盾的命题可以同时为真，那么就可以推导出荒谬的结论。例如，“上帝是一个主体”，“罗素也是一个主体”，如果“1 加 1 等于 1”成立，那么两个不同的主体加起来等于一个主体，即“上帝和罗素是同一个主体”，因此得出“罗素就是上帝”。

如果我们选择两个相互矛盾、同时为真的命题作为前提，那么因为前提永远是正确的，所以结论也永远是正确的。如“如果下雨同时不下雨真发生，我就会中 100 万彩票”，这句话的前提荒谬但被认为是正确的，那么结论再荒谬也是可以接受的，因此矛盾的陈述会导致逻辑上的无效。如果教义中存在自相矛盾的命题，那么理论上它能够支持任何观点。最终，某个观点被接受可能不是基于逻辑和理性，而是基于权威或话语权的多少。这样的结果会破坏教义的一致性和可信度，因为教义的经典如果允许自相矛盾的命题存在，就无法提供稳定和可靠的信仰基础。

排中律

排中律表达的是两个相互矛盾的命题不能同假，必有一真。排中律和矛盾律分别描述了命题的两类真值情况。

排中律表明，对于任何命题 A 和它的否定命题 $\bar{A}$，至少有一个必须是真的。换句话说，A 和 $\bar{A}$ 之间不能同时为假，必有一个为真。这在数学上可以表示为：

$$A \vee \bar{A} \Leftrightarrow 真$$

矛盾律在数学上则可以表示为：

$$A \wedge \bar{A} \Leftrightarrow 假$$

在集合论中，可以通过集合的运算来表达这些规则，设全集为 S。矛盾律表明，一个命题和它的否定命题不可以兼容，而排中律表明，一个命题和它的否定命题构成了所有可能。则两者可以如下这样表示。

- 矛盾律：$A \cap \bar{A}=\varnothing$
- 排中律：$A \cup \bar{A}=S$

这两个规则成立的前提都是命题的二元真值性，即每个命题要么为真，要么为假。通过这些规则，我们可以确保逻辑体系的一致性和稳定性。

然而在 18 世纪，对“无穷”这一概念的深入研究进一步揭示了排中律具有的潜在风险。即使在古典逻辑的框架下，A 和 $\bar{A}$ 之外可能存在第三种可能性，有可能两者皆不为真，即有些命题是不可判定的。这表明排中律可能需要被修正或进行限定。矛盾律则仍可以保持其普遍有效性，它能够确保陈述在逻辑上的一致性，即一个命题和它的否定命题不能同时为真。具体来说，在处理无穷概念时，排中律可能会遇到问题。对于无穷，19 世纪之前的数学界有两类观点。

1. **实无穷**：将无穷视为一个完备的概念，可以用一个符号来表示无穷，并且无穷可以参与数学运算。
2. **潜无穷**：认为无穷永远处于无限的构造过程中，无法完备，因

> 此不能用一个具体的概念来表示无穷。后来20世纪的数学直觉主义派也持这种观点，他们认为无穷只能被视为一个过程，而不是一个完备的实体。除非遍历宇宙所有可能，否则我们无法知晓其完备性是否得到满足。

在潜无穷的假定下，排中律不得不被抛弃了：任意可定义的概念都不能涉及无穷，因此 A 和 $\bar{A}$ 这两个命题必须都可定义，且不涉及无穷。在这种情况下，除了 A 和 $\bar{A}$，在无限的世界中还存在其他可能性。这时，A 和 $\bar{A}$ 的矛盾关系退化为对立关系，并不是非此即彼的。例如，当我们谈论自然数是奇数或偶数的集合时（后文会再次介绍），采用的是经典的二分法，但在处理无穷时，这样的划分可能不再适用。

在这种情况下，排中律需要被重新审视，因为存在第三种情况的可能，即既不是 A 也不是 $\bar{A}$ 的命题依然正确，这意味着排中律在潜无穷的框架下并不总能成立。

因果律

因果律表达的是，宇宙万物都具有存在的充足理由和根据。因果律是具体出现在两个事物之间的必然关系。每个事物的存在或每个现象的发生都是有原因的，而不会是毫无原因地凭空发生的。因果律都是出现在某个特定时空的，在这个时空里，一个事物和它之所以存在的原因有确定的关系。

因果律引入了事物之间关系的两个概念：充分条件和必要条件。我们举个例子，来看看如何使用这两个概念来分析因果律：一个小朋友扔球打破了一面玻璃。

- 充分条件分析："球以某速度朝窗户移动"是充分条件，如果这个事件发生，则“那面玻璃会碎散一地”。如果“球以某速度朝玻璃移动”这个事件没有发生，不表示那面玻璃不会碎散一地，也不表示那面玻璃会碎散一地。

- 必要条件分析：“可以被球打碎的玻璃存在”是玻璃被球打碎的必要条件。如果没有这样的玻璃存在，则那面玻璃就不会碎散一地。

否认因果律的充分必要原则，就等于认为有些事情的发生是完全没有原因的，是凭空出现的。请注意：不是还没有找到原因，也不是找不到原因，而是认为根本就没有原因！这是不符合古典逻辑规则的。找不到某些事情发生的原因（除了没有认真找），大概有以下两种情况。

第一种情况：运气不好，事情的发生没有留下充分的线索，或者留下的线索被天灾毁掉了或被人为刻意毁掉了，以至于不可能找出其发生的原因。例如，对于历史上的许多悬案，众说纷纭，至今无解，如恐龙绝迹的原因至今仍没有定论，再如小说《1984》中描绘的人为修改历史痕迹导致证据消失。

第二种情况：由于科学理论不足，研究工具还不足以满足人们的需求，使得人们找不到事情发生的原因。在天文望远镜和显微镜等仪器发明出来之前，人们对于遥远的天文现象以及肉眼难见的微小现象都无法掌握，因此对于有些被观察到的现象，人们不知道它们发生的原因究竟是什么。又如从前的人不知道某些疾病的原因是什么，往往将其归咎于病人要么前世作了孽，要么道德有亏，要么中了邪，要么是妖魔作祟。现代医学已经掌握了许多知识，对于许多疾病都能找出其原因。如在核磁共振仪发明之后，我们对于大脑的运作有了比较丰富的了解，这有助于我们寻找某些疾病与大脑失常或大脑病变的关联。虽然对于许多事情，我们仍然找不到其发生的原因，但或许未来当科学更发达、科技更成熟以后，就可以找到了。

对于许多现象的发生，尤其是那些引起我们注意的现象，我们总是不由自主地要追问它们发生的原因是什么。即使诉诸“中邪”，都还是一种试图找出原因的心态。如果发现已知的几种可能情形事实上都不是原因，我们往往诉诸神秘不可知的力量，这种做法在科学不发达的时代尤其明显。我们始终有一种想找出事情发生原因的心态，换句话说，我们始终会不由自主地接受普遍因果原则。

对因果律使用不当所造成的常见逻辑错误之一是归因谬误。归因谬误是指将本无因果关系的两个事物强行关联在一起，并根据“两个事物可能存在相关性”就得出“一个事物是造成另一个事物发生或存在的原因”的结论。然而事实上，同时存在的两个事物未必有因果关系。之所以得出这样的结论，可能是因为这两个事物有共同的起因，更可能的原因是，它们的共存只是巧合。同理，一件事情比另一件事情先发生，也不能说明这两件事情肯定存在因果性。例如，过去几个世纪，全球海盗数量减少，同时全球气温持续升高，于是有人得出结论：海盗数量的减少导致了气候变化，因此增加海盗数量能够解决全球气候变暖问题。这显然是典型的归因谬误。在这个例子中，两个现象同时存在或在时间上存在先后顺序，并不能证明它们之间存在因果关系。

逻辑推演的顺序

我们可以用“A 意味着 B”来代替“如果 A，那么 B”的充分条件。数学家使用符号“⇒”来表示“意味着”“蕴含”，如：

$$A \Rightarrow B$$

这个蕴含表达式的意思是：只要 A 为真，B 也必然为真。当 A 为假时，蕴含表达式不提供任何信息。

逻辑证明就是将一系列蕴含表达式串联在一起，如：

$$A \Rightarrow B$$
$$B \Rightarrow C$$
$$C \Rightarrow D$$

由此可以得出 $A \Rightarrow D$。

人们熟知的逻辑描述，其前提便是认可逻辑真理包含且仅包含有效命题，有效的意思是指，这些命题无论对应到现实世界中的概念和对象如何，都是真命题。逻辑概念或逻辑常项[①]因此便成了有效命题中基本的或不可替代的概念。比如以下几个命题：

- 每样东西等同于自身。
- 每个命题蕴含自身。
- 命题为真，或其否定为真，但不可能二者皆为假。
- 某事对每样东西成立，如果它对所有东西成立。

这些都是有效命题，因为无论那些概念具体为何，它们都为真。“等同”“蕴含”“否定”“所有”是这些命题里的基本概念，即逻辑常项。

进一步来说，所有简单命题都是由谓词命题构成的，即那些将某些概念

① 逻辑常项即命题逻辑中逻辑形式的联结词，是逻辑形式中不变的部分，如“如果……那么……”。——编者注

应用于某些事物的命题。这些命题通过人们熟知的逻辑常项组织起来。为了以统一的方法有效地处理命题，从亚里士多德到戈特洛布·弗雷格[①]，逻辑学家们发明了越来越完善的结构和符号，用来规范建立命题的直观过程。今天普遍使用的谓词逻辑系统，就其一般形式而言，正是弗雷格在1879年建造的系统。在实践中，谓词逻辑是逻辑的一部分。

在逻辑陈述中，充分必要条件和蕴含关系都体现了命题之间的逻辑联系，并且明确了逻辑推演的方向性。

充分条件： 如果有命题 A 和 B，当 A 成立时，必然导致 B 成立，那么 A 就是 B 的充分条件，记作 $A \Rightarrow B$，读作"A 蕴含 B"。这表明从 A 到 B 的方向是确定的，即 A 的成立足以保证 B 的成立。例如，"如果天下雨，那么地面湿"，"天下雨"是"地面湿"的充分条件，"天下雨"这个条件一旦满足，必然会使"地面湿"这个结果发生，逻辑方向是从"天下雨"指向"地面湿"。

必要条件： 如果没有 A，就一定没有 B，那么 A 就是 B 的必要条件，此时 $B \Rightarrow A$。这意味着要使 B 成立，必须先满足 A 这个条件，逻辑方向是从 B 指向 A。例如，"只有年满18岁，才有选举权"，"年满18岁"是"有选举权"的必要条件，一个人若要有选举权，就必须先满足"年满18岁"这个条件，而仅年满18岁并不一定就有选举权，所以逻辑方向是从"有选举权"指向"年满18岁"。

充分必要条件： 当 A 既是 B 的充分条件，又是 B 的必要条件时，A 和

① 戈特洛布·弗雷格（Gottlob Frege）是德国著名的逻辑学家、数学家和哲学家，他提出了一种被称为"弗雷格逻辑"的逻辑符号系统，还被认为是现代逻辑学和分析哲学的奠基人之一。

B 就是充分必要条件，记作 $A \Leftrightarrow B$。这表示 A 和 B 在逻辑上是等价的，它们之间的逻辑方向是双向的，即 A 成立则 B 成立，反之，B 成立则 A 也成立。例如，“三角形是等边三角形当且仅当它的三个内角都相等”，这里“三角形是等边三角形”与“它的三个内角都相等”相互蕴含，逻辑方向是双向的。

蕴含关系本质上与充分条件密切相关。当我们说 A 蕴含 B，即 $A \Rightarrow B$ 时，就是在表明 A 是 B 的充分条件，其逻辑方向是从前提 A 指向结论 B。蕴含关系在逻辑推理中非常重要，它帮助我们从已知的条件或假设出发，推导出必然的结论，从而构建起逻辑论证的链条。例如，“如果一个数能被 4 整除，那么它能被 2 整除”，“一个数能被 4 整除”蕴含了“它能被 2 整除”，逻辑方向清晰地从前者指向后者。在逻辑推理过程中，我们依据蕴含关系的方向性，从给定的前提条件逐步推导出相应的结论，以实现逻辑上的推导和论证。

一个完整的逻辑推演过程遵循以下步骤（见图 4-3）。

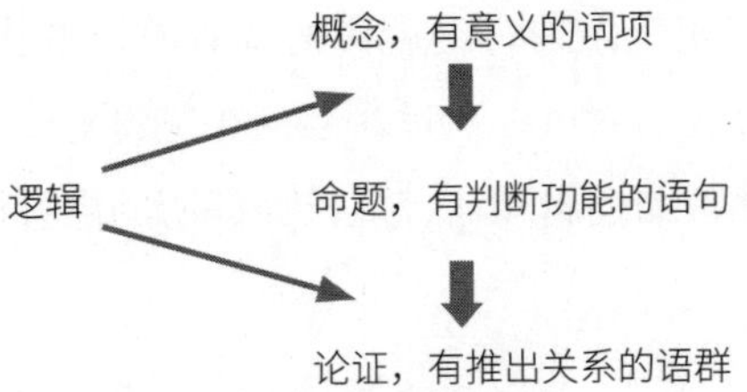

图 4-3　逻辑推演过程

首先，仔细定义我们所讨论的概念。在进行逻辑证明时，首先要对所讨论的概念给出明确的定义。我们需要对概念进行精确的描述，并清楚地列出所需的假设（本书中称为公理、公设或公认的假设）。这种明确性是逻辑证明的基本要求。在完成这些基础工作后，才能构建一系列在逻辑上相互关联的命题，从而形成完整的证明。

其次，仔细表述我们所做出的假设即公理、公设。逻辑推演是一种系统性的方法，它遵循固定的游戏规则，以此来得出新的结论。在这一过程中，我们不断追溯原因，追寻每一个结论背后的原理，直到到达一个点——在这个点上，没有更深层次的原因可以用来解释，这样的基础性原理被称为公理或公设。公理是知识体系的起点，是不需要也不可证明的前提，它们是构建任何专业领域知识体系的基础。在逻辑推演中，我们从公理出发，应用逻辑规则来推导出所需的结论。公理是我们用来确定基本假设或基本观念的。在逻辑和数学领域，公理是指那些被默认为真实且不需要进一步证明的基本假设或概念。一旦确定了公理，我们就可以在此基础上通过逻辑推理发展出一个专业领域的整个知识架构。

最后，我们应该以明确的方式仔细且精确地表述我们所要证明的内容。在假设、公理和基本定义的基础上，我们确定了推演规则，这些规则是逻辑体系中用于从公理中推导出其他结论的基本要求。但需要注意的是，这些规则本身也是基本假设，其正确性在古典逻辑的范畴内是被默认的、无须论证的。一旦基础工作完成，我们就可以通过一系列在逻辑上连贯的命题来构建完整的证明。而命题必须按照逻辑顺序，从已经证明的内容出发，逐步引导出最终结论。

选好公理对于一个理论体系至关重要，因为公理规定了该体系的边界和适用范围。在不同的学科或理论中，公理可能不同，但它们有共同的特点，即被视为不证自明的真理，是进一步推导和论证的坚实基础。

在构建证明时，每个命题都应当基于已经被证实的其他命题。这些经过验证的命题为进一步推导提供了坚实的基础。这种方法不仅适用于构建数学体系，也适用于发展其他知识领域的理论。逻辑的核心在于，首先需要清晰地定义概念元素，即有意义的词项，然后形成有判断功能的语句，即命题。这些命题必须能够明确地表达真假。

进一步，则需要揭示不同命题之间的关系，以便在逻辑上形成连贯的语群。我们会使用公理、假设以及逻辑的基本规则来构建语群。从选定的概念出发，结合已有的规则和假设，推导出新的命题，并检验其正确性。这些逻辑工具和方法共同构成了逻辑推演的框架。

总结来说，逻辑推演过程包括定义概念，列出并仔细表述假设，构建命题，形成语群，最终推导出结论。逻辑推演在知识体系的构建中起着基础性的作用。

在逻辑推演的过程中，常用的方法有演绎法和归谬法。演绎法是从已知的前提出发，通过逻辑推理出结论；归谬法则是通过对假设结论的否定推导出矛盾，来证明结论的正确性。当通过这些方法得出的结论得到证明以后，我们称这样的结论为定理。

归谬法，也即反证法：假设一个命题不可能既为真又为假，两个相互矛盾的命题必须有一个为真。归谬法的基础是矛盾律，要求一个命题非此即彼。然而，矛盾律不一定总是成立的，许多命题没有正反之分，也没有明确的对错。例如，“这句话是错的”就是一个没有非此即彼性质的命题。这类命题对逻辑产生了不同寻常的影响，带来了巨大的挑战。

在某一领域的形式化公理体系中，可以进一步区分出有效陈述和无效陈述。有效陈述是指由已定义的词汇组成的有意义的命题，无效陈述指的是并非由已定义的词汇组成的命题，或本身不符合逻辑基本规律的命题。当一个有效陈述经过推演并被证明为真时，我们称之为定理。同样，也可以通过逻辑推演来证明某个有效陈述为假，那么这个命题即被证伪。通过这些逻辑步骤和工具，我们能够构建起数学、物理等各种专业的知识体系。

实际上，使用古典逻辑来构建知识体系的过程与设计游戏类似。设计游戏时需要设定一系列规则，玩家在这些规则下进行游戏。我们在构建知识体系时，则会设定一系列公理和推演规则，研究人员在这个框架下进行探索和推演（见图 4-4）。

举例来说，在设计中国象棋游戏时，棋盘的初始布局作为基本假设，属于公理系统，我们接受它而不追问其背后的原因，以及棋子为什么这样或那样摆放。同样，棋子的移动规则（如马走“日”，象走“田”，车走直线等）也是作为基本假设的游戏的推演规则。一旦这些基本假设被确定，游戏就可以在参与双方之间展开。在中国象棋中，任何可能出现的棋子的摆放形式都可以被视为一个命题。如果它依据规则是实际可行的，就可以被视为一个定理。如果某个特定的棋子摆放形式根据规则无法实现，那么这个摆放形式就会被证伪。

在象棋的规则下，如果某个陈述与象棋游戏的设计和规则不符，比如在玩中国象棋时谈论国际象棋的棋局，那么这个陈述就是无效的（见图 4-5），因为它不符合我们所讨论的假设和规则体系。同样，如图 4-6 所示，在中国象棋的规则下，如果黑象无法走到图示的位置，那么它就是一个可证伪的命题；基于初始棋局和移动规则，如果我们能够推导出棋局的特定形态，那么它就是一个定理。这个推导过程本身即为其证明过程。

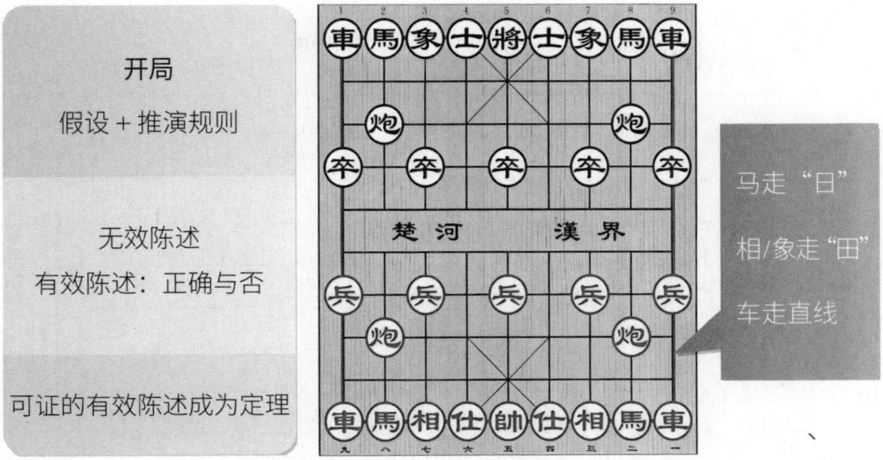

图 4-4　专业知识体系

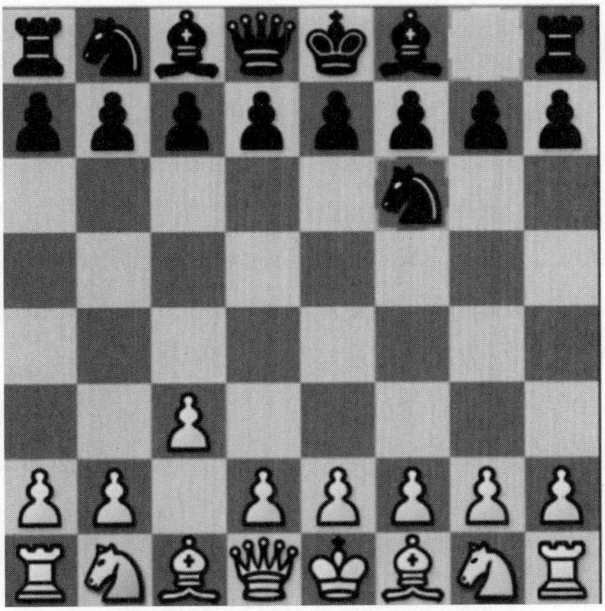

图 4-5　国际象棋，中国象棋里的无效陈述

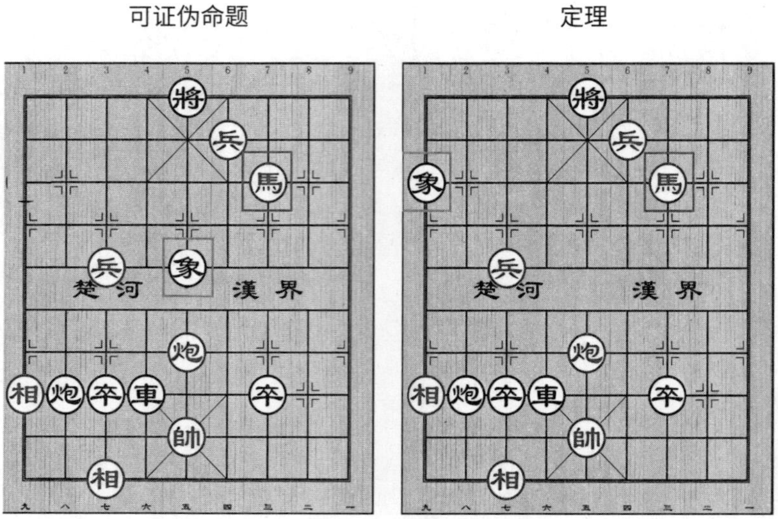

图 4-6 中国象棋里的可证伪命题和定理

数学领域也是基于类似的原理构建和规划的。以自然数为例，我们首先设定一组基本假设，再依循逻辑的推演规则，推导出关于自然数的各种结论。这一过程与下象棋的过程在本质上具有相似性。在数学中，这种相似性即为同构映射，意味着两者在结构上是严格可类比的。依据类似的方法，我们可以构建所有专业知识领域：先设定基本假设和推演规则，然后运用逻辑推演来发展定理，最后构架知识体系。这种方法不仅适用于象棋和数学，还广泛应用于自然科学、工程学以及许多现代知识领域。

演绎的三段论推理

在演绎推理中，我们常常使用三段论推理来得出结论。设 S（subject）代表结论的主词，P（predicate）代表结论的谓词，M（middle term）代表中词。典型的演绎推理结构如下：

- 大前提：所有 M 是 P。
- 小前提：所有 S 是 M。
- 结论：所有 S 是 P。

陈述中的全称量词、特称量词等称谓和陈述的肯定、否定组合，可以形成 4 种类型的命题（见表 4-1）。

表 4-1　4 种命题类型

类型	代号	形式	范例
全称肯定命题	A	所有 S 是 P	所有人是会老的
全称否定命题	E	没有 S 是 P	没有人是完美的
特称肯定命题	I	有些 S 是 P	有些人是健康的
特称否定命题	O	有些 S 不是 P	有些人不是健康的

如果在我们的逻辑语言中引入量词，我们将得到所谓的谓词逻辑，也称一阶逻辑。“谓词”这个词是用来区别于“命题”的，后者是不含量词的。所谓的“一阶”，与逻辑的高阶版本相对，后者在量词的使用方式上更复杂。表 4-1 中的命题构成了一阶逻辑的基础，包括陈述、量词等元素。在一阶逻辑中，命题之间的逻辑关系是逻辑推演的关键。“所有”和“存在”即为量词，其作用是量化我们所陈述的对象范围。当量词被引入到我们的语言中以后，逻辑的表达会变得更加丰富。一阶逻辑涵盖了我们日常见到的大部分命题。

在一阶逻辑中，命题之间的相互关系是构建逻辑推导的关键。如图 4-7 所示，全称肯定命题和特称否定命题之间构成矛盾对立关系，这意味着它们不能同时为真。同样，全称否定命题和特称肯定命题也构成矛盾对立关系，即如果一个命题为真，则另一个必须为假。从量词的角度看，全称肯定命题和特称肯定命题之间构成从属关系，它们可以同时为真。全称否定命题和特称否定命题之间也是从属关系，它们可以同时为真。

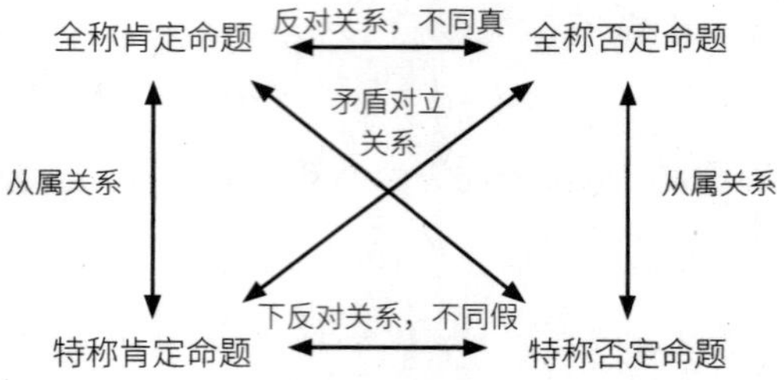

图 4-7　4 种命题之间的关系

以“所有的苹果都是水果”（全称肯定命题）和“有些苹果不是水果”（特称否定命题）为例，这两个陈述在事实上不能同时为真，因为它们彼此是矛盾对立关系。再比如，“我是苹果”（全称肯定命题）和“一些我不是苹果”（特称否定命题）之间是矛盾对立关系。如果其中一个陈述为真，则另一个必须为假。然而，尽管根据排中律，这两个陈述必有一个为真，但这并不意味着为真的陈述在事实上具有正确性，毕竟它听起来有点荒诞（见图 4-8），因为人显然不是苹果。

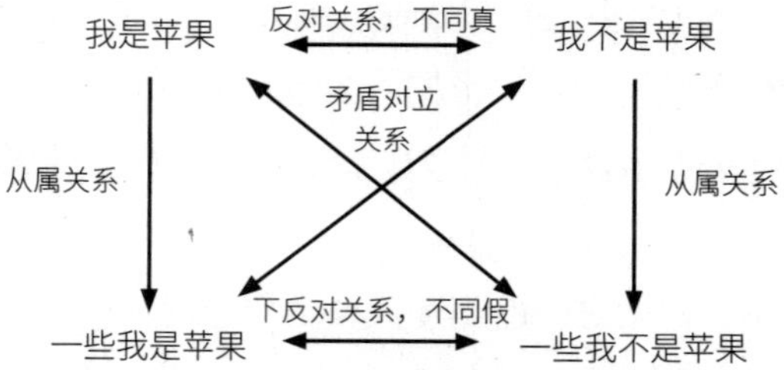

图 4-8　逻辑为真但不符合事实的例子

当陈述中引入量词以后，对陈述的否定也会受到影响。例如，对全称的否定不需要对全部的可能性进行否定，只要给出特称的否定就够了。举个例子，夫妻两人在争论谁该干家务，当太太说“你从来都不洗碗！”时，先生只要说“我昨晚洗过一次碗”，在逻辑上就正确了。

再举一个稍微复杂的例子。有 3 个逻辑学家走进一家酒吧，酒保询问他们是否每个人都来一杯啤酒。第一个逻辑学家说“我不知道”，第二个逻辑学家说“我也不知道”，第三个逻辑学家说“是的，每人来一杯”。

我们来分析一下，第一个逻辑学家自己想要啤酒，但对于其他两个逻辑学家的意愿他不确定，因此对“是否每个人都来一杯啤酒”的回答为“我不知道”。如果第一个逻辑学家不想要啤酒，他就会知道“每个人都来一杯啤酒”这个陈述是错误的，因此他会告诉酒保“不是每个人都来一杯啤酒”，而不会说“我不知道”。同样，第二个逻辑学家已经能够通过第一个逻辑学家的回答知道他想要一杯啤酒，如果第二个逻辑学家不想要啤酒，他就不会立即给出否定回答，因为他不能确定第三个逻辑学家的意愿，所以他回答“我也不知道”。最终，第三个逻辑学家说“是的，每人来一杯”。这是因为，如果前两个逻辑学家中有任何一个不想要啤酒，他们中的一个或两个在之前就会给出否定回答。前两个逻辑学家都说不知道，这意味着他们每个人各自都想要啤酒，但不确定其余人的意愿。因此，当轮到第三个逻辑学家回答时，他才可以合理地推断出每个人都想要一杯啤酒。

不符合推演规则的逻辑谬误

论证方法中的错误在论证过程中很常见。下面我们详细讨论几种常见的错误论证方法。

滑坡谬误

滑坡谬误是一种逻辑谬误，指的是通过臆想的恐惧来回避真实情况。有些人不愿意讨论当下的事物 A，而把注意力转移到臆想的极端情况 Z 上，主张"如果 A 发生了，那么 Z 也一定会发生，因此 A 不应该发生"。这种论断往往缺乏证据，且忽略了对事物 A 的实际情况的讨论。这种做法不仅没有证明 A 的发生一定会导致极端情况 Z 的出现，反而是一种诉诸恐惧的谬误，影响了对 A 的客观讨论。例如，美国某党派反对同性婚姻合法化，因为他们认为如果允许同性结婚，那么将会有人要求允许自己与其他生命体，甚至是桌子、椅子等非生命体结婚。这种推论缺乏逻辑基础，违背了同一律，因此犯了滑坡谬误。

逻辑推演裂缝

在进行逻辑推演时，人们常常会因为逻辑"裂缝"而造成各种问题，即从一个命题直接跳到另一个命题，中间漏掉了许多必要步骤，给逻辑作弊和逻辑漏洞留下空间。根据演绎过程，推论者往往认为某个事物在逻辑上与另外一个事物相符，但实际上这并不符合事实。逻辑推演裂缝可以认为是逻辑推演中遗漏了步骤的一种情况。

错误运用归纳论证

归纳论证也称事实论证，指的是通过列举具体事例来得出一般结论。然而，当观点被证明是错误的时，说话者也可以使用特例为自己开脱。这种做法是一种片面谬误。例如，一位巫师声称自己有特异功能，可以用塔罗牌预测未来，比如预测明天是否下雨。如果预测错误，巫师便可能辩解说求算者不够虔诚，导致预测失灵。这种为自己开脱的理由属于片面谬误，因为它没有解决原本的论证方法问题，而是通过将原因归咎于特例来掩盖错误。

归纳论证通过列举确凿、充分且有代表性的事例来证明论点。但是，归纳本身无法穷举所有可能性，因此在论证过程中难免出现遗漏。例如，孟子曾说："舜发于畎亩之中，傅说举于版筑之间……故天将降大任于是人也，必先苦其心志，劳其筋骨，饿其体肤……"然而事实上，对大多数人来说，尽管经历艰辛，也未必能成功。这种论证没有穷举所有案例，因此通过统计效果可知其违反了归纳法。

举证责任谬误

举证责任谬误是指，认为举证责任不在提出观点的人，而在质疑观点的人。例如，某人声称宇宙是由一个叫拉面神的全知全能神创造的，因为没有人能证明拉面神不存在，所以拉面神是存在的。这种论证就是举证责任谬误。在逻辑上，提出观点的人应当承担举证责任。

道理论证不足

道理论证通过引用经典著作中的见解、古今中外名人的名言警句以及公认的定理公式等来证明论点。然而，个体本身常常缺乏长久的稳定性，他们的言论也可能被解释为具有不同的意义，且不同的人会给出不同的理解，因此，道理论证并不总是可靠的，或者说总是不可靠的。

类比法不严谨

类比法是以人们熟知的用事物作比喻来证明论点。然而，类比法缺乏严谨性。例如，董仲舒为了证明"天人合一"理论，在《春秋繁露》中做了以下类比："天以终岁之数，成人之身，故小节三百六十六，副日数也；大节十二分，副月数也；内有五脏，副五行数也；外有四肢，副四时数也；乍视乍瞑，副昼夜也；乍刚乍柔，副冬夏也。"以今天的技术来看，这个类比中作为论证根据的很多数据都是错误的。类比法无法真正证明论点，只可以作为一种修辞工具。许多文化中都存在这种方式，只能说类比法有助于启发思考，但并不意味着它的逻辑在任何意义上都是正确的。

论证中情绪化导致的逻辑错误

在论证问题的过程中，人们常常忽略问题的前提假设和论证规则，从而转向情绪化表达。因此，人们建立了罗伯特议事规则，其核心在于让辩论者控制自己的情绪，防止辩论走向情绪化的“吵架”而失去逻辑。在罗伯特议事规则约束下的辩论过程中，名义上持不同意见的辩论者在规定的时间里向主持人说话，但不能向对手“叫板”，也不能向意见不同的对手说话。不同意见的对手之间“你来我往”的对话是被禁止的。辩论者在发言的时候拖堂延时，或者强行要求发言，又或者在别人发言的时候插嘴打断，都是不被允许的。

在讨论过程中，情绪不稳定可能会导致辩论者诉诸虚伪的谬误。这种谬误表现为不正面回应别人的意见，而是通过批评对方来回避自己的责任。例如，A 在与 B 辩论时，指出 B 犯了一个逻辑谬误。B 没有分析自己的论证是否存在逻辑谬误，而是反驳道：“你之前不也犯了这个错误吗？”B 利用这种回应方式，是在试图通过指责 A 的错误来回避对自己的批评，免去为自己辩护的责任，暗示 A 是个虚伪的人。无论 A 是否虚伪，B 都只是在逃避批评，而没有真正解决问题。

人身攻击也会导致逻辑谬误，如在讨论问题时，通过攻击对方的人格、动机、态度、地位、阶级或处境，来驳斥对方的观点或证明自己观点的正确性。人身攻击不一定是直接的，也可能是通过“背后捅刀子”或暗示他人等方式来引导他人对对方的人格产生怀疑。这种攻击试图取代有力的论述，但并不能真正解决问题。例如，A 和 B 在讨论是否应该允许学生在学校使用手机。

A（支持者）：我认为学生应该被允许在学校使用手机，因为手机可以作为学习工具，帮助学生更好地获取信息和资源。

B（反对者）：你之所以这么说，是因为你沉迷于手机，总想在手机上浪费时间。

在这个例子中，B 没有针对 A 提出的关于手机作为学习工具的论点进行辩论，没有通过提供证据或逻辑来证明为什么学生不应该在学校使用手机，而是试图通过攻击 A 的个人习惯来反驳。B 的回应属于人身攻击，因为它试图通过贬低 A 的个人品质来削弱 A 的论点，而不是通过提供证据或逻辑来证明为什么学生不应该在学校使用手机。正确的辩论方式应该是，B 提出具体的理由来反驳 A 的观点，如可以说“在学校使用手机可能给学生带来干扰，导致他们分心或者对他们的学习效果产生负面影响”等。攻击论点而不是攻击人，辩论才能更具理性和建设性。

情感诉求谬误

情感诉求谬误，是一种通过操纵或激发听众的情感反应，试图通过情感共鸣来影响听众的判断，而非提供逻辑或事实论据来支持论点的逻辑谬误。论点一方试图通过操控别人的感情，包括恐惧、嫉妒、怜悯、骄傲等，来激起别人的情感波动，从而影响他们的判断。如果只用感情操控而不用逻辑论述，就属于诉诸感情谬误。每个人都会受情感影响，所以这种谬误常常很有效。

例如，在一个公共论坛上，人们正在讨论是否应该增加对某个慈善项目的资助。演讲者说道：“让我们想想那些无辜的孩子们，他们正遭受疾病和饥饿的折磨。他们的眼睛里充满了无助和绝望。如果我们不增加对慈善项目的资助，我们就是在放弃这些孩子的生命。你们真的愿意成为那些让孩子们继续受苦的冷酷无情的人吗？”

在这个例子中，演讲者没有提供关于慈善项目效果、资金使用效率或增加资助合理性的具体信息，反而试图通过唤起听众对受苦儿童的同情和内疚感来影响听众的决策。这就是在利用诉诸感情谬误，即利用听众的情感，而不是通过逻辑和证据来说服他们。

正确的做法是提供关于慈善项目的具体数据和证据，比如资金的使用情况、项目对受助儿童的具体影响，以及增加资助如何能够带来积极的变化等。通过这种方式，演讲者可以用事实和逻辑来说服听众，而不是仅仅依靠感情操控。

我们在中学语文课上学过四大论证方法，即举例论证、道理论证、对比论证和比喻论证，这些方法虽然能使文章更有文采，但根据古典逻辑的评判标准，它们并不能算作逻辑意义上的有效证明，而只是修辞手法而已。类似的问题不仅存在于语文学习中，也存在于历史上许多不同文化的经典论述中。如果不符合逻辑推演规则，论证将无法产生任何有价值或相对稳定的结论。

就古典逻辑而言，论证的有效性并非仅凭“公说公有理，婆说婆有理”或自圆其说就能成立，而是必须建立在逻辑论证的 4 个基本规律之上。

古典逻辑对基督教的深刻影响

古希腊的古典逻辑基础对后世基督教的起源和发展产生了深远影响。柏拉图理念支持了基督教所主张的一神论，基督教的知识体系是建立在亚里士多德的逻辑基础上的。相比之下，多神论存在一个明显的根本性问题：当不同的神的管辖范围相互重叠且任务分工不明确时，人该相信哪个神？以印度教为例，它声称有三亿三千三百万个神，那么究竟哪个神更权威呢？多神论容易导致信仰的功利化：如果一个神无法满足祈祷者的需求，祈祷者是否可以把供品搬走，转而用来供奉别的神？一神论的好处在于它的相对确定性：出现众说纷纭让信徒无所适从的情况的可能相对较小，信徒也不会利用“神的差异”来谋取个人诉求的兑现。早在古埃及法老埃赫那吞时期，一神教信仰就已出现，并延续到犹太教，后来受到古希腊古典逻辑的影响。一神教信仰的信徒往往致力于对唯一的根本教义的讨论，倾向于得出独立于个体的结论，沉淀出相对稳定的思想。

例如，比较早的一神宗教犹太教的教义是依据逻辑规则建立的，包括 3 个基本公设：

- 《圣经》是真实的，是思考的起点。
- 上帝是存在的。
- 人是上帝创造的，上帝爱人。

信徒们在探讨教义的时候，努力寻求既符合逻辑又忠于基本信仰的解释。当某些问题难以得到解释时，或者有不同的诠释、而谁也没法说服谁的时候，就会形成不同的教派，给出新的公设。这样，尽管教派之间存在分歧，每个教派的信徒都致力于保持其教义的内在逻辑一致性。《旧约》与《新约》之间的区别在于，《新约》象征着耶稣与上帝之间的新约定。关于耶稣的地位这一新的基本问题的讨论，导致了基督教与犹太教的分裂。即使这样，早期的基督教教义深受犹太教影响，体现在以下几个方面：

- 《圣经》是从神的造物到世界未来结局的一部圣史，向人类宣示了上帝的公正。
- 上帝尤为宠爱一些人：在犹太人眼中，犹太人就是上帝的选民；而在基督徒眼中，上帝的选民是以上帝为唯一信仰的人。

- 对“公义”的定义：比如施舍的美德，这源自后期犹太教，被基督教所继承；慈善在于其实践，也源自犹太教。
- 律法：基督教保留了部分希伯来律法，如《摩西十诫》。
- 弥赛亚：即救世主必然出现，无论是犹太教信仰的末日审判时来临的弥赛亚，还是基督教信仰的耶稣，弥赛亚定会带给他们繁荣，并助他们击败地上的敌人。

源自犹太教的不屈不挠的精神对基督教产生了深远的影响，基督徒们普遍相信，唯有通过对上帝的信仰和救赎之工的联结，自己才能在死后进入天堂。而有些宗教并没有这种训诫，反而显得更加包容。

基督教会是建立在基督教教义上的社会组织，其教义包含了古希腊自然哲学和圣史两个方面，自然哲学部分受到了古希腊三杰的深刻影响。希波的奥古斯丁在早期天主教哲学中占据着重要地位，这一时期的基督教教义尚未成为主流，其哲学思想主要受柏拉图主义影响。柏拉图的二元论思想在奥古斯丁的《上帝之城》中被完整地延续了下来。因此，中世纪基督教具有显著的二元对立的特征，包括僧侣与世俗者、天国与地上王国、灵魂与肉体的二元对立等。中世纪成熟期的基督教则以托马斯·阿奎那为代表，他和他的继承者们对亚里士多德理性原则的推崇远远超过了柏拉图。

在希腊和罗马多神教传统中，从未出现过像基督徒那样必须对国家和教会同时忠诚的情况。这种双重忠诚引发的矛盾，本质上是神性权威与世俗权力的法理之争，其演变既体现在哲学家的理论建构中，也通过不同时代的权力博弈形成独特的制衡模式。例如，教宗与皇帝的二元对立，“上帝的归上帝，恺撒的归恺撒”，宗教在精神层面给予民众寄托，而王权管理世俗，侍养为神服务的宗教体系。在中国文化中，也存在类似的对立和协作，如皇权与相权。但由于社会长期处在强势的皇权统治之下，这种对立在中国没有形成长期的均衡，最终像很多文化一样形成了政教合一，或者一方隶属于另一方的格局。

扩展
知识的边界
Logic of the World

关于上帝存在的论证

基督教在耶稣与上帝的关系这一核心问题上确认了唯一的神——上帝。然而，在基督教的信仰里，耶稣也被视为神，这引发了如何在一神论框架下理解耶稣与上帝关系的讨论。另外，对于耶稣的母亲玛利亚的宗教地位问题，天主教和基督教新教之间也存在分歧。这些分歧和讨论反映了一神教在发展过程中对唯一解释权的追求。每个教派都试图以自己的方式，期望将源自古希腊的古典逻辑基础和唯一真神的宗教教义解释进行融合，从而形成了各自独特的信仰体系和宗教实践。在对真理的严格探讨和辩论中，人们逐渐形成了一套相对稳定的真理体系。这种讨论也常常通过逻辑推演来证明上帝的存在，以及谁的理解更符合唯一神的意志。这在基督教历史上一直是不断被探讨的话题。

比如在牛顿所处的时代，一种流行的论证展示了思考的严肃性。对此，我们可以用一个类比来说明：当你在森林中漫步时，偶然发现一块制作精良、走时精准的机械表，你一定不会认为这块表是自然生成的，而会认为它属于某个人。而在牛顿所处的时代，人们发现了许多“精美”的物理理论，可以解释人们能想象到的几乎所有问题。这时，人们自然会问：当我们观察到宇宙的精密运作和数学法则完美契合时，我们如何能相信宇宙是自然生成的？

人们认为，行星与恒星之间的关系，以及宇宙的运作，就像一块设计精密的钟表，每个部件都在按部就班地发挥作用。这种精妙的设计让人不得不相信，宇宙背后必然存在着一个创造者。当看到行星围绕太阳旋转、太阳在银河系中运动，甚至苹果从树上掉落，都遵循着简单的数学规律，人们不禁会想，这样精美有序的宇宙不可能仅仅是自然随机和无序的结果，它必然是由某个超级智慧的存在创造的，而这个存在就是上帝。这种论证基于自然界美妙的运行规则和可以用简单公式描述的事实，强有力地支持了基督教一神论关于宇宙是由一个具有超越人类智慧的主体创造的论点。

另一种论证上帝存在的方式是基于已经被基督教世界普遍接受的古典逻辑基本规律之一，即因果律。因果律认为，每一个存在的事物都有其存在的原因。如果将这一规律应用于宇宙本身，就会引出一个问题：宇宙存在的原因是什么呢？如果接受因果律，那么我们必须认为宇宙的存在也必然有一个原因。由于宇宙包含了所有已知的存在，因此它存在的原因不可能源于宇宙内部的任何事物，因为这些事物本身也是需要解释的。因此，这个原因必须是超越宇宙本身的。而在基督教看来，这个原因就是上帝，因为除了上帝，没有其他事物能够满足作为宇宙起源的条件。根据这种逻辑，上帝被视为宇宙存在的原因。

经院哲学家们曾通过逻辑推演来论证上帝的存在，以下是一个典型的例子。

大前提：我们首先设定一个无须论证的公理，即“上帝创造了一个完美的世界”。

假　设：使用归谬法，假设“上帝不存在”。

推　论：如果上帝不存在，那么世界就不会是完美的，因为它缺少了创造完美的能力或意志，“一个没有上帝的世界”不如“一个有上帝的世界”完美。

矛　盾：这与大前提相矛盾，即“上帝创造了一个完美的世界”。

结　论：因此，我们的假设“上帝不存在”是错误的。既然大前提与我们的现实世界相符，则可以在逻辑上推断出“上帝是存在的”。

这个推演过程遵循了古典逻辑的规律，它利用了归谬法，即通过假设某个命题的否定为真，推导出矛盾或不合理的结论，从而证明原命题为真。如果我们将“上帝创造了一个完美的世界”作为基本假设，那么根据古典逻辑的推演规律，就可以得出“上帝是存在的”的结论。

在基督教 2 000 多年的历史中，有一群被称为“魔鬼辩护士”的僧侣，他们深入研究《圣经》文本，致力于识别并阐释其中的逻辑难题和悖论。他们遵循逻辑规则和论证流程，对《圣经》中的逻辑漏洞进行了深入的分析和讨论。

基督教教徒们早已意识到并探讨了许多类似的问题。例如，他们思考了这样一些经典悖论，如“上帝能否创造一块连他自己都举不起来的石头”“一个针尖上究竟能容纳多少个天使”以及“伊壁鸠鲁悖论”，后者质疑上帝全能全善的本质：如果上帝是全能全善的，那么理论上，世界上不应该存在邪恶。然而现实中，邪恶无处不在，这似乎与上帝的全能全善相矛盾。面对这一悖论，人们提出了几种可能的结论，比如“上帝并非全能”“上帝并非全善”“上帝既非全能也非全善”。这些问题和悖论激发了教徒们对信仰深层次的思考，促使他们在逻辑和信仰之间寻找平衡。

古希腊的知识内容和认知讨论基础，始终深植于基督教的基本教义。在后来的发展过程中，教会对僧侣传授的内容一直在探索上帝与自然界之间的关系。这一探索过程不仅反映了人类对宇宙和存在本质的好奇，也体现了宗教信仰与哲学思考之间的互动。

理性与科学，使人们的心理气质变得更加豁达

进入中世纪之后，基督教教会培养了大量神学家，同时他们也是伟大的哲学家，他们的思想继承了古希腊的理性主义传统，对孕育现代科学思想起到了重要作用。下面，我们来介绍其中的一些重要人物。

托马斯·阿奎那

托马斯·阿奎那被认为是最伟大的经院哲学家，在天主教文教机构中，他的哲学被作为唯一正确的哲学体系来讲授，除了柏拉图、亚里士多德，阿奎那的影响超过了康德和黑格尔。在天主教教徒心中，阿奎那几乎具有教父般的权威，是天主教教会评选出的 33 位教会圣师之一。阿奎那对亚里士多德哲学有深入的研究。阿奎那去世后，天主教教会封他为“天使博士”和“全能博士”。

在《神学大全》中，阿奎那从不同的角度论证了上帝的存在。

1. 自然界中凡是被推动了的某物都是被另一个某物所推动的。根据这个逻辑进行追溯，人类终究会在某一点上发现一个终极的动力因素。而“第一推动者”就是上帝。
2. 一切必然性必有它的根源，上帝就是这个根源。
3. 既然世界上存在着种种完美的事物，那么，这些完美的事物必定有其根源；这个根源也必然至善至美，这就是上帝。
4. 在自然界中，我们发现即使无理性的事物也总是遵循可以达到最佳结果的规律，这必然有一个外部指导者在指导他们，这个指导者就是上帝。

阿奎那的哲学思想与亚里士多德的哲学思想基本上是一致的，而阿奎那的独创性在于，他将亚里士多德的哲学做了改动，以适应基督教教义。

罗吉尔·培根

罗吉尔·培根（Roger Bacon）生前影响不大，在近代却受到广泛的赞扬。他的哲学思想属于经验主义。他主要撰写和讲授对亚里士多德著作的研究，同时对经院哲学进行了尖锐的批判。他本人虽是僧侣，但对僧侣阶级的腐朽、贪婪、奢侈和骄傲进行了猛烈的抨击。在《大著作》这部书中，培根主要讨论了愚昧、知识和智力问题。他极力反对对权威的过分崇拜，并把权威与习惯、偏见、自负一起看作获得真知的 4 大障碍。他认为，人间所有的罪恶都是由这 4 种狭隘的思维导致的，其中，自负最为恶劣。

1. 信奉权威所树立的范例，而这些权威是“脆弱的、不适当的”。
2. 受固有习惯的影响。
3. 相信无知群众的见解。
4. 一些人炫耀表面的“智慧”，来掩盖自己内心的愚昧。

奥卡姆

奥卡姆是英国逻辑学家、圣方济各会修士，他能言善辩，因博学而得“驳不倒的博士”之名。他是欧洲中世纪到文艺复兴时期之间最重要的经院哲学家之一。他的出生地是个谜：很多人说他生于英国萨里郡的奥卡姆，也有人说他生于英国约克郡的奥卡姆；但可以确定的是，他在上大学时将名字注册为“奥卡姆的威廉”（William of Occam）。他先是在牛津大学读书，后来又到巴黎跟随邓斯·司各脱[①]学习。

奥卡姆主张只有能被感觉到的事物才是真实的，他反对柏拉图“思想中的事物即为真实”的一般概念。其哲学上的最大成就是提出了“如无必要，勿增实体”准则，这一准则是说，在解释任何现象时，不应引入比必要更多的假设或实体，决不可不必要地添枝加叶，画蛇添足。他的原话是“能以较少者去完成的事物如果以较多者去做是徒劳”，后被简化为“如无必要，勿增实体”，并以“奥卡姆剃刀准则”流传后世。此原则受到哲学家罗素和科学家爱因斯坦的高度评价，在哲学及科学领域意义重大。

约翰·威克里夫

约翰·威克里夫（John Wycliffe）是一位英国宗教改革家，他提出了“天恩统治论”“体临在说”等一系列宗教改革思想，并主张没收教会财产为国有，建立“民族的廉俭的教会”。威克里夫把拉丁文《圣经》译成英文，并在俗界僧众中建立了“贫苦祭司”僧团，派遣僧团教士在平民中巡回传道。他认为个人可以与上帝直接沟通，无须僧侣作为中介，并声称来自上帝的直

① 邓斯·司各脱（Duns Scotus）是中世纪晚期最重要的经院哲学家和神学家之一，他的思想覆盖了自然神学、形而上学、知识论以及伦理学和道德心理学等领域。

接统治才是真正的统治。他的观点实质上是要让统治权从教会手中回到市民手中，这给了教会沉重的打击，因此他被押上了宗教审判台，被一个由主教组成的法庭进行了审判。然而，他得到了英国国王和民众的保护，当时牛津大学也不承认教宗对大学教师有司法权，拒绝了法庭对威克里夫的审判结果，对他进行了全力保护。我们看到，即使在中世纪这个教宗代表了上帝的年代，英格兰的大学也保持了学术的自由和尊严。

作为现代大学的前身，出现在中世纪晚期的欧洲大学与世俗权力、宗教权力及王权之间维持着微妙的平衡。宗教和王权代表了对历史的传承，世俗权力则管理着社会的当下，而大学保持了研究独立性，代表了社会的未来。在没有思想自由，神学作为一切理论的终极解释的时代，科学无法产生，这正是中世纪黑暗的原因。然而，当时的大学有独立的立法权和司法权，这种独立性保障了学者在大学范围内的研究自由和思想自由。在这样的环境里，科学虽然发展缓慢，但依旧在生长着。

教会宣称自己的论断绝对真实，永不更改。而与宗教不同，科学在道德上是中立的，它保证人类会创造出奇迹，但不会告诉人们是什么奇迹。科学论断是尝试性地提出的，因此随时可能根据新的证据得到修正。**科学使人们的心理气质变得更加豁达。**从科学和宗教“相爱相杀”的历史来说，科学一开始就不是代表正确，而是代表自由。

后来的文艺复兴运动促使人们养成了这样一种习惯：把知识活动看成乐趣盎然的社会性活动。在那个伟大的时代，学习知识是一件轻松愉快、如沐春风的事情，而不是像中世纪那样死背教条，让学习过程成了痛苦的回忆。现代自然研究的发展和自然科学的形成，也是文艺复兴运动最有积极意义的成果之一。然而我们也要看到，文艺复兴运动并不是一场人民的运动，而是少数学者和艺术家的运动。

到了近代，我们常常把科学和近代的工程混淆，实际上，工程往往需要严密的组织，需要协作，在本质上是反对无政府主义、反对个人主义的。科学的发展增强了人们对自然界的认识，工程却从另一方面弱化了作为个体的人的生存能力。从这个意义上讲，工业化是一场源于人民的运动。

用数学揭示宇宙奥秘，开辟探索宇宙的新途径

从古希腊时期开始，在经过了漫长的中世纪之后，欧洲进入文艺复兴时期，此时人们逐渐建立起了一种对理性的信心。这种信心体现在亚里士多德的古典逻辑中，体现在托勒密的地心说中，体现在《圣经》中人与上帝的特殊契约内容的契合中，也体现在欧几里得几何学的优美中，人们会趋向于认定一个结论：上帝按照数学法则构架了整个宇宙。对数学之美的追求，就是对上帝神性本身的伟大的追求。欧几里得在古希腊时期最早提出自然界的规则是基于数学的思想，他认为“自然法则仅仅是上帝的数学思想”。伽利略则进一步指出：“数学本身是上帝用来书写宇宙的语言”。

传说伽利略因反对《圣经》或上帝而受到惩罚，这个说法是不准确的，实际上伽利略所追求的是证明上帝是一位伟大的数学家。伽利略的观点反映了当时许多神学家和数学家的努力，即试图阐明上帝并非一位事无巨细的老管家，而是创造了一套数学法则的智者。这些规则一旦设定，宇宙便能依据这些规则自发地运作，而不需要上帝的智慧干预日常的繁杂事务。

直到近代，科学界也没有排斥对上帝的信仰。

印度数学家拉马努扬（Ramanujan）是一位颇具传奇色彩的数学家，他在进行数学推演时经常进入一种近乎迷狂的状态。在这种状态下，他声称自

己所有的数学灵感都来自上帝。量子力学的奠基人狄拉克也表达了类似的观点，他说“上帝用优美的数学创造了宇宙”。

从古希腊时期到近代，许多科学家同时也是虔诚的宗教信仰者。他们认为自己所做的科学工作实际上是在证明上帝是一位伟大的数学家，上帝使用数学作为创造世界的工具，而宇宙的有序性和可预测性正是通过数学逻辑体现出来的，数学是理解宇宙和上帝创造的自然界的一种方式。这种信仰贯穿从古代到近代的科学发展过程，构成了近代科学的基础。

总结来说就是，宇宙遵循着一套严格的逻辑规则，这套规则来自唯一的超自然主宰。

与此同时，人们对“自然”和“上帝”这两个概念的理解也在不断演变。在一些讨论中，人们开始将二者等价起来，将上帝视为自然法则的化身。现代科学家在探讨自然现象时，往往不再将自然或上帝视为具体的实体，而是更倾向于将其视为一种抽象的原则或力量。例如，当爱因斯坦谈到“上帝不掷骰子”时，他实际上是在表达他对自然界或者说对宇宙的确定性和可预测性的看法。他认为自然界并不存在完全的随机性，他说的“上帝”，有时被他称为“那老头子”，更多的是指代自然法则，而不是指一个具有人格的神。

哥白尼是一位波兰教士，年轻时旅居意大利，接受过文艺复兴运动的熏陶。回到波兰之后，哥白尼成为一名虔诚的僧侣。这一时期，僧侣们在修道院必修的课程包括“四艺”，即天文、音乐、几何和算术。在工作之余，哥白尼将所有精力都投入到天文学研究中，并提出了“日心说”。日心说渐渐在天文学界产生了革命性影响，主要表现在两个方面：一是揭示了自古以来被人类认为是真理的东西未必是真理，如托勒密的地心说；二是运用了科学的研究方法，契合“大胆假设，小心求证”的考据法则（结合伽利略、开普勒等的验证)。

颇具戏剧性的是，由于哥白尼找不出确凿证据支持自己的假说，因此在很长的一段时间里，天文学家们都对其学说持否定或折中的态度。实际上，哥白尼的经典著作《天体运行论》的书稿很早之前就已完成，由于他担心书中的内容会触怒教会，因此他迟迟没有出版。直到1543年，即他逝世的那一年，这部著作才得以问世。病危的哥白尼收到样书后，摸了摸封面，随即与世长辞。

哥白尼的理论挑战了托勒密的地心说，到文艺复兴时期前后，地心说的理论已经变得非常复杂了。为了使其能够解释主要由阿拉伯天文学家通过不断观测获得的新数据，人们在托勒密的理论中补充了更多的本轮和均轮。在哥白尼时代，这套理论共需80多个本轮和均轮来描述太阳、月亮以及当时已知的5颗行星的运行，其烦琐程度令人难以接受，不过这并不难理解。它与我们今天常用的傅里叶分析本质相同，当展开项足够多的时候，就可以准确地描述各种复杂的轨道。

哥白尼也采用了托勒密圆周运动的图式来描述天体运行，然而与之的区别是，哥白尼将太阳置于大圆的中心，地球则成了一颗在圆周上运行且自转的行星，这彻底地改变了人们对宇宙中心的理解。他将描述天体运行所需的圆（包括本轮和均轮）的数量从地心说所需的80多个减少到34个，从而极大地简化了地心说。

从哥白尼对待科学的态度，我们可以看出什么叫科学家本色，那就是判断事物的真伪，并不在于他们相信的事物本身，而在于他们抱着什么样的态度相信它，以及根据什么样的理由相信它。哥白尼同时具备了近代科学创立者的两大优点：以足够的耐心进行观察，以毫不畏惧的精神做出假设。

对地心说更惊人的简化成就来自开普勒。在《宇宙的奥秘》中，开普勒表示，上帝头脑中的数学和谐性解释了“天体运行的轨道、大小和数目为何是这样而不是那样的”。后来，在《新天文学》一书中，开普勒提出了两个定律：开普勒第一定律和开普勒第二定律。

开普勒第一定律：太阳位于行星椭圆运行轨道的两个焦点中的一个焦点上。开普勒发现，无须借助托勒密和哥白尼使用的本轮和均轮，只需一个椭圆即可解释天体的运行轨迹。这一定律改变了之前人们对天体运行轨道的传统认识，即天体运行轨道一定是正圆形。

开普勒第二定律，也称面积定律：在相等时间内，行星向径（行星与太阳的连线）扫过的面积是恒定的。这意味着行星在轨道上运行的速度不是恒定的，而是在接近太阳时速度较快，在远离太阳时速度较慢。这一发现对于当时的天文学来说是一个巨大的突破。尽管 16 世纪末的观测技术有限，但开普勒依然基于第谷・布拉赫（Tycho Brahe）多年间的观测资料，分析、总结出行星围绕太阳运行时的规律。

开普勒本人并不清楚这些定律背后的物理原因，他认为这些美妙的数学关系是上帝安排的。开普勒第二定律可以由后来的牛顿力学中的角动量守恒定律来解释：一个系统的角动量在没有外力作用下保持不变。角动量守恒定律不仅适用于牛顿力学，也是量子力学乃至所有运动学领域中的一个基本原则。在提出上述定律的几年后，开普勒进一步发现了行星公转周期与行星到太阳的平均距离之间的关系，可以用下面这个简单的公式来表达：

$$T^2 \propto a^3$$

其中，T 代表行星的公转周期，a 为轨道半长轴。

这就是开普勒在1619年完成的《宇宙和谐论》中扬扬得意地宣布的行星运动定律，即开普勒第三定律。在当时，这一定律不仅得到大量的数据支持，而且其形式也展现了上帝设计的精妙——不是简单的线性关系，而是平方与立方的和谐结合。开普勒在书中对上帝大唱赞歌："太阳、月亮和群星，用你们无法表达的语言赞颂上帝吧！天上的和谐，你应当理解上帝神奇的创造，给它唱赞歌吧！我的灵魂，你赞美造物主吧！造物主创造了一切！"开普勒的这一发现不仅令他本人感到惊讶，也向世人展示了上帝在宇宙设计中的数学之美。

开普勒赞叹上帝不仅安排了"平方"和"立方"的概念，也安排了"面积"等复杂的数学概念，并将它们巧妙地融入宇宙的构造中。开普勒的发现表明，上帝通过数学规律来规划宇宙，而不需要细致地安排每一颗行星的具体位置和运行周期。

想象一下，假设是你发现了天体物理学的神奇规律，比如开普勒第三定律，你也会感叹宇宙的精妙设计，并认为自然界似乎存在一种数学上的和谐。所以在那个时代，人们通过观察和研究天体运动的规律，将它们与上帝的创造联系起来。他们认为，只有一位精通数学的造物主才能设计出精确且有序的宇宙法则。

伽利略、哥白尼和开普勒等人在发现天文学规律的过程中，处处展现了他们对宇宙秩序的敬畏和对数学在自然界中作用的认识。他们通过观察天体运动的具体规律，归纳出了对上帝作为宇宙设计者的理解。他们的成果展示了他们对自然界的深刻洞察，也反映了他们试图通过数学来揭示宇宙原动力的努力。

进一步，他们的发现不仅揭示了宇宙的数学本质，也为后来的科学家开辟了探索宇宙的新途径。开普勒的工作成为科学史上的一个重要里程碑，他的发现表明，通过仔细观察和数学分析，我们可以揭示自然界的深层规律，这在科学探索中具有永恒的价值，至今仍激励着我们，引领我们更深入地理解自然界。

第5章

理性，建立俯视宇宙的信心

Logic
of the World

我们终将知道。我们必然知道。

——大卫·希尔伯特[①]

无论是源于神还是源于爱因斯坦口中的“那老头子”，从亚里士多德开始，经过文艺复兴，理性已经走到了越来越乐观的时代。人们通过了解自然来理解上帝，也逐渐找到了筛选、沉淀和归纳自然经验的方法，在建设新的学科中，这些方法一再地被证明有效。人们逐渐相信，随着这些方法的应用，数学、物理、社会和自然的一切知识终将被一一了解，无论背后是上帝还是客观，人们逐渐建立起了一种可以俯视宇宙的信心。

我们先从文艺复兴之后这种新的探究方法的探索和确立谈起。

① 大卫·希尔伯特（David Hilbert），德国数学家，19 世纪末和 20 世纪前期最具影响力的数学家之一，其主要贡献有不变量理论、公理化几何、希尔伯特空间等。

从培根到笛卡尔，新的探究世界的方法逐渐兴起

培根："科学方法"是一种全新的征服自然的方法

弗朗西斯·培根是科学归纳法的创始人，制定了系统的归纳逻辑，被称为"英国唯物主义和现代实验科学的始祖"。他不仅是英国文艺复兴时期最重要的散文家之一，也是杰出的哲学家。培根出身贵族，但一生经历了诸多磨难，他的世界观更多地基于现世而非宗教。他是一位理性主义者而不是迷信的崇拜者，是一位经验论者而不是诡辩学者；在政治上，他是一位现实主义者而不是空谈理论的学者。

培根创立的科学归纳法的高明之处在于：它能揭示具有普遍性的一般法则。例如，他通过研究发现了热的本质，并推测热的本质是由物体内部微小部分快速且不规则的运动构成的。培根的方法是制作出各种热物体、冷物体以及热度不定的物体一览表。这些表格展示了一种特性：热物体具备该特性，冷物体不具备，而热度不定的物体则表现出不同程度的该特性。他由此得出普遍性的法则，而这些法则在新的情境下也可以得到运用。

培根的另一个贡献，即提出"知识就是力量"这一著名格言。这要从自然哲学的角度进行诠释。他的哲学理论基础是实用性的，即凭借科学发现和发明，使人类能够驾驭自然力量。

在被要求阐明科学进步之道时，大多数科学家都会援引"科学方法"：先收集大量经验数据，由此可做出某种归纳。这种归纳可以提高到科学"定律"的高度。归纳或定律构成一个我们可能称之为科学理论的框架。借由科学理论，可以对尚未观察到的现象或新的实验结果进行预测，从而证实或证伪某个理论。随着这些归纳或定律的验证，它们可能会受到修正或被摒弃，

进而新的预测会被提出，如此一来，假设与检验不断循环。明确这种科学方法的荣誉要归功于培根。

17世纪，英国处在詹姆士一世[①]统治下，培根先后担任总检察长、掌玺大臣、大法官，并获得维鲁拉姆男爵和圣阿尔本子爵的头衔。在他权势鼎盛之时，竞争者检举他利用大法官的权力收受贿赂。培根没有否认这项指控，但诡称贿赂并未影响他的任何裁决。他被处以罚款和监禁，但是由于他与国王的关系非常好，几天后他就被释放了，他的罚款不久也被退还。后来，培根将余生贡献给了科学和哲学。他对科学实验的兴趣最终要了他的命，因为据说他死于试图用雪保存鸡肉时感染的风寒。

培根的科学方法中的许多内容可以追溯至亚里士多德的科学方法论，虽然培根对于后者那种想从极其有限的少数观察就跳到"不变真理"的方法持强烈的批评态度。尽管如此，培根是一位极为成功的布道者，他显著提升了有组织的科学研究的地位，为人类树立了科学方法，这是一种全新的征服自然的方法，代表了人类新的利益。他使用的语言十分华丽，以致一些现代评论家认为这是对科学功能、目的和最终目标的神化。他主张协作研究，英国皇家学会在他死后若干年中落实了他的许多主张。从这个意义上讲，培根对于现代科学的形成有着深远的影响。

无论培根的影响如何，知识和对知识的理解可以通过归纳推理来产生这一理念作为科学方法的核心和不可置疑的原则，此后持续了数百年之久。直到19世纪，随着一种更为经验主义的观点，以及人们尝试为数学和哲学建

① 詹姆士一世，全名詹姆士·斯图亚特（James Stuart），1567年，年仅1岁的他继位成为苏格兰国王，称詹姆士六世。1603年，英格兰女王伊丽莎白一世去世，他继位成为英格兰国王，称詹姆士一世，促进了英格兰和苏格兰的联合。

立形式逻辑基础的兴起，这种情形才开始改变。归纳推理存在的问题首先由英国哲学家大卫·休谟提出，并在穆勒五法[①]里得到详尽阐述。其核心观点可以简单概括为：如果科学定律必须通过基于实验或观察结果的归纳推理来证实或修正，那么这些定律绝不可能是确定的。

霍布斯：制约与均衡

托马斯·霍布斯自称是彻底的唯物主义者。在他的著作《利维坦》中，利维坦是《圣经》中记载的一种巨大的水生怪物，形如“鳄鱼”，霍布斯用它比喻国家。霍布斯以机械论解释生命，认为人的生理活动如同钟表齿轮的运动，强调生命本质上是物质的机械运动。国家也是一种人工创造的事物，而主权则是这个人造实体的灵魂。

霍布斯也承认，最高权力有可能走向专制，但他认为，即便是最糟糕的专制，也比无政府状态要好。此外，他指出，在许多方面，主权者与臣民的利益是一致的：臣民越富足，主权者越富足；臣民守法，主权者就更安全。霍布斯认为，人民在订立契约时已将权利让渡给主权者，因此反抗主权者等同于违反契约，会破坏社会秩序的根基。即便主权者暴政，人民也只能忍受或逃亡，而非合法反抗（除非主权者无法履行保护义务）。

对于亚里士多德提出的僭主制和君主制的区别，霍布斯完全持反对意见。他认为，僭主制也是一种君主制，只不过是有人出于憎恶而使用的一种攻击性说法。他主张的“制约与制衡”的政治运作方式也在一些国家得到了践行。

① 穆勒五法（Mill’s five methods）是由英国哲学家约翰·穆勒（John Mill）提出的一系列逻辑方法，用于确定因果关系。

此外，霍布斯还首次提出“臣民有自我保全权”，臣民的自我保全权是一种不可剥夺的绝对权利。在特定情况下，当君主的命令严重威胁到臣民的生命安全时，臣民有权进行自卫。他对政府的态度是如果政府无能力保护人们，人民不再对其负有任何义务。

笛卡尔：构建近代哲学新范式

在哲学史、数学史和科学史上，笛卡尔都是一个无法被忽略的人。

笛卡尔被誉为近代哲学的奠基人、唯理论的创始人。他是一个既拥有非凡的哲学能力，又具有新物理和新天文学知识的人。他的身上虽然也保留了经院哲学的许多东西，但他在前人奠定的基础上，构建了近代哲学新范式。自亚里士多德以来，这是在哲学界从未有过的事。

笛卡尔的哲学思想体现了他对神学的理解。他认为真理是永恒的，这与他对上帝永恒性的看法相一致。笛卡尔在他的《哲学原理》中明确指出，自然哲学的实质即数学。他认为整个宇宙是一个通过数学原理建立起来的庞大的、和谐的机器。笛卡尔提供了一种非常有效的研究方法，即我们现在所称的解析几何。从技术角度来看，解析几何彻底改变了数学的研究方法。他的主要数学成果集中在他的《几何学》中。

虽然笛卡尔本人很少提出新的数学定理，但他对数学的研究方法做出了革命性贡献。在笛卡尔之前，几何与代数是数学中两个不同的研究领域。笛卡尔站在方法论的自然哲学的高度，认为希腊人的几何过于依赖于图形，束缚了人的想象力。对于当时流行的代数，他认为如果代数完全从属于法则和公式，就不能成为一门改进智力的科学。因此，他提出必须把几何与代数的优点结合起来，建立一种“真正的数学”。

解析几何结束了自古希腊古典时期以来算术和几何分离的状态，把传统上对立的“数”与“形”统一了起来，开创了全新的数学领域。这为微积分的创立奠定了坚实基础，使得代数有了广阔的应用空间。最为可贵的是，笛卡尔从运动的角度出发，把曲线视为点的运动轨迹，不仅建立了点与实数的对应关系，还将包括点、线、面、体在内的形态与抽象的数学概念有机结合，确立了曲线与方程之间的紧密联系。

笛卡尔的目标是要找到一种在所有领域内建立真理的方法，这一目标贯穿了他的主要著作《更好地指导推理和寻求科学真理的方法论》（后文简称《方法论》）。他在《方法论》这本书里面提出了一个好方法的 4 条基本原则。

- 第一条是“自明律”，也就是绝不会不经考察就接受任何东西为真，只有确定它是如此时，才接受它。也就是说，小心避免匆忙和成见，只赞同清晰明白地呈现且没有任何机会怀疑的东西。
- 第二条是“分析律”，就是将考察的每一个困难，都按要求分成尽可能多的小部分，以更好地解决。
- 第三条是“综合律”，就是按照顺序引导思想，从最简单的和最容易认识的东西着手，以逐步认识更复杂的东西；甚至赋予那些彼此间根本就没有先后顺序的事物以一定的顺序，以方便认知。
- 第四条是“枚举律”，就是尽可能详细、全面地考察所有东西，以确保无一遗漏。

利用《方法论》，笛卡尔事实上质疑了归纳法的科学性，提高了数学理性的地位，但他又认为思维只有两种方法：直觉和演绎。尽管我们对直觉的理解至今还停留在字面上，在《指导心灵的规则》这篇文本中，笛卡尔对直觉给予了高度评价：**“直觉是纯粹专注的思维的可靠概念，它仅由理性之光产生，并且比演绎更具可信性。”**

笛卡尔研究了物体的惯性，为牛顿的运动定律奠定了基础。在光学领域，他通过引入坐标系来研究反射率和折射定律，将光学转变为数学的一个分支，为现代光学的发展奠定了基础。在物理领域，笛卡尔发展了伽利略的力学相对性原理，以航行中的轮船上的海员的怀表表轮为例，阐明了如何判断物体运动与静止的相对性。笛卡尔第一个明确提出动量守恒定律，为能量守恒定律奠定了理论基础。笛卡尔还将机械论观点应用到天体，发展了宇宙演化论，提出了关于宇宙起源与构造的理论。他主张应从发展的观点来看事物，而不只是从其已有的形态来观察。他的旋涡理论则认为，太阳周围有巨大的旋涡，行星的运转是由这些旋涡推动的。对于爱因斯坦广义相对论中关于空间弯曲的描述，笛卡尔的理论无异于一种启示。

笛卡尔的诸多观点与其思想体系一样，具有反对经院哲学、启发科学思维、推动当时自然科学前进的意义，影响了许多自然科学家。但由于他的一些结论并没有从定量的实验事实出发，经常停留在直观和定性阶段，因而他的一些观点也受到同时代人的批评。

笛卡尔还是著名的二元论者，认为精神世界和物质世界是相互平行且独立的：精神世界的本质在于思想，物质世界的本质在于广袤，二者彼此完全独立，无法相互决定或派生。当时哲学界流行的一个著名命题是“肉体感到渴时，为何精神觉得难过”，他对此的解释是：肉体和精神好像两个钟，当一个钟指示“渴”，另一个钟就指示“难过”。由此可以看出笛卡尔哲学观念的自相矛盾，他无法驳倒“精神和物质是有联系的”。而且，他还不得不承认无论是精神实体还是物质实体，都依赖于上帝，这样才能解释精神实体和物质实体的来源——他的二元论倒向了一元论。

此外，笛卡尔还是一个严格的决定论者，他认为，有机生命体和无生命物质都完全受物理定律的支配，不同意亚里士多德所说的与灵魂有关。但他又不得不承认一种与他的哲学体系相悖的例外：人的灵魂无法通过意志改变生命体的运动能量，却能改变其运动方向。

从伽利略到斯宾诺莎，科学在宗教的枷锁下仍然茁壮成长

在 16 世纪末至 17 世纪上半叶的文艺复兴晚期，科学的进步促进了神学与哲学思想的发展，此时的人们在试图弄清上帝的宇宙为何与数学法则如此一致的问题上，取得了前所未有的成就，但这也预示了科学即将与神学相分离。我们先来介绍这一个时期的三位代表人物。

斯宾诺莎：一切皆可证明

斯宾诺莎是位伟大的犹太哲学家，性情温和，人格高尚。然而，在他生前和死后的一个世纪里，他却成为许多教徒眼中的极端邪恶分子。尽管拥有纯正的犹太人血统，他仍被犹太人革除了教籍并赶出教会。基督徒们同样憎恨他。尽管他的整个哲学体系都充满泛神论色彩，正统教徒却谴责他为不信神者。莱布尼茨[①]从他身上受益匪浅，却又对此讳莫如深，吝于奉上任何赞赏之词，甚至掩盖了自己与这位犹太异教徒私交的真实情况。

---

① 莱布尼茨，全名戈特弗里德·威廉·莱布尼茨，是一位德国哲学家、数学家，他和牛顿先后独立发现了微积分。莱布尼茨发明了二进制，还改进了帕斯卡加法器，研制成了机械计算机，被誉为“17 世纪的亚里士多德”。

斯宾诺莎留给后人的主要著作之一是《伦理学》，该著作直到他去世后才得以发表。这本书在哲学史上第一次以几何方式，从各种公理和公式出发，严格按照演绎的步骤来证明哲学道理。他的其他两部重要作品是《神学政治论》和《政治论》，前者的主题是《圣经》批评与政治理论，后者则专注于政治理论。他认为自然界和人生的本质，以及有关自然实体的一切精确知识，都可以用类似几何的方法推演出来。

在哲学史上，斯宾诺莎是一元论者。他认为构成万物存在和统一基础的实体只有一个，那就是“自然”，即“神即自然”。斯宾诺莎提出，一切皆可证明，这是贯穿他哲学体系的思想精髓。爱因斯坦说：“我信仰斯宾诺莎的那个在存在事物的有秩序的和谐中显示出来的上帝，而不信仰那个同人类的命运和行为有牵连的上帝。”

这一时期的文艺复兴是一部恢宏壮丽的历史诗篇，因为这不是本书的重点，我们不再赘述。文艺复兴时期对理性的追求促使科学开始萌芽，尽管宗教依然作为终极解释的天花板和枷锁。这个枷锁甚至可以理解为物理意义上的枷锁，但科学仍然在茁壮成长。我们总结如下：

- 如何使试图弄清上帝的宇宙和探求自然界的数学法则和谐一致呢？答案是再增加一条新教义，即上帝依照数学法则设计了宇宙。探索自然界的数学法则被视为一项虔诚的工作。
- 人们先验地相信，上帝已将这些支配着自然现象的数学法则融入了宇宙的结构中，每一个自然法则的发现都被视为对神智慧的证明，而非研究者个人的功劳。
- 古希腊人的宗旨（自然是依数学设计的）与文艺复兴时的信念（上帝是这个设计的创作者）融会在一起，统治了欧洲。关于这一点，这个时期最令人信服的证据就是开普勒和伽利略的工作。

伽利略：知识来自观察而非书本

伽利略既是卓越的天文学家，也是动力学的开创者，是近代科学最伟大的奠基人之一。他率先揭示了加速度在动力学中的重要性。在他之前，受亚里士多德自然哲学的影响，人们一直认为地上的物体沿直线运动是“自然的”，如若任其自然，物体最终会逐渐停止运动。伽利略并不认同这种观点，他说，一切物体在不受外力作用时，将会沿直线匀速运动；只有受到某种“力”的作用后，运动的快慢或方向才会发生变化。后来，牛顿将其称为“第一运动定律”，也称惯性定律。

伽利略的继承者克里斯蒂安·惠更斯[①]发现了机械摆的原理，并随后发明了摆钟。然而，在伽利略进行科学研究时，精确的时钟技术尚未问世，这使得进行精确的时间测量变得极其困难。在那个时代，人们甚至没有“秒”的概念，“分钟”的测量也相当粗糙。尽管如此，伽利略还是通过精妙的实验设计，克服了当时的计时技术难以捕捉自由落体运动的难题，成功研究了重力加速度。在实验中，伽利略曾采用一个简单而巧妙的方法来测量时间：使用水滴。他设置了一个水桶，控制其阀门使桶内的水匀速滴到容器中，再通过水的容量来计量时间。每当沿着斜面滚落的小球通过斜面特定位置的时候，会触发这个位置的开关并敲击小钟发出声响。伽利略通过聆听钟声并记录此刻积累在量杯中的水量，来估算时间。通过这种方法，伽利略观察了球从不同长度的斜坡上滚下的过程（见图 5-1）。

---

① 克里斯蒂安·惠更斯（Christiaan Huygens）是荷兰著名的物理学家、天文学家和数学家，建立了向心力定律，研究了完全弹性碰撞前后的动量守恒。他还发明了摆钟，改进了望远镜和显微镜，提出了光的波动说，建立了惠更斯原理。

图 5-1 复制的伽利略斜面实验装置

通过斜面实验，伽利略发现了一个重要的物理定律：物体在重力作用下移动的距离与时间的平方成正比（$s \propto t^2$）。这个发现揭示了匀加速运动的规律，是关于自然界规律的重大突破。在伽利略看来，他通过观察和实验揭示了自然界的数学之美，这一点在匀加速运动的数学表达上尤为明显。伽利略的工作为后来的科学家，包括牛顿在内的许多人，提供了宝贵的启示，推动了科学革命的发展。他通过设计新实验方法获得新发现并得出新结论的流程，至今仍被视为科学探索的典范。

在伽利略的时代，众多数学家和哲学家对科学方法和数学原理进行了深入的探索。笛卡尔作为机械唯物论的先驱，致力于寻找一种普遍适用的方法来建立各领域的真理。笛卡尔在《方法论》一书中阐述了如何通过理性推理和科学探索来寻求真理。伽利略则主张知识应来自观察而非书本。弗朗西斯·培根也得出了“实验是验证科学结论是否正确的标准”这一结论，逐渐从宗教思想体系中梳理出近代科学的基本精神。

帕斯卡：科学研究是探索世界的一种方式

帕斯卡对科学研究和数学的态度与笛卡尔有着相似之处，也有着浓厚的宗教色彩。对帕斯卡而言，科学研究是探索上帝创造的世界的一种方式，而数学知识不仅是绝对真理，还像《圣经》那样，每句都不容置疑。帕斯卡强调："上帝在自然行为中所呈现给我们的，与其在《圣经》中用神圣的字句所表示的相比，丝毫不逊色。"因此，他认为研究自然应该像研究《圣经》一样虔诚。

亚里士多德提出这样的原则：数学从公理，即不证自明的真理出发，通过推理建立新定理。帕斯卡强调，数学从公理出发，通过逻辑推理建立新的定律，这一过程与从《圣经》公理出发推导出宗教真理的过程具有形式上的相似性。他认为，科学研究应当建立在坚实的公理基础之上，并以此为起点展开严密的推理。任一科学分支都应由公理或原理出发进行推理。人们应该从公理中尽可能多地推出结论。帕斯卡的这一观点与笛卡尔的方法论相呼应，也反映了亚里士多德以来的理性传统。

从牛顿到莱布尼茨，追求真理的探索建立在逻辑学之上

作为文艺复兴之后科学思想的集大成者和新的科学研究方法的奠基人，牛顿终于登上了历史舞台。他和同样活跃于 17 世纪的笛卡尔、莱布尼茨将神的智慧等同于自然数学秩序，他们认为神充满了科学智慧。牛顿认为最高的哲学认知源于《圣经》，而莱布尼茨则坚信上帝的存在和理性的力量。牛顿自始至终都是一位虔诚的神学家，他从未怀疑过上帝的存在。在他的时代，物理和数学的发展都是为了证明上帝的存在，证明宇宙是经过精心设计

的，而宇宙的设计者正是上帝。牛顿、莱布尼茨，以及他们的很多同代人，都在努力证明上帝的存在和宇宙的有序性。

对相对真理的探索是建立在逻辑学基础之上的，这一点在基督教教义中表现得尤为明显。基督教深受古希腊哲学中对“世界本源”讨论的影响，强调一神论，并在宗教内部认真讨论哪些命题是相对稳定的真理。这种对真理的严肃探讨使人们发现，数学能够描述一个客观的、独立于任何凡人主观意识的世界，这个世界的精密构造必然源自某位伟大的造物主。基督教教义与对客观真理的追求相统一，为科学的孕育提供了肥沃的土壤。基督教的逻辑学积累为科学诞生奠定了基础，因为它鼓励人们探讨那些独立于人类或个体而存在的普遍真理。众多数学家和科学家继承了古希腊的知识和文献，并在此基础上进行新的观测和研究。他们用新的观测结果提炼出结论，并用这些结论证明上帝的伟大。历史上，基督教内部的讨论与科学的发展之间形成了一种特殊的互动，这种互动在一定程度上既是偶然的巧合，也是必然的结果。正是这种互动催生了科学。

即使在现代，许多科学家都保持着宗教信仰，这在学术界并不被视为矛盾。这种科学与宗教的和谐共存反映了文艺复兴之后欧洲文化的一种独特现象，即在追求科学真理的同时，也保持着对超自然力量和伦理价值的敬畏和信仰。这种文化背景为科学的发展提供了一种独特的视角和动力，使得科学探索不仅仅是对自然现象的理性分析，也是对宇宙秩序和神圣创造的深刻理解。

牛顿：呈现一个由数学化的物理原理所支配的宇宙

牛顿用数学概念和量化的公式，以及通过数学推导得出的公式，重铸了整个 17 世纪之前的物理学。**他的光辉业绩给人类呈现了一个崭新的世界秩**

序，以及一个由普遍的、数学化的物理原理所支配的宇宙。这一宇宙观涵盖了从石头下落、海洋潮汐、行星及其卫星运动，到极具挑战性的彗星的“大尾巴”，以及辉煌庄严的恒星运动的宏大规划。牛顿这个规划使世人折服：自然界是依据数学设计的，自然界的真正原理是数学。牛顿的《自然哲学的数学原理》被视为人类理解自然的物理解释的里程碑。尽管对牛顿“超距作用”问题的解释尝试持续到了 20 世纪初，但他的工作已为现代物理奠定了坚实的基础。这本著作所树立的认知方法和思维模式，像古希腊时期欧几里得的《几何原本》一样，成为后世所有学科建立的准则和标杆。

在《自然哲学的数学原理》中，太阳、行星、彗星的相互运行关系可以用简单而优美的数学规律来解释。牛顿认为这个美丽的系统只能源自一个全知全能的人的密旨和支配。这个人统治了天下万物，不仅是世界的灵魂，而且是一切的主宰。从青年时代开始，牛顿就对宗教进行了深入的研究和解释，他把自己的后半生献给了神学。剑桥大学在 16 世纪还是修道院性质的大学，教授以神学为主的研究内容。神学不仅涉及与上帝的关系，还包括自然科学和社会学等方面的内容。要想真正成为一名称职的神学家，需要在大学中深入学习，神学的内容不仅包括《圣经》里的内容，也包括从古希腊继承下来的音乐、数学和天文学。牛顿晚年花了大量精力担任英国皇家铸币厂厂长，并从事过炼金术研究，多少为现代化学的产生做出了贡献。

牛顿提出了万有引力定律。由于地球是一个椭球体，而非正球体，赤道部分较为突出，两极则稍显扁平，所以太阳和月球对赤道突出部分的吸引力大，地轴会缓慢移动，大概每 25 800 年完成一个周期，这种地轴轴向的周期性变化使每年的春分和秋分都会发生微小的变化，这种现象被称为岁差。古希腊的喜帕恰斯早在公元前 2 世纪就观察到了这一现象。牛顿利用他的万有引力定律，完美地解释了岁差现象。

开普勒跟哥白尼都对星体进行了观察，并提出了一些数学描述，但这些描述并不完整，直到开普勒提出他的三大定律。然而，这些定律背后更深层次的原理并未完全得到解释。牛顿的三大运动定律和万有引力定律则可以完整地推导出开普勒的理论。牛顿的理论不仅解释了天体运动，还涵盖了从地面上观察到的现象，如石头的下落、洋流及所有可见物体的运动，为当时的整个物理学领域提供了完整的诠释。

《自然哲学的数学原理》为科学研究树立了典范，激励后人相信数学能够全面描述物理世界。即使某些数学预测的现象在当时的物理世界中未能立刻被观察到，但它们依然被认为是正确的，并且随着工具的进一步发展，最终会通过实验得到验证。尽管许多观察可能不够精确，但人们对数学工具的信任还是日益增强的。牛顿力学不仅是现代物理学的基石，也为整个现代科学研究模式奠定了基础。这一模式强调数学与实验之间的对应关系：首先，从数学原理出发推演出可能观察到的现象；然后，通过实验方法来验证这些推演结果。这种方法论逐渐成为现代科学研究的标准路径。

科学必须寻求数学描述而非仅仅是物理上的定性解释，而且基本理论应由实验和根据对实验的归纳得出。牛顿的工作推动了科学理论的发展，革新了科学研究的程序，使其不仅仅局限于物理学解释，更追求数学上的精确描述。他继承了培根的观点，认为科学理论应基于实验和观察得来，但他进一步采用数学前提来取代物理学假设，从而使科学预言具有培根所倡导的确定性。这些数学前提由实验和观察来验证，确保了理论的可靠性和预测的准确性。

在牛顿之前，尽管许多实验现象已被描述，但缺乏完整的理论框架来支撑。牛顿时代的理论架构对后世的物理学研究产生了深远的影响，构建了一个系统化的理论体系。这种影响延伸到了物理学研究的工具层面，形成了不同的研究方向和方法。

牛顿力学的提出不仅在物理学领域产生了革命性的影响，也为现代科学研究提供了一种结合数学推演和实验验证的综合方法。这种方法论的确立，为后来的科学研究提供了清晰的指导原则和强大的工具，促进了科学知识的积累和科技的进步。时至今日，物理学研究大致沿着牛顿的范式分为两种叙事方法：英美式的方法侧重实验和对事物本身的探索，而苏联式的方法则偏重数学基础。在苏联的物理学教学中，通常会先推导出一系列公式，再通过忽略某些项来解释和预测物理现象。这两种方法各有优势，共同推动了物理学的发展和创新。

莱布尼茨：组合、判断、发明的艺术

莱布尼茨的科学观融合理性主义与神学目的论，认为探索自然规律是理解上帝创世的理性使命。莱布尼茨一生创作了截然不同的两类作品：他生前作为一个御用文人，发表的作品大多是为了讨好王公贵族；而那些真正代表他精湛思想的手稿则被他束之高阁，被他称为“秘传哲学”。直到许多年后，这些手稿被发现，由此世人才认识到他非凡的才华和深刻的思想。可以想象，在中世纪一千年的“黑暗”里，有多少学说在终极真理作为衡量标准的情况下，因为“怀疑错误在自己”而消失在历史的长河中。

1666 年，莱布尼茨发表了《论组合的艺术》，提出了“人类思想字母表”的概念，认为所有的思想都只是少数简单的概念组合。“组合艺术”是“一切发明之母”，将引领人们发现所有事物。莱布尼茨的“判断的艺术”允许每个问题被表示为数值符号，并用算法进行解决。他的“发明的艺术”能让使用者搜寻并枚举所需数据以及问题的解。莱布尼茨试图一揽子解决世界的一切问题，包括医学、物理、音乐、逻辑、宇宙、绘画、哲学和信仰等。

莱布尼茨认为一切皆可计算，因而一生都在致力于发明一种“万能数学”，但未能成功。莱布尼茨还发明了二进制数字系统和微积分，在计算史上的作用远远超过他所有科学成就的总和。莱布尼茨对数理逻辑进行了深入研究，但他当初并未将研究成果发表。一个原因在于，他在研究中发现了一些证据，表明亚里士多德的三段论在某些方面存在基础性错误，但莱布尼茨所受的基础教育让他对亚里士多德有着深刻的崇敬和信仰，所以他怀疑错误必定在自己身上。

历史上因此出现了两个莱布尼茨，忽略了其中任何一个，都是对他真实形象的不完整呈现。

扩展
知识的边界
Logic of the World

莱布尼茨关于“神存在”的四大论证

无论是出于信仰还是出于政治的需要，莱布尼茨一点都没有浪费自己在逻辑学方面的非凡才华，以下是莱布尼茨关于“神存在”的四大论证。

本体论论证

这一论证是从讨论事物存在与其本质的关系展开的。莱布尼茨认为，任何一个人或者事物的存在都有两种方式：一是其在现实世界中的实际存在，二是因其固有性质构成它的本质。例如，文学作品中的人物虽然不存在，但他们也有某种本质，比如性情忧郁、优柔寡断等。此外，关于上帝的讨论是关于上帝的本质，即上帝的固有性质的讨论，而固有性质不依赖于存在，因此上帝是存在的。

宇宙论论证

宇宙论论证是“初因论证”的一种，旨在探讨万事万物的起源和存在的根本原因。根据初因论证的观点，一切事物都有原因，这一原因之前又先有原因，以此类推。例如，当我们问“人是如何来的”时，若有人回答说“人是由猴子演化而来的”，那么我们可能会继续追问：“猴子又是如何来的？”如此一来，这种追问将一直延续下去，最后必然回到“第一项”原因，即初因，而“第一项”原因当时无人能够回答，因此，必须设定一个“无因的原因”，这就是神。

永恒真理说论证

关于永恒真理，举个例子，“明天会下雨”有可能为真，也有可能为假，但是“1+1=2”永远是真的。莱布尼茨把“永远真”的命题叫作永恒真理。论证的关键在于，先承认真理是精神的一部分，从而得出永恒真理是永恒精神的一部分。

前定和谐说论证

莱布尼茨认为“可能的世界”有无数个。神在创造现实世界之前，都仔细思量过了。神因为性善，决定把可能的世界中最好的一个创造出来，这就是地球和人类的世界。那么，哪个才是可能的世界中最好的一个呢？神认为：善超出恶最多的那个世界就是最好的。神本来可以创造一个没有任何恶的世界，但这样的世界没有现实世界好，因为有些“大善”和某种恶必然存在密切联系。例如，在夏天，当你感到很渴时，喝口凉水你会感到非常痛快，此前的口渴虽然让你难受，但你会觉得可以忍耐——如果没有经历口渴，随后的痛快就不会那么“爽”。莱布尼茨认为，经过“前定和谐”产生的世界虽然仍然存在恶，但善超出恶的比例比其他可能的世界都多，因此它是所有可能的世界中最好的。

科学可能不得不由基督教内部内生出来，因为在所有的古代文明里，只有基督教持续接受了严格的逻辑挑战，这种接受挑战的习惯源自古希腊。早期，神学家对科学的探索都是以神学为背景的，研究者从来没有怀疑过“神存在”这个假设。他们会认为科学的进展反而在验证上帝的存在，科学并没有把神学当成对立的事情，科学与神学之间并不构成非此即彼的排斥关系，直到今天也一样。

古典理性的巅峰：“拉普拉斯妖”

随着人类对世界背后数学规律的发现，人们对世界确定性的信仰达到了前所未有的程度，代表之一是法国的拉普拉斯①。

从伽利略到牛顿经典力学的建立，科学的发展基于这样一组潜在假设。

- 决定论：存在一个独立于人的客观世界，它遵循某些确定不变的规律。
- 可知论：人们可以通过对世界及存在物进行观察和思辨，掌握这些规律。
- 还原论：世界及存在的各种现象，都可以通过研究恰当分割所得到的部分，进而得到整体本身的性质和规律。

这组假设的威力如此之大，以至于可以说整个古典理性文明，甚至整个

① 拉普拉斯是著名的天文学家、数学家，法国科学院院士。他是天体力学的主要奠基人、天体演化学的创立者之一，他还是分析概率论的创始人，以他的姓氏命名的拉普拉斯变换、拉普拉斯定理和拉普拉斯方程，在科学技术的各个领域有着广泛的应用。

现代科学都是建立在此基础之上的。这类观点被归纳为机械决定论，又称还原论，它包含这样一种潜台词：整体等于部分之和，既包括空间尺度，也包括时间尺度。其巅峰是拉普拉斯的理论，他认为，只要知道宇宙某一时刻的所有物体的初始状态，就能预测整个宇宙在任意时刻的状态。还原论借由技术发展得以昌盛，甚至以所谓的“物理学经典范式”被纷纷挪用于包括人文社科在内的各个领域。这种观点甚至进入人文认知领域，从文艺复兴之后兴起的浪漫主义时代开始，科学和艺术始终存在一种相互促进又相互对立的微妙而紧张的关系，如英国诗人雪莱曾经热烈拥护科学，但后来又写了《为诗辩护》（*A Defence of Poetry*），认为诗歌是科学之源。

拉普拉斯提出了一个著名的论述，即我们可以将宇宙的当前状态视为其过去的产物和未来的原因。拉普拉斯设想，如果一个理性存在的个体在任何给定时刻都能够知晓宇宙中所有物体的动量和相互位置，并且拥有足够的智慧来分析所有数据，那么他就能够通过足够大的力学方程来描述宇宙中从最大的物体到最微小的原子的运动。对这样一个理性存在来说，宇宙的过去和未来都将变得显而易见。

这个设想中的理性存在后来被称为“拉普拉斯妖”。如果拉普拉斯妖有这样的能力，鉴于牛顿力学能够精确地预测物理现象——这在数学上是可预测的，只要我们知晓物体当前的所有状态（包括物体当前的运动状态、位置、速度和受力情况），那么根据牛顿力学的基本原理，我们就能够完全精确地计算出其未来所有的运动状态。

同样，如果拉普拉斯妖拥有足够强大的计算能力，并知晓宇宙中所有粒子当前的运动状态，它就能够计算出所有粒子过去的演化历程。它不仅能够根据粒子当前的状态回溯历史上所有粒子的状态，还能够预测未来发生的事件。因此，拉普拉斯妖被视为一只通晓宇宙的过去和未来等万事万物的神兽。

拉普拉斯妖也会给伦理学带来一些深奥而复杂的问题。这个设想引发了关于人类自由意志与预定命运之间的辩论：我们的决策和行为是否可以被计算和确定？我们是否拥有自由意志？如果未来可以被计算出来，那么宇宙的历史和未来就是已经写好的剧本。在这种情况下，人类只是在特定的时间按照预定剧本来行动的角色，而这一切在很久以前就已经被决定了。

拉普拉斯妖的概念不仅挑战了我们对自由意志的理解，在人工智能领域也产生了深远的影响。而今，如果我们拥有足够的数据和计算能力，是否就能够预测和计算出未来的事件，甚至回溯过去的细节？如果数据足够多，计算能力足够强呢？社会上所有人的所有行为是否可以被规划和设计？对拉普拉斯来说，回答以上问题似乎并不太难：那不过是算法和算力而已！

公理化的数学成为科学范式

“数学支配一切”，18 世纪最伟大的智者对此深信不疑。著名数学家、编纂法文《百科全书》的主要参与者德尼·狄德罗说：“世界的真正体系已被确认、发展和完善了。”拉格朗日①的《分析力学》（*Analytical Mechanics*）可视作牛顿数学方法的典范，在这本书中，力学被完全数学化，几乎与物理过程本身无关。欧拉②是 18 世纪最伟大的科学家之一，他曾说：“宇宙的结构是最完美的，它是一位最为睿智的创造者的杰作。如果没有某种极大或极小的法则，那就根本不会发生任何事情。”美国哲学家威廉·詹姆斯在《实

① 拉格朗日，法国著名数学家、物理学家，在数学分析、变分法、微分方程、方程论、数论、函数论和无穷级数等领域均有建树，是数学史上对分析数学的发展有全面影响的数学家之一。

② 欧拉是瑞士著名的数学家和物理学家，他创立函数符号和分析力学，提出欧拉公式，解决哥尼斯堡七桥问题，被誉为近代数学的先驱之一。

用主义》（*Pragmatism*）中评论：当最初数学的、逻辑的和自然的统一体的最初定律被发现时，它们的清晰、美妙和简洁深深地吸引了人们，使众人相信他们似乎已真正成功地读出了万能之主的真正思想。

然而人们并不满足，在 19 世纪，数学家们开展了一项庄严且神圣的工作：重新审视和梳理那些被广泛且默认接受的概念。他们的目标是将这些常识性、不言自明的概念建立在一套基于公理的严格体系之上，确保每一步推导和证明都是无懈可击的。这些努力旨在构建一个完整、精确的知识体系，使每一个概念都得到清晰的定义和严格的逻辑支持。

那么我们的常识又是如何形成的呢？它们是否站得住脚？通过将日常概念转化为坚实的公理体系，并在此基础上进行严格的逻辑推演，科学家们建立了一种全新的科学范式。从牛顿时代的物理定律到 19 世纪的数学成果，这种范式坚定了科学家们的信心：通过审视我们的常识，依靠纯粹的理性，自然界是可以被认知的，并且可以通过基础假设和逻辑体系来全面构建知识体系。

这种范式以欧几里得几何学为典范，它的每一个假设都经过严格定义，通过逻辑推演得出复杂的结论。几何证明中，每一步都是坚实的，每一个新定理都是从前述公理或已证明的定理中推导出来的。这种方法成为科学构建知识体系的典型模式：首先明确公理，遵循奥卡姆剃刀准则，避免多余的假设。在此基础上，通过逻辑推演，可以探讨领域内的任何问题。

随着牛顿力学的成功，人们开始相信这种范式能够涵盖他们研究领域的所有问题。例如，在自然数的研究中，皮亚诺的 5 条基本公理为所有相关命题提供了基础；在与时空相关的领域，狭义相对论的两个基本假设足以构建整个理论框架；在热力学领域，4 个基本定律足以推导出所有相关的问题。

总的来说，19 世纪的数学家们的努力不仅优化了数学知识体系，也为现代科学的其他领域提供了一种严谨的研究方法。这种方法强调了从基础假设出发，通过逻辑推演来构建理论的重要性，为后来的科学研究奠定了规则性的范式。

接下来，我们就详细说明一下这个范式所塑造的几个学科经典。

皮亚诺算术公理

皮亚诺的算术公理主要内容如下：

- 公理 1：1 是自然数。
- 公理 2：对于任意自然数 n，其后继数 n' 都是自然数。
- 公理 3：对于任意自然数 n，$n' \neq 1$ 都成立。
- 公理 4：对于任意自然数 m 和 n，若 $m' = n'$，则 $m = n$。
- 公理 5：假设对自然数 n 的谓词 $P(n)$ 而言，下面的 (a) 和 (b) 都成立：
  (a) $P(1)$ 成立；
  (b) 对于任意自然数 k，$P(k)$ 成立，则 $P(k')$ 成立；
  则，对于任意自然数 n，$P(n)$ 都成立。

欧几里得几何的 5 条公设

欧几里得几何，也就是平面几何，包括以下 5 条公设：

- 公设 1：从一点向另一点可以引一条直线。
- 公设 2：任意线段能无限延伸成一条直线。

- 公设 3：给定任意线段，可以以其一个端点作为圆心，以该线段作为半径作一个圆。
- 公设 4：所有直角都相等。
- 公设 5：若两条直线都与第三条直线相交，并且在同一边内角之和小于两个直角，则这两条直线在这一边必定相交。

牛顿力学的 4 大基本假设

牛顿运动学的 3 个基本假设（3 大定律），再加上万有引力定律，构成了整个牛顿力学的 4 大基本假设，整个牛顿力学基于这 4 大基本假设和数学工具就可以完整构架起来。

- 牛顿第一定律：假若施加于某物体的外力为零，则该物体的运动速度不变（惯性定律）。
- 牛顿第二定律：施加于物体的外力等于此物体的质量与加速度的乘积（加速度定律）。
- 牛顿第三定律：当两个物体相互作用时，它们施加于对方的力，其大小相等、方向相反（作用力与反作用力定律）。
- 万有引力定律：如果两个质点的质量分别为 m_1 和 m_2，并且它们之间的距离为 r，则它们之间的万有引力 F 为：

$$F=G\frac{m_1m_2}{r^2}$$

万有引力定律表明，m_1 和 m_2 两个物体之间的引力等于它们的质量乘积再乘以万有引力常数 G，除以距离 r 的平方。为什么是平方？这也是个基本假设。至今仍有物理学家在验证万有引力定律的距离平方反比关系，通过精密测量来检验这个关系是否准确。如果发现这个关系不是严格的平方反比关系，那么我们对宇宙模型的理解可能会发生很大的变化。

万有引力常数 G 的测量要通过扭秤实验。如图 5-2 所示，实验中使用 2 个大铅球和 2 个小铅球，小铅球对称地悬挂在金属丝上，金属丝上装有一面镜子。当小铅球接近大铅球的时候，在万有引力的作用下会产生扭矩，导致镜子发生扭动。通过观察镜子反射光的角度，可以确定镜子扭动的角度，从而计算出大铅球和小铅球之间的引力，最终测量出万有引力常数 G 的大小。

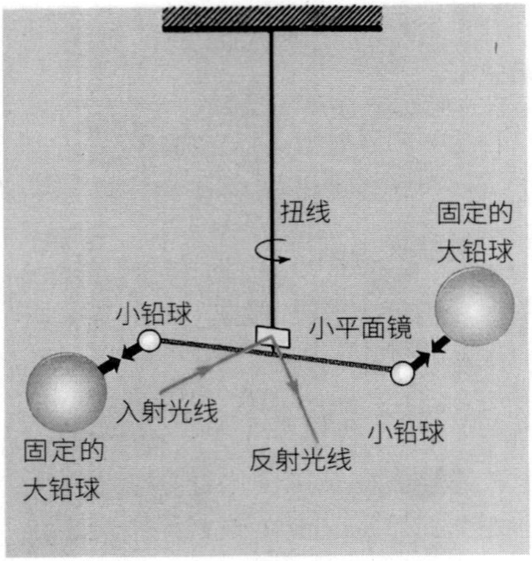

图 5-2　扭秤实验装置

牛顿的 3 大定律和万有引力定律，可以完美解释行星为何会遵循开普勒所描述的轨道运动。牛顿定律不仅解释了行星运动的规律，也揭示了宇宙中所有物体运动的普遍原理。在牛顿力学的框架下，开普勒的 3 大定律得到了更深层次的理解和解释，展示了自然界的数学和谐与物理定律的统一。

狭义相对论的两个基本假设

要介绍爱因斯坦的狭义相对论，我们首先要从阿尔伯特·迈克尔逊[①]说起。他是美国物理学家，是芝加哥大学物理系的创办人和第一任系主任。他投入了数十年的时间和精力，试图通过实验来探测光速在不同条件下的变化。

利用地球自转带来的速度变化，迈克尔逊设计了一个精密的干涉仪（见图 5-3），其中一条光路沿地球自转的方向设置，另一条光路垂直于自转方向。根据当时流行的以太理论，光速应该受到地球自转的影响，在两个方向上的速度存在差异。如果光速在两个方向上确实不同，那么沿着两条光路传播的光波在返回时会产生相位差，从而在干涉仪的观测屏上形成干涉条纹。迈克尔逊通过让干涉仪旋转 90°，改变两条光路的相对方向，干涉条纹应该随着干涉仪的旋转而发生移动。

然而，尽管迈克尔逊不断提高实验的精度，但他始终未能观测到预期中的干涉条纹移动。即使在多次实验失败后，他仍然坚持向公众发表自己的研究结果。迈克尔逊的诚实成为科学共同体的表率。1907 年，尽管未能测得预期结果，他仍因在精密测量领域的杰出贡献获得诺贝尔物理学奖。他关于光速测量的实验为后来的物理学理论，特别是相对论的发展，提供了重要的实验基础：在真空环境中，光速是恒定不变的。

---

① 迈克尔逊 - 莫雷实验由阿尔伯特·迈克尔逊（Albert Michelson）与爱德华·莫雷（Edward Morley）在 1887 年合作完成，主要目的是测量地球相对于以太的运动速度，实验结果表明，光速没有因为地球在以太中的运动而发生改变。

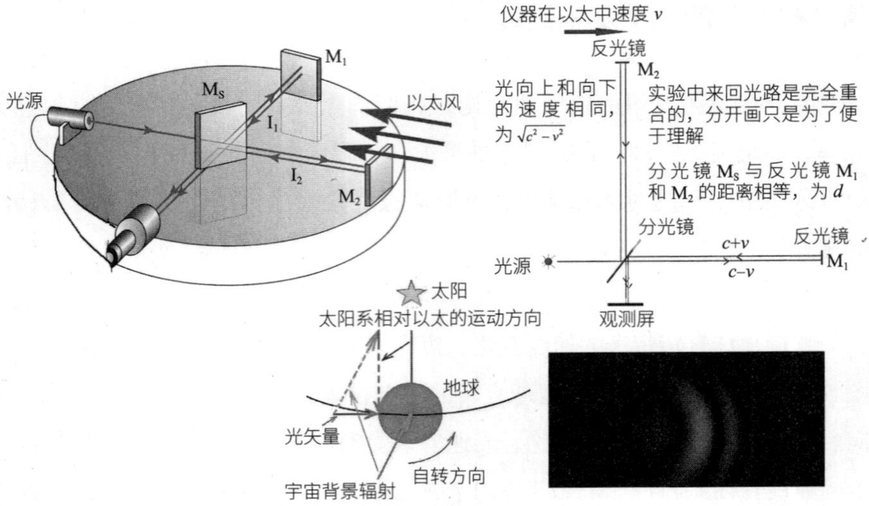

图 5-3　迈克尔逊设计的干涉仪

从 19 世纪初的杨氏双缝干涉实验开始，光的波动性已经被人们当成普遍事实接受。那么根据当时的物理经验，波的传播需要介质。无论是在固体、液体里，波的传播都是要有介质的。那么光的传播介质应该是什么呢？人们沿袭了亚里士多德的叫法，称之为“以太”，互联网早期的另一个称呼“以太网”即源于这一概念。

把以太作为光传播的介质作为基本假设，引出了许多新的问题，比如，以太不得不具有一些非常奇怪的性质。以当时科学家们的经验，介质越硬，波在其中的传播速度越快。比如声波在标准大气压、0℃的空气里的传播速度约为 331 米 / 秒，声波在木头中的传播速度将近 1 000 米 / 秒，在钢铁里的传播速度则达到 3 000 米 / 秒。光的传播速度为 3×10^8 米 / 秒，如果以太是光传播的介质，以太应该特别硬。但如果是这样的话，人为什么不会卡在以太里呢？为什么人类感觉不到它的存在，光却能在其中高速运动？难道这种介质似乎只对光有作用，对其他所有物质毫无影响？

数学家亨德里克·洛伦兹[①]提出了新的解释。洛伦兹通过复杂的数学推导，产生了一个想法：如果在光传播的方向上时间可以变慢，那么上述难题就能得到解决。这个假设初听起来似乎颇为怪异。尽管它并不符合我们的直觉，但基于此，洛伦兹推导出了一系列重要的公式，即后来的洛伦兹变换公式。这些公式不仅解决了以太存在的悖论，也为后来的相对论奠定了数学基础。

洛伦兹变换公式为：

$$x' = \gamma(x - vt)$$
$$y' = y$$
$$z' = z$$
$$t' = \gamma(t - vx/c^2)$$

$$x = \gamma(x' - vt)$$
$$y = y'$$
$$z = z'$$
$$t = \gamma(t' + vx'/c^2)$$

其中，$\gamma = (1 - v^2/c^2)^{-1/2}$，$v$ 是坐标系 S' 相对于坐标系 S 的速度，c 为光速。

接下来，为了解释光速不变这个问题，人们不得不又提出其他更多奇奇怪怪的假设。爱因斯坦干脆将光速不变视为一个基本假设：光速在任何惯性

① 亨德里克·洛伦兹（Hendrik Lorentz）是荷兰著名的理论物理学家和数学家，他提出的洛伦兹变换揭示了不同惯性参考系的物理量之间的关系，他因研究磁场对辐射现象的影响与彼得·塞曼（Pieter Zeeman）共同获得 1902 年诺贝尔物理学奖。

参考系中都是恒定的，不受观察者运动状态的影响。因此，在狭义相对论讨论的范畴之内，真空里的光速为恒定值是不可以讨论的。除非有实际的新实验证据来推翻基本假设，否则在狭义相对论讨论的范围内，光速被视为被定义的，是自证其正的前提。进而，爱因斯坦给出狭义相对论的两个基本假设。

第一个基本假设是协变性原理：在不同的惯性系里，物理定律的表达方式是一致的。

但如果数学的架构不确定的话，那协变性原理的一致性又从何而来？这个问题我们将来再讨论。

第二个基本假设是光速不变假设，即光在真空里的传播速度不变。

爱因斯坦抛弃了牛顿力学中的伽利略变换，也不再假设以太的存在，而是假设光速在真空中任何一个参照系里都是恒定的。这个简单的假设符合奥卡姆剃刀准则，使得狭义相对论因其简单和优美成为古典物理的经典理论之一。

有了这两个基本假设，许多之前无法解释的现象得到了阐释。例如，迈克尔逊－莫雷实验未能检测到光速的变化，是因为光速本身是不变的。这个发现不仅解释了迈克尔逊干涉仪的结果，也使得以太这一概念变得多余。而洛伦兹变换是这两个基本假设的直接数学推论。

通过这些基本假设的建立，光速不变假设成为解释各种现象的关键，取代了以往依赖以太等概念的旧有假设。基于狭义相对论，我们可以定义基于时间的因果关系，明确过去跟未来的关系。这个关系必须受到光速的限制，也就是说，信息传递不能超过光速（见图 5-4）。同时，狭义相对论还解释了超距作用，并解释了牛顿当年提出来的关于时空的问题。

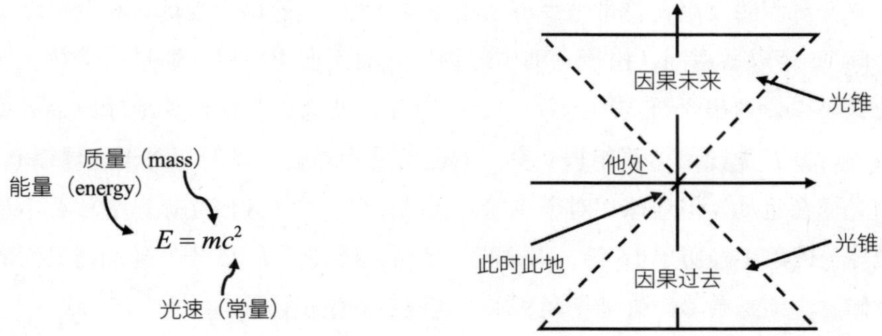

图 5-4　质能方程和光锥

牛顿的万有引力定律暗示了一个质量体对宇宙中所有其他物体的引力是即时产生的。这个定律并没有涉及时间变量 t，这意味着牛顿的引力观念允许一种被称为超距作用的现象存在，即一个质量体可以瞬间影响宇宙中任何角落的星体，无论宇宙有多大。牛顿本人对于这种即时作用的超距作用感到担忧，因为这似乎违反了物理作用需要时间传播的直觉。

在狭义相对论中，超距作用的问题得到了解决。爱因斯坦的理论指出，所有物理作用，包括万有引力，都不能超过光速传播。因此，原本被认为是超距作用的现象就被重新理解为受光速限制的近距作用。狭义相对论的建立基于两个基本假设，其后续的理论发展则完全是通过数学推演得出的。现代宇宙学验证了近距作用的观点，从而使得狭义相对论的基本框架得以完全建立。

广义相对论的两个基本假设

不过，很快就有人发现了狭义相对论无法解决的问题：双生子佯谬。假设有一双胞胎兄弟，哥哥坐宇宙飞船，以 0.8 倍光速离开地球，在经过地球时间 25 年以后返回，由于运动中的物体时间流逝得更慢，通过洛伦兹变换公式可以计算出哥哥实际上只经历了 16 年。所以，当他回到地球跟弟弟见面的时候，他比弟弟要年轻 9 岁。但运动是相对的，飞船相对于地球以 0.8 倍光速在运动，但地球相对于飞船的运动速度也是 0.8 倍光速。为什么不是地球上的弟弟经历了 16 年，而哥哥坐宇宙飞船经历了 25 年？他俩再见面的时候，应该是弟弟比哥哥年轻 9 岁。这就是双生子佯谬。

这个问题在狭义相对论中是无法解释的。20 世纪 30 年代，数学家证明根据古典逻辑研究体系的范式，当基于基本假设和古典逻辑进行研究时，我们必然会遇到某种悖论，而这种悖论是无法通过基本假设内的新命题来解释的。为了解释这个悖论，我们不得不扩展现有的知识理论，形成一套新的理论体系。后文将进一步讨论该悖论。

1916 年，爱因斯坦发展了新的理论，即广义相对论，解决了双生子佯谬。设想飞船以 0.8 倍光速飞出去，当它要返回地球时，必须先减速到零，再反向加速到 0.8 倍光速，才能再回到地球。地球本身是一个惯性系统，时间是均匀流逝的。然而，飞船的运动过程并非惯性系，它经历了先减速再加速的过程。根据广义相对论，这等同于它经历过一个重力场。在重力场中，时间绝对放缓，这是广义相对论的要求。因此，哥哥的时间确实被放慢了。再见面的时候是哥哥更年轻！类似地，在北斗卫星导航系统中，卫星距离地面几万千米，地球表面的重力场大于卫星受到的重力影响，因此地球表面的时钟走得更慢。为了使用卫星确定位置，需要进行广义相对论的校正，经过校正后，定位就会更加精确。

解决双生子佯谬只是顺手而为，爱因斯坦所思考的是一个更深刻的问题。在研究牛顿第一定律和第二定律时，牛顿引入了质量的定义。根据这两个定律所定义的质量，我们习惯上称之为惯性质量，即物体维持自身运动状态的特性。这种特性通过物体动量的变化体现出来，而动量变化是一个运动学概念。通过测量动量变化，可以知道物体的质量。

相对于惯性质量，还有一个概念叫作引力质量。在万有引力定律中，m_1 和 m_2 的乘积可以通过引力的大小来测量，这种情况下，不需要物体运动就能测量质量。当选取合适的参数时，由运动定义的惯性质量和由力定义的引力质量可以严格相等，即二者是 1 ∶ 1 的关系。那么，为什么惯性质量和引力质量可以严格相等？牛顿意识到这点，但无法给出满意的解释。惯性质量是通过牛顿动力学定义的，而引力质量是通过万有引力的大小定义的，这两个定义方式是不同的，彼此无法通过公式推导出来，它们都是基本假设。

牛顿因此设计了木桶实验来区分引力质量和惯性质量。实验假设有一个装满水的木桶，当木桶旋转时，人们会看到水面形成抛物面，这是由惯性作用引起的。但假设地球围绕着木桶旋转起来，比如把木桶放到南北极，引力会形成这样的抛物面吗？牛顿认为不会。

作为领域的奠基人，牛顿谨慎地思考自己定义的每一个概念，确保其建立在坚实的基础上。惯性质量为什么等于引力质量？这个问题从牛顿时代起就成了物理学中的一个悬案，一直延续到爱因斯坦时代。爱因斯坦再次做了一件令人敬佩的事，他提出这两个质量本质是相同的，并将其作为基本假设，构架了广义相对论的体系。

爱因斯坦提出一个新的假设：惯性质量与引力质量是等效的。他用一个电梯的例子形象地说明了这个概念。想象一下，一个人站在一个封闭的电梯里，如果电梯开始加速上升，人会感觉到自己的体重增加了，身体有压迫感，就像地球对人的引力突然增强了一样，这种现象被称为超重，反之则称为失重。爱因斯坦指出，无论是电梯在加速上升，还是地球的质量突然增加导致引力增强，给人的直观感受是相同的。在封闭的电梯内部，人无法区分这两种情况。

在局部范围内，人们无法区分是惯性作用下的加速运动，还是引力作用下的重量变化。基于这一观察，在广义相对论的框架下，爱因斯坦进一步提出惯性质量与引力质量实际上是相同的物理量这一基本假设。

因此，爱因斯坦提出了广义相对论的基本假设：

- 等效原理：惯性力场与引力场的动力学效应是局部不可分辨的。
- 广义相对性原理：所有的物理定律在任何参考系中都取相同形式。

这样一来，广义相对论关于空间弯曲的概念就自然了：引力是由物体对周围时空的弯曲造成的。卫星在万有引力的作用下围绕地球在轨道上运行，用广义相对论来解释就是，地球的质量使得其周围的时空发生弯曲，卫星在这一弯曲时空中以一定的速度运动，形成了它的轨道。这类似于游乐场中的一种特技表演，摩托车手在圆形的铁笼内以一定的速度行驶时，摩托车就可以围绕球心高速运动而不会掉下来。

在太阳系里，引力像绳子一样拽着地球，使得行星以某一速度沿特定的轨道绕太阳旋转。但如果我们忽略引力这条绳子，仅考虑空间的弯曲，那么地球或其他天体在达到一定速度后，就会在这种弯曲的空间中自然形成稳定的轨道。你也可以在家里演示这样的现象，用一个凹面盆来代表因为太阳存在形成的空间弯曲，小玻璃球代表地球，当小玻璃球达到一定的速度后，它就可以在凹面盆内壁围绕凹面盆的中心做椭圆轨道运动了。当空间弯曲的参数选择合适，这个轨道和速度的大小，就符合牛顿万有引力的预测，引力这个假设也就可以被空间弯曲的假设完全取代。进一步讲，时空的概念也被引力所形成的场所取代，我们不再需要一个固定的时空作为宇宙的布景，而物质沉浸在一个柔软的引力场里，这个引力场的形变大小由引力场中的物体质量决定。

广义相对论以曲面几何作为工具，描述了空间和时间如何因物质和能量的分布而发生弯曲。在某些极端情况下，比如黑洞，时空弯曲剧烈到光都无法逃逸。此时，广义相对论的预测就会与我们已知的量子力学知识发生冲突，黑洞内部的物理状态至今仍然是现代物理学的一个未解之谜。

不过，广义相对论预言的引力波为我们提供了探索宇宙的新途径。当两个巨大的天体，如黑洞，相互旋转并最终合并时，会产生强烈的引力波，这些波会在宇宙中传播。科学家利用高度精密的干涉仪，如激光干涉引力波观测站（LIGO）和日本的地下引力波探测器（KAGRA），来探测这些引力波。这些设备的原理与迈克尔逊干涉仪类似，但其光路长达数千米，能够检测到极为微小的空间变化，甚至小于一个质子①大小的十万分之一。全球多个地区已经建立了这样的引力波探测装置，它们作为地球的“耳朵”，捕捉来自宇宙深处的引力波信号，为我们揭示了宇宙的奥秘。

热力学的 4 个基本定律

我们再来看一下热力学的 4 个基本定律。

① 根据最新的研究，质子的半径为 0.831 飞米或 0.842 飞米（1 飞米 =10^{-15} 米）。

热力学第一定律是能量守恒定律。它表明能量既不会被消灭，也不会创生，只会从一种形式转化为另一种形式，或者从一个物体转移到另一个物体，而在转化和转移的过程中，能量的总量保持不变。

热力学第二定律是常常被故弄玄虚的熵增定律：封闭系统的紊乱程度一定是增加的，熵会不断增加。

若将一群具有自动行为的机器人关在一个房间内，每个机器人都携带足够的能量，经过足够长的时间，这些机器人会发生什么情况呢？假设这个系统不需要人的干预，根据热力学第二定律，无论这些机器人搭载多么高级的人工智能算法，一旦被封闭在房间内而无人干预，其熵必定会增加。最终，这些机器人会互相冲突，所有机器人的能量将被耗尽，系统会进入最大程度的混乱和均衡状态，即熵最大的状态。这个假想实验说明：这些机器人可能永远离不开人类的干预。一旦脱离人类的管理，它们将成为一个熵增加的系统，而熵增加的系统必然从有序向无序发展。

热力学第三定律指出，绝对零度（−273.15℃）是无法达到的，它是宇宙中的最低温度。

尽管热力学第一定律和热力学第二定律在19世纪已经被广泛接受，但人们在这些定律发展过程中发现了一个尴尬的问题：温度本身还没有被明确定义。在热力学定律的工程实践中，如在火炮和发动机的制造过程中，温度这一概念早已发挥了重要作用。为了填补这一空白，科学家在20世纪上半叶才提出了热力学第零定律，也称热平衡定律，它为温度的测量和定义提供了基础。

热力学第零定律指出，若两个热力学系统均与第三个系统处于热平衡状态，这两个系统也必然相互处于热平衡状态。

热力学的这 4 个基本定律构成了热力学理论的核心，它们能够解释所有热力学现象，并为推演其他热力学定律提供了理论基础。

简洁性和精确性

除了符合学科建立的基本规律，我们还希望这个学科的表达具有简洁性和精确性——尽管很多时候都非常难以实现。

简洁性

物理学也有“第零定律”，即方程的重要性与其简洁程度成反比。一旦某一物理学理论的数学描述被找到，就会发现这些描述常常非常简洁。这并非说物理学中的数学很容易，实际上远非如此。它意味着物理学的进展并不会带来更复杂的数学。物理学上的突破往往发生在我们采用一种全新的方法来看待问题时，这种方法需要的是一个从前没被用来思考这一问题的数学框架，或者是全新的数学框架。而物理学的简洁性，往往意味着其有更深刻的内涵。电磁学中的麦克斯韦方程组就是这样的例子，如下所示：

$$\nabla \cdot \boldsymbol{E} = \frac{\rho}{\varepsilon_0}$$
$$\nabla \cdot \boldsymbol{B} = 0$$
$$\nabla \times \boldsymbol{E} = -\frac{\partial \boldsymbol{B}}{\partial t}$$
$$\nabla \times \boldsymbol{B} = \mu_0 \boldsymbol{J} + \mu_0 \varepsilon_0 \frac{\partial \boldsymbol{E}}{\partial t}$$

麦克斯韦方程直接推论出电磁波的速度是不依赖于坐标系的，出于对这个方程简洁性的喜爱——爱因斯坦相信这是对的，因此光速也不应该依赖于某一个坐标系。

爱因斯坦的广义相对论也是这样一个例子，它的核心方程如下所示：

$$R_{\mu\nu}-\frac{1}{2}Rg_{\mu\nu}=\frac{8\pi G}{c^4}T_{\mu\nu}$$

即使你无法领会其中每个符号的意思，也可以直观地感受到，作为一个描述宇宙中所有大结构和过程的方程，它既优雅又简洁。

精确性

另外一个将物理学中的数学与其他科学中所应用的数学区分开来的，是令人难以置信的精确性。例如，用来描述电子自旋如何对电磁场做出反应的 g 因子，通过实验可以测量得到：

$$g = 2.002\ 319\ 304\ 361\ 7$$

根据物理学中的量子场论，我们可以从第一性原理计算出 g 的值：

$$g = 2.002\ 319\ 304\ 361\ 6$$

对比就会发现，这两个数值的精确度令人惊讶地达到了小数点后的 13 位！在其他科学领域，理论值与实验值是无法达到如此精确的。

正如维格纳所言：“数学语言在表述物理定律时的适当性是一个奇迹，一个我们既不理解也不应得的奇妙天赐。”

科学研究必须遵循严格的科学道德标准

今天的科学共同体的形成和发展，受到了基督教神学规范的影响。在历史上，神学领域中的异教徒行为可能会导致严重的排斥和惩罚。例如，布鲁诺等人因为其发现和理论挑战了经典的宗教教义，遭到了严厉的审判，甚至被处以火刑。科学共同体的道德规范和行业要求在一定程度上与基督教神学家共同体的价值观存在某种继承性。科学共同体通过建立严格的道德标准和行为准则，确保了科学研究的诚信和可靠性，维护了科学探索的纯粹性和客观性。今天关于科学信仰的严肃性，包括科学诚信、科学伦理和科研规范，都可以回溯到基督教压迫最为严苛的中世纪。

时至今日，科学工作者使用一套共同的工具和方法，这些工具和方法源自古希腊的逻辑推理原则，包括同一律、矛盾律、排中律和因果律。这些逻辑原则构成了科学推理的基础，使得科学探索具有一致性和可预测性。除了共同的逻辑工具，科学工作者们还接受了专业训练，这种训练遵循从假设出发进行推演并由实验检验的科学方法，这一方法是由培根发展而来的。17世纪，牛顿力学的建立强调了数学与实验之间的相互对应关系：数学用于预测实验结果，实验则用来验证数学模型的准确性。这种方法论奠定了现代科学研究的基础，并影响了今天科研规范标准的形成。

科学道德标准要求科研人员在进行研究和撰写论文时遵循一系列伦理准则。这些准则包括但不限于伦理审查、确保数据来源的可靠性、正确引用他人的工作以及在引用自己的先前工作时进行明确说明。其目的在于保证科学研究的诚信和透明度，防止学术不端行为，如篡改数据、剽窃或不当的自我引用。现代科学共同体对科研人员有着严格的道德约束。科学共同体强调数据的准确性、问题的客观解释以及论文的规范书写。事实上这也源于无奈，现代科学是如此复杂，很多时候我们无法把别人的工作完全重复地做一次才能建立确信的知识。我们只能选择相信基于相同道德准则而得到的科学结论，以此作为继续向更高处探索的基石。一旦这块基石源于造假或不诚实，其代价是巨大的。

2022 年底，斯坦福大学校长、神经科学家马克·泰西耶－拉维涅（Marc Tessier-Lavigne）因涉嫌篡改论文图片而受到调查。尽管调查结果没有明确指出泰西耶－拉维涅本人操纵了数据，但他未能提供充分的理由来解释为何没有及时纠正这些数据问题，最终不得不辞去斯坦福大学校长之职。这一事件表明，科学共同体对学术诚信的要求与宗教共同体的道德纯洁性有着相似之处。另一个例子是日本生物学家笹井芳树，他因涉及学生小保方晴子主导的 STAP 细胞论文数据造假问题而受到责任追究，最终选择自杀谢罪。这个悲剧再次印证了科学共同体对道德规范的坚持和对学术不端行为的零容忍态度。

科学研究要求使用共同的逻辑工具和专业训练，且必须遵循严格的科学道德标准。这些标准不仅确保了研究的质量和完整性，也维护了科学共同体的声誉和公众对科学研究的信任。

另一个例子来自超冷原子研究领域。自 20 世纪 20 年代玻色[①]和爱因斯坦预言了玻色－爱因斯坦凝聚（BEC）以来，物理学界便开始了对这一现象的探索。他们预测，在超低温条件下，原子间无相互作用时，原子会相变成一种特殊的凝聚态 BEC。在那以后，虽然出现了超流和超导等类似 BEC 的现象，但科学家们更希望在理想气体中实现 BEC，因为理想气体的相互作用几乎可以忽略不计，才真正如爱因斯坦当年所预言的那样。历经数十年的努力，到了 20 世纪 90 年代，科学界普遍认为，谁首先观测到 BEC，谁就将获得诺贝尔物理学奖。在物理学领域，实验结果的发表往往引发其他研

① 玻色，印度物理学家，英国皇家学会会员。——编者注

究者迅速跟进，采用类似的方法进行验证和改进，从而加剧了竞争的激烈程度。

1995 年春天，几个实验室在 BEC 的实验观测上先后取得了重要进展。美国莱斯大学的教授兰德尔·休利特（Randall Hulet）观测到了 BEC，并迅速发表了数据。然而，他的发现受到了理论物理学家的质疑，因为他使用的锂原子是实验难度最大的元素之一。此外，对于实验数据的解读也存在争议，一些人认为可能存在其他解释，如实验设备的精度问题等。尽管 BEC 理论可以解释实验效果，但也有可能是高精度摄像头的聚焦问题导致的数据误判。对于这一点，休利特在发表的内容中并未澄清。

在休利特发表数据后的几个月里，卡尔·威曼（Carl Wieman）和埃里克·康奈尔（Eric Cornell）的课题组以及沃尔夫冈·克特勒（Wolfgang Ketterle）的课题组相继在铷原子和钠原子中观测到了 BEC。这样，在不到半年的时间里，3 个研究小组的 4 位科学家几乎同时实现了 BEC 的观测。这段时间里，休利特先是撤回文章，之后又重新发表数据，最终确认了其实验结果的有效性。

上述事件为诺贝尔奖委员会带来了难题，他们需要决定如何分配这一荣誉。按照物理学界的惯例，每 4 年会有一个子领域轮到诺贝尔物理学奖。1997 年，是原子、分子和光学物理领域年，1995 年 BEC 的发现无疑值得获奖，但由于难以判定该由谁获得此殊荣，诺贝尔奖委员会决定先将奖项授予了 BEC 的关键技术——激光冷却技术的开发者朱棣文、克劳德·科昂-塔诺季（Clande Cohen-Tannoudji）和威廉·菲利普斯（William Phillips）。2001 年，诺贝尔奖委员会重新审视了 BEC 的发现过程。休利特是最早发表相关数据的科学家，但诺贝尔奖委员会认为他在发表数据时急于求成、缺乏学术谨慎的态度，没有体现出足够的科学家的职业精神，因此尽管休利特的实验最终被证实是正确的，诺贝尔奖委员会最终还是决定将 2001 年的诺贝尔物理学奖授予威曼、康奈尔和克特勒，以表彰他们在 BEC 研究中的贡献。

科研工作需要站在反对者角度
挑战自己的观点和数据

科研工作的难点不仅在于提出一个想法，更在于如何证明这个想法，并确保证明过程的合理性。这一节我们就通过一个案例，来看看科学研究要怎样确保结论的正确和严谨。

扩展
知识的边界
Logic of the World

怎样证明吸烟有害健康

如今，公众已经认识到吸烟的危害，越来越多的地方开始禁止吸烟。然而，在 20 世纪 60 年代，吸烟并没有受到社会的排斥，烟草对健康的影响尚不明确，甚至有许多医生宣称吸烟有益健康。假如我们回到了那时，并掌握了图 5-5 的数据，该如何判断吸烟是有害健康的？

数据分析是科学家的一项看家本事。从图 5-5 中的深黑色线，我们看到，从 1900 年到 1960 年，美国人均香烟消费量和男性患肺癌死亡的比例是同步增加的。那么，我们是否可以得出吸烟有害健康、可能导致肺癌的结论呢？

对香烟厂商来说，宣传吸烟有害健康会影响香烟的销售量。因此，他们请了大量的医生来证明吸烟对健康是无害的。甚至作为宣传的样板，有些医生自己烟瘾都很大。对于图中这组数据，支持吸烟无害的一方给出 4 个理由：

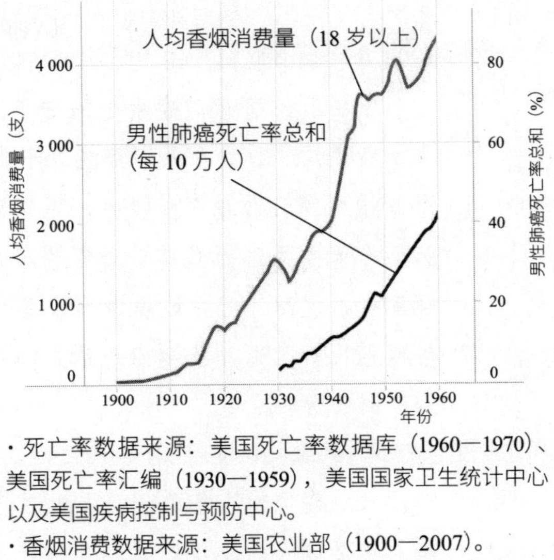

图 5-5　美国的烟草使用与男性肺癌死亡率（1900—1960）

资料来源：© 2016 American Cancer Society。

理由一，烟草的使用历史悠久。在 15 世纪末美洲新大陆被发现后，美洲烟草便被大量运往欧洲，为欧洲人大量使用。但在这之前，北美原住民也有使用烟草的传统，而男性肺癌死亡率直到 1930 年才开始显著增长。因此，这两条趋势线并不能直接说明吸烟导致了肺癌。

理由二，1910 年之前，只有有钱人能开得起汽车，汽车的人均保有量非常少。然而自 1913 年福特公司引入汽车的流水线生产后，大幅降低了汽车生产成本，汽车使用量显著增加。到了 1930 年，越来越多的美国家庭拥有了自己的汽车。随着汽车数量的增加，美国开始在全国范围内大规模铺设柏油马路。有人认为，这些柏油马路在高温下会释放出有害健康的大分子气体，这些气体可能导致肺癌。此外，汽车尾气也是一个可能的致癌因素。汽车相关的趋势变化主要发生在1900年之后，它们可能才是导致肺癌人数上升的真正因素。

理由三，随着医疗水平的进步，对肺癌的检测能力也在不断提高。过去，人们可能因不明原因去世，但从20世纪开始，我们通过医学技术，可以明确诊断出死亡原因和肺癌有无关系。而且随着诊断手段的进步，肺癌早期的发现率也在提高，因此被确诊为肺癌的人口比例在1930年之后逐渐上升。这种检测水平的提高也可能导致检测出的肺癌病例数增加。

理由四，20世纪50年代之后，随着人类对DNA和基因技术的研究，人们认识到某些基因会影响人的行为和认知，甚至对人的思维方式和生活产生影响。因此，是否存在一种基因，使人更容易患肺癌并对吸烟上瘾？对大多数人来说，戒烟与否可能并不会对肺癌发生率产生显著影响。事实上，这些年的研究发现，人体确实存在某些具有此功能的基因。然而在20世纪60年代，这些数据尚不可靠，基因与吸烟和肺癌之间的关系尚未得到充分证明。

在面对吸烟与肺癌关系的研究证据时，反对吸烟的一方要反驳这些证据也并非易事。这些证据并非完全没有道理，同时说明了吸烟与肺癌之间的关系是复杂的，涉及多种因素和数量关系。在科学研究和实验中，我们常常发现假设与实验数据之间存在着复杂的关系，而非单一的条件因素。要得出“××原因导致××结果”这样的结论，必须具备排他性。

所以，在分析数据时，我们必须排除“有其他原因作为解释”，从而得出结论。当我们得出“吸烟有害健康”的结论时，反对者可能会提出许多其他原因作为替代解释。只有逐一驳斥这些原因，我们才能得出吸烟有害健康的相对确定的结论。在科研工作中，得出结论之前，必须排除其他可能的解释，否则，结论将缺乏必需的严谨性。

关于吸烟与肺癌发生率的研究在 20 世纪 60 年代之后还在继续，人们开始系统地研究吸烟对健康的影响，并鼓励特定人群戒烟。随着戒烟人数的增加，研究者观察到这一戒烟人群中肺癌发病率的同步下降，这表明吸烟率与肺癌发病率之间存在强关联性（见图 5-6）。而且几十年来，随着社会对吸烟有害健康的宣传，整体肺癌发病率也在下降。这就排除了汽车和柏油路等其他潜在因素对肺癌影响的可能性。此外，检测手段的改进可能导致癌症发现率的提高，但与此同时，基因问题仍然是一个无法排除的共因。

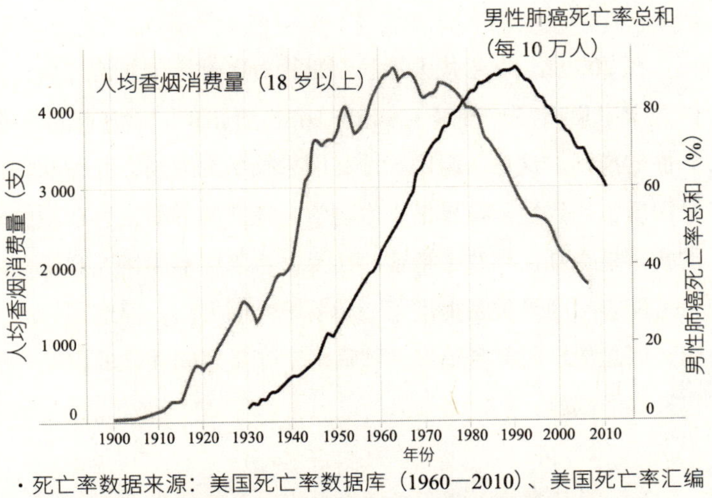

· 死亡率数据来源：美国死亡率数据库（1960—2010）、美国死亡率汇编（1930—1959），美国国家卫生统计中心以及美国疾病控制与预防中心。

· 香烟消费数据来源：美国农业部（1900—2007）。

图 5-6　美国的烟草使用与男性肺癌死亡率（1900—2010）

资料来源：© 2016 American Cancer Society。

最近的实验数据也显示，基因确实在吸烟与肺癌的关系中发挥了作用。科研工作者需要谨慎地遵循科学方法，才能确保在特定条件下得出的结论是站得住脚的。因此，在分析吸烟与肺癌之间的关系时，我们必须考虑到所有可能的因素，包括基因、环境和生活方式等，这样才能得出更加全面和准确的结论。

由于系统本身的复杂，我们总能找到一些数据来支持我们的观点，但关键是如何确保这些数据只会支持我们的观点。这就要求我们在得出结论的过程中，如同金庸小说中周伯通的左右互搏武功一样，既要确信数据的可靠性，又要尝试站在反对者的角度，挑战自己的观点和对数据的解释。

在 20 世纪 60 年代关于吸烟是否有害健康的讨论之后，医学界逐渐将英国医学家奥斯汀·希尔（Austin Hill）提出的“希尔标准”作为判断研究可靠性的准则。这是一组用于评估因果关系的准则，其标准包括时间顺序、关联强度、一致性、特异性、生物学合理性等方面，旨在帮助研究者判断特定的暴露是否真正导致了特定的结果。希尔标准为研究观察性研究中的关联是否可能表示因果关系提供了一种系统性的方法，但这些标准并不是绝对的证明，而是帮助研究者更好地评估两个变量之间关联的因果可能性。希尔标准包括如下内容：

1. 时间顺序：原因必须在时间上先于结果发生。
2. 关联强度：关联强度越大，越有可能是因果关系。
3. 一致性：不同的研究在相同的条件下应得到一致的结果。
4. 特异性：特定的原因是否只引起特定的疾病。
5. 生物学合理性：关联是否与已知的生物学机制相一致。

6. 实验证据：实验性研究是否能重复观察到关联。
7. 剂量-反应关系：使用的剂量增加，效应是否也随之增加。
8. 可逆性：减除剂量后，效应是否会减少或消失。
9. 类比性：与已知其他研究的因果关系是否相似。

希尔强调，时间顺序和关联强度是必要条件，其他项为支持性证据。满足的条件越多，因果关系的可信度越高，但即使所有条件都满足，也不能百分之百确定就是因果关系。在实际应用中，希尔标准帮助研究者从观察性研究中提取有关因果关系的证据，尤其是在随机对照试验证据不足时，这个标准显得尤为重要。

图书在版编目（CIP）数据
世界的逻辑 / 马兆远著 . — 杭州 : 浙江科学技术出版社 , 2025. 9（2025. 10 重印）. — ISBN 978-7-5739-1894-9
Ⅰ. B81-49
中国国家版本馆 CIP 数据核字第 2025QE0160 号

书　　名　世界的逻辑
著　　者　马兆远

出版发行　浙江科学技术出版社
地址：杭州市环城北路 177 号　邮政编码：310006
办公室电话：0571－85176593
销售部电话：0571－85062597
E-mail:zkpress@zkpress.com
印　　刷　唐山富达印务有限公司

开　本	710mm×965mm　1/16	印　张	39
字　数	556 千字	插　页	2
版　次	2025 年 9 月第 1 版	印　次	2025 年 10 月第 3 次印刷
书　号	ISBN 978-7-5739-1894-9	定　价	119.90 元

责任编辑　陈　岚　余春亚　　责任美编　金　晖
责任校对　张　宁　　责任印务　吕　琰

湛庐CHEERS

与最聪明的人共同进化

HERE COMES EVERYBODY

CHEERS
湛庐

马兆远 著

Logic of the World
世界的逻辑

（下）

浙江科学技术出版社 · 杭州

测一测

你了解逻辑的基石吗？

扫码加入书架
领取阅读激励

扫描二维码获取全部
测试题及答案，
一起来了解世界的逻辑

- 如果哥哥坐飞船离开地球再回来，回来时他是否会比弟弟年轻？

  A. 是

  B. 否

- 你在玩骰子时，连续 5 次掷出“6 点”，第 6 次押注时，哪种心态更符合统计规律？（单选题）

  A. 6 点已连续出现，下次必不可能是 6

  B. 骰子有问题，下次继续押 6

  C. 每次掷骰子独立随机，概率不变

  D. 根据贝叶斯定理，应结合历史数据调整预测

- 气象学家用超级计算机模拟天气，却发现微小初始误差导致结果完全不同，这印证了哪个理论？（单选题）

  A. 蝴蝶效应

  B. 拉普拉斯妖

  C. 熵增定律

  D. 奥卡姆剃刀

扫描左侧二维码查看本书更多测试题

第三部分

应对不确定性的武器

即使是在看似最为确定的领域，也存在着不确定性和局限性。这标志着人类对确定性追求的一个新的里程碑，人们开始更加深入地探索相对确定性的概念，并在这一过程中不断扩展知识的边界。

第6章

实践，获取知识的重要途径

Logic
of the World

世界上有两件东西能震撼人们的心灵：一件是我们心中崇高的道德标准；另一件是我们头顶上灿烂的星空。

——康德

自毕达哥拉斯以来，哲学上形成两个对立的派别：一派是以数学为主要启发的“数学派”，包括毕达哥拉斯、柏拉图、笛卡尔、斯宾诺莎等，他们主张从数学出发，认为可以通过数学推演出实际的物理经验。另一派是以经验观察为核心的“务实派”，包括德谟克利特、亚里士多德，以及约翰·洛克以来的近代经验主义者，他们主张从经验出发，强调通过实践来获得知识，并在实践中对经验进行进一步的调整和验证。经验主义的起源，可以上溯到英格兰国王约翰所签署的《大宪章》，而这又涉及英格兰的诺曼征服。

英格兰的诺曼征服源于一段复杂的历史。11 世纪中叶，英格兰国王“忏悔者”爱德华去世后，哈罗德二世继任国王。然而，诺曼底公爵威廉声称，在爱德华流亡法国期间，为了寻求他的帮助曾许诺将王位传给他。这个说法很快获得了罗马教宗的支持，这使得威廉坚称自己对英格兰王位拥有合法权利。

在 1066 年 10 月爆发的哈斯丁斯战役中，威廉率领的军队取得了决定性的胜利，哈罗德二世在战斗时中箭身亡。之后威廉直取伦敦，于 1066 年 12 月 25 日在伦敦威斯敏斯特大教堂加冕为英格兰国王，即威廉一世，建立了诺曼王朝，史称“诺曼征服”。威廉一世之后的英格兰国王认为法国的诺曼底地区是英格兰的领地，而世袭的诺曼底公爵又是法国国王的封臣，所以法国国王认为，既然英格兰国王是自己的封臣，英格兰就应该从属于法国。这种矛盾为后来的英法百年战争埋下了祸根。

到了英格兰国王约翰的统治时期（1199—1216），他决心集全国之力彻底解决这一历史遗留问题。理想是丰满的，但现实总是骨感的，约翰不仅未能击败法国国王，反而导致英格兰失去了整个诺曼底。他本因少时未分得领地而获得“无地王约翰”的绰号，领土丧失更加深了其讽刺意味。自那以后，英格兰难以再有机会收回位于欧洲大陆的领土。从亨利三世[①]开始，英格兰君主便专注于治理本国，不再过多干涉欧洲大陆事务。

尽管约翰的军事失败让英格兰王室蒙羞，但也留下了属于他的历史“足迹”。英格兰的度量单位英尺据说就是以约翰的脚长为标准的。当贵族和学者们对一英尺的长度标准争论不休时，约翰在地上踩下一个脚印，宣布脚印的长度就是一英尺，这个长度单位使用至今。

约翰对后世影响更深的是他签署了《大宪章》。为了满足战争的巨额开销，约翰向国内频频加税，引起了贵族们的不满。于是在约翰与法国国王腓

① 亨利三世（Henry Ⅲ）是金雀花王朝的第四位英格兰国王，1216—1272 年在位。他 9 岁继位，20 岁亲政，在位时间长达 56 年，但他在治国方面并无显著才能，且在对外作战中屡战屡败。

力二世（人称奥古斯都）[①] 的战争期间，英格兰北方的男爵们在新任坎特伯雷大主教的带领下集会，拒绝向英格兰国王缴纳免服兵役税，并向伦敦进军。最终，内外交困的约翰经过与 25 位贵族代表谈判之后，于 1215 年 6 月 15 日在《大宪章》上加盖王玺。

今天看来，《大宪章》的文字内容并不华丽，而是详细阐述了许多具体的条款。例如，它规定了国王不得擅自征用自由人的车马用于运输，除非自由人自愿提供。国王也不能强行占有他人的木材，无论是用于建造城堡，还是为了其他私人用途，除非木材所有者自愿捐赠。这些规定体现了一个核心原则：即使是国王也不能凭借其权力随意剥夺他人的财产。《大宪章》中还明确规定，国王及其政府官员“不得向任何人出售、拒绝、拖延或搁置其应享之权利与公正裁判”。

《大宪章》并未宣扬空洞的口号，而是通过详尽细致的规则，明确地指出了哪些行为是允许的，哪些是禁止的。《大宪章》关注实际行动和具体规范，而非抽象的理念，它包含的 60 多条规定共同构成了对国王权力的制约。这份文件奠定了“王在法下”的宪法原则，并在随后的 300 多年里被不断重新诠释，成为英国事实上的宪法。

随着时间的推移，人们开始将《大宪章》提升到一个新的高度，认为它是人类现代社会宪政发展的起点和基石。这份文件的精神和内容逐渐被视为限制权力、保障公民权利的基石，从而在历史上占据了重要地位。《大宪章》

① 腓力二世（奥古斯都）是法兰西卡佩王朝的第九位国王，他于 1180 年即位，1204 年自封为“法兰西国王”，并首次使用“法兰西”（France）作为国名，取代了之前的“法兰克”（Francs）。1214 年的布汶战役中，他打败了英格兰国王约翰和神圣罗马帝国皇帝奥托四世的联军，进一步巩固了法国的领土和王权。

的务实精神不仅在当时起到了实际的指导作用，而且对后世的哲学和社会发展产生了深远的影响。这种精神影响了包括约翰·洛克在内的诸多思想家。

洛克的权利理论与分权学说深刻影响了英美文化

约翰·洛克是英国的哲学家、政治理论家，被广泛认为是自由主义和经验主义思想的早期奠基人。洛克的思想对英国政治哲学的发展有巨大的影响，他的著作《政府论》至今仍是政治哲学领域的重要文献。

洛克主张，政府的正当性来自被统治者的授权，其核心目的是保障人民的自然权利，包括生命权、自由权和财产权。洛克的思想是 1688 年英国光荣革命的理论基础，而光荣革命被称为“一切革命当中最温和又最成功的”。罗素曾说，这次革命之后，英国到现在也没有任何革命的必要。在光荣革命之前，改朝换代常常伴随着暴力和死亡。洛克是历代哲学家中非常幸运的一位，因为他所在国家的政权由持相同政见的人执掌。在这一背景下，他的理论著作在实践和理论方面得到了认可。洛克的学说对于英国、美国和法国的宪法制定都发挥了重要作用，得到了同时期最有威望的政治家和哲学家的推崇。

洛克的社会思想基于两个核心公设，深刻影响了后世的政治哲学。

1. 自然权利论：在自然状态下，人类天生拥有生命权、自由权和财产权。这些权利是根本的且不可剥夺的，政府的合法性建立在维护这些基本权利的基础之上。
2. 社会契约论：为了更有效地保护自然赋予的权利，人们通过建立社会契约来组成政府。

洛克的观点强调了生命权、自由权和财产权作为人的基本权利，并认为即使在没有政府的自然状态下，私人财产也是合理的存在。他认为，私人财产的存在先于政府，而政府的建立是为了更好地保护私人财产。

洛克的社会契约论不仅是现代资本主义社会的基石之一，也引发了关于政府起源和统治权力来源的探讨。他的理论挑战了传统的君权神授观念，为理解政府权力的来源和限制提供了新的视角。

从罗马统治时期开始，神权就深度干预了欧洲的世俗政治，文艺复兴之后，关于政权合法性的观点逐渐分化为两大阵营。

在其中一个阵营中，罗伯特·菲尔麦[①]等学者坚持君权神授论，认为君主的权力是神授予的。因此，合法的政府应由神选定的领导者掌握，反抗他的统治是大逆不道的，是违背神的意志的。

在另一个阵营中，洛克提出了社会契约论，主张政府的合法性源于人们之间的共识和协议。他认为，社会是基于契约形成的，政府和人民是契约的双方。如果政府未能履行其保护人民的义务，人民有权反抗其统治。洛克强调，自由和平等是人的天赋权利，社会和政府的成立源自人们相互之间的认可。在自然状态下，人们的权利易受侵犯。为了保护这些权利，人们同意放弃部分自由，通过契约将这些权利委托给政府，由其制定和执行法律。这正是社会和政府起源的根本原因。

洛克进一步申明，人们通过社会契约放弃的只是部分权利，而生命权、

---

① 罗伯特·菲尔麦（Robert Filmer）是 17 世纪的英国政治思想家，他主张绝对君主制，为保皇派提供了思想武器，他是洛克《政府论》（上篇）中的主要论敌。

自由权和财产权等基本权利是不可剥夺的。在洛克的理论中，社会契约论被用来支持自由主义，强调政府的合法性在于保护个人的财产和安全。即便在英国这样的君主制国家，国王也要受到社会契约的约束。如果国王违反了这一契约，侵犯了人民的自然权利，人民就有权推翻他的统治。洛克的社会契约论不仅为理解政府的起源提供了新的视角，也为限制政府权力、保障个人权利奠定了理论基础。

继而，洛克主张政府权力应当受到限制，并且分为立法权、行政权和外交权，以防止权力滥用。立法机构作为一个中立力量，必须独立于政府之外，以保持公正。同时，虽然立法权是每个国家中的最高权力，但这种权力并非绝对无边界。洛克认为：

- 立法权对人民的生命和财产不是也不可能是绝对专断的。
- 立法或最高权力机关不能独揽权力，以随意的专断命令来进行统治，而是必须通过颁布有效的法律，并由公正的法官来执行这些法律。
- 未经本人同意，最高权力不能剥夺任何人的财产。
- 立法机关不能把制定法律的权力转让给任何其他人。只有人民才能组成立法机关，指定由谁行使立法权及选定国家的形式。

在这些观点之上，洛克形成了自己的政治主张。他反对君主专制主义的政体，主张采取混合式或复合式政体。以洛克的分权说为基础的“制约与均衡”学说发源于英国，当时国王完全控制着行政部门，所以反对者们试图以洛克的分权理论来限制国王的权力。洛克的分权理论得到最充分、最完整应用的国家是美国。在美国，总统和国会之间完全独立，最高法院又独立于总统和国会之外。

洛克认为，社会的行为应以其成员过半数的同意为依据。每个成员承担服从大多数人决定的义务，否则原始契约将毫无意义。一方面，法律的目的不是废除或限制自由，而是保护和扩展自由。另一方面，哪里没有法律，哪里就没有自由，法律的缺失意味着自由的丧失。自由是在法律允许的范围内实现的，真正的自由不是为所欲为，而是以遵守法律为界限。

扩展
知识的边界
Logic of the World

洛克的思想核心：财产权、宗教宽容与经验主义道德观

洛克的观点体现在他对财产权和信仰的看法上。

- 财产权：洛克认为财产权是自然权利的一部分，人们通过自己的劳动获得财产，因此有权保护自己的财产不受侵犯。
- 宗教宽容：洛克还是宗教宽容的早期倡导者之一，他认为政府不应干预个人的宗教信仰，除非这种信仰威胁到公共秩序。

洛克本人崇尚真理和理性。他的经验主义道德观体现在以下几个方面：

- 爱真理的一个标志是：在抱持任何主张时，不怀有超出这个主张所依据的证明能保证的自信。
- 人类的一切行为都是受追求个人幸福和快乐的欲望驱使的。
- 道德是能够论证的。

洛克高度重视对真理的追求，但他明确区分了对真理的热爱与对某一被宣称为真理的学说的盲目追随。他提出，真正的爱真理意味着：在坚持任何主张时，我们的自信不应超出该主张依据的证据能够保证的范围。换句话说，我们对真理的信仰应当限定在学说所提供证据的范围之内，而不应无端扩展。胡适将其总结为："有几分证据，说几分话。有一分证据只可说一分话。有三分证据，然后可说三分话。"

这一观点引发了关于观念与证据哪个更为根本的讨论。洛克认为，证据应当是首要的，观念应当建立在坚实的证据基础之上。随着时间的推移，这一理念逐渐演变成了"证据优先"的原则，强调在形成任何信仰之前，必须先有充分的证据支持。

与此同时，笛卡尔等哲学家则坚持另一种观点，即"观念优先"的原则。他们认为，代表理性观念的数学计算和理论推导是基础，而实验和现实观察则是用来验证这些理论的次要手段。

作为以温和的性格和深厚的同情心著称的思想家，洛克的道德理论主要围绕以下几个核心观点展开：

- 善恶的界定：事物本身并无善恶之分，关键在于它们引发个人的快乐或痛苦感受。任何能够带来快乐、增加愉悦或减轻痛苦的事物，都被视为是善良的。
- 欲望的根源：激发人们欲望的根源在于追求幸福。幸福是人们追求的终极目标。
- 幸福的极致：达到幸福的极致状态是人们能够获得的最大快乐。
- 自由与自我控制：妥善管理个人情感是真正提升自由的关键。

洛克注意到，人们往往更重视当前的快乐，而不是将来的快乐；更关注即将到来的未来，而不是遥远的将来。但洛克同样认为，具备远见是一种美德，因为它能够引导人们做出明智的决策。这与中国的一句古老格言“人无远虑，必有近忧”不谋而合。

在1690年出版的《人类理解论》(*An Essay Concerning Human Understanding*)中，洛克阐述了他的哲学认识论体系，主张将对人类理智本身的考察作为哲学的开端，探讨了人类知识的起源和范围，批判了天赋观念说，肯定了知识直接源于经验。该书对18世纪法国唯物主义哲学及休谟、康德等人的思想产生了深刻的影响。在书里，洛克坚持认为道德是能够论证的。他说：“我确信道德是能够推演的，就像数学也能推演一样，因为道德语词所代表的事物的本质是人们完全可以了解的，因此那些事物本身之间是否一致也能彻底发现。”这样的说法听起来又不那么具有经验主义色彩。

乔治·贝克莱作为英国哲学家、神学家，他的思想与洛克有相似之处，但走向了另一个极端。贝克莱的理论主要建立在他对物质存在的讨论上。他提出物质对象的存在依赖于被感知，即“存在就是被感知”。例如，一棵树，如果没有人观察它，它就不再存在。如果有人对这个问题提出异议，他的回答是：神总在感知一切；如果没有神的存在，我们眼中的物质对象就会变得不稳定，我们看它时它就存在，不看它时它就不存在；而实际上，树木、岩石等物在神的知觉作用下，是持续存在着的。他将这作为证明上帝存在的有力证据。他有一句闻名世界的诗句：帝国的轨迹向西延伸(Westward the course of empire takes its way)。因此，美国西部的一座城市就是用他的姓氏命名的。

与贝克莱的哲学探讨不同，法国哲学家和数学家孔多塞则对概率论有重要贡献。孔多塞在哲学上的见解深受洛克经验论影响，参与起草了法兰西第一共和国时期的《1793 年宪法》，也称《吉伦特宪法》（*Girondin Constitution*）。他在 1769 年进入了法国科学院，在那里创立了自成一派的统计学与概率学理论。他认为法国大革命这种激进的革命能够促进理性的普及。他指出，人权是由这一条真理推出来的："人是有理性的感觉生物，是可以进行推理从而获得道德观念的。但人不能够再分成统治者和被统治者，说谎者与受骗者。"从这一点上，孔多塞揭示了人权的平等，他的理论也成为法国大革命的思想依据。孔多塞十分推崇洛克，他认为洛克最先揭示了人类认知的局限性。他指出，洛克的方法将成为所有哲学家的基础方法，而正是因为这种方法被应用于伦理学、政治学和经济学等领域，这些学科才得以逐渐迈向与自然科学几乎同样严谨、可靠的发展道路。

康德提出人是认知世界的主体

康德的思想标志着哲学的一次重大转变：知识的性质不在于它与外部对象的符合，而在于对象必须与主体的先天认识结构相一致。换句话说，康德认为，我们所能认知的世界是由我们的认知能力塑造的，只有那些能够进入我们认知框架的事物才具有现实意义。在康德的哲学中，人是认知的主体，现实世界则是能够通过认知被理解的那个世界。这一理论转向被形象地称为哲学领域的"哥白尼革命"，它的重要性堪比哥白尼提出日心说所带来的理论革新。

康德的哲学思想广泛涉及自然科学、美学、神学等多个领域，但他的哲学探索始终围绕着一个核心问题：哲学研究是应该基于理性和普遍真理的推演，还是应该基于经验和观察来得出普遍结论？康德进一步认为，虽然形式逻辑本身不能直接揭示客观现实，但它为理解如何获取客观知识提供了基础。逻辑的结构和原则反映了我们认知世界的方式，从而为知识的获取提供了可能。康德的批判哲学旨在探索理性的界限和可能性，他的工作不仅为后来的哲学研究奠定了基础，也对现代科学和西方思想产生了深远的影响。

康德的早期著作谈论的多是科学问题，如地震、气候、天体理论等，谈及哲学方面的内容相对较少。《自然通史与天体理论》（*Universal Natural History and Theory of the Heavens*）是康德的一部重要科学著作，在这本书中，他提出了太阳系起源于星云的假说。尽管当时缺乏科学依据，但这一大胆设想启发了后人。康德认为，时间和空间是两个先天特殊的概念，没有时间与空间，人的经验是无法建立的。康德认为时空先于一切经验，是宇宙一切事物的舞台。

康德认为，人的感知由两种成分结合而成：一种是先天的直观形式，包括空间和时间，这些是我们接受感性信息的源泉；另一种是后天获得的直观形式，包括直觉、印象和感觉，这些是由自在之物刺激感官而形成的。基于此，人的认识可以分为 3 个环节。

1. 感性（sensibility），感性是认识的起点，是我们通过感官接受外界刺激的能力。
2. 知性（understanding），知性是对感性材料进行思维和综合的能力。
3. 理性（reason），理性是认识的最高阶段，它超越了感性和知性，追求更高层次的统一和系统性。

康德对法国大革命持支持态度，并且坚定信仰民主主义。他对自由的热爱从下面这句话可见一斑："再没有任何事情会比人的行为要服从他人的意志更可怕了。"康德的《纯粹理性批判》对黑格尔产生了深远的影响，直接催生了辩证法学说。

黑格尔创立了完整的客观唯心主义哲学体系

黑格尔力图建立一个庞大的哲学体系来理解历史和我们身处的世界。这一体系通过宏大的叙事，贯穿整个人类的认知、社会的发展以及世界的本质规律。

黑格尔主张“矛盾是运动生命力的根源，事物通过内在的自我否定性实现动态发展”。他对矛盾进行了深入的探讨和分析，可以总结为矛盾的 3 大特性：矛盾的同一性与斗争性；矛盾的普遍性与特殊性；矛盾的不平衡性，即主要矛盾与次要矛盾，或矛盾的主要方面与次要方面。恩格斯进一步总结黑格尔的《逻辑学》的内容并提炼出了 3 大规律：对立统一规律、量变质变规律、否定之否定规律。

黑格尔的“绝对理念”和亚里士多德讲的“神”非常相似。黑格尔把绝对精神看作世界的本原，他认为“绝对理念”是宇宙之源，万物之本，并创立了一个完整的客观唯心主义哲学体系。

黑格尔在《历史哲学》里指出：“国家是现实存在的、实现了的道德生活。人所具有的全部精神现实性都是通过国家才得以实现。”因为“真的东西”是普遍意志和主观意志的统一，而“普遍的东西”要在国家的法律和合理制度中体现。“国家是地上存在的神的理念。国家是人的意志及其自由的外在表现中的精神理念。”因此，黑格尔的国家概念不仅仅指现存的国家制度，还指精神上的国家理念。他认为现实的国家只是国家理念的表现。国家的本质在于它是伦理理念的现实化，是绝对自在自为的理性体现。个人只是构成国家的重要基础单元，只有生活在国家中，才能实现自身的人格、自由和价值。

关于国家的制度，黑格尔把君主立宪视为理想的国家制度，认为其是国家制度的巅峰，王权是普遍利益的最高代表，国王拥有最终的主观决断权。但他主张限制王权，认为王权仅是政治国家统一意志的象征，只能依法签署并执行议会通过的决议。在行政权的分配上，黑格尔主张执政权应当掌握在为社会服务、与普遍利益相一致的阶层手中。但他强调国家制度的整体性，反对机械的分权理论。黑格尔反对封建的官职世袭制度，主张任用官吏应以才智为标准，并开放对所有市民的选拔机会。

在对外关系方面，黑格尔强调国家、民族的独立性，认为这是国家对外交往的基本原则。他认为，国家与国家之间的争端只能通过战争来解决。因为国家本身处于自然状态，它们的关系既不受法律约束，也无法用道德衡量，而每个国家将其自身视为最高原则。在国际关系中，道德与政治不能直接对比，因为国家不受一般意义上的道德约束。如果接受黑格尔的学说，国内暴政的强权行为以及对外侵略就可能被合理化，因为国家利益是最高的，而且国家利益跟个人利益是统一的。

黑格尔的务实主义表现在他的“凡是现实的就是合理的，凡是合理的就是现实的”观点中。他强调逻辑的重要性，并通过“正题—反题—合题”的辩证法思想修正了传统形式逻辑的三段论。但需要注意的是，这里的传统形式逻辑仅指传统演绎逻辑，而不包括归纳逻辑，因为归纳逻辑并不是三段论的，而是“从多个小前提中归纳出大前提”。

许多人误以为辩证法是对整个形式逻辑（包括归纳逻辑）的颠覆。实际上，黑格尔力图通过演绎与归纳的互补和交替运用，来弥补演绎逻辑的不足，但这种论证方式很容易鼓励诡辩而削弱科学理性。比如，黑格尔的辩证法喜欢阐述一些带有诡辩色彩的大道理，如坏事变好事、传统和现代都有优缺点、先进国家也有落后之处、今日兴盛则明日衰落等。不能说这些道理没有一定的经验基础，但毕竟都是笼统的认识，与科学认识完全是两回事。卡尔·波普尔[①]曾批评辩证法的思想“不可证伪”，因此不符合科学标准。辩证法以模糊思维宣布任何事物都是合理的又都是不合理的，而现代科学思维则是建立在牛顿之后的实验科学基础之上的，以定量的、实证的、具体的分析为特征。

后来的一些哲学家认为，形式逻辑是静态逻辑，而黑格尔的辩证逻辑是动态逻辑，理由是形式逻辑研究的是事物的量变，而辩证逻辑研究的是事物的质变。这种观点实际上是对黑格尔辩证法的误解。辩证法之所以是动态的，是因为它是反基础主义的，或者说它的基础是动态变化的。相比之下，形式逻辑之所以是静态的，是因为它依赖于一个固定不变的基础，强调逻辑结构的稳定性和不变性。

这种假设基础的动态变化，使黑格尔的辩证逻辑很容易陷入话语权悖论。观点应该独立于个人，这个思想在古希腊被明确提出，如柏拉图敢于质疑其师苏格拉底，亚里士多德因此总结说“吾爱吾师，但吾更爱真理”。

马克思提供了分析和解释人类历史发展的框架

黑格尔的客观唯心论如同一座坚固而复杂的桥梁，它横跨在物质世界与

① 卡尔·波普尔（Karl Popper）是 20 世纪最重要的哲学家之一，他是批判理性主义的创始人，提出了反归纳主义以及“三个世界”的理论，区分了物理世界（世界Ⅰ）、精神世界（世界Ⅱ）和客观知识世界（世界Ⅲ）。他认为经验观察必须以一定理论为指导，但理论本身又是可证伪的，科学的增长是通过猜想和反驳发展的，理论不能被证实，只能被证伪，因而其理论又被称为证伪主义。

精神世界之间。相较于黑格尔，马克思给出了另一种解释。但在详细介绍马克思之前，我们需要先了解其他几位 18 至 19 世纪的思想家。

边沁的功利主义哲学以两个原理为出发点和前提：最大幸福原理和自利选择原理。边沁的伟大梦想在于建立一种完善、全面的法律体系，建立一种“万全法”。他力图让普遍、完善的法律之眼洞察社会生活的每个角落，并澄清英国法律中“普遍性的不准确与紊乱之处”，改由清晰的规则和法条来阐明人的各种活动。这对马克思的社会经济学产生了深刻的影响。然而，边沁的学说有一处明显的疏漏，那就是如果人人都追求自己个人的快乐，我们怎么能保证立法者具备能力和道德水准来确保“追求众人的快乐”呢？

经济学家大卫·李嘉图和边沁、托马斯·马尔萨斯以及约翰·穆勒都有密切往来。李嘉图第一次从经济的角度出发，论证了商品的交换价值应由生产该商品所需的劳动量来决定。1817 年，他正式发表了这一理论。1825 年，曾任英国海军军官的托马斯·霍吉斯金（Thomas Hodgskin）发表了一篇名为《反对资方的要求而为劳方辩护》（*Labour Defended Against the Claims of Capital*）的文章，他在文章中指出：如果真如李嘉图所说，商品的全部价值都是由劳动创造的，那么报酬就应该全部属于劳动者；地主和资本家们获得的那部分完全来自对劳动者的盘剥。李嘉图的劳动价值论和霍吉斯金的剥削批判为马克思的政治经济学思想奠定了基础。

马克思信仰理性主义，反对浪漫主义。马克思在青年时代是黑格尔的信徒，是康德 - 黑格尔哲学体系的集大成者，是黑格尔学说的直接继承人。马克思的哲学体系保留了黑格尔派特色。另外，黑格尔的历史哲学观点也影响了马克思关于国家与人民关系的哲学理念。

马克思说："人应该在实践中证明自己思维的真理性，即思维的现实性和力量，以及思维的此岸性。关于思维，离开实践的思维的现实性或非现实性的争论，是一个纯粹经院哲学的问题……哲学家们只是用不同的方式解释世界，而问题在于改变世界。"因此，马克思主张在实践中推进理论的探讨，把理论付诸实践。换句话说，思想必须服务于现实。

在马克思生活的19世纪，资本主义工业革命引发了生产方式的重大变革。资本主义生产方式的成熟，导致了资本主义基本矛盾的尖锐化。周期性经济危机的爆发是马克思主义产生的最根本的经济社会根源。马克思认为在这一时期，工人阶级同资产阶级的矛盾已经上升到首位，无产阶级反对资产阶级的阶级斗争进入到新阶段，工人阶级已成为历史发展的伟大动力。为了更好地指导斗争，工人阶级需要科学的理论，这一理论正是马克思的政治经济学。

在哲学理论方面，辩证唯物主义与历史唯物主义是马克思最根本的世界观和方法论，也是马克思理论科学体系的哲学基础。约100年后，罗素这样评论马克思主义：黑格尔将民族视作辩证运动的载体，马克思将民族换成了阶级。

受黑格尔哲学的影响，马克思提出了一个用于描述宏大叙事场景的理论公式，认为人类的整个历史进程可以用生产力与生产关系的匹配来概括。生产力是指社会所具有的生产资料和劳动者的生产能力，而生产关系则是人们在生产过程中形成的相互关系。马克思认为，生产力的发展水平决定了生产关系的性质，进而影响整个社会结构和上层建筑。

在不同的历史阶段，生产力的发展催生了相应的生产关系和社会形态。在奴隶社会中，奴隶主掌握了生产资料和奴隶，这些构成了社会的经济基础。进入封建社会后，随着生产力的提高，农民与地主之间的关系逐渐形成，地主拥有土地，而农民通过耕种地主的土地来维持生计。到了资本主义社会，资本家拥有生产资料，工人则通过出售劳动力来获取生活必需品，资本家通过剥削工人的劳动来获取剩余价值。

在诠释人类从奴隶社会到资本主义社会的历史之后，马克思预言：在未来的共产主义社会中，生产力将高度发展，物质极大丰富，人们的需求能够得到充分满足，从而实现按需分配的原则，私有制和阶级差别将被消灭，形成一个没有剥削和压迫的社会。

通过“生产力决定生产关系”的理论，马克思提供了一个分析和解释人类历史发展的框架。这一理论不仅阐释了社会变迁的经济基础，也为理解社会结构和阶级关系提供了深刻的洞见。马克思的这一理论至今仍对社会科学和历史研究产生着重要的影响。

马克思理论形成于 19 世纪，他当时观察到了工业革命初期的一系列社会经济现象。在那个时代，生产力虽然开始提升，但总体水平仍然较低。马克思注意到生产与消费之间存在着根本的矛盾：资本家为了追求利润最大化，采取了开源节流的策略。开源意味着资本家推动工人生产更多的商品以获益，而节流则意味着尽可能压低工人的工资。马克思指出，这种趋势长期下来导致了生产与消费之间的不匹配，以及物质生产的相对过剩。市场上的商品供应过剩，而消费力不足，一方面出现了商品滞销现象，另一方面，工人阶级到手总工资的购买力不足而导致普遍缺衣少食。这种过剩不仅造成了资源的浪费，也加剧了社会不平等和经济危机。

马克思认为，这种生产与消费的对立是资本主义制度固有的矛盾，无法在资本主义框架内得到根本解决。这一观点预示了资本主义社会的不稳定，而且必将周期性地爆发经济危机。马克思的这些分析至今仍为理解资本主义经济体系的运作和其内在矛盾提供了深刻的洞见。1914 年，资本主义社会的周期性危机迎来了阶段性缓解，资本主义社会发生了两件大事：第一件事是第一次世界大战的爆发，宣告了旧时资本主义的终结；第二件事则是资本主义的重生：福特公司创立新的流水线生产模式后，大幅度提高了生产效率。更为关键的是，福特公司提出口号：让福特公司的工人能买得起福特汽车。这句口号的意义在于，它将消费者与生产者捆绑在一起，改变了消费跟生产的对立关系。从那之后，资本主义迎来了第二个时代，创造了大量有强消费能力的中产阶级。

1914 年以后的资本主义社会形成了新的生产机制，避免了物质生产的相对过剩。虽然这是马克思在 19 世纪没有看到的，但他的生产过剩理论并没有过时。新兴的中产阶级把暂时未消费掉的资金存在银行。一方面，银行资本家发现，资本可以创造新资本，资金能够通过金融衍生品获利，甚至在衍生品之上再创造衍生品，从而获得高额回报。但另一方面，社会生产总值的增加是有限的，金融衍生品与社会财富增长之间的不匹配又导致了周期性的金融危机。从 1929 年出现的大萧条到 2008 年的国际金融危机，各国都逐渐意识到必须对金融资本进行更有效的监管，并在国际形成共识，防止金融衍生品的无序发展。2008 年之后，可以认为资本主义金融衍生品的生产进入了相对过剩的新阶段，然而，全球经济仍然处于低迷状态，这说明在过剩问题上，全人类仍然需要继续探索和解决。

自由工匠对数学、技能和技术的兴趣推动了科学的发展

无论是古圣先贤的故事还是文艺复兴之后的宏大叙事结构，人们习惯于

讲述几个杰出人物推动了人类的思想与科学进步。然而当我们贴近历史去看，尤其是考察近代科学的诞生时，会发现这段历史未必由伽利略、牛顿、莱布尼茨这些科学家所主导。

诚然，在基督教背景下，欧洲人对自然的认知和现代科学的诞生带有浓厚的宗教色彩。类似的思想在古希腊时期就已经存在，许多先贤也留下了思想贡献，但为什么古希腊时期没有最终实现知识爆炸？事实上，知识爆炸跟近代工业的发展和应用需求的释放息息相关，而这在古希腊时期还未实现。文艺复兴后，工业发展促使了科学发现的应用，科学也因此走出了希腊古圣先贤的小圈子，成为改造自然的工具，与工程技术相互促进，开启了真正的科学时代。

事实上，从 18 世纪初到 19 世纪中叶的 100 多年时间里，一群自由工匠对数学、技能和技术的兴趣催生了现代的科学。

钟表匠约翰·凯（John Kay）在 1733 年发明了飞梭，大规模提高了织布的效率。这项发明推动了市场对纺纱效率的需求，手工纺纱跟不上织布机消耗纱线的速度。1765 年，纺织工詹姆斯·哈格里夫斯（James Hargreaves）发明了珍妮纺纱机，让纺纱和织布的生产效率能够匹配。牧师埃德蒙·卡特赖特（Edmund Cartwright）在 1785 年发明了动力织机，部分解决了动力不足的问题，使织布效率提高了 40 倍。但动力问题随之而来：纺纱和织布都由机械操作，人力无法推动。

早期的机械化纺织厂主要依赖水力驱动，然而，不是所有的工厂都能建设在河边，那么是否可以使用不依赖于河水的动力呢？风力不够稳定，畜力倒是一个选择，但面对如此庞大的生产设备，显然也不可取。工业界的需求促使人们在这方面投入大量精力去研究新的设备和方法。

这些研究者相比以往有一个显著变化。参与早期工业革命的发明家中很少有真正意义上的科学家，当时大多数科学家忙着领悟神的意志。从 17 世纪到 18 世纪，科学家们更关注科学与神学真正的关系，探讨科学发现如何展示神的伟大。真正关心工业新发明的是处在工业第一线的产业工人和企业主，他们离市场更近，对资本有更迫切的欲望。比如在 1785 年，机械修理工詹姆斯·瓦特对蒸汽机的改良取得了关键突破，解决了水力机械受地域限制的问题。

随着蒸汽机的普及，1807 年，美国工程师罗伯特·富尔顿（Robert Fulton）将蒸汽机应用于船舶，创造了第一艘蒸汽机明轮船。这种新型船只拥有强大的动力，实现了不依赖风力的连续航行。富尔顿兴奋地向拿破仑展示了他的发明，提议开发蒸汽动力军舰，拿破仑却对这一理念持怀疑态度，认为这是无稽之谈，最终不予采纳。于是，富尔顿转向英国推广这一技术。19 世纪上半叶，英国海军逐步将蒸汽动力与铁壳结构应用于军舰设计，并因此击败法国海军。19 世纪中后期，这一技术优势成为英国海上霸权的重要支撑。

100 多年后，在 1939 年的一次早餐会上，时任美国总统罗斯福的秘书向他讲述了蒸汽动力船的故事。当时，罗斯福还收到一封来自爱因斯坦的信。在这封信中，爱因斯坦建议罗斯福尽早着手原子弹的研究。罗斯福果断采纳了这一建议，最初由陆军工程兵团主导，投入 6 000 美元启动了早期铀研究，后来启动了曼哈顿计划，最终该项目的总投资达到了 20 多亿美元，成功造出了原子弹。1814 年，英国煤矿工人乔治·斯蒂芬孙（George Stephenson）发明了蒸汽机车，这一发明进一步推动了工业革命的发展。

18 世纪初，约翰·哈里森（John Harrison）设计并制造出了航海钟，最终解决了经度问题。哈里森能够解决这一难题，除了他作为工程师精益求精的匠心外，很大程度上还得益于英国经度委员会的高额奖励。为了解决海上航行的经度测量问题，英国专门成立了经度委员会，并悬赏2万英镑以奖励能够提供实用解决方案的人。2万英镑在当年是什么概念呢？当时伦敦一个熟练工匠的年收入为20～30英镑，一艘常规的海盗船值几百英镑，一栋位于伦敦市中心的豪宅价值1 000～2 000英镑。显而易见，2万英镑巨款能够带来极大的激励作用。哈里森出身木匠，一生专注于钟表制造。航海钟的关键突破之一在于用两个连在一起的弹簧摆取代了传统的重力钟摆。1737年，从伦敦到里斯本的试航中，新的钟每天只会出现几秒钟的误差，但哈里森并不满足。在接下来的20多年，他不断改进航海钟。1759年，他完成了第四个航海钟，这口钟在80天的航海中只有4秒的误差！至今，格林尼治天文台的皇家博物馆还保存着哈里森亲手制作的被命名为H1、H2、H3和H4的航海钟。从此，大航海才进入一个全新的阶段。

类似地，发现热力学第一定律的罗伯特·迈尔（Robert Mayer）是位德国医生，发现热力学第二定律的萨迪·卡诺（Sadi Carnot）是法军里的工程师。我们会发现，这些新技术的进展中，传统意义上的科学家并没有出现。站在应用第一线的工程师们，往往能及时知道产业界的迫切需求，他们本身又有动手设计新工具的技能。

自由工匠群体的壮大不仅助推了实用技术的发展，也为科学发展装上了加速器。在这段时间，欧洲的表音文字体系展现出其优势，即使是普通人，看、写、读和表达也不再困难。工匠们能够轻松地交流，把知识积累下来、传播出去，利用报纸和书籍迅速掌握行业的新动向和新方法。

另外，资本的力量也使得科学技术的发展进入了正向循环，因为新技术的主要驱动力来自资本。一旦某项技术需求被解决，资本就会带来高额回报，进而有更多资源可以投入新的技术研发。诸多因素凑在一起，让工业革命成为推动科学进步的第一生产力。而当科学在工业中显示了其实用性之后，社会便更加重视对科学的投入。

不过，本书一定要说明的是，在科学论证中要时刻警惕一点：在探讨问题时，我们往往会先形成观点，再去寻找支持这些观点的证据。历史上的证据是多样的，自然也包括许多不支持我们观点的相反的证据。在证明某个观点时，我们可以使用举例的方法，比如我可能会列举一些工程师的例子，展示他们对科学的巨大贡献，以此来证明我的观点：科学的发展往往是由工程实践推动的。但我们也必须意识到，还有一种相反的观点，即科学家自身的研究工作是推动科学进步的主要动力，而且这种观点同样能在历史中找到证据。所以当我们通过举例来支持某个观点时，所选用的案例固然是真实存在的，但这些案例并不足以完全证明我们的观点是唯一正确的。在论证过程中，我们需要警惕可能出现的逻辑漏洞，并时刻准备识别和填补这些漏洞。

第 7 章

古典理性的灾难，数学的三次危机

Logic
of the World

数学可以定义为这样一门学科，我们永远不知道其中所说的是什么，也不知道所说的内容是否正确。

——伯特兰·罗素

从文艺复兴时期开始，人们系统梳理了从古希腊传下来的数学，笛卡尔还从几何发展出一门新学科，即解析几何。尽管如此，这时的解析几何仍然没有对无理数的概念进行清晰的阐述。

古希腊人把可以用整数表达的分数称为可比数，即有理数，将那些不能这样表达的称为不可比数，即无理数。不可比数的发现归功于前文提到的希帕索斯。据传，他发现等腰直角三角形的斜边长度$\sqrt{2}$无法写成两个整数的比值，这不符合老师毕达哥拉斯的理论。为了永久隐藏这个秘密，师兄弟们把希帕索斯推下了大海。

印度人将数学称为Ganita，意思是计算的学问。他们的工作扩充了建立在经验和直觉基础上的那部分数学。他们甚至可以手动做开根号运算，但对数字的兴趣使他们忽视了那些在古希腊思想中被认为是最基本的区别——有理数和无理数的区别。在印度人随意地把那些适用于有理数的步骤运用到无理数的过程中，数学取得了意外的进展。虽然他们的运算过程完美且技巧纯熟，但没有任何迹象表明他们曾考虑过进行进一步的证明。因此，他们未能将其数学知识上升到一个严密的、符合逻辑演绎法的高度。

中国古代数学也存在类似的问题。记录了勾股定理的《九章算术》记载了大量应用类例题，却几乎没有任何关于数学规律的讨论和证明。阿拉伯人在对数学的贡献中，也缺乏严谨的推理过程，避免了希腊式“纯理性”的诱惑。

直至笛卡尔在其《几何》一书和费马[①]在他 1629 年的手稿中创立解析几何之前，欧洲的数学家对无理数都没有清晰的概念。文艺复兴时期意大利数学家拉斐尔·邦贝利[②]在《代数学》中系统讨论了三次方程解法，并开创性地引入虚数进行运算，成为复数理论的重要先驱——尽管当时实数与几何量的对应关系尚未被严格定义。欧拉在他的《代数基础》一书中，证明了减去负数等于加上正数，即 $-(-b) = +b$。弗朗索瓦·韦达[③]是第一个有意识地、系统地使用字母来表示已知数、未知数及其乘幂的数学家，他在《分析术引论》中区分类型计算和数字计算时，划分了算术和代数的界限。直到 17 世纪，代数的威力才被逐渐认识到。笛卡尔和费马迈出了举足轻重的一步，他们促成了解析几何（或称为坐标几何）的产生，几何与代数最终在 19 世纪合并在一起。

布尔代数使逻辑问题得以用代数表达式来描述和解决

随着代数工具在数学领域应用的扩大，其抽象的表达方式也延伸至逻

① 费马是 17 世纪法国杰出的数学家，他建立了数论这个数学的新分支，提出了费马大定理和费马小定理，独立于笛卡尔发现了解析几何的基本原理。

② 拉斐尔·邦贝利系统讨论了各种代数方程的解法，被认为是复数概念的先驱之一。

③ 弗朗索瓦·韦达是法国杰出的数学家，被尊称为“代数学之父”。

辑领域。**乔治·布尔创造了布尔代数，他的工作使数学和逻辑学最终融合，对现代计算机科学有着深远的影响。**布尔的曾外孙女琼·辛顿（Joan Hinton），中文名为寒春，在芝加哥大学获得了硕士学位，并曾参与曼哈顿计划。寒春与她的丈夫欧文·恩斯特（Erwin Engst，中文名为阳早），于20世纪40年代前往延安。中华人民共和国成立后，他们选择留在中国，并致力于奶牛养殖，希望借此改善中国人民的营养状况。他们在首都农场工作了一生。

寒春和阳早因在中国的长期贡献而获得了中国首批《外国人永久居留证》，编号分别为001号和002号。寒春的侄子杰弗里·辛顿（Geoffrey Hinton）是人工智能领域的杰出科学家，他和杨立昆以及约书亚·本吉奥（Yoshua Bengio）一起被誉为该领域的三大教父[①]，并于2018年共同获得图灵奖。2024年，辛顿获得了诺贝尔物理学奖。

布尔写的《思维规律》（*The Laws of Thought*）完成了把逻辑数学化的工作。下面我们对此进行介绍。

扩展
知识的边界
Logic of the World

布尔的逻辑数学化

考虑一个关于整数 n 的命题 *Event*(n)。我们将 *Event* 称为谓词。我们还可以构建更复杂的谓词，比如表示 $m+n = s$ 的谓词 *Addition*(m，n，s)。

① 辛顿是“深度学习”之父，将神经网络带入研究与应用的热潮；杨立昆发明了卷积神经网络（CNN），这是机器学习领域的基础技术之一；本吉奥发明了序列的概率模型，将神经网络与序列的概率模型相结合，为生成模型方面的研究做出了重要贡献。

每个事件都可能是真的或者是假的，这又被称为布尔变量。由此出发可以构建新的事件，我们把这些新的事件叫作逻辑公式。我们不能说某谓词是真的，需要给它加上表示范围的量词，只能说谓词总是真的、总是假的、至少有一种情况为真或者至少有一种情况为假。这4种说法对应着不同的量词。如果对于所有数字 n 来说 $P(n)$ 都是真的，那么我们就说 $p(n)$ 总是真的。

在谓词逻辑中，一个谓词陈述可以紧凑地写成 $\forall nP(n)$。符号 $\forall$ 读作“对于所有”，称作全称量词。同样，如果 $P(n)$ 总是假的，就可以写成对任意 n 都有 $\forall n(\neg P(n))$。$\neg P(n)$ 表示 $P(n)$ 的否命题。最后，“$P(n)$ 至少对于某个 n 的值是对的”可以写成 $\exists nP(n)$，如果 $P(n)$ 至少对某个 n 的值是错的，就写成 $\exists n(\neg P(n))$。符号 $\exists$ 就是表达“存在某个”的量词，读作“存在”。

在亚里士多德经典的三段论“苏格拉底会死”中，讨论的对象不是数字 n 而是人。第一个前提断言“所有人都会死”，它描述了关于人的两个谓词之间的关系。用逻辑的语言重新表述的话，这个前提可以写成 $\forall x(Human(x) \rightarrow Mortal(x))$。这里 $Human(x)$ 的意思是“x 是人”，而 $Mortal(x)$ 的意思是“x 会死”。第二个前提断言“苏格拉底是人”，这个前提只与特定的 x 值有关，x 在这里就是苏格拉底，我们可以将它重新写成 *Human*（苏格拉底），这是一个命题。我们就可以得出 *Mortal*（苏格拉底），即苏格拉底会死。

三段论只保证推演规则是正确的，尽管结论有时可能是错误的。例如：所有怪物都是美杜莎，所有美杜莎都有九个头，因此所有怪物都有九个头。从逻辑关系上，这个三段论的推演规则是对的，但结论是错的，因为这个陈述的前提假设“所有怪物都是美杜莎”是错的。

接着，我们利用布尔引入的布尔代数法则，把逻辑陈述代数化，如：

所有马都是哺乳动物；

所有马都是脊椎动物；

因此，所有哺乳动物都是脊椎动物。

把名词符号化就可以得到：

所有 X 都是 Y；

所有 X 都是 Z；

因此，所有 Y 都是 Z。

进一步符号化操作变为：

$X=XY$

$X=XZ$

但利用布尔代数规则，我们无法推出 $Y=YZ$。

因此“所有哺乳动物都是脊椎动物”这个陈述是逻辑错误的，虽然事实正确。

设 A、B 为两个命题公式，若 A 和 B 互为重言式陈述，则称 A 与 B 等值或逻辑等价，记作 $A\equiv B$，称 $A\equiv B$ 为等值式。

要证明两个逻辑陈述是等价的，有两种方式。第一种是等值推演，即通过已有的命题从一个公式推导出另一个公式。等值推演不能直接证明两个公式不等值。证明两个公式不等值的基本思想是找到一个输入值，使一个公式成真，另一个公式成假。

第二种是真值表示法，即通过列出命题公式在各种变量代入情况下的真值表进行对比。设 p_1，p_2，…，p_n 是公式 A 和公式 B 中出现的全部输入。根据定义，A 和 B 等值，当且仅当对于命题变项 p_1，p_2，…，p_n 的任意输入，A 和 B 的取值均相同。

根据逻辑推演的基本规律，可以把逻辑的所有规律全部用符号来表达，这是布尔的贡献。我们列出如下符号式：

逻辑等值式

- 排中律（必有一真）$p \lor \neg p \equiv T$
- 矛盾律（不能既真又假）$p \land \neg p \equiv F$
- 蕴含等值式 $(p \Rightarrow q) \equiv (\neg p \lor q)$
- 等价等值式 $(p \Leftrightarrow q) \equiv ((p \Rightarrow q) \land (q \Rightarrow p))$
- 吸收律 $p \lor (p \land q) \equiv p$，$p \land (p \lor q) \equiv p$
- 双重否定律 $\neg(\neg p) \equiv p$
- 德摩根律 $\neg(p \lor q) \equiv \neg p \land \neg q$，$\neg(p \land q) \equiv \neg p \lor \neg q$
- 零律 $(pq) \equiv ((p \Rightarrow q) \land (q \Rightarrow p))$
- 同一律 $(pq) \equiv ((p \Rightarrow q) \land (q \Rightarrow p))$

基本等值式

- 交换律 $p \lor q \equiv q \lor p$，$p \land q \equiv q \land p$
- 结合律 $p \lor (q \lor r) \equiv (p \lor q) \lor r$，$p \land (q \land r) \equiv (p \land q) \land r$
- 分配律 $p \lor (q \land r) \equiv (p \lor q) \land (p \lor r)$，$p \land (q \lor r) \equiv (p \land q) \lor (p \land r)$
- 幂等律 $p \lor p \equiv p$，$p \land p \equiv p$

在逻辑操作中，我们会借用代数中的符号，如 + 和 ×，但它们的定义和代数中的定义不一样。

- +同一律：$x+0=x$
- +逆元律：$(-x)+x=0$
- × 同一律：$x \times 1=x$
- × 零律：$x \times 0=0$
- +交换律：$x+y=y+x$
- × 交换律：$x \times y=y \times x$
- +结合律：$x+(y+z)=(x+y)+z$
- × 结合律：$x \times (y \times z)=(x \times y) \times z$
- 分配律：$x \times (y+z)=x \times y+x \times z$

证明：否定之否定等于肯定

$(-1) \times (-1)$

$\equiv ((-1) \times (-1))+0$　{+同一律}

$\equiv ((-1) \times (-1))+((-1)+1))$　{+逆元律}

$\equiv ((-1)\times(-1))+(-1)+1$　{+结合律}

$\equiv ((-1) \times (-1))+((-1)\times 1)+1$　{×同一律}

$\equiv ((-1) \times ((-1)+1))+1$　{分配律}

$\equiv ((-1) \times 0)+1$　{+逆元律}

$\equiv 0+1$　{× 零律}

$\equiv 1+0$　{+交换律}

$\equiv 1${+同一律}

再复杂一点的话，我们利用以上的标记来简化（或者说是复杂化）我们的日常语言。

例 1：“不得不说，如果不是因为他是不得已而为之而且没有造成恶劣后果的话，我是不会原谅他的。”逻辑变量可以这样定义：

- p：他这么做。
- q：他造成了恶劣后果。
- r：我原谅他。

逻辑表达式为：

$$\sim\sim(\sim(\sim\sim p\wedge\sim q)\rightarrow\sim r)\equiv r\rightarrow p\wedge\sim q$$

化简语句：我原谅他，是因为他这么做了而且没有造成恶劣后果。

例2：你正在决定今天晚上做什么。你有两个选择：去看电影或者在家看书。决定取决于以下两个条件：

- P：今天晚上有空闲时间。
- Q：你不感到疲惫。

你的决定规则是：如果你有空闲时间并且不感到疲惫，那么你会去看电影。否则，你会选择在家看书。用布尔代数表示：

- P：今天晚上有空闲时间（真或假）。
- Q：你不感到疲惫（真或假）。
- M：你去看电影（真或假）。
- B：你在家看书（真或假）。

你的决定规则可以表示为：$(P\wedge Q)\Leftrightarrow M$。并且，因为你只能选择去看电影或在家看书，这两个事件是互斥且互补的：

$M \leftrightarrow \neg B$（如果你去看电影，你就不会在家看书，反之亦然）

推理过程：假设今天晚上你有空闲时间（P 为真）并且你感到疲惫（Q 为假，所以 $\neg Q$ 为真）。用布尔代数来推断你会做什么。

1. 已知条件

- $P=1$（真）。
- $Q=0$（假）。

2. 分析去看电影的条件
去看电影的条件是 $P \wedge Q$。将已知条件代入：$1 \wedge 0=0$。因为 $P \wedge Q$ 的值为假，所以根据你的决定规则（$P \wedge Q$）$\leftrightarrow M$，M（去看电影）也为假（$M=0$）。
3. 推断在家看书的情况
我们知道 $M \leftrightarrow \neg B$。由于 $M=0$，那么：$0 \leftrightarrow \neg B$。为了使这个等式成立，$\neg B$ 必须为假，这意味着 B（在家看书）必须为真（$B=1$）。

结论：

我们得出结论：在你有空闲时间但感到疲惫的情况下，你会选择在家看书。

19 世纪末，弗雷格进一步完善了这套逻辑符号体系，用符号彻底取代

自然语言，这对我们今天的逻辑推演产生了深远影响。这样做的好处在于，尽管人们使用英语、法语或中文等不同的语言，但数学家们可以通过统一的符号进行沟通，避免歧义，每个符号都具有严格的定义。

弗雷格句法：

- ～ 非……
- ∨ ……或……
- ∧ ……且……
- ⊃ 如果……，那么……
- ∀ 任何
- ∃ 某个

“所有失败者不是笨就是懒”，用弗雷格句法就可以表达为如下形式。

逻辑变量定义：$F(x)$ 表示 x 是个失败者；$S(x)$ 表示 x 是笨；$L(x)$ 表示 x 是懒。

那么，逻辑表达式为：

$$(\forall x)(F(x) \supset S(x) \lor L(x))$$

经过数学家们不断的努力，逻辑规则实现了标准化。数学家们进一步致力于发展一套完整的逻辑规则和推演系统。在确保其正确性的前提下，如果这套推演系统足够强大，可以容纳所有可能的逻辑证明，那么之后的数学家们就可以直接使用这些符号和规则进行符号的解释，而不需要重新证明。这个推演系统可以表达为全面的操作表，所有可以证明的逻辑命题都在这个表里了。数学家们可以通过查阅这个表格来诠释每个符号的含义及其在公式中的作用，从而完成所有相关的逻辑证明。

此外，布尔代数还为用电子计算机实现逻辑计算奠定了基础。在布尔代数中，逻辑运算包括与运算、或运算、非运算、异或运算、同或运算、与非运算、或非运算，可以通过“逻辑门”操作来实现。逻辑门操作是数字电路设计的基本构建模块。利用三极管等电子元件，可以构建出实现不同逻辑功能的电路，使得电路的高低电平输出与逻辑运算的真值表相对应。通过这种方式，布尔代数中的逻辑符号，如“或非”“与非”“异或”和“同或”，与电路中的逻辑门相对应，建立了一套完整的真值关系（见图 7-1）。

与	或	非	异或	同或	与非门	或非门
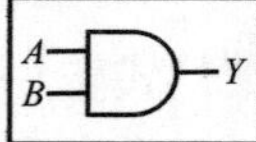	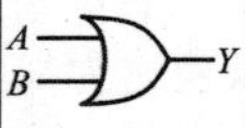	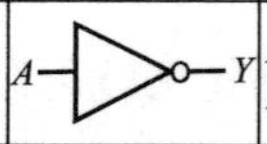	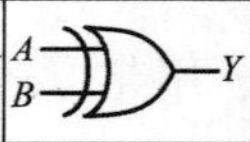	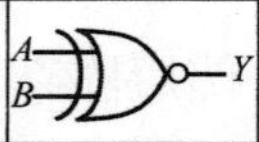	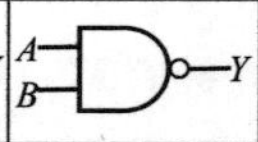	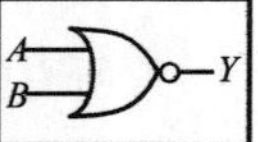
输入均为 1 时输出为 1，其他情况输出为 0	输入均为 0 时输出为 0，其他情况输出为 1	输入为 1 时输出为 0，输入为 0 时输出为 1	输入不同时输出为 1，相同时输出为 0	输入相同时输出为 1，不同时输出为 0	所有输入为 1 时，才会输出 0	所有输入为 0 时，才会输出 1
$Y=A\cdot B$	$Y=A+B$	$Y=\overline{A}$	$Y=A\oplus B$	$Y=A\odot B$	$Y=\overline{A\cdot B}$	$Y=\overline{A+B}$

图 7-1　逻辑运算及逻辑门

需要特别提及的是，与非门（NAND gate）和或非门（NOR gate）被证明是通用逻辑门，这意味着任何复杂的逻辑电路都可以仅使用这两种门中的一种来构建。这一发现极大地简化了数字电路的设计，实现了从简单的逻辑门到复杂的计算机系统的构建。

布尔将逻辑运算转化为符号操作的创新之举，为逻辑学和数学的发展开辟了新的道路。通过布尔代数，逻辑问题得以用代数表达式来描述和解决。

利用逻辑门操作，在物理世界就可以实现逻辑的所有操作，从而构建一台真正的逻辑计算机——一台可以自动推演古典逻辑的设备，无论推演过程有多复杂。布尔的这一创新不仅在理论上具有重要意义，而且在实践中也使逻辑设计变得系统化和标准化，为一个多世纪以后的电子技术和信息技术的发展奠定了数学基础。

无理数引发了数学的第一次危机，“无穷”引发了数学的第二次危机

无理数的发现引发了数学的第一次危机，而“无穷”则引发了数学的第二次危机。18 世纪，数学家们在广泛应用微积分时，才逐渐意识到其底层逻辑——无穷小量的定义模糊性带来的根本问题。数学的第二次危机终于被数学家意识到。尽管古希腊的希帕索斯对无理数进行了思考，但直到 17 世纪，无理数的性质仍未被人们充分了解。人们在处理无理数时常常跳过严格的逻辑考量，对函数的处理也是如此。同时，代数中还引入了两个全新且更为复杂的概念：微分和积分。牛顿和莱布尼茨发明微积分时，一件明确但令人痛苦的事情早已困扰着这两位时代巨匠：“无穷没法被准确定义！”只有引入无穷小才有微分，引入无穷大才有积分。在微积分中，引入无穷小和无穷大看起来是顺理成章的，但是无穷小和无穷大到底是什么？

牛顿的讨论中涉及积分的内容不多，但他广泛地使用了导数和微分。在 1669 年的论文[①]中，牛顿表述了求导数的方法，但他紧接着评论这种方法是

① 牛顿用了 20 多年的时间发展积分学说，先后写成了三篇微积分论文：1669 年完成了《运用无穷多项方程的分析学》，简称《分析学》；1671 年完成了《流数法与无穷级数》，简称《流数法》；1691 年完成了《曲线求积术》，简称《求积术》。

"简短的解释而不是精确的证明"。他的朋友丹尼尔·伯努利[①]对这项工作做了恰如其分的评价，称它"与其说是种解释，不如说是个新的谜"。由于担心无穷的定义不严谨，牛顿在《自然哲学的数学原理》中根本没有使用自己发明的微积分，所有证明都用几何方法来完成。

在牛顿之后，18 世纪的一代杰出数学家们不仅极大地扩展了微积分理论，还以微积分为基础建立了许多全新的研究领域，如常微分方程、偏微分方程、微分几何、变分法及复变函数，这些数学分析的研究领域构成了现代数学的核心部分。在从微积分理论到这些新分支的建立过程中，引入的新概念和新方法，使得微积分的严密性问题更加复杂。数学家们努力研究无穷级数等新概念时，也酿下了各种大错，给出了许多错误的证明，因而也得出许多错误的结论。这些学者中有开普勒、笛卡尔、卡瓦列里[②]、伯努利家族、欧拉、达朗贝尔[③]、拉格朗日、费马、帕斯卡、格雷戈里[④]、罗贝瓦尔[⑤]、惠更斯、巴罗[⑥]、沃利斯[⑦]等。人们真正担心的是，这些宏伟的数

① 丹尼尔·伯努利，18 世纪瑞士著名的数学家、物理学家，他最出色的工作是将微积分、微分方程应用到物理学中，特别是在流体力学和物体振动、摆动问题方面。

② 卡瓦列里，意大利数学家，提出了不可分量方法和卡瓦列里定理，是积分学的先驱之一。

③ 达朗贝尔，法国著名数学家、物理学家和哲学家，是数学分析的主要开拓者和奠基人之一。

④ 格雷戈里，苏格兰数学家和天文学家，他系统地研究了收敛级数，独立于牛顿提出了著名的格雷戈里－牛顿插值公式。

⑤ 罗贝瓦尔，法国数学家，其主要贡献集中在几何学和代数学方面，并在微积分创立前为之做了大量的先驱性工作。

⑥ 巴罗，英国数学家，他的重要贡献是给出了求切线的方法，引入了"微分三角形"的概念。此外，他还最先发现了牛顿的非凡天赋，并于 1669 年辞去卢卡斯讲座教授之职，举荐 27 岁的牛顿接任。

⑦ 沃利斯，英国数学家，被誉为"无穷级数之父"，他引入了新型的级数展开式，即著名的沃利斯公式，他提出了用于求解微积分问题的墨卡托法，还在数论领域提出了沃利斯定理。

学建筑都成就于一块完全脆弱的基石上。微积分整个大厦已经建成，并在各个领域都体现了强大的威力，但作为微积分的基础，无穷到底是什么，仍未被澄清。

我们来了解一下无穷到底是什么。

古希腊哲学家埃利亚的芝诺思考了在时间和空间的问题上，无穷带来的悖论，如前文提到的阿喀琉斯与乌龟悖论。庄子在差不多同一个时期提出了类似的想法，“一尺之棰，日取其半，万世不竭”，意思是一尺长的杆子，每天截一半，永远都截不完（见图 7-2）。

有了微积分知识之后，我们知道利用无穷的级数求和就可以解决这个悖论。但后来的人真的理解了这个悖论吗？在芝诺的飞矢不动悖论中，箭射出去后的某一瞬间，它应该在空间的某一个具体位置。既然每一瞬间都该在空间的某一个具体位置，那它为什么可以飞呢？这个悖论涉及无穷小的问题，无穷小的瞬间到底是多长时间？

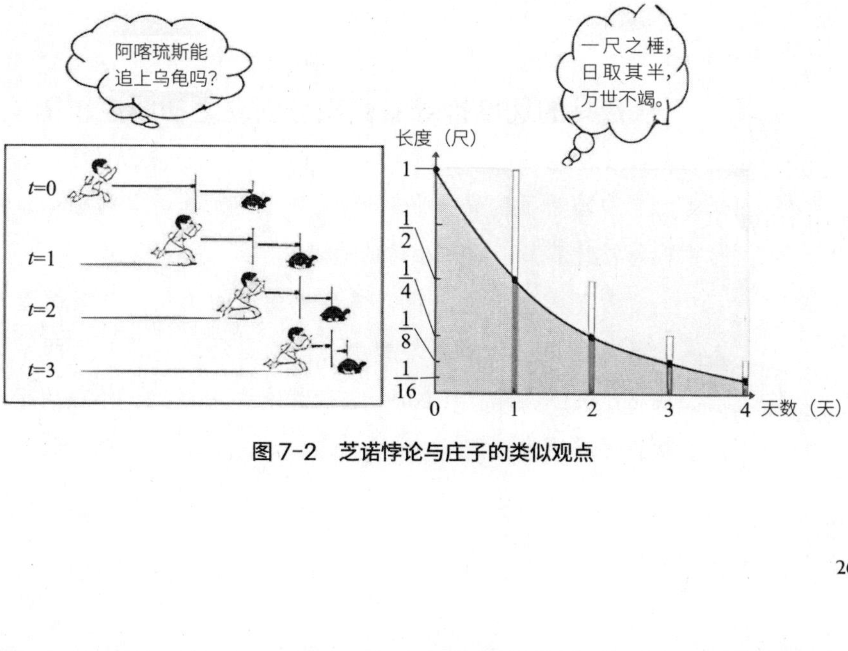

图 7-2　芝诺悖论与庄子的类似观点

类似的悖论还有很多，比如下面两个：

- 谷堆悖论：一粒谷子不能叫一堆谷子，它就是一粒谷子。两粒谷子也不能叫一堆谷子。不断地一粒一粒垒上去，什么时候可以把这些谷子称作一堆谷子？
- 忒修斯之船：希腊英雄忒修斯在特洛伊战争结束之后乘船回到了自己的祖国。他死后，这艘船被作为文物保存了下来。船上的木板每腐烂一块，人们就会用新木板更换掉坏的。多年以后，船上所有的木板都被更换过了。那么，此时这艘船还能叫忒修斯之船吗？如果它不再叫忒修斯之船，从什么时候开始它不再是忒修斯之船？类似地，你在一生中，每日新陈代谢，身上的原子不断被替换，那明日之你还是今日之你吗？如何定义哪个才是你呢？

芝诺悖论揭示了稠密性和连续性、无限可分和有限长度、连续和离散、实无穷和潜无穷之间的关系。到了 18 世纪，为了了解什么是无穷，牛顿之后的数学家们给出了一些现在听起来荒唐可笑的证明，我们可以举一些例子来说明他们在处理无穷时的迷惑与混乱。

扩展知识的边界
Logic of the World

从费马的速度推导看微积分创立之初的逻辑困境

费马举了这样一个例子：“一个匀加速运动的小球，我们怎样计算某一瞬间小球的速度？”

为了方便讨论，我们忽略掉物理的单位，只考虑涉及的数学问题。已知道匀加速物体的运动距离与时间的平方成正比关系，即 $d=1/2at^2$，假设加速度 a 为 32，小球的运动状态可描述为：

$$d = 16t^2$$

当 $t = 4$ 时，$d = 16 \times 4^2$。

设任意一个时间增量为 h，在第（$4+h$）时间单位时，小球会下降 256，加上距离增量 k，得：

$$256 + k = 16(4 + h)^2 = 16(16 + 8h + h^2)$$

两边都减去 256，得：

$$k = 128h + 16h^2$$

费马认为可以在上式等号左右两边同除以 h，这样就得到在时间 h 内的平均速度为：

$$\frac{k}{h} = \frac{128h + 16h^2}{h} = 128 + h$$

令 $h = 0$，得：$\dot{d} = 128$，这就是小球下落到第 4 个单位时的速度。

微积分表达式里表达导数的数学符号，今天被大家所接受的 $\dot{d}$ 的表达方式，应归功于费马。

费马指出了上述推导不严谨的地方：一开始，h 不为 0，所以才能进行等号左右两边同除以 h 的运算，即上式只有在 $h \neq 0$ 时才正确，因此不能令 $h = 0$ 而得出结论。

乔治·贝克莱对这种推导过程提出了尖锐的批评。推导中，h 首先作为非零值被写在分母上，但随后又被视为无穷小量（等于 0）而被忽略。这在逻辑上是矛盾的，因为同一律要求在同一个证明里，某个定义要有确切的含义，这个推导过程显然是违背同一律的！对此，贝克莱进行了更鲜明的表述：

$$\left(x^2\right)' = \frac{\left(x+\Delta x\right)^2 - x^2}{\Delta x} = \frac{2x\Delta x + \Delta x^2}{\Delta x} = 2x + \Delta x = 2x$$

$$\Delta x \neq 0 \qquad \Delta x = 0$$

在费马的推导中，无穷小的概念还隐含在几个等式之间，但贝克莱把矛盾明确地写在一个公式里了！他明确指出了无穷小量的逻辑错误：在一个等式里，出现了同样一个符号 Δx，数学家想让它不等于 0 的时候，它就不等于 0；想让它等于 0 的时候，它就可以等于 0。这违背同一律！

相比于微积分，古典逻辑中的同一律是更基础的规律，超越了任何一个数学公式的重要性。但是这个时代的大多数学家一如既往地继续在微积分里肆无忌惮地使用无穷大和无穷小的概念。

贝克莱就曾批评说，无穷变成了一个任人打扮的小姑娘，大家在面对来自基本逻辑规律的挑战时却装作视而不见。但很奇怪的是，实际应用中各个方向都证明了微积分是正确的。贝克莱接着嘲笑说，这是两次碰巧的错误，竟然蒙对了！

使微积分的创立者们感到迷惑的问题也来自积分。当我们用积分方法求一条曲线下的面积时，如图 7-3 所示，直观上看，矩形越多，其面积就越接近所求曲线下的面积。17 世纪的数学家们解决这个问题的方法是增加矩形的数量，使其变成无穷大。然而，无穷大的含义本身就不清楚：它是一个具体的数吗？如果是，怎样对它进行计算呢？

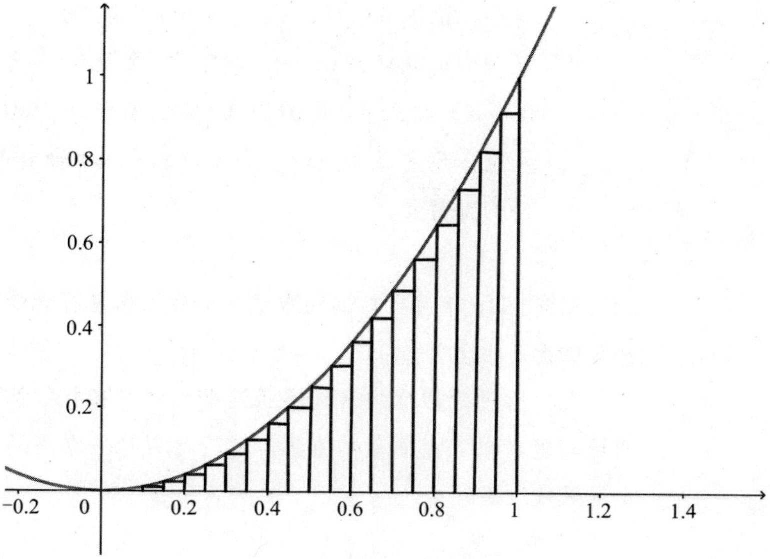

图 7-3　定积分的面积求解

扩展
知识的边界
Logic of the World

莱布尼茨的“无穷小量”困境

莱布尼茨研究微积分时，凭直觉认为当 h、k（他写作 $\mathrm{d}x$、$\mathrm{d}y$）减小时，它们成了“无穷小量”或“逐渐消失的量”。此时 h 和 k 均不为 0，但比任意给定的数都要小，比值 $\frac{k}{h}$ 就是我们所要求的量，即导数，莱布尼茨用 $\frac{\mathrm{d}y}{\mathrm{d}x}$ 表示。但“小于任意”岂不是太任意了？莱布尼茨给了如下经典定义，这一定义至今仍然在微积分教材中沿用。

- 无穷小：$\forall \varepsilon > 0$，$\exists \delta > 0$（或 $X > 0$），当 $0 < |x - x_0| < \delta$（或 $|x| > X$）时，有 $|f(x)| < \varepsilon$ 成立，则称函数 $f(x)$ 为当 $x \to x_0$（或 $x \to \infty$）时的无

穷小，记作 $\lim_{x \to x_0} f(x) = 0$（或 $\lim_{x \to \infty} f(x) = 0$）。

- 无穷大：$\forall M > 0$，$\exists \delta > 0$（或 $X > 0$），当 $0 < |x - x_0| < \delta$（或 $|x| > X$）时，有 $|f(x)| > M$ 成立，则称函数 $f(x)$ 为当 $x \to x_0$（或 $x \to \infty$）时的无穷大。

直到1716年去世前，莱布尼茨一直试图解释无穷小量和无穷大量的含义。

无穷所带来的麻烦远远不止这些，几乎在数学的所有领域都能看到它鬼魅般的身影。我们可以把一个表达式做泰勒级数[①]展开：

$$\frac{1}{1+x} = (1+x)^{-1} = 1 - x + x^2 - x^3 + x^4 \cdots \qquad (7\text{-}1)$$

我们可以强行要求 $|x| < 1$，$|x| = 1$ 时，这个等式无意义，但这个要求显然是主观的、任性的。那么，我们也稍微任性一点，当 $x = 1$ 时，这个表达式就变成：

$$1-1+1-1+1\cdots$$

这个无穷数列求和是多少呢？我们可以两两组合为：

$$(1-1)+(1-1)+(1-1)+\cdots$$

得出其和应该是0。但我们同样可以两两组合为：

$$1-(1-1)-(1-1)-(1-1)+\cdots$$

① 泰勒级数用无限项连加式——级数来表示一个函数，这些相加的项由函数在某一点的导数求得。泰勒级数是以于1715年发表了泰勒公式的英国数学家布鲁克·泰勒（Brook Taylor）的姓氏命名的。

这样其和应该是 1。这也就是我们禁止这个等式里 $x=1$ 的原因，并“美其名曰”求和是发散的。

假设这个等式在近处有 0 和 1 两个结果，但无穷远处求和有个确定的和 s，那么我们可以用以下方法来求解：

首先，$s=1-1+1-1+1\cdots$

然后，我们两两组合为：$s=1-(1-1+1-1+1\cdots)=1-s$

同样可以得到：

$$s=\frac{1}{2}$$

因此，这个无穷级数的和为 $\frac{1}{2}$。但当我们再看式（7-1）等号左边时，其和不就是 $\frac{1}{2}$ 吗？

1713 年，莱布尼茨写给学生克里斯蒂安·沃尔弗（Christian Wolff）的信中也谈到了这个无穷级数。莱布尼茨认为，即便可以不借助他自己的关于无穷的定义，也能得到这个结果。这显然是有点勉强的：整数求和，结果怎么能是个分数呢？但这个证明受到了伯努利家族和拉格朗日等数学家的认可。

欧拉在 1745 年的一封信中探讨了级数求和的问题：如果一个级数来自已知的函数，那么我们可以取这个函数的值作为级数的和。这个理论很快导致了新的问题。

欧拉处理了麦克劳林[①]级数：

---

① 科林·麦克劳林（Colin Maclaurin）是 18 世纪英国最具影响力的数学家之一，曾长期任教于爱丁堡大学。他是牛顿学说的重要发展者，对几何和代数做出了重要贡献。麦克劳林级数——泰勒级数的一种特殊情况，就是以麦克劳林的姓氏命名的。

$$\frac{1}{(1+x)^2}=(1+x)^{-2}=1-2x+3x^2-4x^3+\cdots$$

当 $x=-1$ 时，得到：

$$\infty=1+2+3+4+\cdots \tag{7-2}$$

这样的结果似乎合情合理，然而，当欧拉考虑将函数 $\frac{1}{x}$ 的级数展开时，也就是：

$$\frac{1}{1-x}=1+x+x^2+x^3+\cdots$$

令 $x=2$，那么：

$$-1=1+2+4+8\cdots$$

由于这个级数等号右边各项和大于式（7-2）中等号右边各项的级数求和，因此欧拉得出结论：-1 比无穷大还大。欧拉同时代的一些人也因此认为负数大于无穷大，这个性质不同于负数小于 0。欧拉则完全不认同这个观点，他认为 ∞ 像 0 一样把正、负数分割开来，在无穷远处形成了闭环。但这样的话，显然莱布尼茨关于任意大的无穷定义在这个推论下是站不住脚的。

欧拉总结了前面的结果，接着给出了一个更奇怪的结果，如果无穷大是可以被唯一定义的值的话，可以用麦克劳林级数展开得到：

$$\frac{1}{1+x}=1-x+x^2-x^3+x^4+\cdots$$

当 $x=1$ 时：

$$1-1+1-1+1\cdots=0$$

$$1-1+1-1+1\cdots=1$$

这与之前一样，同样地，对于：

$$\frac{1}{(1+x)^2}=1-2x+3x^2-4x^3+\cdots(|x|<1)$$

如果 $x=1$，则得到：

$$\frac{1}{4}=1-2+3-4+\cdots \qquad (7\text{-}3\text{-}0)$$

那么这就引出巴塞尔问题①：

$$\frac{1}{1^2}+\frac{1}{2^2}+\frac{1}{3^2}+\cdots=\frac{\pi^2}{6}$$

在高等数学中，“定义” $\frac{1}{1}+\frac{1}{2}+\frac{1}{3}+\cdots$ 是发散的，主观地阻止我们进一步探究，但我们需要暂时回到历史现场，以欧拉的眼光来重新评估这个问题，没有什么东西是天经地义的、不允许质疑的。那么我们姑且把这个发散的定义抛开，引入一个新的函数来重新探讨这个问题：

$$\zeta(s)=\frac{1}{1^s}+\frac{1}{2^s}+\frac{1}{3^s}+\cdots(s>1) \qquad (7\text{-}3\text{-}1)$$

上式乘以 $\frac{1}{2^s}$，就会得到：

① 巴塞尔问题是一个著名的数论问题：如何精确计算所有平方数的倒数的和？这个问题最初由意大利数学家皮耶特罗·门戈利（Pietro Mengoli）在1644年提出，由欧拉于1735年解决。由于这个问题难倒了以前许多的数学家，年仅28岁的欧拉因此一举成名。欧拉把这个问题做了一番推广，他的想法后来被德国数学家黎曼在1859年的论文《论小于给定数值的素数个数》中所采用，论文中定义了黎曼 ζ 函数，并证明了它的一些基本性质。这个问题以瑞士第三大城市巴塞尔命名，它是欧拉和伯努利家族的家乡。

$$\frac{1}{2^s}\zeta(s)=\frac{1}{2^{s^2}}+\frac{1}{4^{s^2}}+\frac{1}{6^{s^2}}+\cdots \qquad (7\text{-}3\text{-}2)$$

式（7-3-2）是式（7-3-1）的所有偶次项，两式相减则得到所有奇次项：

$$(1-\frac{1}{2^s})\zeta(s)=\frac{1}{1^s}+\frac{1}{3^s}+\frac{1}{5^s}+\cdots \qquad (7\text{-}3\text{-}3)$$

式（7-3-3）- 式（7-3-2），得到：

$$(1-2\frac{1}{2^s})\zeta(s)=\frac{1}{1^s}-\frac{1}{2^s}+\frac{1}{3^s}-\frac{1}{4^s}+\cdots$$

当 $s=-1$ 时：

$$-3\zeta(s)=1-2+3-4+\cdots$$

这个式子的值就是式（7-3-0）的值：

$$-3\zeta(-1)=1-2+3-4+\cdots=\frac{1}{4}$$

因此：

$$\zeta(-1)=-\frac{1}{12}$$

由式（7-3-1）即 $1+2+3+\cdots=-\frac{1}{12}$。无穷级数中的自然数求和结果为 $-\frac{1}{12}$！这似乎很荒谬，一组自然数在对无穷大求和，怎么会得到一个负数呢？而且这个负数还是一个分数，显然它大于 -1。所有自然数求和应该越来越接近无穷大，但这个结果显示 -1 比无穷大更大！这听起来很荒诞，但并不是完全没有意义的。

1948 年，荷兰物理学家亨德里克·卡西米尔（Hendrik

Casimir）发现，在真空中，两块非带电的平行导体板之间存在一种吸引力。在没有边界的自由空间中，所有频率的电磁波都存在，但在两块足够大的平行导体板之间的空间中，只有特定波长的电磁波能够存在，这些波长与平行导体板之间的距离相匹配（见图 7-4）。两个夹层中间的能量只允许是半波长的整数的光波所携带的能量总和。当计算两块板夹层中间的总能量的时候，必然涉及对无穷级数的求和（1+2+3…），而再乘以金属板夹层允许的最小单位，由量子力学给出：

$$\omega_0 = \frac{\hbar \pi c}{d}$$

这个求和的过程，被称为重整化，在量子电子学里是一个重要的方法。

两块导体板之间量子化能级的最低能量值 E_0 是：

$$E_0 = \frac{1}{2}\hbar\omega_0$$

对于多个能级的期望值 $\langle E \rangle$ 是：

$$\langle E \rangle = \frac{1}{2}\sum_n E_n$$

接着求和计算得到的能量是：

$$\langle E \rangle = \frac{\hbar \pi c}{2d}(1+2+3+\cdots)$$

这个无穷级数的和经过二次量子化处理后，最终得到的结果为：

$$\langle E \rangle = -\frac{\hbar\pi c}{24d}$$

这个公式里的系数 $-\frac{1}{24}$ 就来自所有自然数求和得出的 $-\frac{1}{12}$。

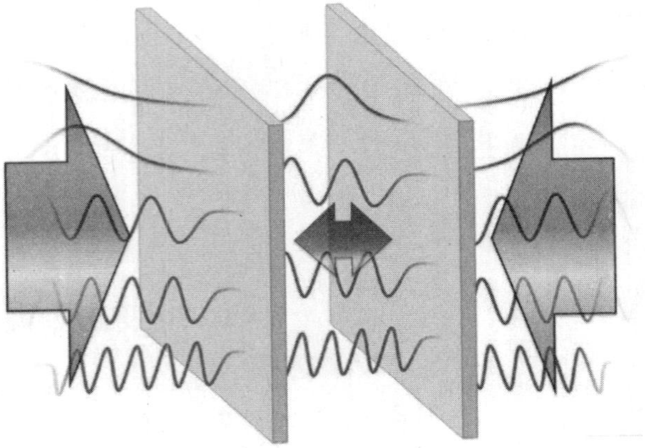

图 7-4 卡西米尔效应

这一现象被称为卡西米尔效应，它表明，在量子电动力学中，真空并非完全“虚无”，而是充满了不断产生和湮灭的虚粒子对。真空中的电磁涨落在板之间受到限制，导致板之间的虚粒子密度低于外部空间，从而使两块板之间产生了吸引力。在实验中，卡西米尔效应的观测非常具有挑战性，因为它只在非常小的距离尺度上（通常是微米或纳米级别）表现得明显。

但随着测量技术的进步，科学家们已经能够通过精确的实验来验证卡西米尔效应的存在。卡西米尔效应在纳米机电系统（NEMS）和微机电系统（MEMS）中具有实际应用。在纳米尺度上，卡西米尔力可以成为主要的作用力，因此，对于设计和制造纳米级的设备来说，理解和控制这种力至关重要。此外，卡西米尔效应的研究也在探索量子引力和宇宙学基本问题中扮演着重要角色。

自然数求和结果为 $-\frac{1}{12}$ 在自然数范畴内无意义，但在物理学上具有实际意义，而且物理实验验证了它的正确性。

那么，数学是我们创造发明出来的工具，还是被发现的自然规律呢？如果数学是被发现的，它应该对应某些物理学事件。数学是否在描述物理学事件呢？如果某些数学结果看似没有意义，那这些工具在物理学上是否也应该没有意义？似乎，关于无穷的概念又给我们带来了新的麻烦。

我们再来看一些关于无穷的悖论。假设一个旅馆里有无穷多个房间，每个房间都住着客人。这时候新来了一位旅客，这位新旅客该怎么住进去？旅馆老板让住在第一间房的人搬到第二间，住第二间房的人搬到第三间，住第三间房的人搬到第四间……所有人都搬完了之后，第一间房就空出来了，新旅客就可以住进去。同样，无论来多少人，老板都可以通过类似的操作安排客人入住。那么，如果来了无穷多新旅客，这些人该怎样住进旅馆呢？旅馆老板让第一间房的人搬到第二间，第二间房的人搬到第四间，第三间房的人搬到第六间，以此类推，让所有人搬到偶数房间，这样所有奇数房间就空出来了，新来的无穷多旅客就可以住进这些空出来的奇数房间。这个悖论由大卫·希尔伯特提出，被称为希尔伯特旅馆悖论。他说明了无穷集合的奇特性质：无论有多少人，总能找到空房间。

无穷集合的类似奇特性质还有很多，我们先来看“坐标和线段的对应”

的悖论。如图 7-5（a）所示三角形，其中线和底边上都有无穷多个点，若从顶点向底边上任意一点画一条线，这条线都会穿过中线并延伸到底边。这条线在中线和底边上的点是对应的，每一个点都可以在中线上找到对应的一个点。底边与中线上有同样数量的点（无穷多），因此三角形的中线和底边这两条线段是等长的。

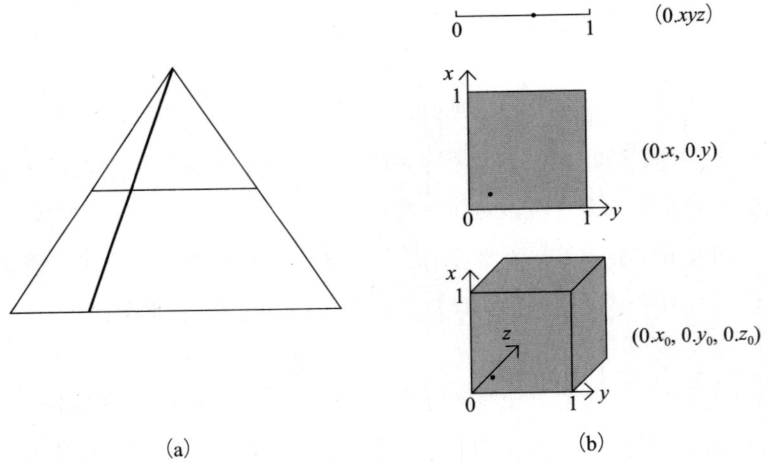

图 7-5 “坐标和线段的对应”的悖论

这显然是反直觉的。我们甚至还可以“证明”一条线段和一个平面或一个立方体是等大的，如图 7-5（b）所示。考虑一个顶点在坐标原点、边长为 1 的正方形，其两边在 (x, y) 坐标轴上。假设正方形上的一个点的坐标为 $(0.x_0, 0.y_0)$，如点 (0.13, 0.23)。为了简单表达，我们把整数部分 0 和小数部分提出来表示。我们总能在一条长度为 1、顶点在原点的线段上找到一个点 $(0.x_0\ y_0)$ 与 $(0.x_0, 0.y_0)$ 一一对应。例如，点（0.1323）对应平面上的点 (0.13, 0.23)。这样，平面上的每个点都能找到一个在线段上的对应点，从而“证明”平面和线段等大。再夸张一点的例子是，假设有一个边长为 1 的立方体，三边在立体坐标系的坐标轴上，这个立方体里的点（$0.x_0, 0.y_0, 0.z_0$），如（0.11, 0.22, 0.33），可以对应为线段上的点（0.112233）。因此，立方体和线段等大。

我们可以辩驳说点和点之间有所不同，线段上的点和立方体内的点并不相同，但它们究竟有何不同呢？根据欧几里得几何的定义，点是没有大小的。这种证明思路实际上与德谟克利特的原子论有相似之处。按照莱布尼茨的定义，点是无穷小的。那么，无穷小是什么？

这种思路还可以延伸到求面积上，比如求托里拆利小号（见图 7-6）的表面积。设托里拆利小号的边界曲线是 $\frac{1}{x}$，x 代表从 0 到无穷大。$\frac{1}{x}$ 积分是发散的，这就导致小号的表面积可以无穷大，但它的体积是有限的。假设我们给小号涂油漆，由于它的表面积是无穷大的，所以需要无穷多的油漆。然而，由于它的体积是有限的，可以将油漆倒入小号内部，然后倒出来，这样内部所有的表面都会被涂上油漆。当壁足够薄时，内部表面积与外部表面积相等，因此所需的油漆也是有限的。那么到底哪个说法是正确的呢？

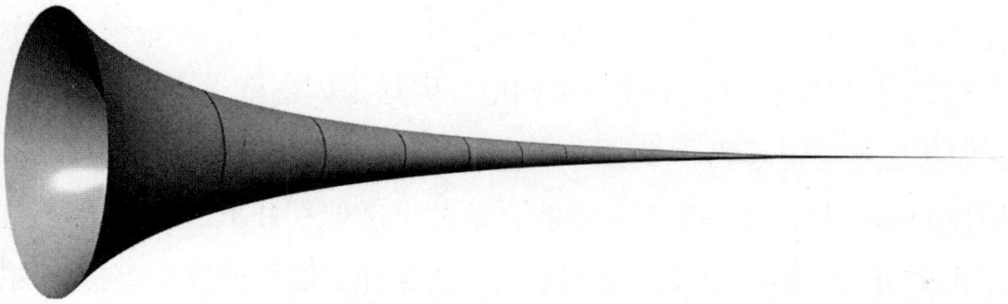

图 7-6　托里拆利小号

再举一个概率相关的例子。一个飞镖扔到靶上，扎中某一点的概率是无穷小的，因此两个点严格重合的概率为 0。当我们把很多无穷小的概率加起来时，为什么总和会变成一个有限的值？在理想情况下，飞镖总会扎到靶上，概率为100%。那么，怎样从很多个概率为0的事件累加为概率为100%的事件？这又是无穷小的叠加造成的悖论。

对于这类问题，要么视而不见，要么正视。无穷的定义显然已经在撼动数学的基础。柏林科学院①数学分部于1784年提议在1786年颁发一个奖项，以表彰对数学中的无穷问题的最佳解答。人们没想到这个问题竟耗费了约一个世纪才解决。柏林科学院收到了许多关于解决无穷问题的论文，但这些作者都无法解释为什么从看似矛盾的假设出发，可以推出那么多正确的结论。他们都或多或少地忽略了清晰性、简洁性以及严密性等要求。多数学者甚至没有意识到，他们所寻求的原理不应局限于微积分，而应扩展到代数和几何内容。

18世纪的思想家们在论证时有一个特别之处：他们中的很多人最终会求助于形而上学——无穷的本质问题似乎暗示着数学领域之外还存在一个真理体系，如果需要的话，这个外在的力量可以检验他们的工作。上帝为什么这样安排无穷大和无穷小？为什么微积分的结果是正确的？

“思想就是漫漫长夜之中的一道闪电，但这道闪电就是一切。”数学家亨利·庞加莱这样写道。为了描述这道“闪电”，他讲述了自己的体验：“在我躺上床板的那一刻，灵感来了，而我之前的思考似乎并不是它的铺垫。”“有一天，我在海边的峭壁散步，灵感来了，还像往常那样简要、突然，而又让人瞬间确信：不定三元二次型的算术变换等同于非欧几里得几何中的变换。”庞加莱的这些体验与众多数学家的亲身经历共鸣。有些人自然地把这种正确性归因于信仰，认为这需要通过直觉做出正确判断。面对“无穷”这一概念

---

① 柏林科学院是德国近代最早的科学研究机构之一，由莱布尼茨倡议成立。1700年，柏林科学院得到勃兰登堡选帝侯弗里德里希三世（Friedrich Ⅲ）的支持而成立，首任院长为莱布尼茨。

的挑战，人们开始放弃思考，把困难交给上帝。帕斯卡就在他的《思想录》中写道："我们不仅靠推理，也靠心智来认识真理。"

康托尔的解决方案暂时缓解了数学的第二次危机

以莱布尼茨为代表的主流学派认为，如果承认欧几里得以来的"局部小于整体"的习惯认知，那么就会出现诸如"三角形的中线与底边等长"的悖论。这显然是错误的，因此无穷大没有实际的意义。这种观点显然会导致微积分相关的所有知识带有"原罪"，因为微积分建立在一个完全无法定义的概念之上。

乔治·康托尔另辟蹊径，提出了无穷的新解决方案：我们可能不得不放弃"局部小于整体"的执念，从而赋予无穷大以确定的数学意义。放弃这一习惯认知意味着要承认在某些情况下，局部跟整体是等大的，比如奇数的数量与整数的数量相等，自然数的数量和有理数的数量相等。比自然数集合更大的是［0,1) 区间内的实数。集合的大小可以用"势"（又称为基数）来描述，势的符号是希伯来文的第一个字母 ℵ（aleph）。康托尔在 1874 年的论文《论所有实代数数集的一个性质》中明确提出势的概念，并且用"与自身的真子集有一一对应"作为无穷集的特征。这听起来有些抽象，但它解决了至少前文提到的所有关于无穷的问题。

举个例子，我们经常为一个序列编号，序列里的每一个位置会有一个自然数与之对应，我们称之为序数。自然数的势为 0，标记为 $\aleph_0$。只要这些符号可以按自然数的顺序来排列，那么它就是个可数无穷集合，但在无穷远处发生了什么呢？如何判断两者是相等的呢？只要保证每一个数都对应一个自然数，两者就是等大的。比如，在一个礼堂讲课时，我们并不知道礼堂里到底有多少座位，也不知道会有多少学生来听课，但只要每个座位上都有一个学生，我们就知道礼堂的座位数和学生人数是相等的。应用到希尔伯特旅馆悖论，自然数的数量等于偶数的数量，它们是等大的；自然数的数量也等于奇数的数量，它们也是等大的。显然，这时我们放弃了整体大于局部的假设。

扩展
知识的边界
Logic of the World

有理数与无理数的可数性探究

我们来证明所有的有理数是可数的无穷大，其大小与自然数相等。

所有有理数，即两个整数的比，都可以在图 7-7 中表示，横坐标是分子，纵坐标是分母。对于已经在图中出现过的有理数，我们将其去掉，并对所有首次出现的有理数用自然数一一编号。因此，有理数可以被标记为一个 $\aleph_0$ 为 0 的有限的、可数的无穷大，它与自然数的无穷大相等。这样，在三角形中线与底边的问题上，每画一条连接定点和底边上某一点的线的时候，我们都在讨论可数的无穷大。但这条线上还有很多不可数的无穷大。

接下来，我们探讨无理数是否可数，并使用康托尔的对角线法来证明我们的观点。此证明将展示无理数的无穷大比有理数的无穷大更大，且是不可数的无穷大。

假设实数 A 在 0 到 1 之间，A_1 为第一个可数的数，它的小数点后第一位为 a_{11}，第二位为 a_{12}，以此类推，因为每个数都是可数的，它们构成一个可数的无穷大集合，我们可以将 A_1，A_2，A_3…都列出来。

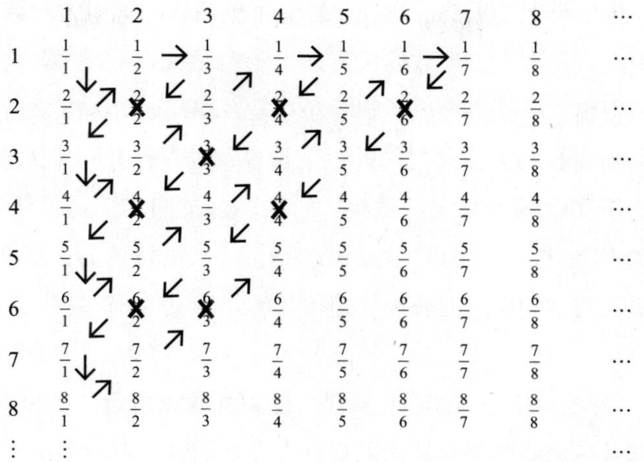

图 7-7　有理数的可数无穷性

$$A_1 = 0.a_{11}a_{12}a_{13}\cdots$$

$$A_2 = 0.a_{21}a_{22}a_{23}\cdots$$

$$A_3 = 0.a_{31}a_{32}a_{33}\cdots$$

$$\cdots$$

现在我们定义一个实数 $B = 0.b_1b_2b_3\cdots$，令 $b_n=a_{nn}+1$，当 $a_{nn}+1 = 10$ 的时候，我们让 $b_n = 0$。这样，我们会发现 B 不在上述所有可数有理数的 A_n 的列表中。例如，当假设 B 在第三行时，b_1 等于 a_{31}，b_2 等于 a_{32}，但 b_3 不等于 a_{33}，因为 $b_3=a_{33}+1$，当 $a_{33}=9$ 时，$b_3=0$，因此 B 不是 A_3，所以 $B \neq A_3$。同样可证 B 不在 A_n 列表中的任何一行。这样在无理数中总能找到一个数，它属于无理数但不在可数的有理数列表中。因此，无理数的无穷大会大于有理数的无穷大，康托尔把它记为 $\aleph_1$。

依据类似的思路，康托尔定义了更高阶的无穷大的数。最低阶的是可数无穷大，其次是无理数的无穷大，比无理数的无穷大更大的还有更多的无穷大。很快，康托尔提出了新问题：是否存在一个无穷大，其介于自然数的无穷大和实数的无穷大之间？也就是说，是否存在一个大于有理数的无穷大，但小于实数的无穷大的数集？后来，这被叫作连续统假设，是希尔伯特在1900年提出的23个数学难题之一。希尔伯特认为，这23个命题一旦得到解决，数学的所有问题也将迎刃而解。

后来，进一步的研究发现，连续统假设属于“不可判定命题”。可判定命题是指那些能够对从无限集合中选取的输入值给出明确“是”或“否”答案的问题。这些输入值可以是自然数，也可以是其他类型的值，比如形式语言中的字符串，代入某个谓词表达（陈述）之后，最终可以输出“是”或“否”的真值作为判断的命题。但不是所有问题都是可判定命题。

在我们对数学的习惯认识中，一个屡试不爽的命题常常意味着它是一个正确的命题，即定理；每一个正确的命题应该最终都能找到证明，每一个错误的命题也迟早会找到反例被证伪。但实际上，确实存在一类命题，它们属于不可判定命题，它们的对错或真伪是不能被证明的。对于那些部分不可判定或完全不可判定的问题，它们被归类为不可判定命题。这并不意味着这些问题没有对错之分，而是指它们的真实性无法通过以已经确立的公理为基础的数学证明过程来确定。不可判定命题挑战了传统的数学习惯，它们的真实性是无法通过古典逻辑的证明方法来确定的。但这种不可判定性本身是可以被证明的，连续统假设就是一个典型的例子，我们无法给出一个证明过程来证明有理数跟无理数之间是否存在一个介于两者之间的无穷大值。

数学为我们提供了理解和预测的方法

无穷小量的问题暂时告一段落，数学的第二次危机暂时得到了缓解。但连续统假设的问题并未得到解决，更大的挑战随之而来。前文曾提到欧几里得几何的 5 条公设。

- 公设 1：从一点向另一点可以引一条直线。
- 公设 2：任意线段能无限延伸成一条直线。
- 公设 3：给定任意线段，可以以其一个端点作为圆心，该线段作为半径作一个圆。
- 公设 4：所有直角都相等。
- 公设 5：若两条直线都与第三条直线相交，并且在同一边内角之和小于两个直角，则这两条直线在这一侧必定相交。

最后一条公设通常被称为平行线公设。前 4 条公设定义了点、线、面、圆和直角，而第 5 条公设显得有点不太和谐。尽管由第 5 条公设可以很容易推出三角形内角和是 180°，但它听起来更像一个定理，而非一条公设。许多人认为平行线公设的表述不够“美观”，可能不满足奥卡姆剃刀准则，从前 4 条公设也可能推导出来。经过 1 000 多年的努力，数学家们尝试了多种方法证明第 5 条公设是多余的。有些人尝试采用反证法，假设两条直线即使在近处不相交，但在远处还是会相交，看看能不能推导出一个与前 4 条公设矛盾的悖论，这样第 5 条公设就不是独立的。

然而，人们惊讶地发现，基于新的假设的数学体系也是成立的，即便两条平行线在近处不相交，但在远处相交，仍然可以构建出一套自洽的几何体系。而且自然界也确实有对应的现象，地球就是一个例子。地球上任何两条经线在赤道处是平行的，但在南北极近似无穷远的地方相交。若选取赤道上的两个点与北极点构成三角形，三角形的内角和在这种情况下将大于 180°：两条经线与赤道的夹角都是 90°，同时这两条经线在南北极相交时，中间形成了一个夹角，因此这个三角形的内角和大于 180°。

如果假设两条平行线在无穷远处越离越远，可以同样创造一个自洽的几何体系。这种体系被称作双曲面几何，或称为马鞍面几何。这种几何体系中三角形的内角和小于 180°。球面几何和双曲面几何后来被统称为非欧几里得几何（见图 7-8）。它们与欧几里得几何是互不矛盾的几何体系。德国数学家黎曼在 19 世纪系统地发展出非欧几里得几何的数学体系。当他提出这一想法时，他并未考虑过物理学的应用。那时的他绝对没有预料到，20 世纪初，黎曼几何正是广义相对论所需要的数学基础。根据广义相对论，引力是大质量物体引起的时空弯曲所导致的现象。为了描述这种弯曲，爱因斯坦需要定义一个新的空间几何工具，这正是黎曼 60 多年前就已经获得的。

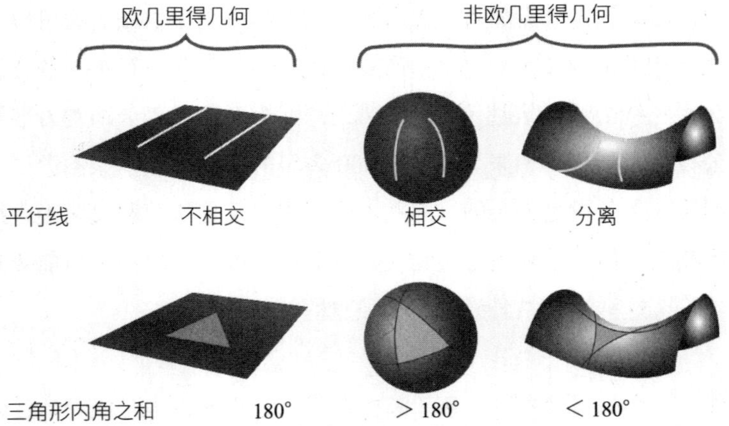

图 7-8　互不矛盾的几何体系

通过上面的例子我们可以发现，选择不同的基本假设，可以得出完全不同的数学知识体系。这给我们提出了一个新的问题：数学的本质到底是什么？它能不能准确地描述这个世界？到底哪套是对的，难道由人主观地来选吗？

扩展
知识的边界
Logic of the World

海森堡不确定性原理的证明过程

在自然数的运算中，做减法是一个具有潜在风险的操作。初学数学的时候，老师会告诉小朋友，减数要小于被减数，否则就会出现“不够减”的情况。这也是在“负数”概念被提出之前，古人处理自然数的办法。被减数要比减数大，这是个基本假设。后来人们发现，减去一个大于自己的自然数是可行的，并且具有具体的意义，于是引入了负数。有了负数、零和自然数，我们凑齐了整数，进而扩展到实数。这时我们要求负数不能开平方根，因为“没意义”，这又是一个基本假设。当我们突破这个假设的限制，当被开平方数小于零的时候，人们引入了虚数单位 $\mathrm{i}=\sqrt{-1}$，给予负数开方意义，发明了复数理论。复数在矢量计算[①]和解析几何中非常有用，成为推导新理论工具的重要基础。

在实数的运算中，乘法具有交换律 $a\times b=b\times a$，同样，当我们突破这个假设的限制，可以引入新的计算假设，如在矢量运算中，$a\times b\neq b\times a$。

$$Q(q_0, q_1, q_2, q_3)=q_0+q_1\boldsymbol{i}+q_2\boldsymbol{j}+q_3\boldsymbol{k}$$

我们要求 q_0、q_1、q_2、q_3 为实数，$\boldsymbol{i}$、$\boldsymbol{j}$、$\boldsymbol{k}$ 为相互正交的

① 矢量计算涉及矢量之间的各种运算，包括加法、减法、标量乘法、点积（内积）和叉积（外积）等，在数学、物理学和工程科学等领域中有着广泛应用。

单位矢量。在四元数乘法运算中，定义矢量乘法有如下运算关系（定义四元数乘法为⊗）：

$$\boldsymbol{i}\otimes\boldsymbol{i}=-1,\boldsymbol{j}\otimes\boldsymbol{j}=-1,\boldsymbol{k}\otimes\boldsymbol{k}=-1$$
$$\boldsymbol{i}\otimes\boldsymbol{j}=\boldsymbol{k},\boldsymbol{j}\otimes\boldsymbol{k}=\boldsymbol{i},\boldsymbol{k}\otimes\boldsymbol{i}=\boldsymbol{j}$$
$$\boldsymbol{j}\otimes\boldsymbol{i}=-\boldsymbol{k},\boldsymbol{k}\otimes\boldsymbol{j}=-\boldsymbol{i},\boldsymbol{i}\otimes\boldsymbol{k}=-\boldsymbol{j}$$

这个公式在量子力学中具有具体的物理学意义。比如我们在讨论海森堡不确定性原理①的推导时，假定对任何可观测的 A，我们有：

$$\sigma_A^2=\left\langle\left(\hat{A}-\langle A\rangle\right)\Psi\mid\left(\hat{A}-\langle A\rangle\right)\Psi\right\rangle=\langle f\mid f\rangle$$

其中，$|f\rangle\equiv\left(\hat{A}-\langle A\rangle\right)|\Psi\rangle$。

同样，对于任何可观测的 B，

$$\sigma_B^2=\langle g\mid g\rangle$$

其中，$|g\rangle\equiv\left(\hat{B}-\langle B\rangle\right)|\Psi\rangle$。

因此：

$$\sigma_A^2\sigma_B^2=\langle f\mid f\rangle\langle g\mid g\rangle\geqslant\left|\langle f\mid g\rangle\right|^2$$

现在，对任何复数 z，

$$|z|^2=\left(Re(z)\right)^2+\left(Im(z)\right)^2\geqslant\left(Im(z)\right)^2=\left[\frac{1}{2\mathrm{i}}\left(z-z^*\right)\right]^2$$

令 $z=\langle f|g\rangle$，则

① 海森堡不确定性原理又名“测不准原理”，是量子力学的一个基本原理。该原理指出，在量子层面，存在一种固有的不确定性，即无法同时准确测量粒子的位置和动量（或动量的某个分量）。

$$\sigma_A^2\sigma_B^2 \geqslant \left(\frac{1}{2\mathrm{i}}\left[\langle f \mid g\rangle - \langle g \mid f\rangle\right]\right)^2$$

但是，

$$\begin{aligned}\langle f \mid g\rangle &= \left\langle\left(\hat{A}-\langle A\rangle\right)\Psi \mid \left(\hat{B}-\langle B\rangle\right)\Psi\right\rangle = \left\langle\Psi \mid \left(\hat{A}-\langle A\rangle\right)\left(\hat{B}-\langle B\rangle\right)\Psi\right\rangle \\ &= \left\langle\Psi \mid \left(\hat{A}\hat{B}-\hat{A}\langle B\rangle-\hat{B}\langle A\rangle+\langle A\rangle\langle B\rangle\right)\Psi\right\rangle \\ &= \left\langle\Psi \mid \hat{A}\hat{B}\Psi\right\rangle-\langle B\rangle\left\langle\Psi \mid \hat{A}\Psi\right\rangle-\langle A\rangle\left\langle\Psi \mid \hat{B}\Psi\right\rangle+\langle A\rangle\langle B\rangle\langle\Psi \mid \Psi\rangle \\ &= \left\langle\hat{A}\hat{B}\right\rangle-\langle B\rangle\langle A\rangle-\langle A\rangle\langle B\rangle+\langle A\rangle\langle B\rangle \\ &= \left\langle\hat{A}\hat{B}\right\rangle-\langle A\rangle\langle B\rangle\end{aligned}$$

类似地，

$$\langle g \mid f\rangle = \left\langle\hat{B}\hat{A}\right\rangle-\langle A\rangle\langle B\rangle$$

所以，

$$\langle f|g\rangle-\langle g|f\rangle = \left\langle\hat{A}\hat{B}\right\rangle-\left\langle\hat{B}\hat{A}\right\rangle = \left\langle[\hat{A},\hat{B}]\right\rangle$$

其中，

$$[\hat{A},\hat{B}] = \hat{A}\hat{B}-\hat{B}\hat{A}$$

这是两操作符的共轭操作，这样我们可以得出以下结论：

$$\sigma_A^2\sigma_B^2 \geqslant \left(\frac{1}{2\mathrm{i}}\left\langle\hat{A},\hat{B}\right\rangle\right)^2$$

这是海森堡不确定性原理的一般形式。举个例子，假设第一个可观测量是位置 $(\hat{A}=x)$，第二个可观测量是动量 $(\hat{B}=(\hbar/i)\,d/dx)$，对于任何一个函数 $f(x)$：

$$[\hat{x}, \hat{p}] f(x) = x \frac{\hbar}{\mathrm{i}} \cdot \frac{d}{\mathrm{d}x}(f) - \frac{\hbar}{\mathrm{i}} \cdot \frac{d}{\mathrm{d}x}(xf)$$
$$= \frac{\hbar}{\mathrm{i}} \left[x \frac{\mathrm{d}f}{\mathrm{d}x} - \left(f + x \frac{\mathrm{d}f}{\mathrm{d}x} \right) \right] = \mathrm{i}\hbar f$$

所以，

$$[\hat{x}, \hat{p}] = \mathrm{i}\hbar$$

根据以下操作，

$$\sigma_x^2 \sigma_p^2 \geqslant \left(\frac{1}{2\mathrm{i}} \mathrm{i}\hbar \right)^2 = \left(\frac{\hbar}{2} \right)^2$$

由于标准差是正的，因此可得：

$$\sigma_x \sigma_p \geqslant \frac{\hbar}{2}$$

这就是海森堡不确定性原理的证明过程。矩阵运算中乘法交换律不对称的特性，会在量子力学中有对应的表现，由此推导出了海森堡不确定性原理这一量子力学中的重要结论。

矢量运算中的乘法交换律与算术中的乘法交换律完全不同。但我们发现，除了一些经典问题可以用实数的乘法规则来解决，很多物理现象是可以用矩阵运算规则解释的。如果没有矩阵运算，这些物理学计算将无法进行。一部分物理学问题需要利用矩阵运算的数学法则，因为这些规则可以更准确地描绘这部分物理学内容。

从毕达哥拉斯时代起，人类追求理性，希望把数学变成一个确定的、最好的描述自然的工具，而且把这种确定性归因于唯一的神的意志。但到了 19 世纪，人们发现数学本身似乎并不意味着确定性，数学的理论框架中所需的基本假设包含了主观因素，甚至可以在符合一定规则的前提下任意选择一种假设。例如，探讨几何命题或研究空间的本质时，人们甚至不知道是应该使用平面几何还是使用曲面几何。只要改变公理假设，任何一个数学体系都可以被重新构建；只要符合逻辑的基本规律，就可以构建出完全不同的数学体系。从牛顿时代开始，人们一直在试图证明上帝是一位伟大的数学家。那么，上帝究竟创造了哪套数学让我们使用，还是说任何一套数学都可以？或者，决定选择怎样的基础假设的参与者——人，才是更重要的？数学似乎又从客观性走向了主观性。同样，物理世界的广阔性要求数学不断拓展新的知识框架和发明新的工具，但随之产生了新的问题，那就是数学似乎不再是由上帝唯一决定的，反而充满了任意性。如果不单纯从其严谨性来讲，至少在神性上，数学已不再如人们所视的那样崇高。

进一步讲，数学的本质究竟是什么？这一直是哲学和科学领域一个经典且引人入胜的讨论话题，也即前文曾提到的，数学是被发现的还是被发明的。

如果我们将其视为发明，那么数学就像是一套精心设计的游戏，其规则既完整又和谐，允许我们在其中自由地推演和探索。就像围棋或象棋一样，一旦建立了规则，参与者就能够在这个框架内享受游戏的乐趣，而不受规则之外的矛盾或冲突的干扰。从这个角度来看，数学可能并非一开始就代表绝对的真理，而是作为一种工具或语言，被设计出来用于描述和理解我们周围的世界。**数学的强大之处在于其内在逻辑的连贯性和普适性，这使得它不仅能够描述物理现象，还能够广泛应用于各种科学、工程和哲学问题。**

尽管数学可能并非描述世界的唯一真理，但它在解释现实世界方面展现出了惊人的力量和精确性。**数学的规则和结构为我们提供了一种理解和预测现象的方法，数学的普适性和一致性使得它成为人类文明中最基础和最重要的知识体系之一。因此，数学可以被视为一种既反映现实又超越现实的独特发明，是人类智慧的结晶，也是迄今为止我们探索未知世界最强有力的工具。**

集合论引发了数学的第三次危机

无穷的定义和公理选择的主观性引起的数学第二次危机还没有彻底解决，这一自然科学的基础工具又迎来了第三次危机。

康托尔在数学领域做出了两项重要贡献：一是对无穷概念的阐释；二是通过集合论统一了现代数学的理论基础。18 世纪以来的数学家们能够利用同构映射将平面几何问题转化为代数问题，进一步将代数问题归结为自然数的研究。庞加莱认为，借助康托尔的集合论，数学的整个体系得以构建，集合论成为实现数学绝对严格性的关键，通过它能够整合所有数学理论。到了 1900 年，康托尔的集合论已经成为数学界的大热门。集合论不仅被视为现代数学的基石，更被誉为“人类纯智力活动的最高成就”。数学家们普遍认为，集合论的提出标志着数学理论的一次巨大飞跃，为数学最终的严格化和形式化奠定了坚实的基础。下面我们简单介绍一下集合论。

集合首先具有确定性。对一个集合而言，集合里的每一个元素都必须是确定的，不能同时属于集合 A 又不属于集合 A。其次，集合里的元素具有互异性，即集合里的任何两个元素都不能相同。最后，我们要求集合里的元素具有无序性。每一个集合里的元素都没有固定的排列顺序。

要描述一个集合，可以使用列举法，将集合中的所有元素列出。例如，牛津大学有 38 个学院，每个学院都有固定的名称，如 { 圣约翰学院，圣安学院，女王学院……}。再如，扔两枚硬币时，所有可能的结果组成的集合为 { 正正，正反，反正，反反 }，如果不考虑顺序，{ 正反 } 和 { 反正 } 可以合并。

集合元素的另一个表达方法是对集合里元素的特征进行描述。例如，“牛津大学的学院”可以代表牛津大学的所有学院。以上两种方法在数学上是等价的。我们用维恩图来表达集合的相互关系（见图 7-9）。

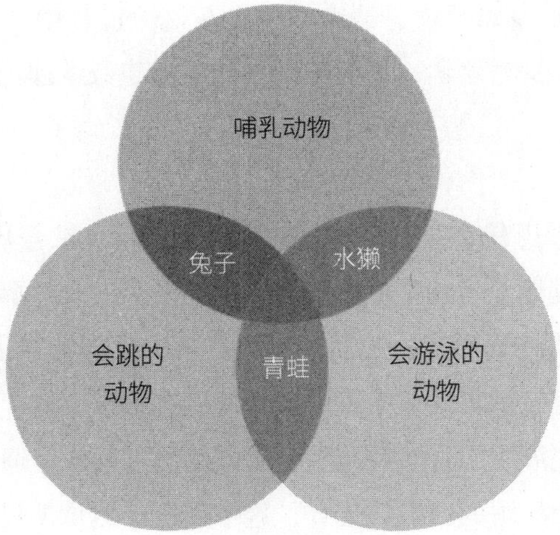

图 7-9　维恩图

弗雷格延续了康托尔的工作，以集合论为基础对自然数的算术法则进行了梳理，以此作为依靠同构原理由集合论来实现数学大统一的第一步。弗雷格在 1893 年的时候出版了《算术基本法则》（*Basic Laws of Arithmetic*），这是一部旨在重塑算术基础的巨作。该书的第一卷出版于 1893 年，第二卷则于 1903 年出版。

在弗雷格的这部著作中，他采用集合论的方法对算术理论进行了重构。这部著作对人们默认接受的那些看似不证自明的常识的习惯提出了质疑，并重新明确对其进行定义。比如从儿时起，我们就在学习基本的数字和算术运算，如加、减、乘、除等法则。随着时间的推移，我们逐渐对这些基础知识产生了一种默认的信任，认为它们是理所应当的。

然而，弗雷格并不满足于此，他严肃地探讨了算术中的基本定义是如何形成的，以及支撑这些定义的符号和操作规则是什么。弗雷格的目标是通过集合论的新方法梳理出一套完整的理论体系，为数学提供一个坚实的基础，确保每一步都能够逻辑严谨、清晰明确。在这一过程中，集合论不仅为我们提供了一种统一的数学语言，还帮助我们在构建数学理论时保持严格的一致性。

在数学的发展历程中，对自然数的理解和表示方法经历了重大的变革。皮亚诺的算术公理体系早就为自然数的描述提供了一套经典的框架。在集合论的基础上，弗雷格提出了一种新的定义方法，重新解释了自然数的概念，并确保了这一新定义满足皮亚诺算术公理的所有要求。这个新定义不仅在数学上是自洽的，还展示了自然数与集合之间的深刻联系。通过这种定义，我们就可以构建一个无限的自然数集合，这个集合虽然是无限的，在数学上却是可数的，符合康托尔关于无穷的定义。

弗雷格的方法不是简单地将后继数视为“+1”的操作，而是将其视为拓展集合的操作。在他的定义中，自然数的起始元素 0 被定义为空集。对于任何给定的自然数 n，其后继数 $n+1$ 被定义为包含 n 的所有集合的集合。例如，数字 2 可以被定义为包含空集 $\varnothing$ 和集合 $\{0\}$（即 1）的集合，这样就用集合论的语言定义了后继数，如下所示。

$$0 = \varnothing$$
$$1 = \{0\} = \{\varnothing\}$$
$$2 = \{0,1\} = \{\varnothing,\{\varnothing\}\}$$
$$3 = \{0,1,2\} = \{\varnothing,\{\varnothing\},\{\varnothing,\{\varnothing\}\}\}$$
$$\cdots$$

弗雷格不惧任何麻烦地重塑自然数体系的意义在于，从自然数开始，可以延伸定义除法，接着可以进一步定义有理数和无理数，从而构建代数的基石。代数再通过解析几何与平面相结合，通过当时已熟知的数学的同构映射，并随着不同的假设和操作规则的填入，就可以扩展到数学的所有分支领域，最终都可以归结为集合论。只要证明了集合论本身的自洽和完备性，数学的根本问题便得以解决。在 1900 年的国际数学家大会上，庞加莱就曾兴高采烈地宣称："借助集合论概念，我们可以建造整个数学大厦。今天，我们可以说绝对的严格性已经达到了。"这一梦想使数学家们陶醉。

1900 年，时年 28 岁的罗素根据弗雷格的前期工作也在深入研究数学的逻辑基础。研究事物集合间的关系的时候，罗素思考了以下这样的问题。

集合的"成员"资格似乎平淡无奇。如果我们考虑集合 $S = \{a,b,c\}$，那么 b 是集合 S 的成员，但 d 不是。如果我们考虑所有偶数的集合，那么 2、6、1 600 都是这个集合的成员，而 3、1/2、π 不是。把抽象层次再提高一点，我们发现一个集合的成员本身也可以是集合。对于包含两个成员的集合 $T = \{a,\{b,c\}\}$，第一个成员是 a，而第二个成员是集合 $\{b,c\}$。或者，设 W 是一个集合，它是由所有偶数的集合和所有奇数的集合组成的，即：

$$W = \{\{2,4,6,8,\cdots\},\{1,3,5,7,\cdots\}\}$$

这个集合 W 有两个成员，每一个成员本身也是由无限多个数组成的集合。这正是弗雷格用集合论重塑算数的基础。

集合之内可以有集合作为成员的事实，促使罗素很快就提出一个非常令人迷惑的问题：一个集合能否以它自己为成员？他写道："有时候我觉得好像集合本身是一个成员，有时候又不是。"他举了一个例子，所有汤勺的集合，这个集合肯定不是一把汤勺。因此，所有汤勺的集合不是其自身的成员。同样，所有人的集合也不是一个人，因此也不是其自身的成员。

对罗素来说，也存在某个集合的成员的确包含它自己。举个例子来说，一个"所有不是汤勺的事物"的集合中包含叉子、英国首相、8 位数字等。的确，这些事物中任何一个都不是汤勺。这个集合本身的确也不是汤勺，它的确作为另一个非汤勺的事物属于这个集合。

显然，每个集合都将属于两个范畴之一：要么像汤勺的集合那样，它是一个不包含自身的集合，我们把这种情况称为罗素集合；要么像非汤勺的集合那样，它是自身的一个成员。

当罗素决定思考由所有不包含自身的集合组成的集合时，这些简单的思考却带来了一个不祥的转向，他把所有罗素集合都收集起来，形成一个大的新集合，我们记为 R。于是，R 中就有这样一些成员：所有汤勺的集合、所有人的集合以及很多其他集合。

此时，出现了一个撼动集合论基础的问题：R 是不是它自身的成员，即所有罗素集合的集合是罗素集合吗？这个问题只有两个可能的答案："是"或"不是"。假设答案是"是"，那么 R 是 R 的一个成员。为了成为一个成员，R 必须满足成员的资格标准：R 不是其自身的成员。因此，如果 R 是 R 的成员，那么 R 不能是 R 的成员。这种显而易见的矛盾排除了这个致命问题的答案为“是”的可能性。

但是，如果答案是“不是”，即 R 不是 R 的成员，又会如何呢？这时，R 一定不是其自身的成员，像前面提到的汤勺的集合一样，它满足了成为 R 的成员的资格标准。所以，如果 R 不是 R 的成员，那么它会自动地成为 R 的一个成员。我们再次面临矛盾。

对罗素而言，这一集合本应非常简单。然而，“每种选择都会导致与其相反的情况，产生一个矛盾”。在这样一个“至今看似毫无问题的非常特殊的类”面前，他感到不知所措。这就是今天我们所说的罗素悖论。

再举个更形象的例子。假设一位著名的艺术鉴定家决定把全世界的油画分类成两个互斥的范畴。第一个范畴是由这样的油画组成的：在画布上的油画中有该油画本身的图像，当然这样的油画相当稀少。例如，我们可以创作一幅题为《内部》的画，画中描绘了一个房间及其里面的家具或饰品：飘动的窗帘、一座雕像、一架三角钢琴；钢琴上方挂着一幅画，它是油画《内部》的缩小版。因此，这幅画包含它自己的像。

第二个范畴更为普遍，它包含了所有不包含自身图像的油画。我们把属于这一范畴的油画称为“罗素油画”。例如，《蒙娜丽莎》就是一幅罗素油画，因为它里面没有展示它的缩小版本。

进一步假设，这位艺术鉴定家策划了一场规模宏大的画展，展出了全世界所有的罗素油画。经过巨大的努力，这些油画被收集起来，挂在了一个巨大展厅的一面墙上。艺术鉴定家对自己的成就感到无比自豪，于是他雇用了一位画家来创作一幅画，描绘这面墙及墙上所有的油画。

当这幅画完成时，这位画家非常准确地给这幅画起名为《全世界所有罗素油画》，并把它送给这位艺术鉴定家。艺术鉴定家仔细地检查了画家的作品后发现了一个小瑕疵：在这幅画上，靠近《蒙娜丽莎》的画像是一幅《全世界所有罗素油画》的油画像。这表明《全世界所有罗素油画》是包含它自己的一幅画，因此它不是罗素油画。既然它不属于展览范围，就不应该挂在墙上展示。于是，艺术鉴定家要求画家把它涂掉。

这位画家照做了，并再次把他的作品送给艺术鉴定家。经过仔细检查，艺术鉴定家发现了一个新问题：《全世界所有罗素油画》这幅油画现在不包含它自己的像了，所以它是属于这次展品的罗素油画。按照规则，它应该被挂在墙上的某个位置，以确保展览确实包含了所有的罗素油画。于是，这位艺术鉴定家再次把这位画家叫来，要求他再加上这幅《全世界所有罗素油画》的像。

但是，一旦这幅油画被加上，就又回到了起点。这幅油画必须再次被涂掉，然后又要恢复，再次涂掉，如此反复进行。经过几轮往复，画家和艺术鉴定家将会意识到，一定是什么事情出现了错误：他们无意中陷入了罗素悖论。

这样的画作并非虚构，荷兰版画家莫里茨·埃舍尔（Maurits Escher）就曾热衷于创作类似的作品（见图 7-10）。

回想一下，弗雷格的工作目标是把整个数学建立在不可撼动的逻辑基础之上，而罗素悖论使这一目标陷入了困境。可以说，罗素悖论揭示了集合论中的一个根本性问题，这使得在构造集合的最基本元素空集时会陷入矛盾。这一发现动摇了当时数学家对以集合论作为数学基础的信心。

图 7-10　莫里茨·埃舍尔的“罗素”艺术作品

这引发了数学的第三次危机。当数学家们意识到他们学科的基础存在逻辑缺陷时，内心感到极为不安。这表明整个数学事业就如建筑在沙基上的大厦一样，随时可能轰然倒下。

罗素也对这一悖论的发现感到震惊不已。20 世纪初的一个夏天，就在弗雷格将要完成巨著的第二卷的时候，罗素与他的通信交流明显表现出了不安。弗雷格当时已经出版了《算术基本法则》第一卷。当弗雷格看到罗素展示给他的例子时，他立即意识到这给自己的事业判处了死刑。在《算术基本法则》第二卷里，弗雷格不得不面对一位学者的最大梦魇：他的著作在最后的关头被宣判有误，而此时这本书已准备出版。弗雷格在书中极为真诚且痛苦地写道：“一位科学家最不愿见到的，就是在工作即将完成之际，其基础却轰然倒塌。当收到罗素先生的来信时，我就处于这样的境地，此刻这本书就要出版了。”

为了让罗素悖论更加容易理解，罗素做了这样一个类比：一个小镇上有一个理发师，他宣布给所有自己不理发的人理发。那么问题是这个理发师要不要给自己理发？假设他不给自己理发，他说自己要给所有自己不理发的人理发，那他也是属于自己不理发的人，所以他应该给自己理发。但是，他一旦给自己理发，根据他说的，他要给这个镇上所有自己不理发的人理发，那他就不应该给自己理发。这成了新版本的说谎者悖论。类似的问题还有下面这几个：

- 所有法则皆有例外。
- 这个命题是错的。
- 我在说谎。

还有一个有趣的悖论是我们定义英文单词具有这样的性质：所有能够描述自己的单词，我们称之为“自述词”。举一个例子，short 这个单词只有 5 个字母，它的意思是“短”，因此它确实是一个短的单词，所以它是一个自述词。English 也是一个自述词，因为它是个英文单词，正如它的意思（“英语”）所描述的那样，English 描述了自己。polysyllabic（“多音节”）也是自述词，因为它确实是一个多音节的单词，所以它在描述自己。

相对应地，还有一些单词是不可描述自己的，如 long（“长”）这个单词只有 4 个字母，因此它不是一个长的单词，所以它不是一个自述词。French（“法语”）这个词虽然是英文单词，但它指的是法语，因此它并不是在描述自己，所以它也不是一个自述词。monosyllabic（“单音节”）这个词是个多音节词，因此它也不是一个自述词。这样，我们把不能描述自己的单词称为

“异述词”，英文为 heterological。然而，heterological 本身是不是一个自述词呢？也就是说，heterological 是一个能描述自己的词吗？如果它可以描述自己，那么它就是个自述词，而不应该是个异述词。但如果它不是个异述词的话，它就不能描述自己的特征，它就是个异述词了！

这个悖论的中文版是这样的，某一事物或某一属性，如果它本身不属于该事物或不具备该属性，则称为“它谓的”；否则称为“自谓的”。例如，“具体”是它谓的，因为“具体”是一个抽象概念，它并不具体。“物质”“思维”“实践”“情感”“理智”“叠韵”“诗词”“长”“短”“红”“火”等都是它谓的；而“字”“中文”“多音词”“抽象”等则是自谓的。那么“它谓”这个词是它谓的吗？

牛津大学图书馆的一位管理员理查德·贝里（Richard Barry）曾与罗素讨论过以下这样一个问题，罗素称他为“牛津唯一懂集合论的人”，因此这个悖论被称为贝里悖论。

考虑能够用 20 个或者少于 20 个英语单词描述的所有内容的集合 X。“所有水牛的集合”是 X 的一个成员，因为它的描述“所有水牛的集合”（the set of all buffaloes）只需要 5 个单词。同样，“所有豪猪刺的集合”（the set of all porcupine needles）应该在 X 中，“生活在南美洲的所有蚊子的集合”（the set of all mosquitoes living in South America）也在 X 中。但是，依据这种成员资格标准，“不能够用 20 个或者少于 20 个英语单词描述的所有集合的集合”（the set of all sets that can not be described in 20 or fewer English words）可以用 16 个单词描述，它是否属于 X 呢？

再举一个例子。假设我们可以用特定的字符串来描述一个自然数。例如，数字 5 可以被描述为“the next number after 4”。如果我们使用一个 100

位的字符串来描述数字，理论上可以通过这 100 位的排列组合描述最大的自然数。由于每一位有 27 个选择（26 个字母加上空格），所以这个字符串最多可以描述的数字数量是 27^{100}。虽然 27 的 100 次方可以描述一个极大的整数，但“用 100 位字符无法描述的最小数”（the minimum number which is not described by 100 digits）是这个字符串组合无法描述的最小自然数。这个最小数虽然存在，却超出了 27^{100} 的范围，但实际上它只需 57 个字符串就能描述。

这些例子不仅是数学中的悖论，还揭示了机器生成的表达方式与人类理解的表达方式之间的差异。机器能够根据语法规则生成所有可能的表达方式，但这些表达方式并不总是与人们对句子意义的理解相对应。换句话说，机器在语法层面上的表现可能非常出色，但在理解句子的含义方面仍然存在局限。尽管机器可以很好地处理语法，提供所有可能的字符组合，但理解这些组合的真正意义则是另外一回事。在逻辑问题上，将语义简单地转化为语法处理仍然是一个挑战。这表明理解语义与理解语法之间存在着差别，而这个差别也会构成人类和人工智能之间的差别。

罗素的逻辑原子论，构建清晰的语言描述世界

说回数学与真实世界的关系。信仰神学的数学家们相信上帝是一个伟大的数学家，他以数学工具构建了整个宇宙，宇宙中万事万物的运行规律的底层都是数学。这种信仰可以追溯到古希腊时期，毕达哥拉斯、亚里士多德等人建立起这样的信心，人们认为数学是最客观和最精确的学科。但在 18 世纪和 19 世纪，许多疑点开始浮现。数学的基本假设可以主观选取，某些数学结果被视为无意义，物理学却能够赋予它们明确的意义。这使得人们越来越多地反思：数学本身到底是什么？它是对自然界真实存在的客观描述，还是像人类的语言一样，是一种被创造出来的、用于了解自然的工具或游戏？

如果它是一种被创造出来的游戏，那为什么它在绝大多数情况下能如此准确地符合自然界的真实情况呢？物理学是一门实验科学，我们在自然界中观察到什么，就不得不使用数学工具来描述它。然而，数学为何在如此多的方面与自然界如此巧合呢？

从 1901 年开始，为了解决罗素悖论，罗素花了十几年时间与怀特海合著《数学原理》。这套书的书名显然是对标牛顿的《自然哲学的数学原理》。罗素试图在这套书中重新定义整个数学架构，每一步都力图绝对严谨，避免重蹈弗雷格的覆辙。这套书每一册都有 500 多页，3 册写完之后，罗素感到自己对数学的兴趣已经完全被消磨了。在这套书中，罗素试图将每一个我们认为是常识的概念，甚至每一个符号，都按照数学的方法重新进行严格的定义。罗素所做的工作比对常识的审视更加严格，力争绝对严谨，所以直到这套书的第 2 册的第 362 页，他才证明了 1 加 1 等于 2。

与数学方面的贡献平行，在古典逻辑方面，罗素发展出了逻辑原子主义。其核心思想是：既然复杂的世界可以约化为最简单的原子，那么用来描述世界的语言也可以被分解为最小的单元，这些单元可以通过“真”与“假”来判断是否真实地描述了世界。因此，逻辑分析可以被用来构建清晰的语言，从而描述世界。罗素试图找到毋庸置疑的工具来构造世界，借由科学方法完成笛卡尔所开启的纯理性任务。我们可以举一个例子来说明罗素开拓的逻辑分析方法。

扩展
知识的边界
Logic of the World

罗素开拓的逻辑分析方法

陈述：现任法国国王是秃头。

将“现任法国国王是秃头”分析为：

有一个存在的实体是法国国王。

只有一个实体是现任法国国王。

任何是现任法国国王的实体，都是秃头。

这个陈述用弗雷格的符号系统可以写为：

$$\exists x[K(x)]$$

$$\forall x \forall y[[K(x) \,\&\, K(y)] \rightarrow y = x]$$

$$\forall x[K(x) \rightarrow B(x)]$$

其中，K = 现任法国国王；B = 秃头。这样就可以得到如下真值列表，真实世界的内容对应于表中每个变量的真值选择。

X	Y	Z
有法国国王	现任	是秃头
没有法国国王	没有现任	不是秃头

罗素相信，通过对自然语言进行这样的整理，可以使语言像数学一样精确，真实的命题对应于真实的事实，从而得到一种完美的逻辑工具，使人的思维更加清晰且正确。这样，就可以实现关于人类理性思维的终极目标。

- 数学：可以描述的全部理性知识。
- 逻辑：简洁，能被证明语言命题。
- 数学和逻辑：作为工具的正确性，值得信赖。
- 数学的公理化：以不证自明的命题证明全部数学公式。

经过整整 10 年的努力，对日常每一句话进行深入分析后，罗素认为自己的才华完全受到了挫折，继而变得兴趣索然。1911 年，罗素迎来了一位后来声名大噪的学生——维特根斯坦。罗素原本期望将自己在数学上的学识传授给维特根斯坦，让维特根斯坦继承自己逻辑学和分析哲学的衣钵，但他很快发现，维特根斯坦的才华远超预期。以至于没过多久，罗素与维特根斯坦展开讨论时开始经常忧心忡忡：自己的理论可能会被维特根斯坦毫不留情地指出漏洞！由于维特根斯坦在逻辑分析上的卓越表现，罗素逐渐将兴趣转向哲学，涉足社会学和政治学领域。

从 1872 年出生到 1970 年去世，罗素的一生亲历了许多重大历史事件。作为逻辑学家和分析哲学的主要创始人，罗素在晚年转向了世界和平运动的倡导和组织工作，成为一位政治活动家。《罗素 - 爱因斯坦宣言》，最初称为《科学家要求废止战争》，是由罗素起草的一份文件。罗素于 1955 年 2 月 11 日写信给爱因斯坦，讨论这篇宣言，5 天后，爱因斯坦回信表示赞同："您要做的事情我必遵从。"宣言的签字者包括 11 位著名的科学家，其中 10 人为诺贝尔奖得主。4 月 5 日，罗素将他所拟的宣言寄给爱因斯坦，爱因斯坦在 11 日签了名，18 日便与世长辞，这也是爱因斯坦留在人间的最后一个签名。

得益于罗素深厚的数学和哲学背景，他在撰写评论时常常能够融入独到的见解。他那典型的英国式幽默感为他的著作赋予了独特的风格，即便是在讨论严肃的哲学问题时，也能让读者感受到智慧的闪光。罗素的著作《西方哲学史》在 20 世纪 40 年代成为畅销书，他凭借流畅的文笔，使得哲学话题变得易于理解。这本书使罗素获得了 1950 年的诺贝尔文学奖。

第 8 章

不完备性，不断扩展知识的边界

Logic
of the World

世界的意义就在于事与愿违，以及超越这种事与愿违的努力。

——库尔特·哥德尔

人类要构建理性知识体系，首先需要建立基本假设，这些基本假设事实上也包括了推理的逻辑规则。有了基本假设和逻辑规则，就可以在这个框架内推导出所有的结论。比如可以将所有的数学命题通过同构原理都归纳成集合，集合又可以转化为一套符号体系，实现符号的推演。但由此会产生一个问题：既然所有的数学命题都可以转化为符号进行推演，那么是否可以先证明这套符号体系本身能够推导出任何正确的结论呢？要实现这一目标，需要满足两个根本要求：自洽和完备。

自洽要求在知识体系构架完成之后，所有推论都必须彼此一致，不存在互相矛盾但同时正确的命题。一旦出现矛盾命题，矛盾的体系就可以得出任何结论。自洽性是理论有效性的基本要求。

完备要求知识体系内对于由公设和推演规则构建出的任何命题，体系内部都应能够判断其正确性。如果在知识体系内存在一个无法判断其对错的命题，就说明该体系还不完备，应将这个无法判定的新命题作为基本假设纳入体系，进一步扩展理论的公设基础。完备性是理论有用性的基本要求。

举例来说，欧几里得几何提出了 5 条公设，规定了关于点、线、面、平行线的规则。依据这些规则，我们可以推导出新命题，比如两条直线要么相交，要么平行。如果无法判定这两条直线是相交还是平行，那说明之前的假设数量不足。既然平面几何的第 5 条假设无法从前 4 条假设中推导出来，那么它就应该作为一个基本假设被纳入公设序列。当提供了足够多的假设并遵循逻辑规则时，这个知识框架中的所有命题都应有明确的真值，其对错可以唯一判定，这就是理论的完备性要求。理论的完备性要求能够清楚地判定所涉及的问题。

科学家在构建理论时，既需要确保其自洽性、完备性，又需要遵循一个重要的原则：奥卡姆剃刀准则。法国数学家奥古斯丁·柯西曾这样嘲讽那些通过调整参数来获得所需结果的人："给我 5 个系数，我可以在纸上画出一头大象；给我 6 个系数，大象还会摇尾巴！"如果这套理论有太多的假设可以任意调换，就像一个公式里有任意数量的系数，那么你可以随心所欲地得出任何结论。

因此，当我们回看数学的三次危机时会发现，如果说前两次危机只是影响了数学大厦的建设，那么关于数学理论本身完备性的讨论所引起的第三次危机，则彻底动摇了这座大厦的地基，对数学的发展产生了深远的影响。整个数学界、逻辑学界和哲学界在此刻都意识到了问题的严重性。它不但促进了数学基础理论的研究，还推动了数理逻辑的发展，而这一切，都源于哥德尔不完备定理的发现。

希尔伯特乐观的信心是盲目的

1900年，很多学科都站在新世纪的起点上，宣告着自己的雄心壮志。在那年的物理学大会上，开尔文勋爵[①]在主题演讲中说：物理学的大厦在19世纪已经建立，只剩天上飘着两朵小乌云。一旦这两朵小乌云消散，未来的物理学家就只需修修补补，物理学的所有问题都将得到解决。这两朵小乌云，一朵是真空中测不出光速的变化；另一朵是"紫外灾难"。恰恰是这两朵小乌云，一朵催生了狭义相对论，另一朵导致了量子力学的发现。因此，整个20世纪的物理学并没有结束，而是刚刚开始。而正是在同一年的全球数学家大会上，希尔伯特提出了那23个命题。他认为，如果这些问题得到解决，数学的所有难题也告一段落，20世纪的数学家们也只需完成修修补补的事儿。

19世纪晚期，人们基于集合论发展出同构原理：如果两个数学对象之间存在可逆的态射（双向映射），则称这两个对象是同构的。同构原理是个研究数学的数学问题，即所谓的元数学问题，它架构在数学分支学科之上，是研究数学分支学科的数学基本原理。同构的对象——不同的数学分支，在数学上通常被视为等同，它们共享相同的性质。基于此原理，我们可以将几何问题通过解析几何对应为代数问题，而代数问题又可以通过矩阵运算来解决，这些矩阵运算最终可以归结为算术运算。算术，作为数学的一个基础分支，可以进一步与集合论的概念等价。

如果能够证明算术这一基础分支是自洽且完备的，那么根据同构映射的

① 开尔文勋爵，即威廉·汤姆森（William Thomson），他是19世纪英国杰出的理论物理和实验物理学家，在热力学、电磁学和物理海洋学等领域都有显著的贡献。他因在电学和热力学方面的贡献被授予爵士头衔。

原理，数学的其他分支也将自动具备自洽性和完备性。在算术体系中，我们可以暂时忽略除法和减法，仅使用加法、乘法和等号来构建最简单的算术基本框架。皮亚诺为算术建立的 5 条基本公理满足奥卡姆剃刀准则，即在不损失解释力的前提下追求尽可能简洁。

因此，算术的自洽性和完备性是数学基础研究的关键。如果算术能够满足这些条件，那么根据同构映射，数学的其他领域也将被证明具有相同的性质。数学家们开始尝试将整个数学架构建立在坚实的基础之上，以解决已知的逻辑问题。以希尔伯特为代表的数学家普遍认为，证明算术的自洽性和完备性是一项相对简单的任务，因为算术是人类理性思考的起点，其真理性自从人类开始掰着手指头数数起就被视为是不证自明的。

除去罗素悖论带来的疑虑，这时候元数学系统已经可以完全形式化：将系统内的所有表达式的意义抽象化，把它们视为空洞的符号，按照事先规定的一组规则，对这些符号进行操作。这样我们就可以构建一个本身没有任何意义的符号系统来演算或者推演。这套符号系统的所有含义都由外部赋予。这件事情其实并不难理解，以一台计算机为例，计算机的制造者并不关心我们如何使用它：无论是进行计算、写文章、画图、打游戏，还是看电影。他们只需按照已经设计好的规则制造芯片，焊接电路，组装零件，然后安装操作系统即可。计算机本身就可以看作这套元数学符号演算规则在物理世界的表现。

希尔伯特提出了一个宏伟的理想，即通过形式化的方法证明整个数学领域的自洽性和完备性。这一理想分为两个阶段：第一阶段是建立统一的数学语言，让数学家们能够在一个共同的基础上讨论问题；第二阶段是在这一基础上证明数学体系的自洽性和完备性。希尔伯特对这项工作的规划如下：

1. 将所有数学内容形式化，用确定且唯一的符号表达，彻底摆脱自然语言的模糊性。
2. 证明数学的完备性，我们能够证明所有的真理，只要是真的命题就可以被证明。
3. 证明数学的自洽性，数学本身不会自相矛盾，确保我们在不违背逻辑的前提下获得的结果是有意义的，不会出现某一个陈述既为真又为假的情况。
4. 证明数学的可判定性，我们可以找到一个算法，自动地、机械地判定数学陈述的对错。

1930 年，希尔伯特在接受哥尼斯堡市授予的“荣誉市民”称号时发表了一篇著名的演讲，可总结为以下两句话：

我们终将知道。我们必然知道。

这两句话也成为希尔伯特的墓志铭。当年希尔伯特演讲的录音仍被保存着，如果仔细听，仍可依稀听到希尔伯特讲完这两句话时得意的笑声：数学界所有问题，我们迟早都能解决，而且我们必然有能力去解决。希尔伯特对自己 30 年前提出来的 23 个问题进行了归纳性的总结。这种对数学的坚定信心，相信是大多数数学家所共有的，而希尔伯特清楚且有力地表达了这种信心。然而，这种信心实际上缺乏足够的依据。

就在他 1930 年那场演讲的前一天，时年 24 岁的哥德尔向《数学月刊》投稿关于不完备定理的论文。这篇论文于 1931 年发表。从此，数学家也许有信心说“被证明的就是真的”，但再也无法说“真的一定会被证明”。因此，希尔伯特乐观的信心是盲目的。

哥德尔，20 世纪最有意义的数学真理发现者

在电影《奥本海默》中，当奥本海默前往普林斯顿高等研究院找爱因斯坦时，他看到爱因斯坦正与一人在湖边散步。这人便是哥德尔，他与爱因斯坦在普林斯顿高等研究院并肩散步堪称 20 世纪科学界最著名的画面之一。奥本海默称赞道："哥德尔是自亚里士多德以来最伟大的逻辑学家。"物理学家约翰·惠勒评价道："如果称他为亚里士多德以来最伟大的逻辑学家，你低估了他。""即使到公元 5000 年，若宇宙仍然存在，真理也仍然放射光芒的话，人们也将继续视哥德尔的工作为一切知识的中心。"那么，哥德尔到底是何许人也？

哥德尔出生于当时奥匈帝国的布吕恩市（今捷克的布尔诺），年轻时在奥地利维也纳读书。尽管维也纳学派试图将他纳入其中，但是他本人并不愿承认自己属于维也纳学派，他相当长时间游离在维也纳学派周边。

1940 年，哥德尔被普林斯顿高等研究院聘为研究员。研究院承诺，研究人员无须申请经费，研究院将提供保障，并允许他们自由研究自己感兴趣的课题。哥德尔和晚年的爱因斯坦两个人天真地相信了这个许诺，既不申请经费，也不写灌水文章凑数，单纯地研究自己想研究的问题。正因为如此，这两个人在当时的科学界多少被边缘化了。因为在科研工业化的现代，不申请经费就意味着课题少有人参与，也少有人关注；不大量培养学生，则少有人去继承和发扬他们的思想。哥德尔只有晚年的爱因斯坦这一位密友，没有学生，唯一可以称为他的精神继承者的是图灵。哥德尔几乎凭一己之力完成了自己的研究。

1952 年 6 月 17 日，哈佛大学授予了哥德尔名誉博士学位，并赞誉他为"本世纪最有意义的数学真理发现者"。在写给母亲的信中，哥德尔提到，这

一评价“毫无疑问是极为美好的”。他还在信中写道：“不过这并非要将我与好友爱因斯坦一较高下，毕竟爱因斯坦的重大发现是在物理学领域，而非数学领域。”哥德尔特别指出，人们不应将这一赞辞解读为他是“本世纪最伟大的数学家”，“最有意义的”这一表述的真正含义是指“数学世界中最引人深思、发人深省的内容”。

这个“最有意义的”内容即哥德尔不完备定理，是哥德尔于 1931 年提出的。这个定理可以用以下几种形式之一来陈述：

GT1. 数学是不可穷尽的。
GT2. 每个自洽的形式数学理论一定包含不可判定的命题。
GT3. 没有定理证明机器（或程序）能够只证明全部真的数学命题。
GT4. 没有既自洽又完备的形式数学理论。
GT5. 数学是机械上（或算法上）不可穷尽的（或不可完备的）。

以“算术”为例，即使是在数学中最简单和最基本的理论框架内，以上这些结论仍然为真。简单来说，哥德尔不完备定理揭示了数学在算法上的不可穷尽性（或称不完备性）。按哥德尔的看法，算法上不可穷尽这个事实，表明了计算机无法超越人类心智，或者数学不由人心创造，或二者皆真。因此，这个定理显然与心智哲学和数学哲学密切相关。用哲学的术语来讲，这条定理有助于澄清逻辑与直观、形式与内容、机器与心智、真实与可证、实在与可知之间的辩证关系。

在哥德尔的探索下，数学与哲学不再仅仅是抽象的学科概念，而是充满了丰富的意蕴，展现出一种超凡脱俗的优美姿态，在其中找不到丝毫因学术门户之见而生的狭隘与怨气。在观点各异、分歧众多的思想领域，哥德尔所享有的尊重程度，在他所在的时代极为罕见。世人往往热衷于相互争论、角逐不休，沉醉于争论的乐趣之中，哥德尔却仿佛一个孤傲而独立的存在，能够完全超脱于这些无谓的竞争。他所撰写的著作，对于当代逻辑的各个分支而言，均是根基所在，宛如源源不断的清泉，一直为这些分支注入新的生命力。

然而，当将视角转向哲学领域时，情况发生了变化。哥德尔拥有大量尚未公开发表的著述，围绕他的哲学观点，学界也是议论纷纷，各方观点相持不下，始终难以达成共识。哲学家们在理解哥德尔的理论时困难重重，他们甚至难以触及哥德尔理论的深度，有时连理论本身都难以领会。造成这种困境的主要原因通常在于哲学家们自身数学基础的局限。

在逻辑学领域，哥德尔与亚里士多德堪称双峰并立，将他们相提并论绝非过誉。亚里士多德作为逻辑学的开山鼻祖，其构建的逻辑体系为人类的理性思维奠定了基石，并且引入了公设以及逻辑推演的基本法则，从根本上塑造了人类的思维范式。哥德尔则借助逻辑方法，敏锐地揭示出这一传承已久的思维基础存在着先天性的缺陷，即哥德尔不完备定理。**哥德尔不完备定理的提出，如同在传统思维的坚固壁垒上打开了一道全新的缺口，促使人们对思维基础与逻辑体系进行更深入、更全面的反思与探索。**

亚里士多德开启理性，哥德尔揭示理性的缺陷

如果说罗素悖论动摇了数学逻辑的基础，那么哥德尔不完备定理则揭示了数学体系的先天缺陷：理想的数学框架天生不完备，数学理论的自洽性和完备性无法同时满足。人们认为亚里士多德开创了理性认知的起点，自然是

可以被人类理性认知的，这让人们相信理性拥有无穷的力量，能使人们对自然的认知日益清晰。但哥德尔用同样纯理性的方式非常明确地告诉人们，理性是有边界的，是有天然缺陷的。哥德尔证明了直觉才是我们认知中最重要的部分，但自亚里士多德时代以来，人们一直试图将直觉排除在人类的思维过程之外。

基于罗素的《数学原理》所定义的基本工具和概念，哥德尔得出了如下结论：

1. 对于任意的数学系统，如果其中包含了算术系统的话，那么这个系统不可能同时满足完备性和自洽性（要么自相矛盾，要么无法证明）。
2. 对于任意的数学系统，如果其中包含了算术系统的话，那么我们不能在这个系统的内部来证明它的自洽性。

哥德尔巧妙地利用了命题的“语法为真”和“语义为真”的区别，构造出了语义为真而不可证的命题，又避免了罗素悖论陷阱。哥德尔指出，形式逻辑的命题只有真值，没有含义，命题的真实性与可证性并不等价。他还指出如下默认的常识并不正确：公理命题的真值为真，但不可证；其他命题的真值为真，当且仅当该命题可以被证明；其他命题的真值为假，当且仅当该命题的假可以被证明。当形式逻辑系统被实际应用时，系统中的符号被映射到实际概念上，从而获得了语义，但语义的存在不依赖这些命题的逻辑规则，它的真实不需要证明。

1931年，哥德尔发表了一篇包含46条引理、共26页的论文，题为《论〈数学原理〉及相关系统中的形式上不可判定命题》（*On Formally Undecidable Propositions of Principia Mathematica and Related Systems*），论文中给出了哥

德尔不完备定理。

哥德尔不完备定理的第一条定理指出，对于任何一个数学系统，如果它包含了算术系统这个最小的系统，这个系统不可能同时满足完备性和自洽性。换句话说，连算术这个最简单的领域都无法满足，更不用说所有其他数学领域了。有限系统的自洽性和完备性在古典逻辑下不能同时满足，要么该理论中存在自相矛盾的命题，要么总有一些命题无法被证明，即不可被判定其正确性。

第二条定理指出，对于任何一个数学系统，如果它包含了算术系统，那么其自洽性无法在系统内部被证明。这种自洽性无法被证明，也无法被弥补。没有一套数学系统能在系统内部证明其包含的所有命题都是互不矛盾的。

这两条定理的证明否定了希尔伯特在 1900 年提出的对“数学大统一”的构想。因为自洽性和完备性是古典理性的基本要求，但哥德尔告诉我们，自洽性和完备性无法同时满足，这意味着构建的任何理论，都存在这些天然的缺陷。哥德尔还指出，这种缺陷无法通过增加新的假设来弥补。在我们构建知识体系时，最终会发现，至少一个命题无法通过已有的假设和逻辑规则推导出来。即使对于无法判定真伪的命题，我们将其作为基本公理纳入假设中，因为基本公理不需要证明。随后，我们一样会发现扩大之后的新的公理系统依然存在无法在体系内被证明的其他命题。

这样一来，对于某个数学命题，在最终找到证明之前（这一点我们也许永远不知道），我们事实上无法知道其证明真的存在，比如哥德巴赫猜想可能最终无法被证明。如果我们将哥德巴赫猜想作为基本假设加入皮亚诺关于自然数的 5 个公理中，便形成了一个更大的知识体系。但是哥德尔不完备定理告诉我们，即便如此，我们一样可以找到另外一个无法证明其真伪的命题。在这样的过程中，虽然数学工具天生不完美，但知识领域在弥补中不断扩展，且无止境。

这意味着对于某些数学命题，我们可能永远无法确定其真假。这对数学家而言是一个令人恐慌的想法，甚至是职业生涯的噩耗。我们对数学的所有信仰都始于欧几里得，他的平面几何的优美给我们这样的信心：任何正确的命题终将能够找到其证明。数学历史上有很多著名的定理，如费马大定理、七桥问题、哥德巴赫猜想等，虽然有些命题至今尚未被证明，但是数学家们可能投入了毕生精力，甚至几代人付出数百年的努力试图证明或者推翻它们。比如，费马大定理在 20 世纪 80 年代终于被证明，这个证明洋洋洒洒长达几百页，这一目标的最终实现是很多数学家一生的追求。在许多定理当初被提出时，大家认为既然无论如何验证都成立，那么一定存在其证明。人们坚信：对任何正确的命题，最终都能找到证明过程并证明其恒真；任何错误的陈述都应能够被证伪，证伪的形式或者是通过重言式的等价推演，或者是找到哪怕一个反例。

但哥德尔指出：未必如此。绝大多数陈述既无法证实也无法证伪，所谓的不可判定性即由此而来。其实维特根斯坦也提出过类似的思想，不过他更多的是在语言领域进行探讨，哥德尔则通过严谨的数学推导进行了证明。

更为重要的是，哥德尔的证明向我们揭示，尽管从亚里士多德时代开始，人类花费了漫长的时间来构建古典理性思维的框架，但其仍然存在局限，而且这种局限是与生俱来的、无法回避的。哥德尔指出，即使在数学这样纯粹的领域中，仍然存在一些命题，无法通过理性推导和逻辑推演来证明其正确性，人们只能凭直觉相信它们是正确的。之所以将哥德尔与亚里士多德并列，是因为亚里士多德开启了人类的理性认知，而哥德尔则揭示了这种理性认知的天然缺陷。

哥德尔不完备定理的证明

哥德尔在《论〈数学原理〉及相关系统中的形式上不可判定命题》这篇论文中证明了《数学原理》中所报告的系统具有必然的不完备性（如皮亚诺算术）。在本节中，我们将介绍哥德尔的证明思路，并提供另一种更简洁的证明方法。

所有的自然语言，如英语、法语、中文等，在人类社会中自然形成并被广泛使用，但它们天生都具有一定的模糊性。这种模糊性可能导致理解上的偏差和沟通上的障碍，特别是在精确性要求极高的数学领域。为了解决这一问题，数学家们自 20 世纪初开始着手创造一种全新的语言——纯数学语言，旨在实现数学家之间准确无误的交流。

这种纯数学语言基于精确的符号和操作符，以罗素的巨著《数学原理》为典范，标志着数学家们开始系统地构建逻辑和推演符号来代替自然语言。他们首先致力于统一数学语言，确保所有数学家使用相同的术语和表达方式进行讨论。随后，他们进一步探讨了数学体系的自洽性和完备性，即确保数学体系内部不存在矛盾（自洽性），并且能够涵盖所有数学命题（完备性）。

扩展
知识的边界
Logic of the World

罗素《数学原理》符号系统的算术化映射

罗素在《数学原理》中引入了逻辑推演的标准符号来代替自然语言。哥德尔对这些逻辑推演符号进行了进一步的发展，他为每一个逻辑推演符号分配了一个对应的自然数（见表 8-1）。

表 8-1 哥德尔的原始编码

								数字变量				属性变量			…
符号	0	S	$\neg$	$\vee$	$\forall$	(	)	X_1	X_2	X_3	…	P_1	P_2	P_3	…
哥德尔数	1	3	5	7	9	11	13	17	19	23	…	289	361	529	…

这样就可以规定一个字符来表示这个逻辑操作。在此基础上，哥德尔进一步延伸，用一个自然数来代替这个操作的组合。这样的话，每个算术陈述或语句通过质数序列被指派一个唯一的哥德尔数。这种方法基于一种简单的编码（见表 8-2），本质上是将某个陈述转化为：

质数 $1^{\text{操作字符1}}$ × 质数 $2^{\text{操作字符2}}$ × 质数 $3^{\text{操作字符3}}$

以此类推。

表 8-2 基本逻辑符号的哥德尔配数（简化版）

符号	~	∀	⊃	∃	=	0	S	(	)
哥德尔数	1	2	3	4	5	6	7	8	9
逻辑意义	非	或	如果……那么……	存在	等于	零	后继	左括号	右括号

考虑关于自然数的陈述：

$$(\exists x)(x = Sy)$$

它的意义是：存在着一个数 x，它是数 y 的直接后继。其中，x、y 代表两个数值变量，用大于 10 的质数来表示；

令 $x = 11$，$y = 13$；再用表中相应数字来代换逻辑公式中的其他符号。这样一来，逻辑公式 $(\exists x)(x = Sy)$ 经过编码，成为数的序列：

$$8,4,11,9,8,11,5,7,13,9$$

这个序列唯一确定了陈述 $(\exists x)(x = Sy)$，这些数即为哥德尔数。

$$(\exists x)(x = Sy)$$

$$\Rightarrow 2^8 \times 3^4 \times 5^{11} \times 7^9 \times 11^8 \times 13^{11} \times 17^5 \times 19^7 \times 23^{13} \times 29^9$$

所得的乘积就是逻辑公式 $(\exists x)(x = Sy)$ 最终的哥德尔数，约等于 $1.456\,7 \times 10^{86}$。虽然这个数字非常大，但我们相信，它总是存在的。

这样在任何证明中，构架理论所需要的基本假设，也可以通过自然数来表示。一个大的自然数可以分解为它的所有质因数乘积，而这些质因数可以追溯到最初的基本假设。最终，当我们能够证明某个定理是由基础假设推导出来时，定理所对应的自然数就可以表示为基础假设所对应的自然数的乘积。比如皮亚诺算术公理中的每一条基本假设都可以表达为哥德尔配数，每个新定理的自然数也应该能表达为 5 条基本假设的哥德尔配数的乘积。在逆过程中，一旦把结论命题的数字分解成 5 个基本公理的组合，不论分解多少次，这个大自然数所代表的命题都可以被推导出来，这样证明的过程就可以视为一个乘积过程。如果一个命题不能被分解为基本质数序列的乘积，那么它就无法表示为基本公理的组合，从而被证伪。

接着，哥德尔构造了这样一个命题：“不存在对这个命题的证明”。与古希腊时期的说谎者悖论“这句话是错的”不同的是，说谎者悖论是一个没有真值的陈述，我们无法定义它的真假，而哥德尔的陈述有确定的真值。这个命题是真的，但不存在对它的证明。再基于配数规则，哥德尔借鉴了康托尔的对角线法，证明了 g 这个数字所对应的陈述——“不存在这个命题的证明”，不能表达为哥德尔配数下基于皮亚诺公理的乘积。

于是哥德尔找出了这样一个命题，它本身是真实的，但它自己是不可被证明的。哥德尔表示，在整个数学体系中，至少存在一个命题，即哥德尔陈述，它的真实性是确定的，但无法被证明。这意味着有些命题虽然显然为真，却无法被证明。

接下来，我们给出图灵证明哥德尔不完备定理的方法。

扩展
知识的边界
Logic of the World

图灵的证明方法

定义 1：一个形式系统被称为自洽，两个矛盾的命题 S 与 $\overline{S}$ 不同时为真。

定义 2：一个证明系统被称为完备，如果在这个系统中的陈述 S 或者 $\overline{S}$ 可以被证明为真。

我们的目标在于证明哥德尔不完备定理：不存在一个证明形式系统，自洽性和完备性能够同时满足。回顾一下我们前面提到的问题，怎样构成一个形式化证明？

一个形式化证明系统 Π 包括以下 3 个要素：

1. 有限的可用于证明的词汇组。
2. 有限的公设。
3. 有限的推演规则。

当我们谈到一个形式系统“足够丰富”时，我们事实上要求它具备这样的能力：它可以对任何陈述的输入 x，做出或真或假的判定。

定义 3：如果一个命题系统中，方程 f 可以被确定为真命题或假命题，那么我们称这个系统为足够丰富。

定义 4：我们使用 Q 来代表这样一个函数集合：输入任意自然数，通过计算，输出结果是 0 或 1，即 Q 具有确定的真值。这样，如果一个方程 f 是属于 Q 的，任何一个自然数 x 输入 $f(x)$，会得到 0 或 1。

定义 5：可计算。方程 f 是可计算的：如果可以用计算机语言（Python、C 语言等）写出一个有限长的程序，在一个可以执行的计算设备上（如个人计算机或者云中心）在有限时间内计算方程 f。这样，给定任意的自然数 x，程序总能在有限的时间内运行完毕，给出结果 $f(x)$。

定义 6：A 是 Q 中所有可计算方程 f 的集合。我们很容易证明 A 中的方程是无穷多的。比如，我们定义第一个方程，这个方程在 $x=1$ 的时候，等于 1，其他输入时候等于 0，即：

$$f(1)=1；f(x)=0，x \neq 1$$

我们同样可以定义第二个方程，在 x=2 的时候，这个方程等于 1，即：

$$f(2)=1；f(x)=0，x \neq 2$$

因为自然数有无穷多个，所以按此方式定义的方程也会有无穷多个。

我们接下来证明一个重要的定理：Q 里存在不可计算方程，即可计算方程的集合 A 是方程集合 Q 的严格子集。即 A 比 Q 要小，总有些方程可以有确定的真值，即其输出是 0

或 1，但不是一个可计算方程。

证明：

在任何形式系统中，只要某种证明存在，就总有找到对应该证明的算法。由于我们必须假定该系统是以某种符号语言来表达的，而这种语言是由有限的“字母”符号构成的，我们把符号串按照字母顺序进行排列。这意味着对于固定长度的符号串，先排列所有长度为 1 的，然后是长度为 2 的，接着是长度为 3 的，以此类推。通过这种方法，我们可以将所有正确的证明按照字母顺序排列，从而获得该形式系统中所有证明的列表。

我们为可计算方程编写出来的文档排序。具体而言：在编写计算机程序时，我们常用分割符来表示一行的结束。这并不妨碍我们把整个程序当成一个字符串。例如，用某种程序语言编写的程序 P_f 是可计算方程 f 所对应的程序，这个程序 P_f 是有限长度的字符串。我们依据长度把所有的表示 P_f 的字符串排成一列，如果字符串长度相同，则按字母顺序来排序。这与编字典的方式类似，先按照单词的长度排列，单词长度相同的时候，再按字母顺序排序。于是我们得到了一本包含所有可计算程序的字典 L。每一个可计算程序都会在字典 L 中有一个确定的位置。当然也有可能某个可计算方程 f 可以对应几个不同的程序 P_{f1}、P_{f2}……由于方程和程序之间实质上是对应的，我们只保留在这个序列中的第一个 P_f。

依据这本字典，我们就可以把输入值和程序列在一起，形成一个足够大的表 T，如图 8-1 所示。为了不失一般性，我们让自然数输入 x 都对应于 f 的 0 或 1 输出。

	1	2	3	4	5	.	x	.	i	$\cdots$
f_1	1	1	0	0	0		$f_1(x)$			
f_2	0	0	1	0	0		$f_2(x)$			
f_3	1	1	0	0	1		$f_3(x)$			
f_4	0	0	1	1	0		$f_4(x)$			
f_5	0	1	0	0	0		$f_5(x)$			
.						.				
.							.			
.								.		
f_i									$f_i(i)$	
$\vdots$										$\ddots$

图8-1　表 T

我们现在可以定义一个方程 $\overline{f}$：

$$\overline{f} = 1 - f_i(i)$$

$\overline{f}$ 也可以把确定的自然数输入、输出为确定的 0 或 1，所以它是有确定真值的函数 Q 集合中的一员。如在表 T 里，对于不同的自然数输入值，$\overline{f}(1) = 0, \overline{f(2)} = 0, \overline{f}(3) = 1, \overline{f}(4) = 1\cdots$

那么，$\overline{f}$ 是一个可计算方程吗？答案是否定的，$\overline{f}$ 不是一个可计算方程。

如果 $\overline{f}$ 是一个可计算方程，那它应该已经在表 T 里了，因为我们已经把所有可计算方程列在表 T 里了。假设 $\overline{f}$ 在第 j 行，这样 $\overline{f}(x) = f_j(x)$。比如是在第 107 行，j = 107。但是 $\overline{f}(107) = 1 - f_{107}(107) \neq f_{107}(107)$，所以 $\overline{f}$ 不在第 107 行。同样，对于 $\overline{f}(j) = 1 - f_j(j) \neq f_j(j)$，$\overline{f}$ 和 f_j 的输入相同的时候，至少有一个输出是不一样的，这个不同值至少在第 j 个位置。因此，在表 T 里，没有一行对应 $\overline{f}$ 这个方程，因此 $\overline{f}$ 不是可计算方程 A 中的一员，但它确实是 Q 中的一员，因此，A 是 Q 的子集。

这样我们就会看到，我们确实可以定义一个方程，它有确定的含义和输入、输出值，却是不可计算的。

接下来，我们来证明哥德尔第一不完备定理：在系统 Π 中，存在真实的命题，但不能被证明。我们来补充我们谈论命题“真”和“假”时的含义。

我们把一个陈述称为关于 f 的陈述。对于任何一个自然数输入 x，可以表达为“f 是 1”或“f 是 0”。这样每一个 f 陈述，都是一个关于某一自然数的判定，其输出值为 0 或 1。比如 $f(13)=1$ 就是一个 f 陈述，输入值自然数 x 的值是 13。我们定义 f 的陈述输出值是 0 时，认为命题可以被证伪，输出值是 1 的时候，认为命题可以被证明。这样对于任何自然数输入值，关于 f 的陈述只有两个值：0 或 1。

这样根据上面已经有的讨论，我们确实知道了有这样的陈述存在，它可以唯一地被判定为对或错，但它的证明过程无法被写为一个有限长的序列，出现在可计算函数的列表里——它是不可被证明的！

由于在图灵的证明中我们只关心输入值是自然数的情况，为了不引入新的定义，我们要求操作算符只涉及加法、乘法和等号，构成一个数学上最简单的系统，只输出表示正确与否的 0 或 1 两个真值。这就是我们所要求的“足够丰富”——只要比这个系统复杂，则满足此要求。这样就会有哥德尔不完备定理的结论：对于任何一个足够丰富的形式系统 Π，如果它是自洽的，则在这个体系内总存在不能被证明的正确陈述。同样地，在一个自洽的系统中，关于自然数的某些命题，其正反两面都无法被证明。比如无理数 π，其小数点后是否有连续的 10 个 0？在我们没找到之前，这都是一个不可判定问题，而且，可以问是否有连续的 10 个 1 或 15 个 2 等，这样的不可

判定问题在 π 中可找到无穷多个。

由哥德尔不完备定理可以得知，如果用 PM 代表罗素写《数学原理》所能构成的所有陈述，即整个数学原理可以构架的知识体系，如图 8-2 所示，那么这一体系中的所有陈述可以分为 3 部分：可以被证明的部分（图中白色部分）、可以被证伪的部分（图中黑色部分），以及大量不可判定的部分（图中灰色区域）。这些灰色区域包含了数学命题中的绝大部分内容。

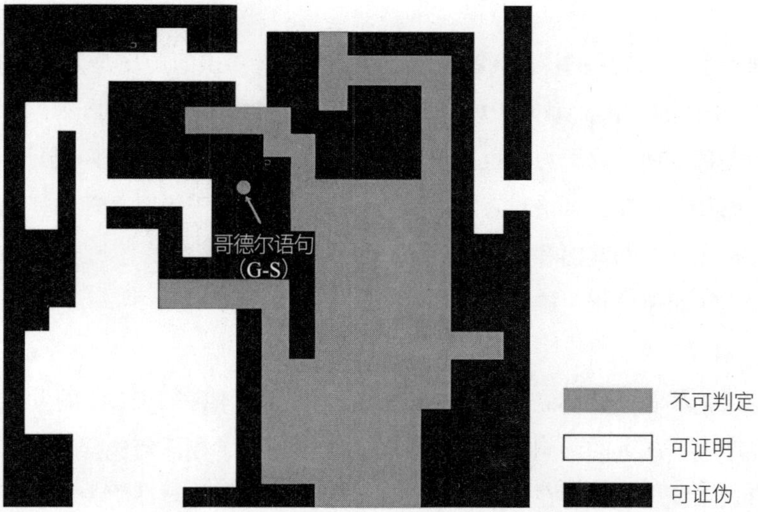

图 8-2　知识空间中的哥德尔不完备定理

资料来源：©2020 马兆远，《人工智能之不能》。

在人类的思维过程中，我们常常习惯于将每个命题视为“对的”或“错的”。然而事实是，即使在像数学这样纯粹的理性体系中，仍然存在大量无法被判定其正确性的命题。我们可以不断去验证这些命题，但我们知道，归纳法是不能给出稳定结论的，因为我们无法遍历所有可能性。就像哥德巴赫猜想一样，即使验证了 4×10^{18} 以内的偶数成立，依然不能证明它绝对正确。

如果有一天真的找到了一个无法写成两个质数之和的偶数，哥德巴赫猜想就会被推翻。当然，或许我们可以找到一系列定理，推导出哥德巴赫猜想的正确性，进而证明它是对的。然而，哥德巴赫猜想也有可能处于某种灰色地带：无论我们如何验证，它看似都成立，但在它可以被陈述的自然数系统内找不到对它的完整证明。

接受人类的不完美，正是我们的伟大之处

理解了以上这一事实，我们再回看人类探索知识的历史会发现，自 20 世纪 30 年代起，人类对知识的认知迈入了一个全新的阶段。当然，除了哥德尔不完备定理，量子力学也扮演了重要角色。在这一时期，人们开始意识到，可能并不存在一个绝对客观的真理体系。所有关于绝对真理和客观性的概念都是在特定的范围和前提条件下形成的。人们不得不放弃对绝对确定性的追求，转而追寻相对确定性。

今天，尽管哥德尔在公众视野中已渐渐淡去，他在 1931 年的发现却对数学界产生了深远的影响。哥德尔不完备定理证明了在任何包含基本算术的自洽形式系统内，都存在这样的命题：这个命题既不能被证明为真，也不能被证明为假。这意味着即使是数学这样一个以确定性著称的领域，也存在着无法完全解决的问题。而数学一直以来都被视为一种高度确定性的学科，其命题清晰，逻辑严密，且可以被证明。

哥德尔不完备定理的发现不仅对数学产生了革命性的影响，也对哲学、逻辑学乃至整个科学领域的认知产生了深刻的影响。**它告诉我们，即使是在看似最为确定的领域，也存在着不确定性和局限性。这标志着人类对确定性追求的一个新的里程碑，人们开始更加深入地探索相对确定性的概念，并在**

这一过程中不断扩展知识的边界。

进而，我们又把数学当成描述物理世界的语言，但数学本身的自洽性值得怀疑。当我们用这种语言来描述物理世界的时候，这种做法真的可靠吗？当我们用这个工具来研究问题时，或许它并不像我们想象中的那样坚实。反而在有些情况下，比如物理界有新的发现时，却缺乏好的数学工具来描述。

我们并不是说数学一定是错的，但它未必像我们想象中那么牢靠。从古希腊开始，人们一直希望能够在我们的认知体系中追求纯理性。亚里士多德所构建的理性体系，要求在基础假设的前提下，通过逻辑推演得出每一步都坚实可靠且互不矛盾的结论。同一律、矛盾律、排中律和因果律，这些逻辑推演中的基本规则构成我们的理性认知，使我们的知识更加稳定。我们努力构建一个排除直觉的理性体系，因为直觉往往是不可靠的，每个人的直觉可能会得出不同的结论。从亚里士多德的时代到今天，这样的理性知识体系已经建立了两千年。然而在哥德尔不完备定理提出之后，这种信念遭到了前所未有的挑战。

哥德尔告诉我们，数学命题里的发现更多依赖于直觉。类似的论证有很多，但“这个命题没有证明”与“这个命题是错的”是有本质差别的。“这句话是错的”本身没有正确与否的真值，但“不存在对这句话的证明”是有真值的，它是对的。只不过基于假设和逻辑规则，它却无法被推演出来。这个陈述可以用数学语言严格表达，在直觉上能够认知其正确性，却无法通过逻辑推理的证明序列来验证这一命题。这说明，某些属于人类的理性超越了逻辑推理的范畴。

超越理性表达的部分只能依赖我们的直觉来认知，尽管人们主观上试图将直觉排除在理性系统之外。事实上，我们对于数学和物理学中的许多新思想的理解依赖于直觉，而非纯粹的逻辑推演。

让我们再次审视认知的3种不同的途径。演绎法永远无法告诉我们新的东西。基本假设一旦被设定，命题的真伪就已存在，问题只是怎样重新组织语言再说一遍。归纳法得出的结论依赖于直觉，而非演绎推理。通过类比法将一件事与另一件事相联系，从而产生新的想法，这也不是逻辑推理的结果，而是依赖于直觉。哥德尔曾神秘地说："如果有外星生命，他们的智慧一定基于类比。"**哥德尔不完备定理告诉我们，直觉在我们的理性认知里是不可忽视的，这才是更为真实的数学认知。**

我们可能不得不重新定义和理解理性本身。认识理性并探讨认知的本质，不能仅通过古典逻辑的推演得出所有的结论。无论我们掌握的是数学工具还是物理工具，古典逻辑造成的缺憾都无法被更多的发现来弥补。每多引入一条新公理，都会使得这条公理变成一个更大的知识体系，但我们仍然会找到这个知识体系本身的自洽性和完备性无法同时被满足的命题。事实上，理性认知的一部分可以通过逻辑推理过程来证明，因此它可以被程序解读。这个程序一旦被编写出来，它就会变成图灵机，发展至今便演变为人工智能。但是我们的认知并不等同于古典理性，哥德尔不完备定理告诉我们，这两者之间是有本质差别的——它划了一条鸿沟，而古典理性无法逾越这条鸿沟。

我们对语义的认知跟我们对语法的认知也是有差别的。人类能够理解语言的含义。这种理解意义的过程依赖于直觉和常识。这种直觉与我们通过计算机语言或数学语言来描述语法的方式并不一致。我们能通过自己的直觉来认识语义的对错，但证明的过程则是通过操作符表达为新的陈述。哥德尔告诉我们，操作算符的过程并不等同于我们理解其意义的过程。比如在计算机上编写代码，这段代码的实际意义是由人来诠释的。代码编写完成后，这个程序可以在计算机上运行，但它是模拟自由落体现象、经济现象，还是模拟天气状况？语义跟语法是不对等的，把语法诠释为语义，这件事情需要由人来完成。

在理性系统中，一些假设（如不可判定问题）显得尤为重要，因为直觉永远存在。这使得人们在沟通或构建知识体系时，必须依赖于直觉，必须在知识体系之外形成共识和常识，才能进行有效的沟通。否则，在这些不可判定问题上，人们将无法达成一致的认知。

人类对知识体系的探索揭示了一个重要的现实：我们无法仅在体系内部证明其无矛盾性。这一点，即使是在数学这样被认为完美无瑕的学科中也同样适用。哥德尔证明了在我们的认识过程中，直觉，而非纯粹的理性推演扮演着核心角色。虽然理性推演有助于我们整理和理解知识，但它本身并不能创造新的知识。因此，我们的认知在很大程度上又回到了主观和唯心的领域。

哥德尔在 1931 年的数学证明为我们提供了这一启示。这促使我们回顾过去 2 000 年对理性追求的历程，进而反思：我们究竟是在追求绝对的确定性，还是把不确定性作为一种现实学习接纳它？量子力学也告诉我们，未来是不可预测的，而我们用来预测未来的工具也并非完美无缺。这实际上要求我们接受人类的不完美性，而这种不完美性正是我们的伟大之处。与机器的完美性相比，人类的不完美赋予了我们独特的创造力和适应性。

哥德尔同时也向我们展示了一种构建新知识的方法。在现有的知识体系中，我们往往会遇到矛盾，而解决这些矛盾的过程通常涉及一些不可判定问题。面对这些矛盾，我们可以将其转化为新的定理或公设，并将其重新整合到知识体系中，从而扩展我们的知识边界。这要求我们跳出现有的假设框架，引入新的证据来丰富我们的理解。然而，即使我们不断扩展知识体系，仍然会预期遇到一些不可判定问题。这也意味着人类知识的探索是一个永无止境的过程。

在哥德尔的理论出现之前，人们曾乐观（或悲观）地认为，随着希尔伯特的23个问题被解决，数学家们将面临失业的风险，未来的工作仅仅是进行一些细微的修补。但哥德尔不完备定理告诉我们，数学家的工作永远不会结束。因为在数学体系中，总会有新的bug（程序错误）被发现，而每次在弥补漏洞的过程中，我们又会拓宽原有的知识体系，并可能发现新的bug。

不完备性的世界，必须存在"补锅匠"

从哥德尔不完备定理来看，bug不仅存在于最严谨的数学知识体系之中，现实世界中更是到处都是。但凡是一个有限大小的可描述系统，bug就是不可避免的，比如我们能够写下来的文字，无论有多少，都属于一个有限系统并且绝大多数情况下比算术逻辑更复杂。**意识到这些bug的存在，并且创造性地弥补，只能依赖于人的智慧，可以说人理性系统的"补锅匠"。**

20世纪30年代后期，维也纳已弥漫着浓厚的纳粹思想。年轻的激进分子普遍认为，维也纳的那些聪明且不合群的人极有可能是犹太人。有一天，一些纳粹狂热分子在街头袭击了哥德尔。从那以后，哥德尔对纳粹思想产生了强烈的排斥，渴望找到任何机会离开维也纳，继而前往美国。在爱因斯坦的帮助下，哥德尔进入了普林斯顿高等研究院。哥德尔对之前的经历心有余悸，一直希望成为美国公民。1948年的一天，他终于收到了法院发来的入籍宣誓通知。哥德尔对此尤为看重，特意把美国宪法找出来，认真地研究、学习、领悟其精神。但就在宣誓前一晚，哥德尔忧心忡忡地打电话给他的宣誓见证人——著名经济学家奥斯卡·摩根斯顿[①]说："最近我因为入籍的事

① 摩根斯顿是德裔经济学家，现代博弈论的奠基人之一，1938年，纳粹德国吞并奥地利后，摩根斯顿被迫离开维也纳去往美国，1944年加入美国籍。

研究了美国宪法，发现其中有一个无法避免的逻辑漏洞……”摩根斯顿挂断电话之后，立刻打电话给爱因斯坦，请他想办法千万别让哥德尔在宣誓时提及此事，以免让场面尴尬。

第二天前往法院的路上，摩根斯顿负责开车，爱因斯坦在后座一直跟哥德尔讲笑话，希望哥德尔忘掉美国宪法的逻辑问题。到了法院，法官惊讶地发现这个名不见经传的入籍者所请的见证人居然是摩根斯顿和爱因斯坦这两位普林斯顿的名人。法官特意请见证人坐下，以示对这两位大人物的尊重。程序顺利完成后，法官对哥德尔说：“欢迎您成为信奉自由的美国人，我们的宪法保证在您新的祖国永远不会出现希特勒式的独裁者！”这无疑让哥德尔想起了自己的证明：“法官大人，您错了！我研究了美国宪法，独裁是一样不可避免的！”

哥德尔的担忧在 20 世纪 70 年代的水门事件中得以验证。从 18 世纪制宪会议起，依照洛克的精神，美国宪法就确立了三权分立的原则：国会负责立法，总统负责行政，法院负责司法。在水门事件的审理过程中，法院作为最高司法机关要求总统提供证据，以证明总统本人有罪。这就出现了一个问题：总统可以援引总统的行政豁免权拒绝提供这些证据。这种情况暴露了美国宪法中的漏洞，在最高司法机构试图审判最高行政长官时，原本设计的相互制衡关系似乎并不完全奏效。如果一个权力机构试图自我审判，就会出现类似的自指悖论，即“自我审判”困境，这在逻辑上类似于罗素的理发师悖论。

水门事件立刻被视为美国宪法面临的一次重大危机，公众对宪法的信仰被置于审判之下。尽管自美国宪法 1789 年生效以来已逾 200 多年，但这一事件首次揭示了其中的逻辑漏洞。美国宪法在此过程中未曾进行根本性的修改，只有 27 条增补案。因为 200 多年来的实践，让美国人形成对宪法不可撼动的坚定的信仰。

在水门事件中，尽管公众普遍认为总统有罪，依照法律程序却难以证实其罪行。1974 年，尼克松交出了记录有关键对话的录音带，这实质上证明了他自己有罪。尼克松在 1977 年接受采访时表示，交出录音带这一行为实际上是他自己启动了对自己的弹劾。通过提供对自己不利的证据，尼克松化解了美国宪政的重大危机。尼克松随后辞去了总统职务，而他的继任者杰拉尔德·福特随即宣布特赦他。对公众而言，尼克松的辞职被视为个人的牺牲，维护了美国宪法的尊严。

美国的法律是判例法，当法律条文存在漏洞且无先例可循时，就必须依照之前的判例行事。当法院要求总统提供对自己不利的证据时，尼克松的行为为这一问题确立了第一个判例，日后的总统也只能依此为例。到克林顿的时代，当法庭要求他提供对自己不利的证据时，克林顿只能遵循先例，交出证据并接受审判。判例法为填补法律漏洞提供了空间，这就是补锅匠的手艺活儿。

哥德尔是否在法庭宣誓过程中早已预见了这个问题，我们不得而知。但从数学的角度，我们可以另做一个证明，揭示在有限的条文下，无法构建一个完美的选举体系。而选举经常被认为是民主的基本特征。那么，人类是否可以设计一个好的选举制度来实现选举的公平和民主?

孔多塞在探讨司法判决的公正性时提出了这样一个问题：一位合格的法官单独做出的判决，是否比一个由多位普通市民组成的陪审团的集体判决更为可靠？孔多塞构建了一个理论模型，该模型假设每位市民都有超过 50% 的概率做出正确的判断。他发现，随着陪审团成员数量的增加，集体做出错误判决的概率会呈指数级下降。基于此，孔多塞得出结论，一个人数众多的陪审团相较于单独的法官，更有可能做出正确的判决。

今天看来，孔多塞的模型过于简化了，并未充分考虑现实世界的复杂性。模型的核心假设是市民们的判断相互独立并做出投票，但实际上这很难成立。陪审团成员间的互动是不可回避的，其中最活跃的成员可能对他人产生显著影响。现代心理学研究已经证明，群体效应有时会导致个体迅速接受错误的信息。陪审团成员间的互动也可能导致不可预测的结果，比如促使成员达成比他们最初意见更极端的结论，特别是当成员中存在一些极端的意见时。这种现象对司法判决的公正性和准确性构成了挑战，因为它可能促使陪审团做出非理性或不公正的判决。

扩展
知识的边界
Logic of the World

选举中的算法问题

从苏格拉底所处的古希腊时期开始，人们就设计了各种各样的投票制度来做出群体决议，有一人一票、少数服从多数的办法，也有代议制投票，即选出代表，由代表来决定。例如，美国总统大选就采用了一种非常复杂的代表人制度，即选举人团制度，其流程如下：

- 各党派推出自己的总统、副总统候选人，在各州注册。
- 在选举日进行普选，计算各党选举人的总票数，确定各州获胜者。
- 在各州获胜者所属党派推出的选举人成为该州选举人团，获得该州全部选举人团票数（一般遵行“赢者通吃”）。

- 各州选举人在各州首府集会投票选举总统和副总统。

选民投票结束之后，绝大多数选举人会根据本州的选举结果，把自己的选举人票投给赢得本州的总统及副总统候选人。但这样的选举可能导致一种情况：候选人虽然在全美赢得了相对多的普选票，但没有赢得选举人团的多数票从而落选。截至2020年，这种情况共发生过5次，考虑到美国有40多任总统，这一比例并不低。但这种选举制度也存在一种特殊情况，即个别选举人有可能背叛自己的州，违背“赢者通吃”的原则，将选票投给与本州多数选民选择不同的候选人。这是个严重的漏洞，那么是否有可能设计出一种更好、更公平的选举方法，让全世界所有选举都按照该方法操作执行呢？似乎并不难。但从古希腊时期至今的2 000多年，大大小小的选举不计其数，为什么我们一直没找到一种理想的、让大家都满意的选举方法呢？

孔多塞首先研究了这个问题。他发现了这样一个悖论，后人称之为孔多塞悖论：假设有X、Y、Z这3个选项，A、B、C这3个人来投票选出倾向性意见，得出这样的投票结果：

- A：X ＞ Y ＞ Z，A最喜欢X，Y次之，A最不喜欢Z。
- B：Y ＞ Z ＞ X，B最喜欢Y，Z次之，B最不喜欢X。
- C：Z ＞ X ＞ Y，C最喜欢Z，X次之，C最不喜欢Y。

如果两两对决的胜出者获得最终胜利，这被称为孔多塞投票法。我们发现这个结果下没有任何一个选项可以胜出。

我们再看一个更常见的例子。假设我们有 5 个选项——A、B、C、D、E，一个团体有 53 个投票者对这些选项进行偏好排列。这 5 个选项可以是任何事情，如可以是选举的 5 位候选人，可以是团建的 5 个不同活动的选项，也可以是投委会投票选出 5 个项目来决定投资的优先顺序等。所有参与人按照自己的喜好对选项进行 1 到 5 的排序，假设投票结果如表 8-3 所示。

表 8-3 投票结果

票数	A	B	C	D	E
18	1	5	4	2	3
10	5	2	1	4	3
4	5	2	4	3	1
12	5	1	4	3	2
9	5	4	2	1	3
2	5	4	2	3	1

在表 8-3 中，有 18 个人把 A 选项当作最优选项，其次是 D、E、C、B；有 10 个人把 C 当作最优选项，其次是 B、E、D、A，以此类推。

对于统计选票来决定优先顺序，常见的计票方法有以下几种。

（一）简单多数法

在这种方法中，获得最多第一选票的选项将胜出。在以上这个例子中，有 18 个人将 A 作为他们的第一选择，因此 A 当选。然而，实际上有 33 个人将 A 视为最差的选项，这意味着A的反对者数量也最多。简单多数法的缺点在于它可能导致"多数暴政"，即一个候选人尽管获得了最多的支持，但也可能是最不受欢迎的。

（二）波达计数法

波达计数法是根据每个选项在优先顺序中的位置给予其权重。在通常情况下，最后一名得1分，倒数第二名得2分，以此类推，第一名得5分。最后，各选项的总分数相加，得分最高的候选人胜出。在上述例子中：

- A：18×5＋37×1＝127
- B：12×5＋14×4＋11×2＋18×1＝156
- C：10×5＋11×4＋34×2＝162
- D：9×5＋18×4＋18×3＋10×2＝191
- E：6×5＋12×4＋37×3＝189

这样计算后，D是胜出者。

然而，波达计数法的问题在于，得分的权重分配并不是固定不变的。我们可以尝试不同的权重设置，如将第一名赋予200分，第二名赋予50分，第三名赋予20分，第四名赋予10分，最后一名赋予0分。根据这种权重重新计算分数，最终得分最高的候选人将获胜。具体得分如下：

- A：18×200＋37×0＝3 600
- B：12×200＋14×50＋11×10＋18×0＝3 210
- C：10×200＋11×50＋34×10＝2 890
- D：9×200＋18×50＋18×20＋10×1＝3 070
- E：6×200＋12×50＋37×20＝2 540

重新计算后，A 是胜出者。

（三）排序复选法

既然没法一次选出最佳候选人，那至少可以每次淘汰掉得票最少的候选人，把问题划归成 n-1 个候选人的情况，直到只剩下两个候选人。这就是排序复选法，如法国等国家的国家领导人选举就采用了类似的方法。

在以上这个例子中，第一轮淘汰掉得票最少的 E（6 票），投给 E 的选票按顺位转移给下一个偏好的候选人，因此会转而去投 B（4 人）和 C（2 人）；第二轮淘汰掉倒数第二的 D（9 票），这 9 人的票数计入 C，此时 A、B、C 票数分别为 18、16、21；第三轮淘汰掉 B（16 票），16 人全部转投 C。最后 C 以 37 ∶ 18 的优势胜出。

排序复选法最利于那些中庸的候选人——他们的票数不算少，可以苟活几轮；但也不算多，因为大多数人把他们排在中间的位置。随着轮数的增加，他们会逐渐积累票数，直到超过那些“极端”的候选人（比如 A）。

（四）成对比较法（孔多塞法）

孔多塞建议，在一次选举中，如果让候选人 X 和其他任何一个候选人一对一竞争，X 总是能获得更多的票数，那么 X 就应该当选。这样的话，在这个选举结果中，E 是唯一符合孔多塞法的优胜者：

- E—A：37—18。
- E—B：33—22。
- E—C：36—19。
- E—D：28—27。

回顾这一分析，我们遇到了一种尴尬的情况：选举的结果是已经确定了的，每个参与选举的人都有确定的喜好偏向，然而当我们选择不同的计票规则（每一种都是我们日常用到的），竟然可能让任何一个候选者成为最佳选项！在以上这个例子中，制定选举规则的人具有特殊优势，他可以利用选民公认的规则来操作选举结果，从而成为事实上的“独裁者”。

1951年，肯尼斯·阿罗在他的博士论文中认真研究了关于群体选择的问题，并提出了著名的阿罗不可能定律。该定律揭示了民主决策系统中必然存在逻辑矛盾或者信息损失。他提出了理想选举规则的几个标准：自由、民意、理性、无独裁者。

- 自由：个人可以不受限制地选择自己的偏好顺序；个人是自由的。
- 民意：如果所有选民都认为甲优于乙，选举结果也必须是甲优于乙，即结果要反映民意。
- 理性：结果中甲与乙的优先关系，只取决于选民中甲与乙的优先关系，与其他选项无关。这点也被称为选项独立原则。
- 无独裁者：选举结果的任何一对优先顺序都不是由某位选民的喜好唯一决定的。

阿罗继而证明，当候选人数量不少于3人且选民人数不少于2人时，无论使用何种选举规则（选择函数），都无法同时满足以上条件，独裁者总会出现。1982年，米歇尔·巴林斯基等人进一步证明，既能反映出合理的公平原则，并又保证不产生悖论的选举制不存在！

阿罗不可能定律

我们这里给出关于阿罗不可能定律的简单证明。

首先，按照理想选举规则的标准，我们有如下 4 条基本公设：

1. 一致性，又称为帕累托效率：如果每个人对于A的偏好都大于B，那么群体评价就是A优于B。
2. 传递性：对于群体评价和个人评价均应满足如果 A 优于 B，B 优于 C，那么 A 优于 C。
3. 独立性：任何两个选项 A 和 B 之间的相对排序，不应受到其他选项 C 的影响，即只要所有人对于 A 和 B 的相对排序没有变化，那么群体评价的 A 和 B 的相对排序不应该因为 C 的存在而发生变化。
4. 无独裁者：无论个体偏好如何，没有任何一个人可以始终控制群体选择的最终结果。

接着，我们先证明一个引理，我们称之为极端选择引理：对于某个极端选项，集体选择依然会把它排在极端选择上，或者最好，或者最坏。在此，需引入一条定义：当每个选民都把某一选项放在最优选择或者最差选择的时候，我们称这个选项为极端选项。

用反证法：假设每个选民都把选项 C 作为极端选项，但是集体选择为 $A >^{V} C >^{V} B$。

对调所有选民的 A、B 趋向。

因为 C 在极端位置，所以当 A、B 选项对调的时候，因为C在极端位置，在每个选民的投票中，A、B对于C的喜好都没有变化。

这样，根据一致性，$A >^{V} C$被维持下来，同时$C >^{V} B$也被维持下来，根据传递性，$A >^{V} B$。但是，由于我们对调了每一个选民对A、B的喜好，根据一致性，$B >^{V} A$，两者矛盾。

因此，假设不成立。C不会成为夹在中间的选项，C只能是群体选择的极端选项。

接下来，我们正式证明阿罗不可能定律。

最简单的情况：当所有选民都把C当作极端选项时，根据一致性原则，在群体排序中，C也位于极端。为了方便显示，选民排序把C作为最佳选项的往前排，C作为最差选项的往后排（见图8-3）。这时，总会存在这样的选民x^*，当x^*把选项C从自己的排序顶端移动到最差选择时，C在整体选择的排序中也从最优选择移动到了最末端。这时x^*就是该投票的独裁者。如图8-3中显示的Profile 0和Profile 0’。

1	⋯	x^*-1	x^*	⋯	n	V
C	C	C	C			**C**
				C	C	

Profile 0

1	⋯	x^*-1	x^*	⋯	n	V
C	C	C				
			C	C	C	**C**

Profile 0’

图8-3　把选项填入偏好排列表

现在我们构建其他选项A和B的排序。我们任意把它们的排序填写到Profile 0和Profile 0’这两个表中，得到

Profile 1 和 Profile 2（见图 8-4）。

1	…	x^*-1	x^*	…	n	V
C	C	C	C			**C**
	B				A	
A		B		A		
	A		A			
		A	B			
B				B	B	
				C	C	

Profile 1

1	…	x^*-1	x^*	…	n	V
C	C	C				
	B				A	
A		B		A		
	A		A			
		A	B			
B				B	B	
			C	C	C	**C**

Profile 2

图 8-4　在表中加入选项 A 和 B 的排序

接下来，我们从 Profile 1 创建 Profile 3（见图 8-5）：将 A 移动到 x^* 选民喜好排名的顶部，同时让 C 作为第二选项。记住，这时其他选民对 A 和 B 的喜好任意重新排列的，x^* 的选择是 A > C > B。

1	…	x^*-1	x^*	…	n	V
C	C	C	A			
	B		C		A	
B		A		B		
	A					
		B	B			
A				A	B	
				C	C	

Profile 3

图 8-5　创建 Profile 3

比较 Profile 2 和 Profile 3。由于 C 是极端选项，在 Profile 2 中 C 是集体最差选项，所以 A $>_{P2}^{V}$ C。在新创造出来的 Profile 3 中，对于每个选民，A 和 C 的相对位置保持不变。通过独立性原则，我们可以得到 A $>_{P3}^{V}$ C。

在 Profiles 1 和 Profile 3 中，由于 C 是极端选项，对于每个选民，B 和 C 的相对位置保持不变。同时，C $>_{P1}^{V}$ B，通过独立性原则，我们可以得到 C $>_{P3}^{V}$ B。

因此，A $>_{P3}^{V}$ C $>_{P3}^{V}$ B，特别的是，A $>_{P3}^{V}$ B。

我们看一下这个 Profile 3 有哪些特点：

1. 除了 x^*，C 在极端位置。
2. x^* 的排序里 A > C > B。
3. 其他选民关于 A、B 的喜好是任意安排的。

但这时的群体选项 A $>_{P3}^{V}$ C $>_{P3}^{V}$ B，与 x^* 的喜好安排一致，因此 x^* 是独裁者。

接下来，从 Profile 3 创建 Profile 4（见图 8-6）：在每个选民的排序中任意调整 C 的位置，保持其他候选人的位置不变。将 A 移动到 x^* 排名中的任意位置，只需要保证位置在 B 之上。这时在 Profile 4 中：

1. 所有选民，除了 x^*，现在都拥有完全任意的偏好。
2. 选民 x^* 选择 $A > B$。

1	…	x^*-1	x^*	…	n	V
C	C	C	A			
	B		C		A	
B		A		B		
	A					
		B	B			
A				A	B	
				C	C	

Profile 3

1	…	x^*-1	x^*	…	n	V
	C					
	B				A	
B		A	A	B		
C	A		C		C	
		B	B			
A		C		A	B	
				C		

Profile 4

图 8-6 从 Profile 3 创建 Profile 4

因独立性原则，移动 C 对群体的 A、B 选择无影响，所以 Profile 4 继承了 Profile 3 中 A、B 的喜好倾向，集体选择：A $>_{P4}^{V}$ B。这样 x^* 就成为 A、B 选项的独裁者，无论其他选民怎样安排 A、B 的喜好顺序，群体选择结果由 x^* 的选择喜好决定。因此，对于不涉及 C 的任何 A 和 B，x^* 都是独裁者。同样我们可以证明，x^* 也是 A、C 的独裁者，根据传递性，x^* 是选项和选民的独裁者。

证毕。

阿罗不可能定律指出，多数规则的根本缺陷是，在实际决策中往往导致循环投票。结果，在这些选择方案中，没有一个能够获得多数票而通过，这就是“投票悖论”，它是所有公共选择问题的固有难题，任何有限的选举规则都难以避开这个两难境地。那么，是否可以设计出一种消除循环投票、做出合理决策的投票机制呢？阿罗的结论是：不存在一种能保证效率、尊重个人偏好，并且不依赖程序多数规则的投票方案。简单地说，阿罗不可能定律意味着，在通常情况下，当社会所有成员的偏好为已知时，不可能通过某种方法从个人偏好顺序中推导出社会偏好顺序，也无法通过任何程序准确地表达社会全体成员的个人偏好或者实现合意的公共决策。因此，一个合理的公平决策只能来自一个可以胜任的公共权力机构里的核心成员，换句话说，来自一个合格的补锅匠。借助投票过程达到协调一致的集体选择结果，通常是无法实现的。从这个意义上讲，民主是一种生活习惯而非可制定的制度。

阿罗的结论令人惊讶：一个社会不可能在完全保障个人自由的同时避免独裁，也无法在完全自由经济的情况下避免垄断。这一发现使人们对社会制度的理解达到了新的高度。因此，阿罗不可能定律一经提出，便对当时的政治哲学和福利经济学产生了巨大冲击，引发了上百篇试图反驳这一定律的文章的发表。

事实上，阿罗不可能定律经受住了所有技术上的批评，其基本理论从来没有受到重大挑战，可以说是无懈可击的。阿罗不可能定律似乎也成为一个不可逾越的障碍：怎样综合社会中个体的偏好，以及怎样在理论上找到一个令人满意的、评价不同社会形态的方法？这将成为一个永久的难题。

这是否就像哥德尔关于美国宪法必然导致独裁的判断？哥德尔本人未提及他想到的证明。

阿罗不可能定律至少可以解释，我们永远需要一个团队带头人，而尽管我们希望所做决策中可以少一些个人的主观情绪，但依然无法完全消除决策中的主观色彩。一个团队的领导者，可能无法避免像一个补锅匠一样，需要对不可判断问题做出非理性判断和决策，有时还需要提出新的解决方案来填补漏洞。这也是有限命题里自带的局限，就像今天的人工智能哪怕拥有海量数据，无论这些数据量有多大，它们依然有限，人工智能也依然无法在复杂决策中完全替代人类的判断。

阿罗不可能定律也阐述了民主决策过程的脆弱性。虽然在大多数情况下，由于暂时的信息不完备，我们不知道谁会成为独裁者，这至少维护了当下各种选举制度存在的合理性。但随着大数据和人工智能算法以及超过常人感知能力的数据交互方式的发展，找到并操控独裁者或许会成为可能。因此，我们不得不牢记柏拉图关于绅士教育的目的，不得不去培养领导者的责任感，责任感来自道德、常识和多任务经验的积累，而拥有责任感又是人与机器最大的区别。

第9章

回归直觉，认知过程中的核心角色

Logic
of the World

要是人们某些时候没有做蠢事，那就不会做成聪明的事。人类是人类灵魂最好的图画。

——维特根斯坦

如果说我的《人工智能之不能》一书是致敬哥德尔和爱因斯坦的，那这本书就要致敬罗素和维特根斯坦了。

维特根斯坦是一位诚实地忠于内心世界的沉思者。他努力体验真实，但他面对的就是这样一个世界：看似简单、实际做起来却如纷繁复杂的“命题群落”。

维特根斯坦，视真理胜于生命的天才

维特根斯坦出生于一个极为富有的维也纳家庭，这个家庭被誉为“欧洲的第六帝国”。他的父亲卡尔·维特根斯坦在当时的欧洲是卡耐基或洛克菲勒一般的存在。在卡尔的 8 个孩子里，维特根斯坦最小。因为父亲苛刻甚至完美主义的教育要求，维特根斯坦其中的两个哥哥在他年幼时自杀了。这给少年维特根斯坦留下心理阴影，自杀一直是个可以随时触及的念头。维特根斯坦成年之后，他的另一个哥哥在“一战”中因为下属不听从指挥，一怒之下饮弹自尽。这些不幸让老卡尔对维特根斯坦的教育态度发生了巨大的转变：让儿子自由成长吧！

在母亲的影响下，维特根斯坦从小就有很好的音乐品位和修养，但他也喜欢动手做东西。1908 年，在莱特兄弟把飞机弄上天后的第五年，维特根斯坦选择了英国曼彻斯特大学的航空动力学专业，他本科期间还申请了飞机螺旋桨的专利。但工程数学的深度远远不能满足他对数学本质的兴趣，他很快被罗素和弗雷格关于集合论的讨论吸引。他认为自己找出了解决罗素悖论的方案。像少年时代的我们一样，还在上大学的维特根斯坦怀着对行业的有限理解以及自命不凡的态度，认为自己可能有了革命性的发现。无知者无畏的他兴冲冲地拜访了弗雷格。弗雷格轻松地指出了其方案中的问题，但弗雷格没有直接把他打发走，而是介绍他去找罗素学习数学，他就此成为罗素的学生。

1911 年，维特根斯坦怀着忐忑之心前往剑桥大学与罗素会面。这次见面后来被证明是非常重要的，因为维特根斯坦需要罗素的评判来确定自己是否有研究深奥问题的潜力。毫不夸张地说，这个问题于他是个生死攸关的大事。如果真的没天分却又如此热爱思考，他难免会像哥哥们一样选择自杀。毕竟，这个家族的兄弟们都视真理胜过生命。

罗素在日记中写道：“1911 年的一天，这个德意志人来找我，显然因为过度紧张地说着结结巴巴的英语，我以为我学的德语终于能派上用场。”但接下来的几天交流，让罗素对维特根斯坦的看法大为改观。罗素随即建议维特根斯坦到剑桥大学来跟他学习哲学。两个人迅速从师徒关系转变为朋友关系，罗素逐渐重视起维特根斯坦对自己观点的评论，甚至有时候要小心翼翼地，生怕维特根斯坦直言不讳地批评他。这时，维特根斯坦本科还没毕业，但他对是否能拿到学位这件事并不在意。对数理哲学的讨论，已经占据了他几乎全部的精力，成了他主要的兴趣。直到“一战”的爆发，才打破了他的这种沉醉。

1914 年，几乎是在战争爆发的第一时间，维特根斯坦志愿报名参加了奥地利军队。这倒未必是因为他爱国。对他来说，参战更多的是一种对深处灵魂的刺激。他更愿意冲锋陷阵，并且纯粹是为了体验而冲在炮火纷飞的第一线。这种勇敢甚至为他赢得了勋章，本来他被提名授予的是更高等级的金质勇士勋章，但上级认为他的勇敢并不是为了达到任何战略目的，纯粹是为了勇敢而勇敢，为了体验人生，不怕死而已，所以授予了他剑十字勋章。

战壕里的维特根斯坦并没有荒废对哲学的热爱，他用体力打仗，用脑力思考，《逻辑哲学论》的主要部分就是他在“一战”期间完成的。不幸的是，在战争将要结束的时候，维特根斯坦所在的部队居然被几乎没什么战绩的一支意大利军队俘虏了。在战俘营，一位奥地利画家与维特根斯坦成为难友。画家听说他姓维特根斯坦，就说起自己曾经一睹大师克利姆特为富豪家的维特根斯坦小姐所绘的一幅肖像画。维特根斯坦平静地说：“哦，他画的是我大姐。”

在战俘营的 10 个月里，维特根斯坦最终完成了《逻辑哲学论》的写作，出狱后却找不到出版商，没人愿意出版这本根本可能无人能读懂的哲学著作。后来，他好不容易找到了一家，但对方要求他承担印刷费用。维特根斯坦认为书籍应当凭其价值而出版，自费出书是对自己工作的侮辱。直到有出版商听说罗素可以为这本书作序，才勉强同意出版。罗素兴冲冲地花了不少工夫写了篇极长的序言，但当维特根斯坦收到这篇序言时却评论说，罗素没看懂自己的书要说什么。

通过罗素与维特根斯坦交往的故事，常常可以看出罗素作为长者的宽容和幽默，而维特根斯坦的表现则很难用“天才的骄傲”来形容。维特根斯坦聪明且直言不讳，他认为错误的事，便会一针见血地指出其问题所在，毫不顾及对方的感受，因此经常伤及听众。他又非常敏感，时时跳脱出来审视自己的行为是否无愧于自己的内心世界。中年的维特根斯坦曾经列了一个极长的清单，以苦行僧的方式去拜访每一个朋友，在他们面前宣读自己的忏悔书，列举那些他觉得对不起朋友而令他内心无法平静的事。这些忏悔在朋友看来大多是无心之过，但维特根斯坦只有在完成这一仪式般的旅行后，内心才能稍微得到安宁。

维特根斯坦曾坚信，他的《逻辑哲学论》已经解决了哲学的所有问题。于是，他转而以一个践行者的角色试图改变底层人民的生活状态，教育便是他实现这一目标的途径。维特根斯坦把他继承的所有资产都分给了哥哥姐姐，确保自己一分钱也不保留，他还自请律师在法律上保证他将来也不会有任何途径获得这些财产。律师说他这是要“在财务上自杀”，但维特根斯坦对此并不在意。事实上，由于战争的影响，他退伍后也几乎总是穿着旧军装，对日常消费从不放在心上。

1920 年，维特根斯坦只身一人来到奥地利乡村的一所小学任教。但他无法容忍天资一般的学生，在那个体罚被普遍接受的时代，维特根斯坦依然因体罚学生而臭名远扬，不得不频繁更换任教学校。以至于很多年以后，当他在进行自己的忏悔之旅时，一个曾挨过他打的学生拒绝原谅他。

对无法言说之事，就应保持沉默

虽然维特根斯坦身处奥地利乡村，外界却没有遗忘他。《逻辑哲学论》

在欧洲的学术界广泛流传，成为维也纳学派的理论基础。

现在我们来看《逻辑哲学论》，即使它用极其严谨的语言来陈述逻辑推演，却仍难免包含一些“神谕”般的断言。毕竟，有些命题本身是建立在假设之上的，我们无法回避。维特根斯坦在使用这些假设的时候，或多或少带有些毕达哥拉斯般介于神人之间、灵感从天而降的味道：不要再问我为什么，它就是对的！从行文风格上来说，《逻辑哲学论》更像是本数学教材，用序号来罗列观点，并通过编号的扩展来进行观点的拓展。例如，观点 1.0 的延伸解释为 1.1、1.2，对 1.1 的进一步阐释则为 1.1.1、1.1.2。由于维特根斯坦对语言的谨慎和他对形式逻辑的造诣，这本书虽然篇幅不长，但并不算好读。

《逻辑哲学论》中的 7 个章节，涉及世界、事实、思想、命题、元命题、命题的一般形式，以及超验性的沉默。《逻辑哲学论》指出世界是事实的总和。自亚里士多德时代以来，人们普遍认为世界是由事物组成的，比如太阳系由太阳和行星组成。然而，维特根斯坦认为这种观点不全面。他主张，世界除了事物本身，还包括事物的运动、性质和它们之间的关联，这些共同构成了事实。这种观点类似于我们用量子力学描述一个物体的波函数 $\Phi e^{(-i\varphi)}$，不仅需要实数部分的振幅 Φ，也需要相位部分 $(-i\varphi)$ 来描述物体的状态和关联。

但我们不得不把这些概念“说”出来，用自然语言对概念进行描述。这些事实首先在人的观念里形成图像，这时已经对事实进行了第一次测量。信息因此有所损失和变化，已与自然界的“事物”之间不完全一致。图像的准确性依赖于人的感知、知识积累、逻辑分析和直觉。而我们用语言将这些图像“说”出来，与他人交流。这时，语言的准确性与观念中的图像再次发生偏差，我们只能用尽量多的、准确的语言来描述这个观念里的图像，但这时的信息已经与最初的事实有所不同。信息的冗余会减少这种不同，但无法完全消除它。这也是语言可以被无穷诠释的原因。

接下来，维特根斯坦讨论了语言的特性。语言的使用必须遵从古典逻辑的 4 个基本规律：同一律、矛盾律、排中律和因果律。不遵循这 4 个基本规律的语言是无效的。违背矛盾律，可以得出任何想得到的结论。而同一律是有效讨论的基础，不能在讨论中混淆概念，比如，当我说的是可以吃的“苹果”时，你却在想手机的品牌“苹果”。只有符合逻辑且遵从基本规则的语言陈述才是有效的、有意义的。

在这个基础上，世界由事实组成，而事实由对象的状态组成。这对应于语言中的命题，正确的命题对应于世界的真实存在的事实。

扩展
知识的边界
Logic of the World

从逻辑原子论看命题真伪的逻辑判断

例如，基于罗素的逻辑原子论，有如下命题：

命题：张三一直逍遥法外。

此命题可以拆解成以下事态或原子命题：

张三是人，张三不是人。

张三犯罪，张三没犯罪。

张三被抓住，张三没被抓住。

每一项进一步可以有真值判断，于是会有以下真值列表：

X	Y	Z
是人	犯罪	被抓住
不是人	没犯罪	没被抓住

在关于张三的基本命题的逻辑空间，有诸多可能性存

在，它们构成了一个函数 $F(X, Y, Z)$，这一函数共有 8（2^3）种取值。

当且仅当取值为 X= 人、Y= 犯罪、Z= 没被抓住时，命题“张三一直逍遥法外”才成立，则“张三一直逍遥法外”是一个真值事实，一个在真实世界中有意义并可检验的事实。维特根斯坦称之为“事实是语言的真值函项”。

维特根斯坦进一步说明，我们无法讨论超验的命题，讨论超验的命题是无意义的。一个超验的命题是无法用确切的语言来描述的、无稳定标准的，也无法设计一个可检验的实验来验证，在真实世界中不对应于或不知道是否对应于某一事实的命题。在不同的人看来，超验的命题往往有不同的定义和角度，导致形成不同的观点，从而不会达成稳定、可靠的共识，比如善良、道德、主观、客观、真实，甚至上帝是否存在。我们无法设计实验来验证这些观点，每个人都有自己的标准。维特根斯坦认为研究这些命题是无意义的，这些都是超验的命题。维特根斯坦认为以下范畴的事物超越了语言的能力，是超验的。

1. 伦理与价值：维特根斯坦认为伦理和价值是超验的，它们无法通过语言表达，因为伦理与价值的性质不是事实的性质。它们不属于世界，而是在某种意义上与世界相接触。伦理显示了世界的限制，但并不是世界的一部分。
2. 美学：同伦理和价值一样，美学也属于那些超越事实陈述的领域。艺术和美的体验超越了语言可以描述的范畴。
3. 形而上学：任何试图表述世界整体的事物或者存在的本质（形而上学所关注的内容）对维特根斯坦而言，也是不可言说的。因为这些陈述不能被逻辑形式所捕捉，也无法在他的理论框架内被验证。

4. 宗教与神秘体验：按照维特根斯坦的早期观点，宗教和神秘体验中涉及的终极问题和体验，是超出了语言的能力的。这些体验不能用语言传达，它们只能被“显示”出来。

从这个角度来讲，很多不同文化里的经典著述和哲学命题，或者是无效陈述，或者是超验的命题，都是无意义的，是不值得讨论的，充其量不过是“语言的游戏”，并不能带给我们新的知识。在《逻辑哲学论》的第 7 章，维特根斯坦写下“对无法言说之事，就应保持沉默”，暗示了哲学讨论的界限，指出了超验命题的范畴。这意味着，**有些知识或认知是无法通过语言直接表达的，必须通过直观或体验来领悟。**

1922 年，《逻辑哲学论》的英文版正式出版。这一年，弗里德里希·石里克[①] 来到了维也纳，成为维也纳大学最早阅读《逻辑哲学论》并理解其价值的人之一。1924 年，他写了一封信给维特根斯坦：“我是您的《逻辑哲学论》的景仰者，长久以来我一直想与您联系。每个冬季学期，我都会定期与喜欢逻辑和数学的同事以及有天赋的学生会面；在这个小组里，您的名字经常被提到。特别是我的同事在一次讲座上介绍了您的作品后，给我们所有人都留下了深刻的印象。这儿有许多人，包括我在内，都相信您的想法是重要且正确的，我们有一种强烈的愿望：要成为您所开启的事业的一份子，我们有责任让更多人了解您的观点。”

1926 年 4 月，石里克在几个自己精心挑选的学生的陪同下，拜访了在

① 弗里德里希·石里克（Friedrich Schlick）是德国著名的哲学家和物理学家，也是逻辑实证主义和维也纳学派的主要创始人，此外他还将物理学的方法应用于哲学研究，推动了哲学与科学的结合。

奥地利偏远乡村里教书的维特根斯坦。石里克的妻子在谈到自己的丈夫踏上此行时的心情时说："他几乎是带着可怕的敬畏，向我说明维特根斯坦是地球上最伟大的天才。那时他仿佛准备去圣地朝拜。"这之前，石里克早已把自己的一些著作寄给了维特根斯坦，并邀请他加入自己的讨论小组。这次拜访之后，维特根斯坦和石里克开始定期会面讨论。维特根斯坦发现石里克是个杰出的、有理解力的讨论伙伴，尤其是他欣赏石里克高尚的人格，因此更加珍视这段友谊。

石里克始终未能说服维特根斯坦出席其组织的小组聚会，维特根斯坦告诉石里克，他只愿与那些"让他舒坦"的人谈话。这个小组成员是一群哲学家和数学家，包括弗里德里希·魏斯曼（Friedrich Waismann）、鲁道夫·卡尔纳普（Rudolf Carnap）和赫尔伯特·费格尔（Herbert Feigl）。他们在哲学问题上秉持实证主义道路，共享科学世界观。他们每周四晚上会面，讨论数学和科学的基础命题。这个群体后来演变成维也纳学派。

维特根斯坦的思想深刻影响了以石克里为首的维也纳学派，也定义了现代科学的边界：科学，只能研究有效陈述下的可检验事实。只有这样的问题才是科学问题，只有用这样的方法来研究的内容才是科学内容。继而，他的观点也定义了今天哲学博士的培养模式，甚至可以说确立了科学研究的"行规"，即除了提出观点，还必须提出可检验事实并给出扎实的论据，只有这样观点才能成立。这也就是胡适总结的"大胆假设，小心求证"。求证的功夫才是科学训练的核心。

下面我们来讨论一下何为有效命题和可检验事实。

何为有效命题？

《金刚经》中须菩提说："如来所说法，皆不可取，不可说，非法，非非法。"释迦牟尼佛的意思是：对于我所说的一切法，都不可执着，它们都不是法，也不是非法。他反反复复指示众生，不要执着于"法"，也不要执着于"非法"。这个说法要求同一个陈述里要求A和非A同时存在，违背了矛盾律，看似高深莫测，但停留在"莫测"上，不构成有效叙述。《道德经》里的"道可道，非常道"，"道"和"道"在同一个陈述里含义不同，也违背了同一律。这些以《逻辑哲学论》的标准来说都是无效陈述。违背矛盾律可以推出任何结论。那这时，谁说了才算呢？只能是对上师的崇拜，上师怎么说都对，于是权威的力量就显现出来了。虽然说"吾爱吾师，但吾更爱真理"，但这里的"真理"本身也是无法被定义的。于是，一切都回到了师父的权威，谁的声音大，谁的话就成为标准。

何为可检验事实？

柏拉图的《理想国》记录了苏格拉底与色拉叙马霍斯的一段对话，他们讨论了正义的本质。色拉叙马霍斯主张"正义只是强者的利益"，当权者定义了对他们有利的法律，服从这些法律就是所谓的"正义"。然而，苏格拉底通过一系列问题和论证挑战了这一定义。

苏格拉底首先请色拉叙马霍斯澄清他的说法。他问道："统治者会不会在判断对他们是否有利的事情上犯错？"

色拉叙马霍斯回答："会的，统治者和其他人一样，可能会犯错。"

苏格拉底继续追问："按照你对正义的定义，当统治者犯错，制定了一项对他们不利的法律时，服从这项法律的人是否仍然在实践正义？"

色拉叙马霍斯回答："不，因为那项法律实际上并不符合强者的利益。但臣民仍然有义务遵守法律。"

在这里，苏格拉底揭示了色拉叙马霍斯论点中的矛盾。苏格拉底指出，如果正义被定义为服从统治者为自己利益制定的法律，那么当统治者犯错，颁布了违背自身利益的法律时，臣民通过服从法律的行为反而是在做不义之事，即便他们是在遵循统治者的命令。这与色拉叙马霍斯最初的主张"正义只是强者的利益"相矛盾。

苏格拉底总结道："根据你的定义，色拉叙马霍斯，当统治者无意中制定了不符合自己利益的坏法律时，服从这些法律的臣民并没有在做正义的事情，因为这些法律并不符合强者的利益。所以，正义不能始终如一地被定义为强者的利益。"

色拉叙马霍斯试图通过辩解来挽救自己的论点，他提出，真正的统治者不会犯错。当他们颁布法律时，必然精准地指向自身最大利益，此时臣民服从才是正义。当统治者犯错时，他们就不是真正意义上的统治者，正如医生犯错时，他也不是真正的医生。

苏格拉底通过区分一种职业所追求的目标及其所服务的对象来进一步反驳。苏格拉底认为，医生并不是为了自己的利益而行医，而是为了患者的健康。同样，统治者应该为臣民的利益服务，而不是为了自己的利益。因此，如果要真正履行职责，统治者不应自私，而应为人民谋利。

苏格拉底将色拉叙马霍斯引向了一个悖论的境地，表明如果统治者擅长履行他们的职责，他们就应该为臣民的利益而不是为了自身利益服务。因此，正义不能简单地被定义为"强者的利益"，因为当统治者公正行事时，他们并不仅仅服务于自身利益，也是为了他人的利益。

关于正义和非正义的命题看似是矛盾的，但“正义”这个词本身是超验的。在讨论超验的名词时，每个人的感受、认知和视角是不同的，随着讨论的前提和语境的变化，正义和非正义的定义也在发生变化。在维特根斯坦看来，这是一个从有效陈述到可检验事实都不成立的讨论。所谓苏格拉底式诘问，让忙于生计的古希腊市民感到厌烦，他们最终选择通过投票将苏格拉底处死，以结束这种纠缠。

传统哲学思辨的殉道者，实践是检验真理的唯一标准

物理学和哲学的分界线一直难以界定。通过争论而不是通过事实来确立哪个理论是对的，最后往往会归为“谁主导了话语权”。对于超验事实的哲学层面讨论，物理学界有着更为惨痛的教训。这也深远影响了维也纳学派的最终确立。

19 世纪末，物质的本源究竟是原子还是能量，是物理学界亟待解决的一个核心问题。然而关于这个问题的争论，更像是古希腊式的思辨。辩论的一方是热力学的奠基人之一、奥地利物理学家玻尔兹曼，以其命名的玻尔兹曼常数众所周知。辩论的另一方是德国物理学会主席恩斯特·马赫，声音在空气里传播的速度单位“马赫”（1 马赫约为 334 米 / 秒），就是以他的名字命名的。双方都是学术泰斗，论战起来绵绵不绝，思如泉涌。

玻尔兹曼坚信原子的实在性，他的工作对统计力学和热力学的发展至关重要。马赫则是经验主义者，他对科学理论中无法直接观测到的实体持怀疑态度。

然而，学术界的争论往往不局限于学术本身，马赫在某种程度上利用了自己的影响力，而玻尔兹曼当时不仅面临来自论战的挑战，还承受着当时科学界对他统计方法的广泛怀疑。当时主流物理学家纷纷对玻尔兹曼统计力学中的概率性质表示反对。他们无法接受玻尔兹曼的说法，即热力学第二定律是一种统计规律而非绝对定律，并批评说原子论无非是对古希腊某一学说的复述，毫无新意。“唯能论”与原子论两种理论，在当年没有实验支撑的情况下很难分辨对错。这也就是玻尔兹曼的困惑之处。爱因斯坦后来评价玻尔兹曼：“他明白自己有着那个时代最睿智的头脑，这也是他自负的资本，但是他的自卑也是明显的，一旦有很多人站在他的对立面，他就会惴惴不安，反复地思考自己是否有这样或那样的错误……”玻尔兹曼自信于他的物理直觉，却苦于无法证明原子的存在。

普朗克曾评论说，玻尔兹曼如骑士般“单枪匹马冲入了敌人的战阵”，面对马赫旗帜下声势浩大的“能量学军团”，孤胆英雄般发起了悲壮的反冲锋。玻尔兹曼深知自己孤立无援，混乱的记忆就诞生于力量悬殊的对抗。这是一场没有胜算的决斗，一对一的单挑变成了群起而攻之的绝境。

1906 年，玻尔兹曼在意大利度假时自杀。他的自杀可能与多种因素有关，包括长期的精神健康问题和当时学术界对他理论的广泛否定。他的统计方法和对原子实在性的坚持最终被证实是正确的。玻尔兹曼死在了黎明前：1900 年，普朗克提出了量子论；1905 年，也就是玻尔兹曼自杀的前一年，爱因斯坦对布朗运动的解释，已经可以看作物质是原子组成的证据；同一年，爱因斯坦解释了光电效应，开启了属于量子的时代。在这个新时代，玻尔兹曼的理论得到了全面的证实。

玻尔兹曼也因此成为传统哲学思辨的殉道者。这之后，实践被确立为检验真理的唯一标准，没有足够证据的辩论是无意义的。在缺乏证据的情况下，关于物质本质究竟是原子还是能量的讨论，也就成了无意义的争执，最终只能看谁的权威更大，话语权更强。如果不能在证据上征服对方，就在精神上和肉体上消灭对方，苏格拉底和玻尔兹曼都成了对超验命题思辨的殉道者。

对新一代物理学家的代表普朗克来说，学术争论本身并没有多少诱惑力，因为他认为争论不能产生新东西。普朗克指出："一个新的科学真理照例不能通过说服对手来获得认可，让他们承认'受益匪浅'。恰恰相反，新真理往往只有在对手们逐渐逝去，而新的一代熟悉了这个真理时，才能真正被贯彻。"这也为我们启示了另外一个道理：有些命题，虽然是超验的，但随着科学的进步、新手段的发现、新技术的发展，它们可以转变为可验证的事实。

哲学无法教给我们新的事实，只有科学才可以

在从事小学教育 6 年之后，维特根斯坦逃离了奥地利乡村，放弃了这份不适合自己的工作。1927 年，维特根斯坦在万众瞩目中回到剑桥大学。经济学家约翰·凯恩斯亲自跑到车站去接他，凯恩斯还兴奋地告诉妻子："上帝来剑桥了！"

在剑桥大学的头几个星期，维特根斯坦和凯恩斯的关系主要限于事务性交流，凯恩斯俨然是维特根斯坦跟校方任何人打交道的全职秘书兼个人保姆。凯恩斯十分乐于扮演这种角色，作为维特根斯坦的朋友，并为他打理所有麻烦事情。这种状况一直持续到维特根斯坦去世。维特根斯坦回剑桥大学时，乔治·摩尔（George Moore）碰巧在同一列从伦敦回剑桥的车上，多年不见的老友立刻恢复了熟络。作为剑桥大学的哲学教授，摩尔担起了为维特根斯坦安排工作津贴的责任。不过他俩的友谊更多是私交性质的，而非哲学

学术上的。维特根斯坦赞赏摩尔的措辞准确性，偶尔会借此找到表述某个具体问题的恰当词语，但他几乎不认为摩尔是一个具有原创性思想的哲学家。“摩尔？”他曾说，“从他身上能看出，一个绝无天赋的人通过自身的勤奋能走多远。”这话虽然听上去刻薄，但绝不是维特根斯坦对摩尔的偏见，而是他对自己内心真实的绝对忠诚。

回到剑桥大学的维特根斯坦，为了维持生计不得不开始给学生上课。虽然奥地利乡村的经验给他多少留下了一些心理阴影，但他仍然需要一个学位才能在剑桥大学继续工作。于是他的崇拜者，小他 14 岁的弗兰克·拉姆赛成为他的博士导师。维特根斯坦以《逻辑哲学论》作为博士论文，按照大学的规定，答辩需要一名校内主考和一名校外主考。由于罗素当时已经被剑桥大学开除，因此只能以校外主考身份担任主考，摩尔则担任校内主考。口试定在 1929 年 6 月 18 日。当罗素和摩尔一起走进答辩房间时，罗素笑着说：“我一生从未有过如此荒谬的事。”考试以老友的聊天开场，罗素对摩尔说：“你要问他点问题，你是主考官。”随后是一场简短的讨论，罗素提出了他的观点：维特根斯坦宣称自己用无意义的命题表达了不可动摇的真理，这是自相矛盾的。当然他说服不了维特根斯坦。最后，维特根斯坦这样结束了答辩——他拍拍罗素与摩尔的肩膀，安慰说：“别在意，我知道你们永远不会懂的。”

摩尔随后在主考人报告中写道：“我个人的看法是，维特根斯坦先生的论文是一项天才的工作。既然如此，它当然也完全符合剑桥大学哲学博士学位的要求。”

按照维特根斯坦对命题的定义，以前的哲学问题绝大多数是无效陈述或者在讨论无意义的命题，从古希腊时期开始的哲学讨论至此走向没落。维特根斯坦认为，能够研究的命题必须能够清晰地表达，对于那些不能研究的命题，我们最好保持沉默。维特根斯坦宣告了哲学的光环已然褪去，但他并不认为自己用一种真正的科学取代了神秘的伪科学，而是认为自己看透了哲学的晦暗和神秘，发现其背后什么也没有。哲学不能转变成一门科学，因为哲学家本来就不打算找出任何实质性的东西。哲学的谜题是一种语法误用和误解的结果，所需要的不是解答，而是消解。消解这些问题的方法不在于构建新的理论，而在于整理已知的线索：**哲学揭示的东西是平凡的；哲学无法教给我们新的事实，只有科学才可以。**

《逻辑哲学论》对维也纳学派产生了深刻影响，确立了科学可以做哪些事情，什么是科学问题。科学只能够研究“有效描述下的可检验事实”。这非常清晰地明确了科学的范畴。科学的有效描述，指的是陈述符合逻辑的基本规律，在这些基本规律的约束下，若能用数学语言表达，就会更加完美。可检验事实排斥了对超验名词的讨论。科学不讨论诸如道德、善恶、美丑以及上帝存在的原因，甚至是否存在外星生命等问题，因为这些都是不可检验的事实。这里的“事实”，不一定是需要真实存在的，它只是代表一个命题，是名词的存在。

对实证主义者而言，确定性与科学方法总是携手并进的。维也纳学派把《逻辑哲学论》视作哲学之精确和清晰的典范。然而，其作者维特根斯坦在性格和方法上不局限于科学的约定，甚至在晚年与这些约定背道而驰。维特根斯坦对人和世界的观点和态度，更像一位艺术家，而不是科学家。几乎可以说，他更像一位宗教先知或预言家。

从罗素开始、由维特根斯坦发扬光大的分析哲学用新的逻辑来分析日常语言，从而开辟了全新的哲学方向。同一时期，在 19 世纪以来的德国实证主义传统的影响下，以及维特根斯坦《逻辑哲学论》的启发下，以石里克为首的维也纳学派提出了一系列有别于传统的见解。他们（除哥德尔外）的核心主张有以下几点：

1. 把哲学的任务归结为对知识进行逻辑分析，特别是对科学语言进行分析。
2. 坚持分析命题和综合命题的区分，强调通过对语言的逻辑分析以消灭形而上学。
3. 强调一切综合命题都以经验为基础，提出可证实性或可检验性和可确认性原则。
4. 主张物理语言是科学的普遍语言，试图把一切经验科学还原为物理科学，实现科学的统一。

维也纳学派拒绝任何形式的形而上学，认为经验是知识的唯一可靠来源，只有通过运用逻辑分析的方法，才可最终解决传统哲学问题。

石里克在《普通认识论》中提出，只有显而易见的断言才是定义，比如公式化逻辑或数学中的公理，所有其他断言必须通过实际检验来证明。假如一个断言不是定义，又无法通过事实被证明或被否认，那么这个断言就是“形而上学”的，也就与“无意义”和“胡扯”同义。这是维也纳学派的成员共同承认的原则。

从1926年至1930年，石里克完成了《道德问题》，在这本书中，他将道德当作哲学的一个分支进行探讨。同时维也纳学派发表了《科学的世界观》，以此表达对石里克的支持。这本书中强烈的反形而上学观点被视为维也纳学派思想的精华。

石里克以“同时性”为例来解释如何将哲学名词转变成一个“有效陈述下的可检验事实”。如果我们认为，可以允许用另一种为其他物理学所允许的方法来确定某种“被空间所分开的事件的同时”，那么这是一个经验性的主张。反之，如果我们主张除了这种通过光信号确定的同时性，还有一种“实在的”“哲学上的同时性”，这种同时性与一切可观察的信号完全无关，那么这种主张就既不是真的，也不是假的，而是无内容的。它听上去像一个命题，但实际上并未表达任何事实，因为它在原则上是不可验证的。

如图 9-1 所示，在这个关于同时性的实验中，一位观测者位于行驶中的火车上，另一位观测者则站在站台上保持静止。当两位观测者相遇时，一道闪光从火车的中央发出。对火车上的观测者而言，火车头尾和光源的距离是固定的，所以光线会同时抵达火车的前端与后端。而对站在站台上的观测者而言，火车的尾端会朝向闪光的发射点靠近；火车的前端则会远离闪光的发射点。所以只要光速是有限值且对所有观测者来说是各向同性的，光线到达火车后端的距离将会比到达前端的距离短。因此，闪光就会在不同的时间点抵达火车的前后端。这个实验中的同时性是由光速来确定的，由一个具体的表达式来确定，是一个可检验事实。

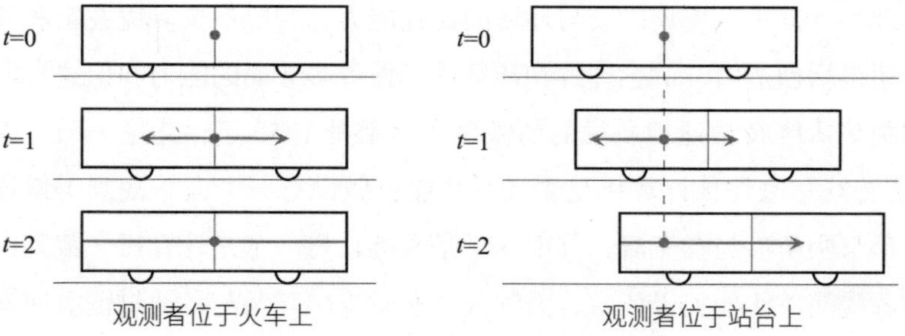

图 9-1　爱因斯坦列车实验

石里克在解释相对论中的同时性概念时，强调了同时性不是绝对的概念，而是相对的，这取决于观察者的运动状态。他重新审视了传统的时间和空间观念，表明在一个参考框架中看似同时发生的事件，在另一个参考框架中可能不会被认为是同时的。石里克通过这样的例子，揭示了科学中操作定义的重要性，即像同时性这样的概念，其含义必须与它们的测量程序联系起来而被准确定义。

科学不仅是收集事实，更要使事实相互联系并做出预测

维特根斯坦的思想告诉我们什么问题才是值得讨论的，并能得出有意义的结论。但你会发现，对于很多人类曾经争论了许久的问题，其实根本得不出一个能说服所有人的结论，它们属于价值偏好的领域。而其余问题，当我们用更科学的方法进行辨析的时候，就会得出真正经得起检验的答案。

比如，当我们讨论什么是“智能”的时候，可以给出多种定义，可以定义为个体接收信息、处理信息，并基于信息做出适应性决策的能力，包括学习、理解、推理、规划以及与环境的交互能力。智能不仅涵盖逻辑和分析能力，还包括创造力、情感理解和环境适应性等多方面的能力，但这样的描述就难免陷入维特根斯坦所说的超验事实。于是 1950 年，艾伦·图灵提出了“模仿游戏”来评估计算机是否具有智能：假设有一个人（裁判）通过键盘和屏幕与两个参与者交流，其中一个是人类，另一个是计算机。裁判向两个参与者提问，比如关于诗歌、天气或者逻辑难题。参与者通过键盘回答。裁判的任务是判断哪个回答来自人类，哪个来自计算机。对于所有问题，如果裁判无法准确区分，或者错误地将计算机判定为人类，比如有 50% 判断错误，那么该计算机就被认为通过了测试，显示出了类人的智能表现。这就是图灵所谓的模仿游戏，今天被称为“图灵测试”。图灵当时推测，能成功通过图灵测试的程序代码至少需要大概 10^9（10 亿）个字符来描述，而 2023

年发布的 GPT-4 拥有大约 1.8 万亿个参数，这大概是图灵根本想象不到的规模。

到今天为止，许多人工智能案例声称超越了图灵测试，但图灵至少为“智能”提供了一个可检验实验，使得一个超验的命题至少具有某种可检验的方案。这个方案未必代表这个超验的命题的所有性质，但从验证命题本身来说，如果这样“至少”的最小“集合”（回答问题）所要求的能力都不具备，那么更大“集合”的性质（智能）也不会具备了。

关于图灵测试的反方意见也很有趣。人类有一种为了维护自己尊严的柔性边界，这一边界可以不断调整。每当新的图灵测试结果表明机器学会了某些新的技能时，人类总会给出新的解释，声称这与人的智能不同。这种现象可以称为“芝诺的乌龟边界”。我并不是暗示机器最终会超越人类，仔细读过本书前面章节的读者会知道，无穷才是最可怕的边界。

在经济学领域，凯恩斯在 1921 年发表了论文《论概率》，深入探讨了概率论的哲学与数学基础。他在书中提出，应该将概率理解为假说与证据的一种逻辑关系，这为后来的概率逻辑学派奠定了基础。罗素称赞该书“毫无疑问是长久以来关于概率论的一部重要著作，再怎么称赞也不为过”。

凯恩斯正式将统计作为量化工具引入了经济学，从此经济学能以“有效陈述下的可检验事实”的形式进入现代科学的领域。经济学不再仅仅依赖于名词的感性定义，人们也不再以“家族相似性”[①] 的方式对其进行概念上的争论。这种争论有时候是危险的，因为经济学不可避免地涉及社会，它短期

① 家族相似性，即用同一个字代表不同的事物或者状态。这些事物或者状态，虽然彼此之间不同，却如家族成员般从属于同一家庭，因此具备某些相似的特征。

对社会的影响有时候可能会非常剧烈。将经济学纳入可以使用科学工具来研究的范畴，至少避免了因名词定义引发的简单争论。

在心理学领域，时任维也纳大学教授的弗洛伊德的精神分析学在20世纪30年代受到了维也纳学派的批评。弗洛伊德的理论侧重于潜意识过程、性欲、抑郁机制以及个人发展历程中的冲突，这些通常通过临床病例和自我分析进行探讨。尽管精神分析在当时被许多人认为是心理学的一大进步，维也纳学派的成员却对它的科学性表示怀疑。

石里克特别批评了弗洛伊德的精神分析学的方法论，指出它缺乏可证伪性。按照波普尔的科学哲学原则，一个理论如果不能通过某种方式被证明是错误的，那么它就不能被视为科学。精神分析的许多观点似乎适用于任何行为，这使得它们免于经验检验的风险。但也正因如此，逻辑实证主义者和一些分析哲学者认为精神分析更像是一种伪科学，而非严谨的科学。

维也纳学派的方法论因此对行为主义心理学的发展产生了深远影响。行为主义者专注于可观察的行为和外部刺激之间的关系，以及如何通过条件反射等过程学习这些关系。这种方法的客观性和对经验证据的强调，与维也纳学派的理念相契合。通过限定心理学的研究方法和研究内容的意义，维也纳学派推动了现代心理学向着经验主义的方向发展。

通过上面的几个例子我们能够发现，“可验证性”是这一时期各领域思想家开始共同使用的工具与标准。这符合维也纳学派科学思想的核心。马赫作为维也纳学派的精神先知，拒绝任何无法通过经验验证的关于世界的陈述，认为这些陈述是非科学的。“经验”一词在这里意味着什么？字典上把“经验”定义为纯实验的（不涉及理论），故任何不能通过实验（或观察）验证的陈述都是非科学的，应予拒斥。然而，这个定义似乎也不够全面。科学并非盲目地收集关于自然界的经验事实，而是要把这些事实相互联系起来，并在一定理论的基础上做出预测。依照马赫的观点，关键问题并不是获得理论的方法，而在于应当如何解释和理解理论及其所使用的概念。

我们来看一个例子。古希腊哲学家构建了一个以地球为中心的宇宙模型。这个模型的核心是基于完美圆形轨道的理想状态，而星体绕地球的运动似乎与这种理想状态相符合。但是，从地球上观察，行星的运动轨道远不是完美的圆形。公元 150 年前后，哲学家托勒密试图解释观察到的行星绕地球运动的现象。他构造了一个基于本轮圆系（一系列嵌套圆周运动的组合）的复杂模型，试图在保留“完美圆形”宇宙观的同时解释行星运动。在某种程度上，他成功了。但是随着观测更趋精确，他发现需要添加越来越多的圆来解释观测到的现象。现在，托勒密关于行星运动的陈述在经验上可以得到验证：如果我们按预定的方式应用这个理论，我们可以期望，这些陈述可以与观测结果相匹配，从而验证它们描述了行星的运动（在有限精度范围内）的正确性。

事实上，不难想象，我们可以发展一个托勒密系统的现代改进版。通过使用大量本轮圆并稍许动用计算机的力量，我们能够对行星运动做出相当精确的预测。但这是否意味着我们应当在下述意义上认为本轮圆系是“实在”的：它们代表了行星运动动力学的真实元素？我们的第一反应可能是：“当然不是！”但为什么不是呢？托勒密的困境来自他的假设——太阳和行星绕地球旋转，而一个更为简洁的假设是把太阳置于太阳系的中心，如哥白尼提出的那样。但是，这样的系统一定比托勒密的系统更能准确地代表“实在”吗？

马赫的观点是，试图描述超越人们直接感知的“实在”是没有意义的。相反，我们的判断基于两个准则：可验证性（理论是否与实验观察一致）和简单性（它是不是与实验观察相一致的最简单理论）。这样，如果托勒密与哥白尼的系统都能对行星运动做出同样的预测，我们的选择就完全取决于它们在概念上和数学上的相对简单性。在这一情形下，“哥白尼系统”胜出，因为它更为简单。

在构建一种物理学理论时，我们应当寻求将事实组织并联系起来的最经济的方法。我们不应把更深刻的意义赋予理论所使用的概念（比如本轮圆）或理论所描述的实体，尤其当它们不可观察且无法通过经验验证时。依照马赫的观点，只有那些我们能够感知的元素才是实际存在的，探寻那些我们不能感知的物理实在是没有意义的：我们只能知道我们经验内的事物。马赫对于什么构成可验证陈述的准则有着特别严格的标准。因此他拒斥绝对空间和时间的概念，并且站在玻尔兹曼的反对者一边，否定了原子和分子的实在性。

不可验证的思辨以及诉诸情感和信仰的思辨，都被认为是不科学的。但是，被归入形而上学（字面意思是“超越物理”）的哲学分支的思辨并没有被完全否定。它们被视作人类建构生活意义、塑造价值态度的合理维度，但是科学体系中没有它们的位置。这种对可验证性的强调以及把形而上学彻底排除在科学之外的坚决态度，构成了一种哲学立场——实证主义。

马赫尤为强调语言的正确使用，称语言为“最奇妙而简约的交流节约工具”。他的观点影响了维也纳学派。维也纳学派通过形式逻辑分析的应用拓展了实证主义观点。他们从许多不同的来源汲取灵感，尤其是从物理学家马赫、玻尔兹曼和爱因斯坦的著作中汲取灵感。

历史上，维也纳学派首先提出了如下主张：科学知识是唯一真正的知识，若一个科学陈述要有意义，就必须既符合形式逻辑，又是可验证的。所以，他们的哲学被称为逻辑实证主义，其基础是逻辑分析、可验证性准则，以及严格区分什么是被认可的科学陈述，什么是形而上学陈述。

科学家也许认为，科学知识必须符合逻辑这种观点是不言而喻的。但是形式逻辑的严格应用，实际上导致了对语法和词义无穷无尽的分析。重复、自相矛盾或无意义的陈述必须被剔除。有时候，逻辑实证主义者看起来更像是语言学家，而不是哲学家。实际上，我们绝不会接受使用无定义的项目或者自相矛盾的数学陈述，既然如此，为什么对语言就该放宽松些呢？必须同样严格才对。

最重要的是，应用形式逻辑使所有形而上学的陈述都以无意义为由，而在科学研究问题中被剔除了。逻辑实证主义迅速将几个世纪以来关于心灵、存在、实在和上帝的“伪陈述”从哲学中清除出去，把它们与艺术、诗歌和音乐并列。维也纳学派的观点统治了 20 世纪中期的科学哲学，并成为以后科学行业恪守的基本准则。

这对于物理学理论发展的意义是显而易见的。理论只不过是为了在观察或实验结果之间，以尽可能经济的方式建立联系的一种工具。如果理论描述的是我们不能直接感知的实体的行为，那么这种实体自身也不过是方便的理论手段，并不比托勒密的本轮说更真实。关于物理世界的理论的陈述，是联系理论各概念的逻辑陈述，而不是关于某个潜在的独立实在的陈述，因为这样的实在是形而上学的，故而也是无意义的。这并不一定意味着根本不存在实在，但的确意味着我们应当调整我们的期望：理论描述的是经验实在，表现为可被我们直接感知的效应、因而可验证的实在的元素，不应期望其能够超越经验水平。超出这个范围就会陷入无意义的思辨。

我们小结一下从哥德尔和维特根斯坦对科学思想的贡献。在揭示以古典逻辑为核心的理性的局限性方面，哥德尔奠定了坚实的基础，而维特根斯坦则使这一认识成为广泛接受的原则。维特根斯坦认识到，即使是逻辑也无法必然推导出真理。我们无法仅基于当前事件来预测未来事件，因此，对经典理性规则（如因果关系）的信赖也带有迷信的成分。尽管两位哲学家在这一点上达成了共识，但他们似乎都不愿意承认自己受到了对方观点的影响。

人类先天相信基本逻辑是真的；而当我们用逻辑去推导经验世界的“真”时，往往认为那些与经验世界相符的最简单规律就是真实的。但是，逻辑规律不能自我证明，逻辑无法通过自身的规则来证明其真理性。为了表述逻辑本身，我们只能置身逻辑之外。人类只能运用逻辑思维，而逻辑本身又无法证明“真”，这为人类的理性思维能力设定了界限。但两者都认为人的真正理性和智慧在古典理性之外。

在数学是被发现的还是被发明的辩论中，维特根斯坦和图灵有着对数学本质的不同理解。维特根斯坦认为数学命题的意义在于它们是否能被证明，未被证明的命题是没有意义的。他强调了构造性证明的重要性，并对存在性证明持批评态度，认为无限序列只是有限序列的无限可能性，而将无限序列当作不可定义的、没有边界的外延来谈论是没有意义的。而图灵探讨了计算和实验之间的关系。他认为，计算可以被视为一种实验，因为二者都旨在揭示最终会发生什么。图灵的观点似乎更倾向于将数学视为一种发明，即通过计算和算法的设计来解决问题，而不只是发现已经存在的数学真理。图灵的工作，特别是图灵机概念的提出，展示了计算可以被视为一种操作过程，这些操作过程可以通过数学进行形式化表达，并在物理世界中实现。

在他们的对话中，维特根斯坦提出了关于数学命题的实验性质的问题。例如，他质疑“史密斯画了一个正五边形”是否为几何命题，图灵则认为这可以通过验证画的过程来确定其真实性。维特根斯坦的观点倾向于将数学视为一种发现的过程，而图灵则强调了数学计算的构造性和操作性，这与他关于图灵机的理论相一致，即数学可以通过一系列定义明确的计算步骤来发明和实现。

在 20 世纪二三十年代，一群杰出的科学和哲学思想家，包括维特根斯坦、哥德尔、维也纳学派的成员以及量子力学的先驱们，共同塑造了现代科学的务实主义基础。他们强调经验的重要性，并寻求数学上的严格性和逻辑上的明晰性，以确保这一基础的稳固性。这一时期的思想对现代科学方法论和哲学认识论产生了深远的影响。维特根斯坦的语言哲学和对逻辑的深刻洞察、哥德尔的不完备定理、维也纳学派对逻辑实证主义的倡导，以及量子力学在物理学领域的革命性发现，共同构成了现代科学务实主义的核心。他们认为，科学知识应当建立在可观察、可实验的证据之上，而非依赖于神秘论或对古代智慧的盲目崇拜。这种观点与古圣先贤的哲学家思想形成鲜明的对比，前者倾向于通过顿悟和直觉来探索世界，而现代科学则更侧重于实证和逻辑分析。

这也划清了古典神秘主义和现代科学之间的界限：

- 观点重于证据：神秘论，对古人的崇拜，“祖上也曾阔过”。
  在绝对真理体系中，因为语言的表述有限，总可以找到证据来说明古人早就有类似的说法。结果导致知识在一段时间后原地踏步。
- 证据重于观点：科学观，对未来人的崇拜，他们一定比我们知道得更多、更有智慧，“我们能被记得就很好了”。

在务实主义的知识体系中，真理是在限定范围之内的，实践是检验真理的唯一标准。理性是有局限性的，认知依赖于实验。知识在不断扩展，但不会被穷尽。务实主义的科学家们提倡一种以证据为基础的知识体系，他们认为，尽管理性和认知有其局限性，但通过不断的实验和实践，知识可以逐步扩展。他们反对绝对真理的概念，认为真理总是在特定的条件和范围内被认识和验证。**这种实用主义的知识体系认为，科学的目标是解决问题和提高人类生活的质量，而非追求终极的真理。**

人类思维的灵性弥补理性固有的不足

维特根斯坦的故事并没有结束，当维也纳学派把他的《逻辑哲学论》奉为新的“圣经”的时候，维特根斯坦在剑桥大学度过了他后期的岁月，并向世人开了第二次玩笑：“不好意思，以前我搞错了！”我们能够看出维特根斯坦在给出这样的结论之前其内心的挣扎，以至于他记录新哲学观点的一本书在他去世前都未出版。然而，罗素对维特根斯坦的这本书的评价远不如他的《逻辑哲学论》，罗素认为这更像是诗人般的“喃喃自语”，但这或许更接近人类的真实状态。这本书就是《哲学研究》。在这本书中，维特根斯坦陈述了如下观点：

1. 语言游戏：不同的语言活动被称为语言游戏。维特根斯坦认为，不同的语言游戏有不同的规则和用途。
2. 意义的使用：意义不是事先确定的，而是在特定的使用背景中确定的。
3. 对语言的描述：哲学应该描述语言的使用，而不是为语言提供基础。
4. 家族相似性：某些词汇的意义之间没有一个公共的特质，但它们之间有类似的特征，即家族相似性。

5. 哲学的任务：维特根斯坦认为哲学的主要任务是澄清概念的混淆。

维特根斯坦主张哲学研究应回归日常生活，即常识。他认为，语言游戏的多样性意味着意义是使用上的而非本质的。试图通过语言揭示世界的绝对本质，忽视了语言在不同生活形态中的实际使用方式，是一种对语言功能的误用；忽略了语言的局限性和多样性，试图将所谓本质强加于现实之上，是一种对语言的“暴力”。

维特根斯坦指出，语言只是我们描述世界的工具，正如尺子一样，我们用尺子来度量，但尺子本身并不能告诉我们物体的长度。类似地，语言也不能告诉我们关于世界的本质，语言背后的概念存在于每个人的心中，有某种程度的家族相似性，但也仅限于此。语法确定了工具的使用方式，但不能告诉我们其意义，因此我们不应对语言的能力抱有过高的期望。苛求语言的精确性，如我们要求语言完全符合古典逻辑的规则，虽然听上去精致，但实际上无法带我们走得更远，正如我们在光滑的冰面上滑冰，当摩擦系数为零的时候，我们就哪里也去不了。

实际上，我们每个人都在学着去相信一些信念，并且逐渐形成了一个信念系统，以此作为对世界的理解。我们学着按照这些信念行事，其中有些信念坚实稳固，就像河床；有些信念则变动不居，就像流水。逻辑研究的对象是所有信念系统中那些坚实稳固的部分；而某些经验命题中的信念，即便不属于逻辑的一部分，它们仍是我们的参考框架的一部分。数学是逻辑的一部分。一个命题既可以被看作一种检验规则，在另一种情况下也可以被视为必须通过经验来检验的事物，但逻辑不是一门经验科学。

对于当时人们普遍抱有的理性万能思想，维特根斯坦认为，过于强调理性会导致文明的萎缩，曾经充满生机的有机体会僵化为一种死气沉沉的机械状态。他对19世纪后期和20世纪早期欧洲文化的衰退感到深深的悲观。在物理学、数学和力学主导的时期，艺术的繁荣被压制。维特根斯坦对此深感忧虑："我在剑桥漫步，经过一家书店，橱窗里挂着罗素、弗洛伊德和爱因斯坦的画像。再走几步，在一家音乐商店里，我看到贝多芬、舒伯特和肖邦的画像。对比这些画像，我深深感觉到了那可怕的堕落，只过了不到100年，这一堕落就降临到人的精神上了。"虽然早期的维特根斯坦宣称"我语言的边界便是我思想的边界"，但在后期，他要么扩展了语言本身的定义，要么承认思想的边界更为广阔，因为人类有多种表达思想的方式，这些方式未必能够被语言全部涵盖，这也是人类拥有艺术的原因。

在剑桥大学教书的日子里，当维特根斯坦开始阐述对某些哲学问题的看法时，人们常常能够感受到他思维深处的纠结。他在强烈而痛苦的紧张之中努力穿透黑暗，试图到达光明。当他经过巨大的努力，把他的答案呈现在人们面前时，那仿佛是一件新创作出的艺术品、一句神圣的启示，洞见仿佛经由一种神意降临到他身上。

贝多芬说"音乐经由我来到这世界"；罗丹说"我只负责把雕塑从石头里挖出来"。人类对艺术的感悟、惊叹，以及通过艺术作品与艺术家和他人的共鸣，都超出了语言所能表达的范围。当然，可以说这是另一种形式的语言。从这个意义上来说，超验并非带有原罪或毫无意义；相反，它是有意义的，构成了人与古典逻辑之间的差异，也为人工智能走向"人的智能"的路上设置了一道无法逾越的墙。

在维特根斯坦弥留之际，他的朋友从各地赶来，希望见他最后一面。房东太太记下了他的遗言：

告诉他们，我度过了美好的一生。

很多年后，当我们重新审视维特根斯坦与科学的关系时，我们会明白，除了科学的理性与精确，维特根斯坦所关注的理性是更广泛的理性。他追求的不仅仅是古典逻辑的理性，更是一种理性与灵性的兼容。这与单纯理解科学理性或盲目强调感性的做法不同，维特根斯坦深入理解了理性，洞悉了理性的弱点，从而通过源于人类思维的灵性来弥补理性的先天不足。

第10章

AI，时代的终曲和新篇

Logic
of the World

我设计的是一台能思考的机器。

——艾伦·图灵

图灵在 1936 年的论文中提到设计了图灵机，证明所有可计算问题都可以由图灵机来完成。图灵机的设计如此强大，以至于当代人工智能系统仍未能突破其数学框架的范畴，换句话说，图灵机的边界就是人工智能的边界。而图灵写该论文的目的在于证明哥德尔不完备定理，这使得人工智能在诞生那一天就有了“阿喀琉斯的脚后跟”（致命的弱点）。计算机和今天说的人工智能，为科学发展提供了新设备和新方法。

计算机的发明是一连串的事

人类发明计算机的历史是一连串的事，在这个过程中，众多科学家和工程师贡献了他们的智慧和力量，共同推动了这一革命性技术的进步。从早期的机械计算机到现代的超级计算机，每一步创新都凝聚了人类对计算能力的不懈追求和深刻理解。接下来，我们介绍几位重要的人物。

约瑟夫·贾卡（Joseph Jacquard）是一位出生于法国里昂的织机工匠。1801 年，贾卡设计了一种使用打孔卡片控制编织图案的自动化织布机（纹板提花织机）原型，并在 1804 年获得了这种织布机的专利。这种机器可以使用打孔卡片来控制织物的经线，通过传动机构带动顶针拉钩协调运作，织出复杂的图案。贾卡的打孔卡片系统不仅在纺织工业中得到了广泛应用，还启发了后来的计算机先驱查尔斯·巴贝奇（Charles Babbage）。巴贝奇在设计分析机时明确赞扬了贾卡的打孔卡片概念，这一概念后来也被用于早期 IBM 计算机的软件指令输入。

巴贝奇是英国数学家、机械工程师，他提出了差分机与分析机的设计概念。他基于数学的差分法来计算多项式函数的值，并利用数学上的差分序列，有效地计算出多项式的近似值，从而生成数学表格，他认为这样就可以进行复杂函数的计算。但因为大量精密零件制造困难，加上巴贝奇不停地边制造边修改设计，从 1822 年到 1832 年，他只能拿出完成品的 1/7 来展示，不过差分机运转的精密程度仍令当时的人们叹为观止。1834 年，巴贝奇又提出分析机的设计，他希望使用机械部件自动执行任何计算过程，包括加法、减法、乘法和除法，以及更复杂的数学运算。分析机被认为是第一台通用计算机的概念设计，具有程序控制、内存存储和输入输出功能。然而由于种种原因，直到巴贝奇于 1871 年去世，这种机器也没有被真正地制造出来。尽管如此，它本身的设计逻辑十分先进，成为百年后电子通用计算机的先驱。

埃达·洛夫莱斯（Ada Lovelace）是英国 19 世纪初期著名诗人拜伦的女儿。她基于巴贝奇的分析机提出这样的设想：分析机不仅可以处理数字，还可能处理其他事物，只要对象的基本关系能以抽象的科学操作表示，便很有可能转换为分析机的操作指令。举例来说，如果乐曲和高低音的关系可以通过分析机的方式转换，表示成音符及整首乐曲，那么分析机就可以创作出各种复杂、精美的科学乐曲了。埃达的思想使得计算机不仅局限于数字计算，还可以用于表示和模拟各种其他事件，赋予了计算机“通用性”。运用这种思想，她为分析机设计了程序和算法，这是世界上第一个计算机程序，因此她也被誉为“世界上第一位程序员”。当我们讨论计算机语法和人类赋予语义的差异时，回顾埃达的工作会发现，她在200多年前就有了这样的思想。1979年，美国国防部将一种耗费巨资、历时近20年研制成功的高级程序语言命名为“Ada语言”，以此纪念她对现代计算机与软件工程的重大贡献。

克劳德·香农出生于美国密歇根州。1937年，他在麻省理工学院的毕业论文可能是有史以来最具影响力的硕士论文。在论文中，香农展示了如何使用布尔代数和电路开关实现逻辑运算，这为数字电路的设计奠定了基础。乔治·布尔在19世纪中叶提出的布尔代数作为一种数学逻辑系统，可以使用二进制变量（真和假）和逻辑运算符（如“与”“或”“非”）来表示和操作逻辑表达式。香农在论文中指出，布尔代数的原理可以用来设计复杂的电子开关电路，这些电路能够执行基本的逻辑运算。香农的硕士论文为数字电路的设计提供了理论基础，使得用电子设备进行信息的编码、传输和处理成为可能。

霍华德·艾肯（Howard Aiken）于1939年在哈佛大学取得博士学位。他为了解决微分方程计算问题，设计了自动顺序控制计算机。IBM根据他的设计，于1944年2月在哈佛大学制造出“马克一号”，这是美国第一部大尺度自动数位电脑，被认为是世界上第一部通用型计算机。

冯·诺伊曼体系，计算机逻辑的基础

20世纪30年代中期，美国科学家冯·诺伊曼大胆地提出：抛弃十进制，采用二进制作为数字计算机的数制基础。同时，他还提出预先编制计算程序，由计算机按照人们事前制定的计算顺序执行数值计算工作。1945 年，冯·诺伊曼在一份长达 101 页的报告中明确规定用二进制替代十进制运算，并将计算机分成 5 大基本组成部件。这一报告为电子计算机的逻辑结构设计奠定了基础，成为后世计算机设计的基本方案。冯·诺伊曼构想的计算处理器需具有以下几个特点：

1. 必须有一个存储器。
2. 必须有一个控制器。
3. 必须有一个运算器，用于执行算术运算和逻辑运算。
4. 必须有输入设备和输出设备，用于进行人机通信。
5. 程序和数据统一存储并在程序控制下自动工作。

为了实现上述功能，计算机必须具备 5 大组件：输入数据和程序的输入设备；记忆程序和数据的存储器；进行数据处理的运算器；控制程序执行的控制器；输出处理结果的输出设备。

人们把冯·诺伊曼的这个理论称为冯·诺伊曼体系结构，也称作普林斯顿体系结构。1951 年，电子离散变量自动计算机（EDVAC）宣告完成，这是第一台使用冯·诺伊曼体系结构的计算机，标志着计算机技术进入了一个新的发展阶段。从最初的计算机到当前最先进的计算机，采用的几乎都是冯·诺伊曼体系结构。

冯·诺伊曼还研究了程序编制问题，并对算法的发展做出了贡献，特别是蒙特卡洛方法[①]。冯·诺伊曼与经济学家奥斯卡·摩根斯顿（Oskar Morgenstern）合作，发展了博弈论的数学基础，他们的著作《博弈论与经济行为》（*Theory of Games and Economic Behavior*）是该领域的开山之作。冯·诺伊曼在纯粹数学领域的研究也有斩获，特别是在数理逻辑、集合论、希尔伯特空间的算子谱理论、遍历理论、算子环理论以及连续几何学等领域，他的工作都具有奠基性意义。他通过对无界算子的研究，发展了希尔伯特算子理论，为量子力学的数学形式化提供了基础，并在早期证明了量子力学中不存在隐函数理论。冯·诺伊曼在应用数学领域也有重要工作，特别是在流体力学、激波理论、气象学以及数值分析等领域。在“二战”期间，冯·诺伊曼参与了曼哈顿计划，对原子弹的研制也做出了贡献。

冯·诺伊曼不仅在计算机理论上做出了奠基性工作，亲自在“马克一号”上运行了用于曼哈顿工程的第一个程序，而且在普林斯顿高等研究院亲自督造了一台新的、全称为“电子数字积分计算机”（ENIAC）的计算机。1946 年 2 月 14 日，ENIAC 在宾夕法尼亚大学正式亮相，这是一台完全电子化的计算机，能够重新编程，解决各种计算问题。除了冯·诺伊曼，还有两人为这台设备做出了关键贡献——约翰·莫奇利（John Mauchly）和小约翰·埃克特（John Eckert Jr.）。莫奇利提出了 ENIAC 的总体设计方案，为 ENIAC 的研制奠定了理论基础；埃克特则在 ENIAC 项目中担任总工程师，负责具体的研发工作，包括电子元器件的选型、电路的设计以及整机的调试等。他们紧密合作，共同推动了 ENIAC 项目的完成。

事实上，由于技术突破通常会在多个方向同时发生，彼此借鉴和激发，

① 蒙特卡洛方法也称统计模拟方法或统计试验法，是一种利用随机抽样和统计模拟来解决复杂问题的数值计算方法，起源于 20 世纪 40 年代，以摩纳哥的著名赌城蒙特卡洛命名，以表明其随机抽样的本质。

因此同一时期会出现许多类似的进展。因为计算机的发展过程离我们很近，所以我们现在还能熟知这些科学家，然而，再过一两百年，或许只有其中的几个名字会被人们记住。这种情况同样会发生于其他技术的进步和科学发展领域。

图灵机，自动计算设备的灵魂

迄今为止，所有可实用的计算机都是基于图灵机的原理构建的。而图灵机能从一种设想走进现实，多亏了哥德尔，他为图灵机的设计奠定了重要的基础。1934 年春天，哥德尔在普林斯顿大学进行了系列讲演。在讲演中，哥德尔引入了一类可以精确定义的可计算函数，他称之为一般递归函数。递归的概念意味着函数在执行过程中可以调用自身，这当然也带来了不可避免的自指问题。这项工作很快成为图灵机的基石。1936 年，24 岁的图灵发表了《论可计算数及其在判定问题中的应用》。图灵在这篇开创性的论文中，提出了图灵机的设想。他设想了一种通用机器，能够表示和计算逻辑中的任意命题，并根据预定规则推导出结论。他的结果表明：所有可计算函数都可以等价为图灵机能计算的函数，即图灵通用性。

图灵的理论被称为“自动机理论”，即自动机计算模型。它与需要人类操作的算盘或计算器有着本质的区别。因为图灵的设计自动机似乎被赋予了“灵魂”，其行为能力大幅提升，可以处理更加复杂的问题。从抽象的角度来看，自动机由“符号”、“规则”和“状态”3 部分组成，这与人类思考和解决问题的方式和过程类似。符号是语言的媒介，通过语言我们理解和解决问题；规则决定了模型如何处理问题，何时执行何种操作；最重要的是状态，不同的状态对应不同的规则。在思考问题时，人类也会根据具体情况选择最适合的规则，从而提升解决问题的能力。

计算理论界往往有一种误解，认为图灵机能够解决所有其他计算模型能够处理的问题，甚至能够与人脑一样强。但是，图灵及他的导师阿隆佐·丘奇[①]从未声称图灵机具有这样的能力。有趣的是，虽然“丘奇－图灵论题”[②]被广泛引用，但这些经典论文主要探讨了图灵机自身的局限性，并未涉及与人脑计算的对比。

图灵意识到程序本身也可以作为数据输入计算机中，这样字符便转化为逻辑操作字符。为了表达任何逻辑操作，图灵使用了一个非常大的数值，这个数值虽然庞大，但与哥德尔的对逻辑操作的数值编码思想是一致的。基于哥德尔数的思想，图灵将自然数序列“0”或“1”的序列进行替代（即“01操作”），从而实现了这一转化。

正是这一变化，使得计算机的物理实现变得更加可行。“01操作”在物理上是容易实现的。任何一个物理器件的开关状态都可以表示为0或1。但是十进制自然数的实现则更加复杂，因为很难用物理器件来区分如此多的状态。这一转变是图灵对哥德尔原始证明的一个重要扩展。

图灵机的运转和我们笔算的思维过程非常相似。如果将进行笔算乘法的过程看作图灵机的操作，那么纸带就相当于用于记录的纸张，读写头则类似于人手上的笔，而状态转移表则对应于笔算乘法的规则，如九九乘法表、列式的方法等（见图10-1）。这种模式同样适用于更复杂的机械计算任务。

---

① 阿隆佐·丘奇，美国著名数学家、逻辑学家。他发表了可计算函数的第一份精确定义，这一成果对算法理论的系统发展做出了巨大贡献。他还证明了基本几何问题和一阶逻辑中真命题全集的解法问题是不可解的，揭示了算法理论的局限性，是算法理论中的一大突破。

② “丘奇－图灵论题”是计算机理论中的一个基本假设，由丘奇和图灵在20世纪30年代中期提出，这个假设的核心观点是，任何可以通过有效程序直观“计算”的函数都可以由图灵机计算。

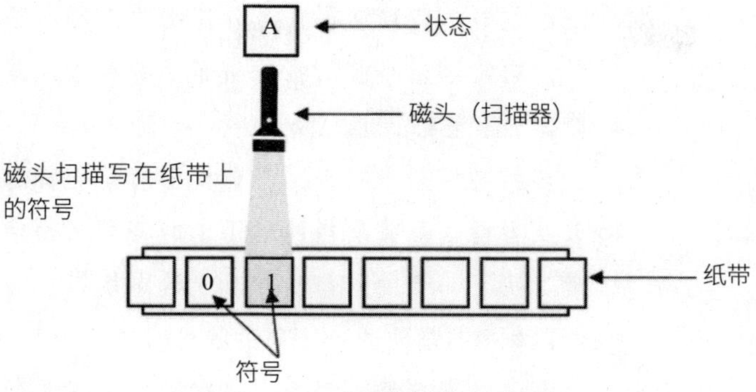

状态转移表

当前状态	当前符号	控制规则
A（起始）	0	设置状态为 A 向右移动
A	空白	写入 1 停止

指令表

图 10-1　图灵机

扩展
知识的边界
Logic of the World

图灵机的结构要素和可计算性定义

图灵机虽然看起来简单，但它足以作为“可计算”问题的定义。具体来说需要包含如下要素：

1. 一条无限长的纸带。纸带被划分为一个接一个的小格子，每个格子上包含一个来自有限字母表的符号，字母表中有一个特殊的符号“□”表示空白。纸带上的格子从左到右依次被编号为 0、1、2……纸带的右端可以无限延伸。

2. 一个读写头。该读写头可以在纸带上左右移动，它能读出当前所指的格子上的符号，并能改变当前格子上的符号。
3. 一套控制规则。它根据当前机器所处的状态以及当前读写头所指的格子上的符号来确定读写头下一步的动作，并改变状态寄存器的值，命令机器进入一个新的状态。
4. 一个状态寄存器。它用来保存图灵机当前所处的状态。图灵机的所有可能状态的数目是有限的，并且有一个特殊的状态，称为停机状态。

这个机器的每一部分都是有限的，但它有一个潜在的无限长的纸带，因此这种机器只是一台理想的设备。图灵证明这样的一台机器能模拟人类所能进行的任何可计算过程。这可以抽象为以下形式：

$$图灵机\ M=(Q,\Sigma,\Gamma,\delta,q_0,q_{acc},q_{rej})$$

其中，Q 是有穷状态集；Σ 是输入字母表，空格符 $B\notin\Sigma$；Γ 是纸带字母表，$\Sigma\cup\{B\}\subseteq\Gamma$；$\delta: Q\times\Gamma\to Q\times\Gamma\times\{L,R\}$ 是转移函数；$q_0\in Q$ 是初始状态；$q_{acc}\in Q$ 是停机接受状态；$q_{rej}\in Q$ 是停机拒绝状态，$q_{acc}\neq q_{rej}$。

图灵机概念有很强的稳健性，它有很多数学上的等价变形，如双向无穷带、多维带、多带、多头、非确定型等。

在应用图灵机程序时，人们发现程序偶尔会进入死循环。这种情况有时是程序的命令行序列所致，有时则是由于输入值所致，即所谓的 bug。那么能不能设计一个超级程序——我们姑且叫它“上帝程序”，来判定给定程序在某些输入下是否最终会停止运行或者会无限循环？换句话说，对于给定图灵机描述和输入纸带，是否存在一种算法，能够确定机器是会无限运行还是最终停机，帮我们来找 bug 呢？于是，图灵提出了停机问题，并证明它等效于哥德尔命题。

扩展
知识的边界
Logic of the World

图灵的停机问题

假设有图灵机 H，输入问题的描述 + 纸带的数据；输出 Yes 代表会“停机”，输出 No 代表不会。

Halt (M，I) = True：当且仅当 M 在 I 处停机；*Halt* (M，I) = False：当且仅当 M 在 I 处不停机。

我们定义一个 Trouble 函数：

```
Function Trouble(a)
    If Halt(a, a)=False then
        Return True
    Else
        Loop Forever
```

以上代码是一个图灵机允许的输入程序，但它也可以利用递归性把自己当作输入，记为 t，即 *Trouble*(t)。

如果 *Trouble*(t) 停机：*Halt*(t，t) 返回 False，则 *Trouble*(t) 不停机，矛盾。

如果 *Trouble*(t) 不停机：*Halt*(t，t) 返回 True，则 *Trouble*(t) 停机，还是矛盾。

因此，我们也证明了图灵的“不停机问题”：不存在一个超级程序，能够判定其他程序是否可以在有限时间内结束。尽管有些程序很容易被人识别为进入死循环且不会停机，但这种情况并不能代表全部，有些死循环的情况并不那么明显。比如“兰顿蚂蚁”（Langton's ant）程序，这是一种二维平面上的细胞自动机，由克里斯托弗·兰顿①在1986年提出。这个模型因其简单规则下产生的复杂行为而闻名。兰顿蚂蚁程序在一个由黑白格子组成的无限大棋盘上运行，蚂蚁在棋盘上按照特定的规则移动，其行为规则如下：

1. 蚂蚁从棋盘上的一个起始位置开始，随机选择一个方向作为初始朝向。
2. 当蚂蚁位于一个黑色格子上时，它会将该格子涂成白色，然后顺时针旋转90°，并向前移动一格。
3. 当蚂蚁位于一个白色格子上时，它会将该格子涂成黑色，然后逆时针旋转90°，并向前移动一格。

随着蚂蚁的不断移动，它在棋盘上留下一条路径，这条路径最初看起来是随机的，然而在10 000步后，蚂蚁突然开始沿着一条规则且几乎是周期性的路径移动，它会沿着左上方对角线的方向不断远离，直到无限。这一路径被称为“兰顿蚂蚁的高速公路”。这个现象表明，尽管蚂蚁的规则非常简单，其行为却可以产生非常复杂且有趣的模式。人们也把这类现象称为“涌现”。

令人惊讶的是，何种初始状态会导致“兰顿蚂蚁的高速公路”的形成，至今仍然是一个悬而未决的问题。这些图灵机程序展示了简单的规则也可轻易得出似乎不可预料的现象。但在大多数情况下，像“兰顿蚂蚁的高速公路”这种现象在实践中非常难以预测，原因之一就是需要大量计算。兰顿蚂

① 克里斯托弗·兰顿（Christopher Langton），美国计算机科学家。20世纪80年代末，他创造了“人工生命”这一术语，并对此领域进行了深入研究，被视为人工生命领域的创始人之一。

蚁程序的图灵完备性在 2000 年被证明，这意味着理论上我们可以用兰顿蚂蚁程序来模拟任何图灵机的计算过程。

康威的生命游戏证明生命也许不太复杂

在 Ada 语言用于算法研究的基础上，计算机程序逐渐被赋予了新的语义问题。20 世纪 60 年代，剑桥大学数学家康威[①] 提出了“生命游戏”，试图探究计算机能否模拟某些生命现象。今天的人类依然缺乏对生命的精确定义，生命这一概念还游走在“有效陈述下的可检验事实”这一范畴的边界上。不过，康威的生命游戏就可以用简单的游戏规则（基本公设）模拟生命的很多现象。在康威的生命游戏中，在类似于围棋的棋盘上，每一个格子代表一个细胞，相邻的细胞联合组成一个复杂的生命。每个细胞可能因为过度拥挤或者得不到足够的资源而死亡。在设定了游戏规则之后，不同的初始状态将演化出不同的行为。康威假设，生命至少具备某些特征，如生长，体现为由小变大；移动，体现为个体从一个地点移动到另一个地点；繁殖，体现为从原个体分离出来类似的个体等。基于这些假设，康威设计了生命游戏，通过简单的规则，在计算机上模拟了生命应具备的这些特征。

在生命游戏中，对于任意细胞，基本假设如下：

- 每个细胞有两种状态：存活或死亡，每个细胞与以自身为中心的周围 8 格细胞产生互动（如图 10-2 所示，黑色表示存活，白色表示死亡）。

---

① 全名约翰·何顿·康威（John Horton Conway），在数学领域有着卓越贡献，组合博弈论的开创者之一。他创造了著名的“生命游戏”，通过简单的规则模拟了细胞的生命周期和群体行为，对计算机科学、生物学和人工智能等领域产生了深远影响。

- 当前细胞处于存活状态时，如果周围的存活细胞低于 2 个（不包含 2 个），那么该细胞将变成死亡状态（模拟生命数量过少，死于孤独）。
- 当前细胞处于存活状态时，如果周围有 2 个或 3 个存活细胞，那么该细胞保持原样。
- 当前细胞处于存活状态时，如果周围有超过 3 个存活细胞，那么该细胞变成死亡状态（模拟生命数量过多，死于拥挤）。
- 当前细胞处于死亡状态时，如果周围有 3 个存活细胞，那么该细胞变成存活状态（模拟繁殖）。
- 可以把最初的细胞结构定义为种子，当所有在种子中的细胞按照上述规则处理后，可以得到第一代细胞图。按规则继续处理当前的细胞图，可以得到下一代的细胞图，如此反复进行。

在这样的设定下，随着初始状态的不同，细胞的组合可以呈现完全不同的 4 种状态，分别是稳定态、周期振荡、运动和繁殖。稳定态的细胞组合结构稳定，不随时间改变（见图 10-2）。周期振荡的细胞组合在有限模式间周期性循环切换（见图 10-3）。运动型细胞组合整体在网格上平移运动（见图 10-4）。繁殖型细胞组合会无限生成运动型结构或振荡器（见图 10-5）。

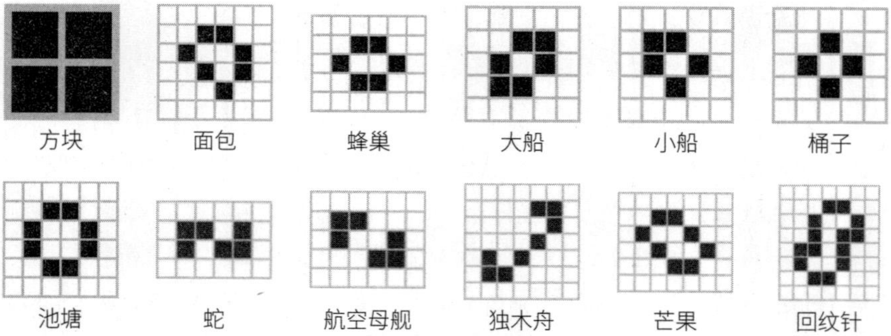

图 10-2　几种稳定态的细胞组合

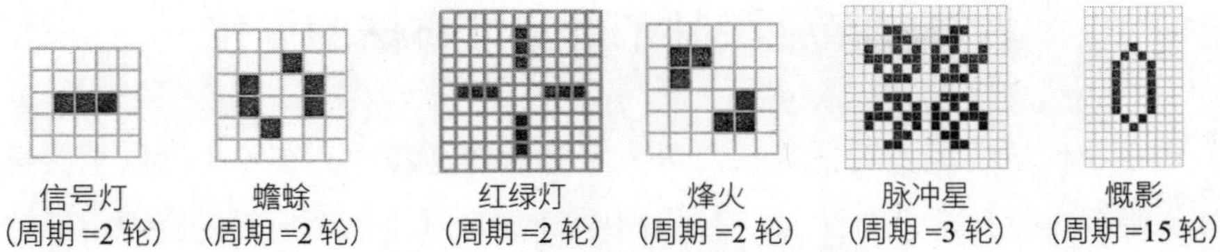

图 10-3　几种周期振荡的细胞组合

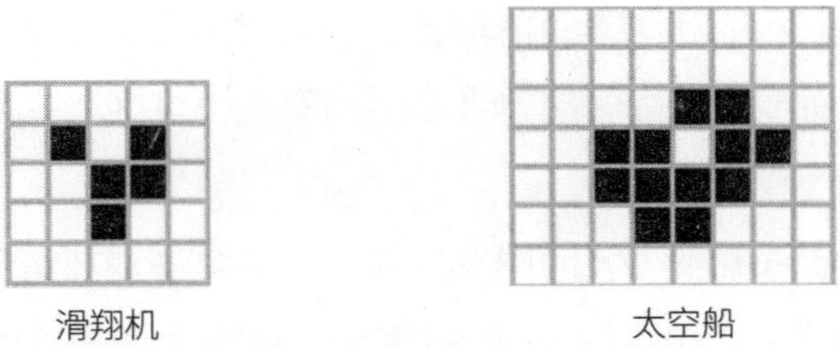

图 10-4　运动型细胞组合

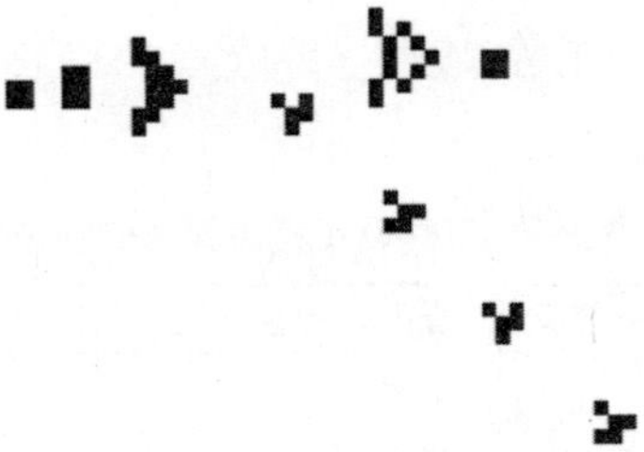

图 10-5　繁殖型细胞组合

尽管我们仍需谨慎地定义何为生命，但从康威的生命游戏中可以看到，也许生命并不像我们想象的那么复杂。康威的假设并不过分，在一个由水和氮、碳组合的环境中，雷电可以促成氨基酸等有机大分子的生成，这一现象已经得到了证实。如果氨基酸大分子遵循康威的游戏规则，那它是否可以产生更复杂的生命？这也大大增加了生命在宇宙中其他地方存在的可能。从另一个角度来说，当我们如今在讨论计算机是否迟早会具有生命时，康威的生命游戏早已展示了这一点。

计算复杂性限制了确定性方法的应用

在我们研究人工智能算法乃至人工生命的过程中，有一个因素至关重要，那就是“计算复杂性”，它是用于衡量解决某个问题所需的资源（通常为空间和时间）。计算问题可以按照使用不同模型下所需资源的差异予以分类，从而形成算法问题“难度”的类别，这就是复杂性的概念。这意味着在评估一个算法时，除了算法本身的准确性，同时需要关注算法运行的时间以及内存占用，从而根据实际情况选择合适的算法。

例如，对于输入规模为 n 的问题，若一个算法在最坏情况下的运行时间为 $O(n^k)$，其中 k 为确定的常数，我们称这类算法为多项式时间算法。可以通过确定性算法在 $O(n^k)$ 时间内解决的问题，即属于多项式时间问题（P 问题），解决这类问题的时间资源是与规模 n 的有限次方成正比的。表 10-1 展示了几种常见排序算法的复杂度。

表 10-1　几种常见排序算法的复杂度

排序算法	平均时间复杂度	最坏时间复杂度	最好时间复杂度	空间复杂度
冒泡排序	$O(n^2)$	$O(n^2)$	$O(n)$	$O(1)$
直接选择排序	$O(n^2)$	$O(n^2)$	$O(n)$	$O(1)$
直接插入排序	$O(n^2)$	$O(n^2)$	$O(n)$	$O(1)$
快速排序	$O(n\log n)$	$O(n^2)$	$O(n\log n)$	$O(n\log n)$
堆排序	$O(n\log n)$	$O(n\log n)$	$O(n\log n)$	$O(1)$
希尔排序	$O(n\log n)$	$O(ns)$	$O(n)$	$O(1)$
归并排序	$O(n\log n)$	$O(n\log n)$	$O(n\log n)$	$O(n)$
计数排序	$O(n+k)$	$O(n+k)$	$O(n+k)$	$O(n+k)$
基数排序	$O(N^*M)$	$O(N^*M)$	$O(N^*M)$	$O(M)$

扩展
知识的边界
Logic of the World

P 问题与 NP 问题

P 问题（Polynomial Problem，多项式问题）是指能够在多项式时间内解决的问题。

NP 问题（Non-Deterministic Polynomial Problem，非确定性多项式时间问题）是指尚未被证明能在多项式时间内解决的问题，求解这些问题所需的时间通常大于求解 P 问题所需的时间，但验证 NP 问题的解是否正确仅需要多项式时间。

NP 问题是计算复杂性理论中的一个重要概念，它与 P 问题紧密相关。这里，“非确定性”并不意味着问题的解决需要非确定性计算，而是指尚未证明是否存在某一算法，可以在多项式时间内找到 NP 问题的解。

举个例子，自然数的质因数分解是一个典型的 NP 问题。当自然数的位数增加时，求解其质因数的难度呈几何级数增长。然而一旦得出来质因数的各个因子，验证这些质因数是否正确就非常简单，只需将它们相乘进行比较即可，比如：

$$51=3\times17$$

$$511\ 883=557\times919$$

$$2\ 538\ 952\ 327=29\ 179\times87\ 013$$

验证某个数是不是质数也就有了相同的计算复杂性。截至目前（2025 年），发现的最大的质数是 $2^{136\ 279\ 841}-1$，这个数超过 4 102 万位。

为了证明一个命题，如证明一个几何定理，找到这个证明步骤的过程通常也是 NP 问题，要把几何的基本假设做特定的组合，通过一步步推演以得出命题的证明过程。但验证证明过程能否证明命题的正确性就简单很多，抄写验证一遍，保证每个步骤都符合推演规则就行了。因此，找到命题合理的证明过程是困难的，但是一旦找到这样的命题序列，验证这个证明过程是正确的是相对容易的。因此，找到一个数学命题证明也是典型的NP问题。

所有的P问题也都是NP问题，但是目前还不知道最终是否NP=P，即是否所有的NP问题都能在多项式时间内解决，或是否存在某个简单解法，让NP问题都可以简化为P问题。越来越多的人相信或倾向于认为二者是不等价的，不是所有问题最后都能被简化成一个简单问题。P问题和NP问题是否等价是数学界的一个未解之谜。

如果NP问题等于P问题（NP=P），将引起深刻的算法革命。要知道P问题是图灵机可以有效解决的问题，而NP问题则无法通过有效的算法解决。许多目前已知的难以解决的问题，如密码学中的大整数分解和优化问题，可能会出现快速的多项式时间算法，这将极大地改变计算理论的基础，对物流、交通规划和许多其他领域产生重大影响。比如现有密码系统或者加密货币系统的崩溃：它们大多依赖于某些问题的求解困难性，如大整数质因数分解和离散对数问题。在运筹学方面，如旅行商问题[①]和车辆路径问题（VRP），NP=P的证明将彻底改变我们对计算复杂性的理解，迫使我们重新评估算法设计、问题难度和计算限制的概念。而且，这也就意味着原本看似幸运的结果其实是必然的。

① 旅行商问题（travelling salesman problem，TSP）：寻找访问一系列城市一次并返回起点的最短路径。

在 NP 问题的基础上，还存在 NPC（NP-Complete）问题，即 NP 完全问题。首先，NPC 问题是 NP 的一种特殊情况。其次，如果能够证明所有 NP 问题都可以在多项式时间内归约到 NPC 问题的话，只要找到 NPC 问题的一个多项式时间的解，则可以证明所有的 NP 问题都可以通过多项式时间归约到该问题，并用多项式时间解决该问题，从而最终证明 NP=P，NP 问题得以完全解决，因此叫 NP 完全问题。然而，目前尚未找到一个能够解决 NPC 问题的多项式时间算法。

证明一个问题是 NPC 问题的步骤如下：

1. 证明给定该问题的一个解，可以在多项式时间验证其正确性。
2. 可以将一个已知的 NPC 问题归约到该问题。

一些著名的 NPC 问题包括旅行商问题、分团问题、3-SAT 问题①等。这些问题在实际应用中非常重要，但在理论上目前还没有找到它们的多项式时间的解。对于这些难题，研究者通常会寻找启发式算法或者近似算法来得到问题的近似解，而不是精确解。这种算法往往会大量节省计算的空间和时间，从而可能在某些情况下给出优于人类的答案。如围棋，计算机只需比人类有更高的获胜概率，就可以战胜人类，而不必找到最优解。

NPH（NP-Hard）问题是指所有的 NP 问题都可以通过多项式时间归约到这类问题，但 NPH 问题不一定是 NP 问题，这意味着这类问题的难度至少是个 NP 问题。NPH 问题同样很难找到多项式时间的解，由于 NPH 问题相比较 NPC 问题放宽了约束，因此即便 NPC 问题找到了多项式时间的解，

---

① 分团问题：在无向图中找顶点子集，使子集中每两点相邻；3-SAT 问题：判断布尔表达式在 3 个不同赋值下是否至少有一个为真。

NPH 问题仍可能无法在多项式时间内求解。

证明一个问题是 NPH 问题的步骤如下：

1. 所有 NP 问题都可以归约到 NPH 问题。
2. 通过将一个已知的 NP 问题归约到该问题来证明一个问题是 NPH 问题。

图 10-6 展示的是计算复杂性的包含关系图。左边是 P ≠ NP 的情况，右边是 NP=P 的情况。到底是哪种，我们尚未知晓。

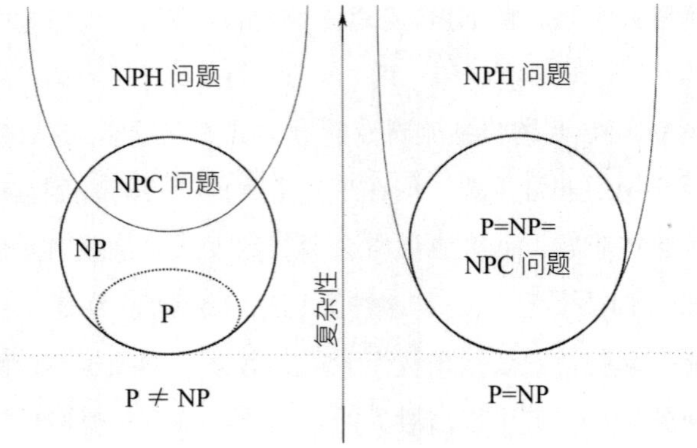

图 10-6 计算复杂性的包含关系

在计算复杂性理论方面，一个极度重要的成就是斯蒂芬·库克（Stephen Cook）[①] 在 1971 年证明了第一个 NPC 问题——布尔代数组合的满足性问题。满足性问题用于描述逻辑中命题陈述的一种属性。一个命题被满足，意味着

① 斯蒂芬·库克是美国著名的计算机科学家，他在 1971 年发表的论文《定理证明过程的复杂性》（*The Complexity of Theorem Proving Procedures*）为 NP 完备性理论奠定了基础。

在给定的变量赋值下，该命题为真。在命题逻辑中，命题是由命题变量和逻辑连接词（如与、或、非）组成的表达式。满足性问题是判断给定的逻辑表达式是否存在一种赋值，使得该表达式为真。如果存在这样的赋值，表达式就是满足的；如果不存在这样的赋值，表达式就是不可被满足的。满足性问题在计算机科学中具有重要意义，因为许多计算问题可以归结为满足性问题。例如，布尔逻辑、电路设计、软硬件验证等领域的问题都可以通过求解满足性来解决。例如，考虑以下命题逻辑表达式：

$$\left(P\wedge\left(Q\vee\overline{R}\right)\right)$$

其中，P，Q，R 是命题变量，($\wedge$) 表示逻辑与，($\vee$) 表示逻辑或，$(\overline{\ })$ 表示逻辑非。如果我们赋值 (P=True)，(Q=False)，(R=True)，那么该表达式为真，因为 (P) 为真且 (Q) 为假，即 $(P\wedge(Q\vee\overline{R}))$ 为真，则该表达式在这个赋值下是满足的。

扩展
知识的边界
Logic of the World

通过库克定理分析 3-SAT 问题
——以《超级马里奥》为例

我们看这样一个例子，库克定理：3 项满足性问题，即 3-SAT 问题属于 NPC 问题。

3-SAT 问题是满足性问题中的一种特殊情况，其中每个子句都包含恰好 3 个逻辑变量的布尔表达式。换句话说，3-SAT 问题是指每个子句都是 3 个变量的“或”关系。

$$X = x_1, x_2, x_3, C = C_1, C_2, C_3,$$
$$C_1 = x_1 \vee \overline{x_2} \vee x_3,$$
$$C_2 = \overline{x_1} \vee \overline{x_2} \vee x_3,$$
$$C_3 = \overline{x_1} \vee x_2 \vee \overline{x_3}$$

存在一个真值赋值：x_1=1，x_2=1，x_3=1，使得 C=1，即该布尔表达式是满足的。对于 3-SAT 问题，有以下结论，它是个 NPC 问题：

$$\text{3-SAT} \in \text{NPC}$$

一个 3-SAT 问题通常形式化为一个包含一系列布尔变量和一系列子句的布尔表达式，其中每个子句都由 3 个逻辑变量或其否定组成，并且表达式要求至少有一个子句为真。以下是一个 3-SAT 问题的例子：

假设有 3 个布尔变量（x_1，x_2，x_3），我们需要找到一种赋值方式，使得以下布尔表达式为真：

$$\left[\left(x_1 \vee x_2 \vee \overline{x_3}\right) \wedge \left(\overline{x_1} \vee \overline{x_2} \vee x_3\right) \wedge \left(x_1 \vee \overline{x_2} \vee x_3\right)\right]$$

在这个例子中，有 3 个子句，每个子句都包含 3 个逻辑变量或它们的否定。这就是典型的 3-SAT 问题的形式。

解决 3-SAT 问题的目标是找到一组变量的赋值，使得整个布尔表达式为真。3-SAT 问题是一个 NPC 问题，因此通常需要使用复杂的算法来求解。

任天堂的游戏《超级马里奥》就是一个 3-SAT 问题。要证明这一点，我们需要将《超级马里奥》的游戏规则和元素映射到布尔逻辑形式。虽然《超级马里奥》是一个复杂的游戏，但我们可以简化它，将其表示为一个 3-SAT 问题。

1. 定义变量。首先，我们需要为《超级马里奥》游戏中的每个“选择”或“行动”定义一个布尔变量。例如，我们可以用（X_i）表示第（i）个关卡是否被通过，或者用（Y_j）表示第（j）个敌人是否被击败。

2. 定义子句。其次，我们需要将游戏规则转换为布尔表达式的形式。例如，如果游戏规则要求必须通过某个关卡才能获得钥匙，并且使用钥匙开启下一个关卡，我们可以表示为（$X_i \vee X_{i+1}$），其中（X_i）和（X_{i+1}）分别表示通过关卡（i）和（i=1）。类似的情况，如果在游戏中，有一个敌人必须被击败才能继续前进，我们可以表示为（$\overline{Y_j}$），其中（Y_j）表示第（j）个敌人。

将布尔表达式转换为3-SAT形式，我们需要证明每一个决策过程都可以转化为一个3-SAT的表达式。证明任何一个SAT的表达式都可以转化为3-SAT的表达式是通过“与”关系式进行转换实现的。

最后，我们需要将得到的布尔表达式转换为3-SAT形式，确保每个子句都包含3个变量或其否定变量。如果一个子句包含的变量少于3个，我们可以通过添加额外的变量来实现；如果一个子句包含的变量超过3个，我们可以通过拆分子句来实现。这样我们就可以通过将《超级马里奥》的游戏规则映射到布尔逻辑形式，并确保转换后的布尔表达式是3-SAT形式，即可证明《超级马里奥》是3-SAT问题。这意味着我们可以使用SAT求解器来解决《超级马里奥》游戏中的关卡或任务，从而证明游戏的可行性或确定解决方案为一个NPC问题，因此图灵机不能在有限时间内高效解决。尽管人工智能在解决这类问题方面取得了进展，但至少到目前为止，它们在这一类游戏中的解决速度还未完全超越人类。

因此，当设计计算机游戏的时候，也需要关注计算机游戏的计算复杂性。我们不希望当对手是一台计算机的时候，它能够轻松且迅速地给出最优解，我们却忙碌地点击鼠标又始终无法与之匹敌。图 10-7 展示了一些游戏的计算复杂性分析，从中可以看出，并非所有游戏中的人工智能都具备绝对的胜算。

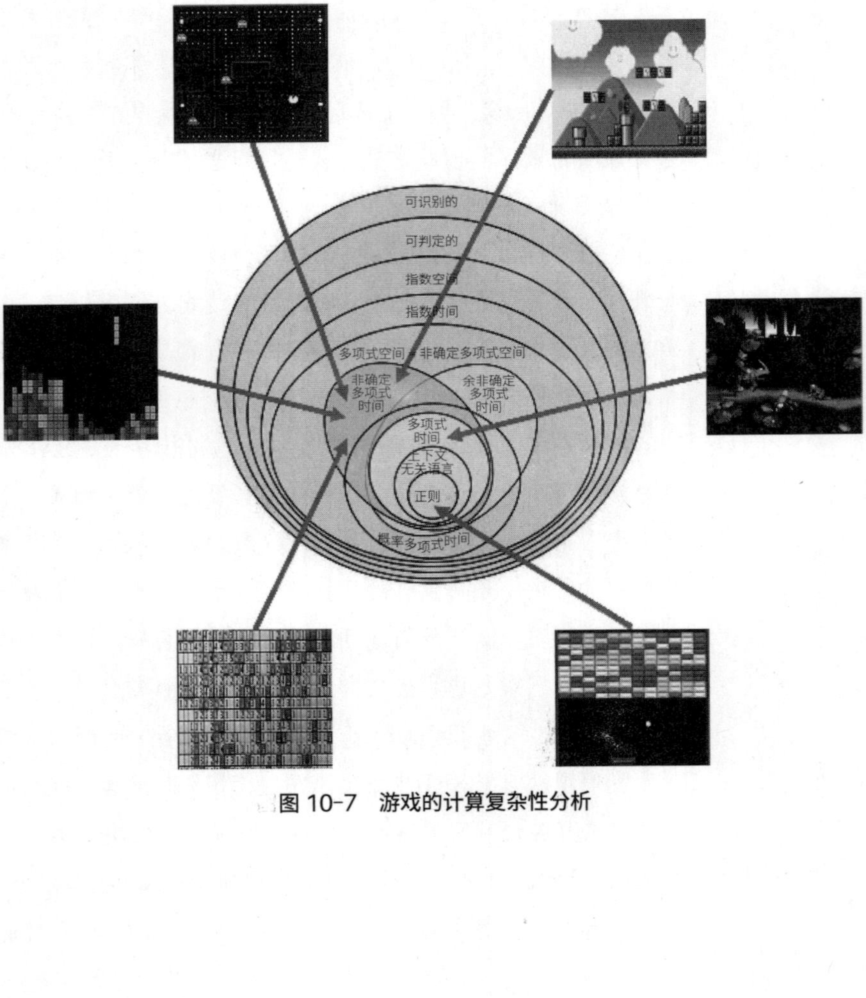

图 10-7　游戏的计算复杂性分析

第11章

混沌，宇宙的基本特征

Logic
of the World

不确定性原理是我们生活的宇宙的一个基本特征。

——史蒂芬·霍金

也许生命仅依赖于一些简单的规则，就能在计算机上进行模拟，而计算机的出现也催生了新的学科，比如混沌学和分形几何学。随着量子力学和混沌理论的出现，人们逐渐认识到拉普拉斯妖的假设实际上并不成立。尤其是混沌理论的发展为这一假设带来了新的挑战。混沌，是确定性的动力学特征与随机性第一次交锋和融合的结果。

确定的体系中蕴含着无法避免的不确定性

牛顿力学在科学发展及技术应用等领域具有巨大影响，尤其是牛顿第二定律表明在给定的外力作用下，只要初始位置及初始速度已知，物体在任一时刻的运动状态就可以确定，于是拉普拉斯坚信，宇宙中的一切都可以用相同的逻辑来确定，没有任何事物是不确定的。他认为事物的运动遵循必然性的规律，而因果关系是古典科学长久以来的信仰。拉普拉斯在《宇宙体系论》（*The System of the World*）中写道："除地球的运动与万有引力……的原理之外，自然哲学里没有什么更完美的论证了。”他进一步设想，宇宙中所有的运动，无论是宏观的天体运行，还是微观的原子运动，都可以通过一个至高智能创造的公式加以概括。这一智能体也被称为“拉普拉斯妖”。

当我们有了牛顿力学的 4 个基本假设，又有了微积分这一工具，就可以得到描述动力学系统中状态变量随时间演化的方程组。这些方程可以是一阶微分方程，也可以是高阶微分方程，具体形式取决于我们所描述的系统特性和动力学模型。

扩展
知识的边界
Logic of the World

用一阶微分方程组描述动力学系统

下面，我们以一个简单的一阶微分方程组作为例子来说明。

假设有一个描述受力作用下质点运动的动力学系统，其状态变量分别为质点的位置 $x(t)$ 和速度 $v(t)$，且系统受到外力 $F(t)$ 的作用。根据牛顿第二定律，我们可以得到质点的运动方程：

$$m\frac{\mathrm{d}^2x}{\mathrm{d}t^2}=F(t)$$

这是一个二阶微分方程，我们可以把它转换为一阶微分方程组：

$$\frac{\mathrm{d}x}{\mathrm{d}t}=v(t)$$

$$\frac{\mathrm{d}v}{\mathrm{d}t}=\frac{1}{m}F(t)$$

这样，只要初始状态已知，我们就能够精确地推算出这个动力学系统的过去和未来。在实际问题中，动力学系统的方程组可能更加复杂，包括更多的状态变量和更复杂的动力学模型。如果我们能够知晓某一时刻宇宙中所有粒子的状态，并且拥有足够强大的计算能力，就可以预测宇宙中所有粒子未来的运动状态。在全知全能的拉普拉斯妖视野下，未来完全由当前的状态决定，它可以基于牛顿力学和微积分工具预测宇宙的过去和未来。而且人也同样由粒子组成，如果拉普拉斯妖有强大的计算能力，它便可以预测人的生命状态和行为，或者说，这意味着一切都遵循着预先设定的"剧本"，每个人都在适当的时候登场，按照既定的剧本思考、生活。基因决定论也是基于类似的想法，认为人的整个生命轨迹都是由基因决定的，一个人在出生的那一刻，其基因就已经决定了其一生将遇到的所有事情。

长久以来，瑞典王室一直是科学研究的坚定支持者，他们不仅在19世纪资助了大量科学研究，而且至今通过每年颁发诺贝尔奖，仍在继续推动科学的发展。1885年，为了庆祝自己将于4年后到来的60岁生日，瑞典国王奥斯卡二世宣布悬赏2 500瑞典克朗，以求解太阳、地球和月球这三个天体在万有引力作用下的运动规律。这个问题的核心在于，知道了这些天体在某一特定时刻的初始位置和速度以后，如何预测它们在未来任意时刻的位置和速度。

经典力学领域的科学家们已经对拉普拉斯方程有了深入的了解，该方程能描述在给定初始条件下某一天体的运动状态。然而，尽管拉普拉斯方程在理论上提供了预测未来天体位置的可能性，但在那个没有计算机的年代，求解具体的数值解是一项极具挑战性的任务。

科学家们当然不满足于仅仅得到数值解，他们追求的是更深层的理解，即可以表达为公式的解析解。他们希望能找到一个精确的解析表达式，从而不仅能预测天体的未来位置，还能深入理解整个宇宙的演化过程。尽管最初人们希望在奥斯卡二世 60 岁生日之前解决这个问题，然而这一挑战实际上远比预期的要复杂。到了预期时间，没有人真正地解决这个问题，不过，这项研究却推动了人们对天体力学和数学理论的进一步研究和发展。

扩展
知识的边界
Logic of the World

二体问题

关于三体问题的解，这之前已经有了比较好的解决二体问题的方案可以作为参考。二体问题又叫“开普勒问题”，它早在 1710 年就已被对数学极有兴趣的来自瑞士伯努利家族的约翰·伯努利解决了。二体问题可用图 11-1 来描述。

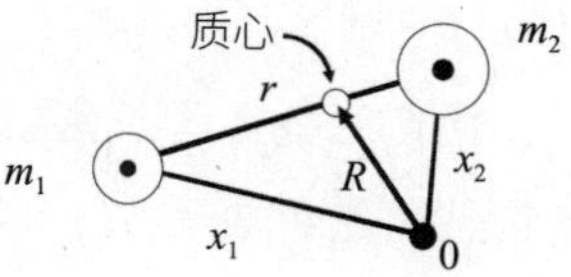

图 11-1 二体问题

二体问题的雅可比坐标分别以质心坐标 R 和相对坐标 r 来描述，公式如下：

$$R = \frac{m_1}{M} x_1 + \frac{m_2}{M} x_2$$

$$r = x_1 - x_2$$

其中，$M = m_1 + m_2$。

在两个天体相互围绕的系统中，如果两者质量差异显著，我们通常可以简化模型，将质量较大的天体视为圆周运动的中心，质量较小的天体则围绕它旋转，如地球绕太阳运转。然而，当两个天体质量相近时，情况就有所不同了。此时，我们不能简单地认为一个天体围绕另一个天体运转，而应该认为两者以质心为参考点，同时围绕质心运动。在质心系里，两个天体的相对位置分别用 x_1、x_2 重新表达。质心成为二体问题的不变量，从而使其动力学特征可以得到解析表达。

对于二体问题，适用于宏观现象的经典解决方案可以延伸到适用于微观现象的量子力学层面。比如，在解决氢原子能级问题时，我们可以将其视为二体问题进行求解。实际上，氢原子是唯一一种可以如此求解的原子，因为它的结构简单：一个质子在中心，一个电子围绕其运动，这完全符合二体问题模型。而一旦原子核不能被看作一个质点，这样的近似处理方案就会带来实验测量偏差，如图 11-2 所示。

当我们将氢原子能级问题视为二体问题时，可以精确计算出里德伯常数 R_H，即原子跃迁的能级常数，它也是作为光谱测量的一个基本常数。

例如，对于氢原子，R_H 的理论值为（m 表示电子，M 表示质子）：

$$R_H \approx 109\,737.31\ \mathrm{cm}^{-1}$$

R_H 的实验测量值则为：

$$R_H \approx 109\,677.58\ \mathrm{cm}^{-1}$$

对于氢原子，$\frac{m}{M} = 1/1\,836.15$

$$R_{\mathrm{H}} \approx R_{\infty}\frac{1}{1+m/M}=109\ 737.31\times\frac{1}{1+\frac{1}{1\ 836.15}}=109\ 677.58\ \mathrm{cm}^{-1}$$

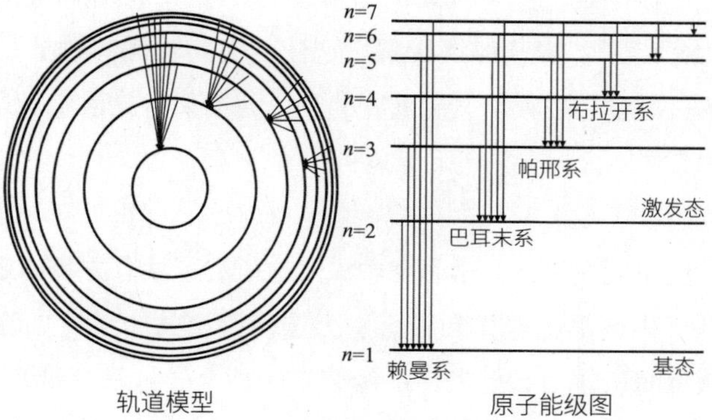

图 11-2 氢原子轨道模型

我们看到，实验测量值和理论值之间是存在误差的。这主要是因为最简单的模型将电子质量视为无穷小，然而，电子与质子的质量比实际上约为 1 ∶ 1 836.15。如果把质量因素考虑进去，系统可以被视为电子和质子围绕共同质心旋转，那么重新计算的里德伯常数则约为 109 677.58 cm^{-1}，与实验测量值完全吻合。氢有三个同位素：氕、氘、氚。对于氘和氚，其原子核不能再被简化为一个均匀的质点了，因为质子和中子虽然都位于其中心附近，但它们实际上构成了一个三体系统。这使得其原子的光谱变得异常复杂，而这个问题即使在宏观层面上也难以精确求解。

1889年，亨利·庞加莱提交了他对三体问题的研究以及由此产生的对微分方程的一般讨论。虽然他未能完全解决三体问题，但在求解过程中以及他生命的最后10年，他创立了“代数拓扑学”这一新学科。庞加莱首先证明了三体问题与二体问题有着本质区别：我们无法通过寻找不变量把问题“化繁为简”，以获得解析解。这让与他同时代的数学家们寻求三体问题显式解[①]的梦想破灭了，更重要的是，庞加莱借此重塑了人们研究微分方程的基本方法。

庞加莱在天体力学研究中深入地研究了微分方程的定性理论。从三体问题基于牛顿第二定律和万有引力定律得出的非线性二阶常微分方程中，他清楚地知道了对初始条件的敏感依赖性会导致解的最终形态的不可预测性，这就是混沌的核心内容，如图11-3所示。他在《科学和方法》(*Science and Method*)中明确地写道：“并不总有可预测性现象。初始条件的小变化也许会导致最终现象的大变化。前者的小误差将导致后者的大误差。预测将变得不可能，偶然现象飘然而至。”庞加莱是自然科学史上第一位真正意识到混沌现象存在的科学家，并系统地发展了相关研究工具。所以，对于“混沌之祖”这一称呼，他当之无愧。

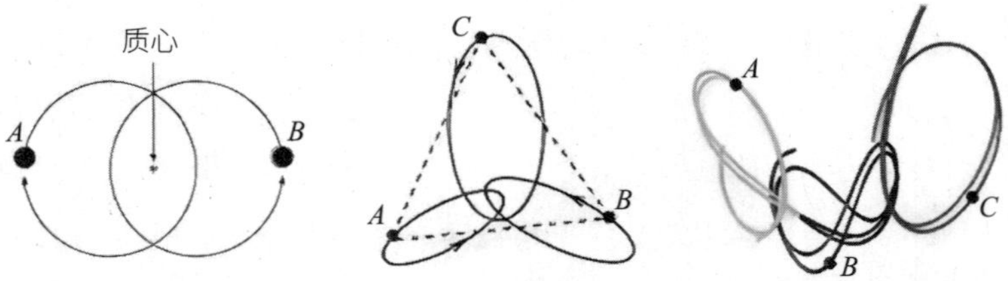

图 11-3　二体问题与三体问题的比较

① 显式解，可以直接用已知函数、常数和变量表示的解。——编者注

一只蝴蝶在巴西扇动翅膀会在得克萨斯引起龙卷风吗

20 世纪 50 年代初，冯·诺伊曼在位于美国新泽西州的普林斯顿高等研究院研制出第一代现代电子计算机。冯·诺伊曼相信，作为设计目的之一，越来越强大的电子计算机将成长为一位"人造英雄"，为天气预报以及更进一步控制天气发挥重要作用。可是他万万没有想到，操纵天气变化的微分方程内在的特性即将扮演反英雄的角色，而发现这一现象的正是在第二次世界大战中担任美国空军气象预报员的爱德华·洛伦茨（Edward Lorenz）。洛伦茨通过方程来表达气温、气压、风速等函数变量。他认为，一旦可以对某一时刻每一个函数的取值进行测量并将其代入方程，就可以得出确定的输出，求出一段时间后的气温、气压和风速，继而可以知道一段时间后的天气情况。20 世纪 60 年代，洛伦茨利用以下模型来做天气预报。

$$\frac{\mathrm{d}x}{\mathrm{d}t}=10(y-x)$$

$$\frac{\mathrm{d}y}{\mathrm{d}t}=28x-y-xz$$

$$\frac{\mathrm{d}z}{\mathrm{d}t}=xy-\frac{8}{3}z$$

在这个方程组中，变量 x、y 和 z 分别代表气温、不同方向上的气压和风速。这些变量通过简单的比例关系相互影响。洛伦茨相信，借助计算机的强大计算能力可以进行数值求解。

在实际研究中，研究人员常常需要重复计算以验证结果的准确性。由于早期计算机的计算能力有限，因此洛伦茨在验证计算结果时采取了简化的方法，他没有输入小数点后的所有数值，而选择只保留小数点后的 3 位，如将 0.210 937 进行“四舍五入”，得到 0.211。按照常理来说，如果初始值的差异仅为 1/1 000，那么即使是确定性方程的输出误差，也应保持在这一数量级，即小于 1/1 000，因此结果大致的趋势应该保持一致。但当洛伦茨把这些经过四舍五入的初始值输入计算机进行再次验证时，他发现新的计算结果与预期结果大相径庭：初始值的微小差异（不到 1/1 000）导致最终结果出现了巨大偏差，两组数据很快完全失去了相关性（见图 11-4）。

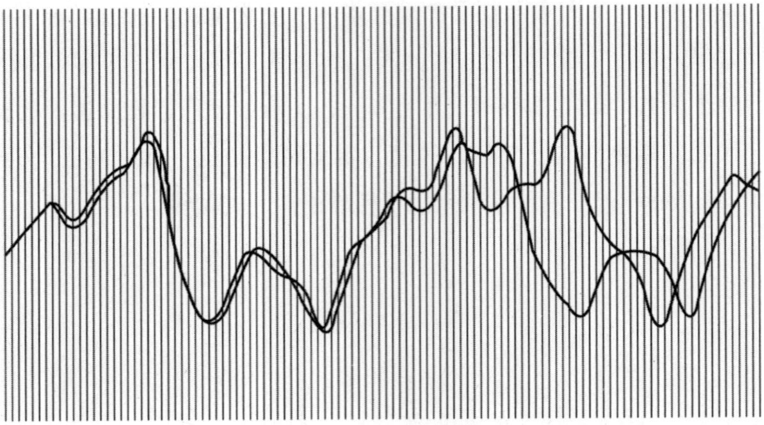

图 11-4 初始值的微小差异导致结果的巨大偏差

资料来源：©Edward N. Lorenz, Adolph E. Brotman，*Chaos: Making a New Science*。

这个现象让洛伦茨感到惊讶，他很快意识到，这并非孤立事件，而是在许多看似简单的动力学系统中普遍存在的复杂现象。这种现象后来被称为混沌。洛伦茨在 1963 年的《大气科学》（*Journal of the Atmospheric Sciences*）杂志第 20 卷上发表了这个结果。他把这一现象形象地比喻成“蝴蝶效应”，这一比喻出现在他于 1972 年 12 月 29 日在美国科学促进协会发表的演讲题目中：“可预测性：一只蝴蝶在巴西扇动翅膀会在得克萨斯引起龙卷风吗？”

其实“小概率大影响”的观念在古代欧洲民歌中就有描述，如“钉子缺，蹄铁卸；蹄铁卸，战马蹶；战马蹶，骑士绝；骑士绝，战事折；战事折，国家灭”，一颗小小的铁钉就能导致一个国家的覆灭。自 20 世纪六七十年代被发现以来，蝴蝶效应已发展成为混沌的代名词，它不仅存在于动力学系统中，也被广泛发现存在于化学、生物学、经济学等众多领域。

普通物理学在研究单摆运动时，通常假设摆角非常小，这样在平衡点附近的摆动可以被视为简谐振子的振动，即简谐振动。简谐振子的特点是其振动是规律的，并且遵循特定的周期。然而，如果单摆的摆动幅度增大，它将不再表现为简谐振动。通过绘制单摆的相图①（见图 11-5），我们可以更直观地理解这一现象。在相图中，角度为横坐标，角速度为纵坐标。对于一个理想的简谐振动单摆，其相图会呈现椭圆形。单摆周期可以用公式 $T=2\pi\sqrt{\frac{L}{g}}$ 来表示，其中 L 代表摆长，g 代表重力加速度。

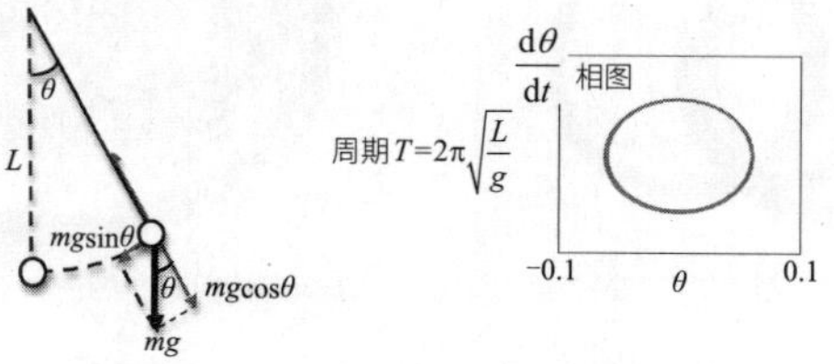

(a) 单摆　　(b) 小振幅时

图 11-5　小幅振动情况下单摆的受力分析和相图

如图 11-6 所示，当单摆的摆动幅度变大时，我们会发现相图中的椭圆

① 相图是用绘图的方式在平面上表示动态系统的轨迹。每一个不同的初始条件都用一条曲线或一个点表示。在研究动态系统时，相图是很重要的工具。相图是由在相空间中各点轨迹的点图组成的。相图中通常会描绘系统的轨迹（箭头表示）、稳定稳态（黑点表示）及不稳定稳态（圆圈点表示），相图的轴对应的是状态变量。相图在分析系统行为分类时非常重要，如两个不同的相图可能会出现相同的本质性动态特性。

形边界开始变宽，单摆的周期性变得更加复杂，相图中的轨迹不再完全重复，且小振幅和大振幅的摆动之间逐渐失去交点。最终，当摆动幅度变得非常大时，单摆的周期性将变得非常复杂，以至于不再有明显的周期。随着摆动幅度的增加，系统的行为从简单和谐的振动逐渐转变为复杂的非周期性运动。

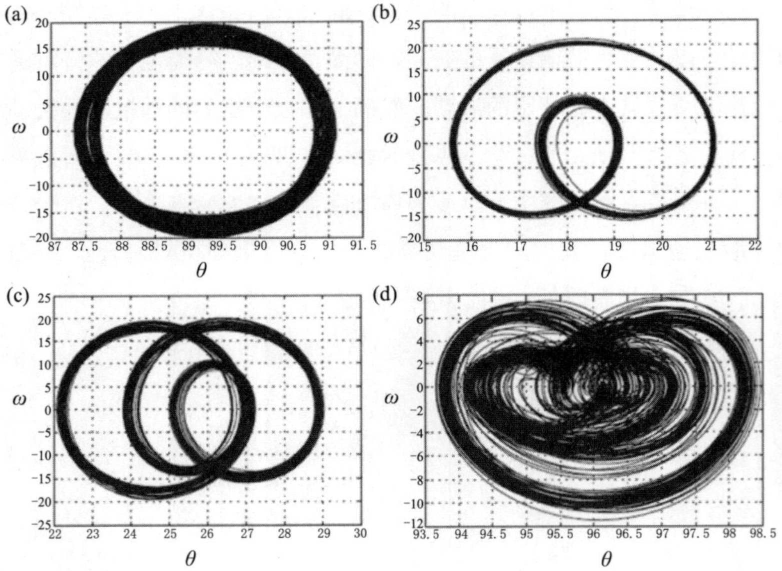

图 11-6　不同摆幅度下的单摆相图

在社会学领域，我们同样可以观察到混沌现象。18 世纪末，英国经济学家托马斯·马尔萨斯提出一个经济学理论：人口增长的速度远远快于资源增长的速度，因此在社会资源有限的情况下，人口会迅速增长，直至达到资源承载的极限，这时会导致资源匮乏、贫困和饥荒，进而人类就会发生战争、暴发瘟疫等，而这反过来会抑制人口增长。

人口增长中的混沌现象

从人口增长中的周期震荡到混沌现象，最具代表性的是逻辑斯谛增长模型①。逻辑斯谛增长模型的方程形式为：

$$x_n+1=rx_n(1-x_n)$$

将计算程序输入计算机进行计算，就可从这个动力系统中看到随着参数 r 从 0 递增到 4，迭代轨道从有序到混沌的变化情景。当 r 分别取不同的值时，x 的结果就会从简单变得非常复杂，如图 11-7 所示。

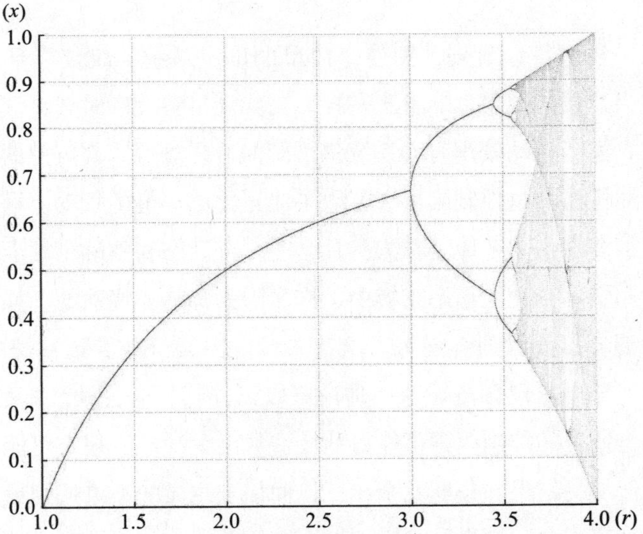

图 11-7　系统行为的分岔与演变

① 逻辑斯谛增长模型（logistic growth model，又称阻滞增长模型）由 19 世纪的比利时数学家、生物学家皮埃尔·韦吕勒（Pierre Verhulst）提出，该模型被广泛应用于生物学、医学、经济管理学等多个领域。

- 当 $1 < r < 3.0$ 时，x 会到达稳定的吸引子。如当 $r=2.9$ 时，x 到达的固定点的吸引子 $x=0.655$。
- 当 $r = 3.0$ 时，x 会到达双周期吸引子，即图中第一个分岔点，不动点吸引子转换成双周期吸引子。
- 当 $3.4 < r < 3.5$ 时，x 又分岔为四周期吸引子，后面不断周期性倍增。
- 直至 r 到达 3.569 946 附近时，混沌开始出现，系统的动力学参数完全无法预测。

我们可以看到，即使是简单的确定系统，仅仅是唯一控制变量 r 的变化，造成的结果也非常不一样。当扰动足够大的时候，混沌出现而完全不可控，而当扰动较小时，系统仍可能保持在可预测并可控的线性范围内。这里的线性指的是控制因素和其效果成正比的小范围扰动。马尔萨斯人口论相关的混沌理论主要体现在人类社会的复杂动态和不确定性上。在实际的人口增长和资源分配的动态系统中，许多因素都是非线性的，如人口的迁移、资源的消耗、技术的发展等。这些非线性因素可能导致系统的行为变得更加复杂，甚至难以预测。这一理论可以延伸到社会公共政策的制定领域："大力出奇迹"的控制因素可能对社会造成巨大扰动，很有可能进入不可预测的混沌区域，结果和预期完全相反；而保守主义的渐进式则更可能保持在可控的线性范围内，结果和预期如果不一致的话，可以及时调整。

混沌导致对动力系统的演化无法进行长期预测

在研究混沌现象时，我们常常用庞加莱截面来描述系统在相空间中的轨迹和演化。相空间是描述动力学系统状态的抽象空间，空间中的每个点代表系统可能的状态，而系统的演化则表示为其在相空间中的轨迹。庞加莱截面是在相空间中选取的一个特定平面或曲面，用于截取系统轨迹在此截面上的交点，从而简化对系统行为的分析。这个截面通常是由系统的周期性行为决定的，如系统的周期轨道或稳定不动点。通过选择合适的庞加莱截面，我们可以将高维的动力学系统问题简化为二维问题，从而更容易观察和理解系统的行为规律。如果系统进行的是理想的周期振动，那么在角速度和角度的相图上，可以得到理想的椭圆或正圆。根据这个轨迹在坐标轴上的投影，我们会得出一个关于时间的余弦函数。如果我们选取一个垂直于这个相图的平面作为庞加莱截面，那么系统轨迹与该平面的交点就能提供关键的系统动态信息。

我们还可以用傅里叶分析来研究这种运动：如果它是个简单的周期行为的话，傅里叶分析会显示为单一的频率；对于由两个周期耦合的动力学系统，其傅里叶分析则显示为两个分量对应的频率。随着扰动强度的增加，系统的周期性会受到破坏，更多的高频分量会出现。

单摆在庞加莱截面上对应一个点或一个小的区域，在这个小区域内，系统的运动是稳定的，我们称其为“稳定岛”；当系统变得不稳定且进入混沌状态时，这些截面会逐渐变成非连续的、无规律的点，出现在庞加莱截面上的任意位置（见图 11-8）。

混沌状态下的系统特点是，振动的轨迹变得不连续，且不同的振动幅度会导致不同的混沌表现形式。一旦系统进入混沌状态，其傅里叶变换的周期性就会变得散乱，周期频谱变得连续而非分立。这意味着系统不再表现出固定的周期或频率。在混沌系统中，传统的周期性和频率分析方法也不再适用，因为系统的输出是不可预测的，且对初始条件极其敏感。

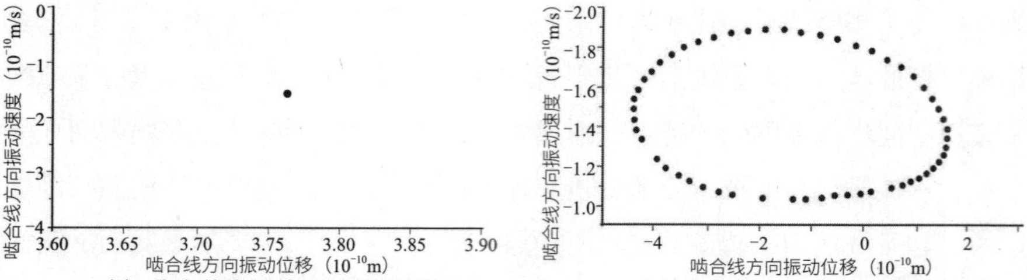

(a) 稳定状态下的庞加莱截面图　　(b) 混沌状态下的庞加莱截面图

图 11-8　系统处于不同状态下的庞加莱截面图

通过对庞加莱截面上的轨迹进行分析，我们可以观察到微小的初始条件变化对系统行为的巨大影响。这些影响可能会在庞加莱截面上显现为轨迹的敏感依赖性，即微小的初始条件变化会引起轨迹出现不可预测的变化（见图 11-9）。这种不可预测性正是蝴蝶效应的体现，即微小的初始条件变化可能引起系统行为显著不同。

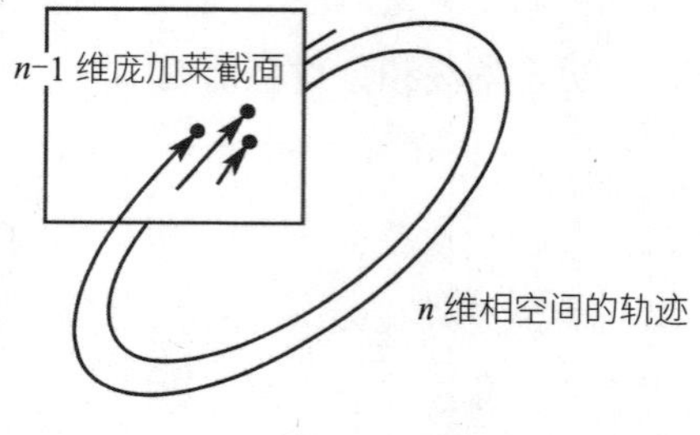

图 11-9　相空间中的轨迹与庞加莱截面

庞加莱截面可以用来观察系统在相空间中的演化轨迹，且能体现系统的周期性、稳定性和混沌性质。当系统出现混沌的时候，它并非完全无序，在这种情况下，混沌系统的庞加莱截面上会出现一种被称为“奇怪吸引子”（strange attractor）的特殊结构，对这些吸引子的特征进行研究，可以帮助我们进一步理解混沌系统的动力学行为。对于洛伦茨研究的大气系统，它的奇怪吸引子的形状酷似蝴蝶，如图 11-10 所示，这也是洛伦茨把该现象称为蝴蝶效应的另外一种说法。但是为了使这一概念更加生动形象，或者可能是媒体的创造性诠释，这一概念被进一步描述为“一只南美洲的蝴蝶扇动翅膀，可能引发北美洲的一场风暴”。对于混沌现象，虽然两个临近的初始状态相差不大，但随着时间的推移，误差会呈几何级数积累。那么，对于误差呈几何级数的积累，该用一个什么样的变量来描述呢？对此，我们需要引入李雅普诺夫指数①。

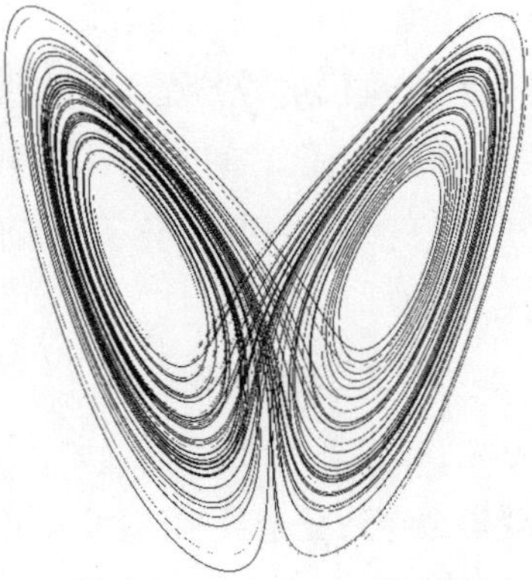

图 11-10　蝴蝶效应

资料来源：© 2006 Wikimol, Dschwen。

李雅普诺夫指数

在介绍李雅普诺夫指数前，需要先介绍一个概念：马蹄映射。马蹄映射是一种动态系统，利用对折的简单操作，通过反复执行，初始条件的微小差

① 李雅普诺夫指数（Lyapunov exponent）描述的是空间相邻轨迹的平均指数发散率的数值特征，它表征了系统在相空间中相邻轨道间收敛或发散的平均指数率，是用于识别混沌运动若干数值的特征之一。

异会随时间被几何级数放大。

作为山西人，我可能对马蹄映射有更直观的理解，这跟拉面有关。做拉面的过程中，如果将两粒芝麻作为标记放入面团中，两粒芝麻初始时离得非常近。随着面团不断被拉长和对折，这两粒芝麻在面团中相对的位置会发生变化。在拉面的过程中，面团的每次对折都相当于执行了一次马蹄映射的操作。起初，两粒芝麻相隔不远，但经过多次对折、拉伸后，它们之间的距离会越来越远。最终位置跟初始位置完全不同，且彼此完全不相关。

马蹄映射里最初的误差与迭代过 N 次的误差的增长速度，用指数来标记。对于马蹄映射来说，t 代表演化时间，λ 代表的就是李雅普诺夫指数，当它大于 0 时，最初的小误差会在时间的演化下呈几何级数增长。

$$|\delta Z(t)| \approx e^{\lambda t}|\delta Z_0|$$

在混沌中，类似的现象会导致复杂且难以预测的结果，因此我们无法对某个动力系统的演化做长期预测，一定时间之后，我们可以认为它的值是随机的。选择适当的方程，通过迭代，就可以利用混沌动力的特征来生成随机数。

混沌与随机数

冯·诺伊曼最早意识到了生成真正随机数的挑战。在他之前，一些统计学家会通过查阅对数表或其他复杂的数学表来选择数字。1939 年，美国兰德公司发布了一本包含 10 万个随机数的书，这些数字是由一个电子轮盘经过测量得到的。然而，当冯·诺伊曼利用计算机进行蒙特卡洛模拟时发现，这些随机数仍然显得不够随机。

为了推动蒙特卡洛模拟的自动化进程，冯·诺伊曼采用平方取中法设计了一种机器生成随机数的方法。尽管他本人曾指出“任何试图通过算术方法生成随机数的人都犯了严重的错误”，但他也认识到，他的模拟并不要求数字具有完全随机性。数字只需要展现出“足够随机”的特征即可，这便是“伪随机数”的由来。

冯·诺伊曼利用 ENIAC 计算机最早实现了伪随机数的生成。这一方法的核心在于模运算，即在一个 16 位整数的计算机系统中，对超过 16 位的数值进行取模运算，截取运算结果的剩余部分再重复这一操作。即使初始数值相近，经过取模运算和截断后的结果也会逐渐失去相关性，从而能遍历整个 16 位的整数空间，这便形成了一种生成随机数的有效方式，可以产生多种不同的随机数序列。然而，如果了解了随机数生成的具体算法，具备足够的计算能力，并且知道随机数生成器的初始数值，那么这些随机数实际上是可以被准确预测的。这类随机数就是伪随机数，它们在已知算法和初始条件下看似随机，实则可预测。类似的方法也被应用于信号系统的加密。在加密过程中，每个字符都可以经过伪随机数迭代，生成一个独特的加密字符，从而实现数据的安全传输。

扩展
知识的边界
Logic of the World

平方伪随机数生成器

设 n 是正整数，$x_0 \in Z$，即 x_0 属于整数 Z，那么平方伪随机数生成器由下面的公式给出：

$$X_{i+1}=x_i^2 \bmod n$$

即 $x_i=x_0^{2i} \bmod n$，n 和 x_0 分别代表模数和种子（初始值）。

借助伪随机数，冯·诺伊曼开发出了一种确定性算法（平方取中法），用于生成一系列看似随机的、在 0 和 1 之间的独立同分布[①]数值（见图 11-11）。这些伪随机数成为基于概率分布进行抽样的核心。例如，通过选择两个近似独立的伪随机数，就可以获得在某一正方形区域内均匀分布的随机点的坐标（见图 11-12）。由此，这一成就标志着人们在随机数生成领域的一大进步。

同理，基于混沌的随机，我们也可以将之应用到信息传输中的随机加密算法中。

假设爱丽丝的公钥 $n=pq$，其中 p 和 q 是满足 $p \equiv q \equiv 3 \pmod 4$ 的大素数，而鲍勃想发送信息字符串 $x_1 x_2 \cdots x_s$ 给爱丽丝，那么他们可以执行下面的协议。

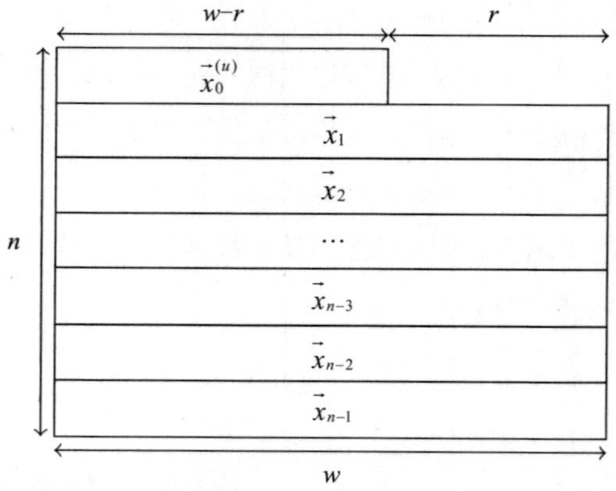

图 11-11　伪随机数

① 独立同分布，指在随机过程中，任何时刻的取值都为随机变量，如果这些随机变量服从同一分布，并且互相独立，那么这些随机变量就是独立同分布的。

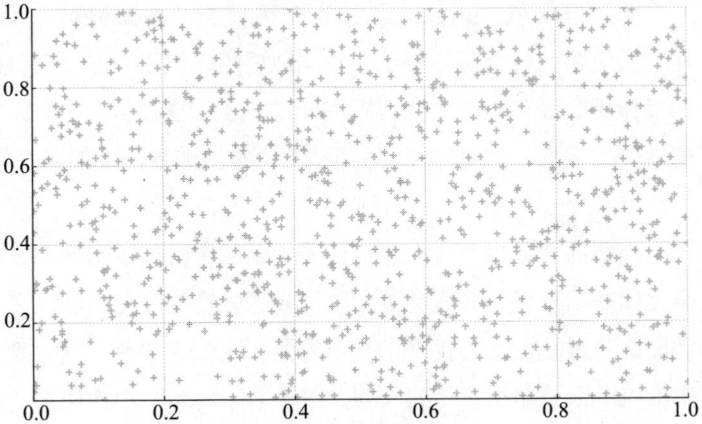

图 11-12　向量空间分布

1. 鲍勃选取整数 z_0，用平方伪随机数生成器计算得到序列 $z_0, z_1, \cdots, z_s, z_{s+1}$。
2. 鲍勃进一步计算比特 $k_i = z_i \bmod 2, 1 \leqslant i \leqslant s$。
3. 鲍勃将随机比特流 $k_1k_2\cdots k_s$ 作为密钥对明文 $x_1x_2\cdots x_s$ 加密，将密文 $y_1y_2\cdots y_s$ 及 z_{s+1} 发送给爱丽丝，其中 $y_i = x_i + k_i \bmod 2$，$1 \leqslant i \leqslant s$。
4. 爱丽丝使用 z_{s+1} 算出 $z_s, z_{s-1}, \cdots, z_1$，进而得到解密密钥 $z_0, z_1, \cdots, z_s$ 和明文。

这一方法同样可用于图片的随机加密，通过加密方程可以将图片变成一幅看起来完全随机的图像，这属于对称加密的一种，通常采用混沌非线性计算来生成非对称加密值。如果接收方不知道随机方程，强行进行求解的话，那么得出来的仍然是一个随机的图像。但是，如果接收方知道随机方程，对每一个点进行反向运算，那么原图像就能被成功解密。

除了蝴蝶效应，混沌里还有一种现象，叫模锁定（mode locking）。起初，系统中的各个部分似乎在独立地振动，但随着各个部分的能量的交换和相互作用，最终它们会达到固定模式状态。这种从无序到某种程度上的有序的转变，被称作“对称性自发破缺”，是混沌系统中的典型特征。

类似的现象也出现在非线性光学领域中的模锁定现象。光在两面高反射镜之间来回反射，形成驻波。随着光的强度的变化，驻波呈现出不同的形状和图案，这是由于光在光学腔中的模锁定效应所致。这一现象与电子在原子中的电子云分布也有相似之处：电子云中的每一个点代表的是电子在特定位置出现的概率，而非电子在固定轨道上的运动轨迹。

在量子力学领域，“电子轨道”这一概念往往会让人误解，它不像行星围绕太阳运行的轨道，而是电子在原子核周围出现的概率分布。电子在不同能级上的概率分布，并不意味着它们在某个固定的轨道上运动，而是指电子在特定区域内出现的概率，这些概率的分布与电子的不同能级相关联。

电子云中颜色较深的区域表示电子出现的概率较高，而颜色较浅的区域则表示电子出现的概率较低（见图 11-13）。

在电子云对应不同的能量模态中，电子的运动被限制在不同的模态中，每个模态都是一个稳定状态。当电子从一个稳定模态跃迁到另一个稳定模态时，会发生模态跃迁，这通常伴随着能量的变化。例如，电子从高能级跃迁到低能级时，会以光的形式释放能量。不同激发态的电子对应不同的能量，当它们跃迁时，会发射出不同波长的光。光在共振腔里的模变化也伴随着能量的变化。

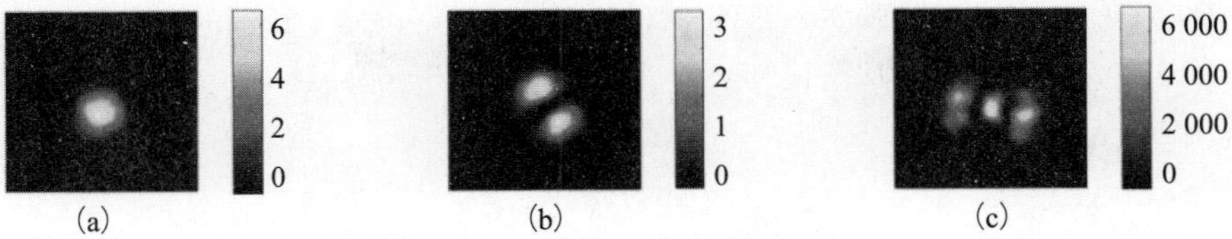

激光在光腔里的 TEM00 模（a）、TEM01 模（b）和 TEM02 模（c）

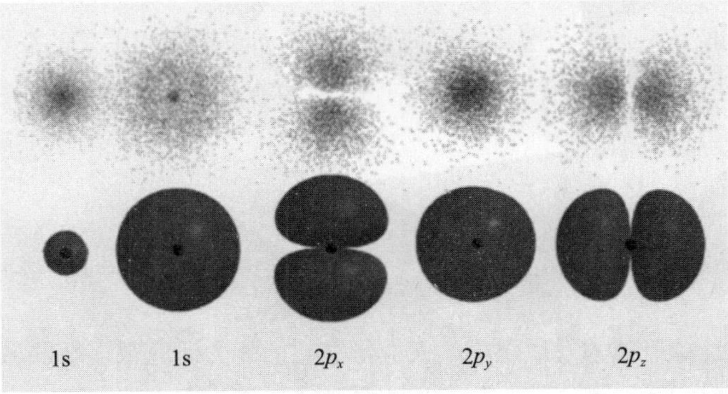

原子的电子云

图 11-13　激光模式与原子电子云

力学混沌系统中的模锁定、光学领域的模锁定现象和量子力学领域的电子云概率分布，三者非常相似，都涉及系统在一定条件下达到稳定的统计和周期性状态。

在量子力学的微观世界中，原子或粒子并不像在宏观世界中那样被限制在特定的位置上。例如，由于量子隧穿效应①，粒子有可能穿越经典力学中的能量障碍（势垒），即使按照经典物理学预测，它们本应被囚禁其中。在

① 量子隧穿效应指的是粒子在经典力学下无法越过势垒，在量子力学的描述中却有一定概率穿透势垒的现象。在经典力学情况下，如果粒子的总能量小于势垒的高度，它将无法越过。然而，量子力学中的粒子表现出波动性，它们的状态可以通过波函数来描述，而波函数的非零概率决定了粒子可以穿过势垒，即发生隧穿。

量子系统中，粒子的状态不是固定不变的，而是可以发生跃迁的，即从一个量子态跃迁到另一个量子态。因此，量子跃迁也可以被认为是量子隧穿效应的一种体现。

与经典力学类似，量子混沌领域研究的是量子层面的动力学隧穿。研究方法是把一些经典情况下的混沌现象（比如单摆，当单摆的摆幅足够大时，会出现混沌），在量子层面构架一个类似的哈密顿量[①]，然后研究该哈密顿量是否会出现类似的混沌现象。

分形结构

自计算机技术发展以来，人们依靠它的能力研究很多新领域，如利用递归算法得到的分形（fractal）就是其中之一。分形指的是具有以非整数维（分数维）形式填充空间的形态特征，通常被解释为“一个几何形状，如果分成若干部分，每一部分都与整体缩小后的形状近似”，即具有自相似的性质，fractal 一词的原意就包含“不规则”“支离破碎”等意思。进一步的研究发现，混沌在时间尺度上的特征与分形结构在空间尺度上的特征对应。分形这一概念由伯努瓦·芒德布罗[②]提出，在 20 世纪 80 年代有了很快的发展。1982 年，芒德布罗写了《大自然的分形几何学》（*The Fractal Geometry of Nature*）一书，总结了分形图形的特征。

---

① 哈密顿量对应于所有粒子的动能的总和加上与系统相关的粒子的势能，以英国数学家、物理学家威廉·哈密顿的姓氏命名。它描述了系统的总能量，在量子力学中，哈密顿量是系统的能量算符，是解一个本征值问题（在线性代数中就是特征值和特征向量）。

② 伯努瓦·芒德布罗（Benoît Mandelbrot）是一位法国、美国双国籍的数学家、博物学家，他的研究领域广泛，最有名的是通过数学方法模拟自然界和科学研究中出现的看似无规律的现象，提出了“分形几何”的概念。

- 具有精细的结构，即有任意小比例的细节。
- 通常是不规则的，它的整体和局部都很难用传统的几何语言来描述。
- 通常具有某种自相似的形式，可能是近似的自相似或是统计的自相似。
- 一般其分形维度（以某种方式定义）大于其拓扑维度。
- 在大多数令人感兴趣的情形下，图形的定义可以由非常简单的迭代产生。

芒德布罗萌生分形思想是在 1967 年，那一年他发表了题为《英国的海岸线有多长？》（*How Long Is the Coast of Britain?*）的论文。芒德布罗提出了一个问题："怎样测量英国的海岸线呢？"对此，可以有不同的办法，比如用卫星先进行航拍，用测量度量尺求得，如图 11-14 所示：假如测量度量尺的每个小折线代表 200 千米，把轮廓勾勒出来，就可以大致得出英国海岸线的长度约为 2 300 千米［见图（a）］。但如果测量度量尺的尺度更小一点，比如测量度量尺的每个小折线代表 100 千米，这样就会看出更多"细节"，把这些细节算进去之后，可以得出英国的海岸线长度约为 2 800 千米［见图（b）］。假设测量度量尺的尺度再缩小至原来的 1/2，比如每个小折线代表 50 千米，那么英国的海岸线长度就变成了约 3 450 千米［见图（c）］。

测量度量尺的尺度变得越来越小，得出的海岸线的长度就会越来越长。那么，到底能不能得出英国海岸线的准确长度？可以想象一下，人可以用脚度量，顺着海岸线走一遍，就会得出一个新的海岸线长度。但如果有一只蚂蚁顺着海岸线爬一遍，这时候，以人的视角看不到的尺度，以蚂蚁的视角就能看到了，海岸线长度也会更长。在这个过程中，随着测量尺度的不断变小，得出的英国海岸线的长度会"变得"越来越长。换句话说，英国的海岸线有多长，取决于测量的尺子有多短。之所以出现这种情况，是因为海岸线的局部跟它的整体有相似性，即其局部与缩小之后的整体看起来很像，可以说它具有缩放的自相似性。

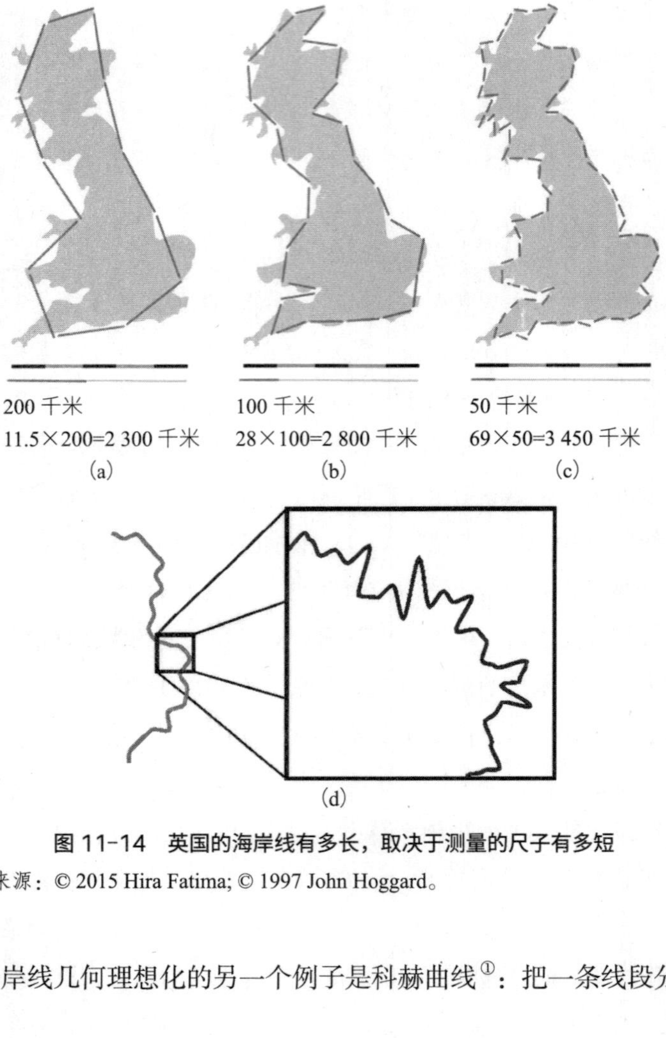

图 11-14　英国的海岸线有多长，取决于测量的尺子有多短

资料来源：© 2015 Hira Fatima; © 1997 John Hoggard。

将海岸线几何理想化的另一个例子是科赫曲线[①]：把一条线段分成三份，

① 科赫曲线，也被称为科赫雪花或科赫星，由瑞典数学家海里格·冯·科赫（Helge von Koch）发现。它是一种分形曲线，通过对线段进行无限次迭代生成。

再把中间的一份以组成等边三角形一边的方式"折"出来，之后不断重复这个过程，曲线的总长度会不断增加（见图 11-15）。每次折叠后取出一个局部来看，会发现它与整体具有自相似的性质。

图 11-15 科赫曲线

其实，在芒德布罗发表《英国的海岸线有多长？》的半个多世纪之前，一些不合常规的直线或平面的子集就已被当时少数"离经叛道"的数学家构造了出来，如康托尔的三分集和瓦茨瓦夫·谢尔宾斯基[①]的垫圈等。但因为

① 瓦茨瓦夫·谢尔宾斯基（Wac ław Sierpiński）是一位波兰数学家，曾长期从事集合论及其在数学领域（拓扑学、实变函数论等）中应用的研究。

这类不规则点集缺乏光滑性，无法被科学和工程领域常用的微积分工具进行处理，看起来像奇奇怪怪的数学，所以未能引起人们的广泛关注。

扩展
知识的边界
Logic of the World

康托尔三分集和递归函数

1883 年，康托尔构造了一个实数轴上的点集合。他把 0 到 1 之间的数区间［0，1］这一线段分成三等份，然后把中间等份的线段去掉，只留下它的前（1/3 处）、后（2/3 处）两个端点。接着，在剩下的两条线段［0，1/3］和［2/3，1］中再去掉中间的 1/3，这样就剩下 4 个小线段：［0，1/9］、［2/9，1/3］、［2/3，7/9］、［8/9，1］。再去掉每一条小线段中间的 1/3……重复这个过程，直至无穷。这样构造的点集被称为“康托尔三分集”，这个集有无穷个点，点点不连续，但它是零维的，没有长度（见图 11-16）。

除此之外，在计算机领域也有类似的现象，如哥德尔提出的递归函数，每个递归函数的部分都与整体有自相似性。因此，利用递归函数可以很容易生成分形图形。例如，利用复多项式函数 $f(z)=z^2+c$ 就可以生成类似的集合。对于某初始值 z_0，取序列 $z_0, f_c(z_0), f_c(f_c(z_0)), f_c(f_c(f_c(z_0)))$，以此类推。

$f(z)=z^2+c$ 构成的是一条分形曲线，这条曲线把复平面分为两类点。一类点使 $f(z)$ 收敛于 f 在 0 附近的不动点 ω；另一类点使 $f(z)\to\infty$。对于不扩散的点集（见图 11-17），我们称之为 Julia 集。

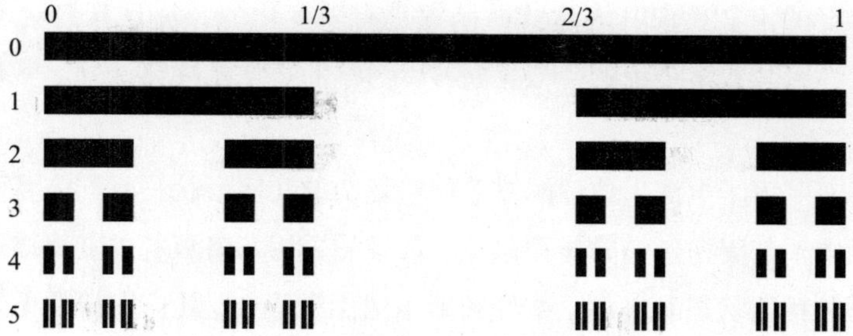

图 11-16　康托尔三分集的构造过程

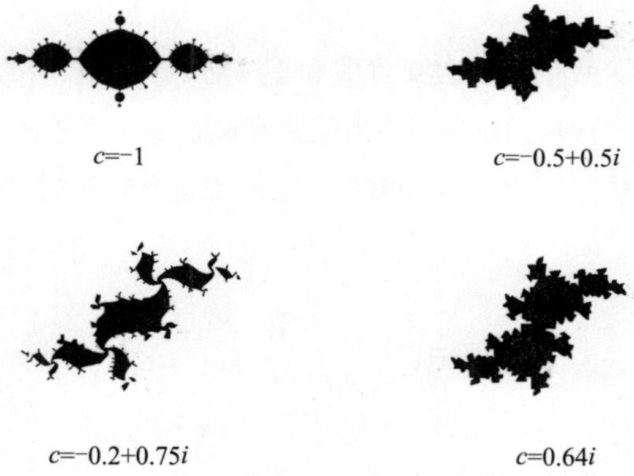

图 11-17　Julia 集

分数维

分形与我们的直觉感受到的不同原因在于，它的“维度”不是整数，而是介于某两个整数之间的一个数值。这与我们通常了解到的零维点、一维曲线或二维曲面等概念都不同，分形所描述的是一个有界区域内的一条“曲线”，它可以无穷长，比如科赫曲线。通常所说的维度、长度、面积、体积等几何概念，都是基于几何对象已经具有某种“正规性”的假设，如曲线长度的定义要求其表达式的函数是有限变化的，一旦几何对象失去这种正规性，其数学结论就会与我们习以为常的直觉相冲突，分形就是这样的例子。

为了更深入地理解以上这些复杂的几何形状，我们需要引入分数维的概念。与康托尔三分集类似，分数维需要用非整数的维度来描述那些填充空间的特殊状态。例如，某些图形虽然面积为 0，其长度却是无限的。这与我们熟悉的几何对象不同：一个正方形（二维对象）既有有限的周长，也有有限的面积；一条线段（一维对象）的面积虽然为 0，但长度是有限的。

那么，我们如何定义这些介于一维和二维之间的对象的维度（用 D 表示）呢？我们可以使用以下方式来定义维度：将测量值的变化量除以测量尺度的变化量，即维度 D 为测量尺度的变化导致的测量值的变化：

$$D = \frac{\log(L)}{\log(m)}$$

其中，L 是测量值变化倍率，m 是测量尺度变化倍率。

这与整数维度的定义是一致的。以一维线段为例，如果我们将某一线段的长度延长1倍，那么测量的长度也会相应地延长1倍。对于二维的正方形，如果尺度是原来的 2 倍，那么面积会是原来的 4 倍。因此，通过计算，维度 D 是 2。

对于分数维的对象，尺度和长度的变化不再是简单的整数比例，而是一个分数比例。科赫曲线的维度介于一维和二维之间，因为它的长度是无限长的，但它的面积是 0。在科赫曲线的构造过程中，第一步是将原先的三角形的每条边生成 4 条小边，其放大因子为 3。这么一来，可以算出科赫曲线的维度约为 1.261 8。

再回到前文提到的英国的海岸线长度的问题上来。不同国家或地区的边境线的维度是不一样的，如果边境线比较齐整，它的维度就接近一维，比如美国的许多州界线就接近于直线，这些界线的维度接近一维。而一些国家的边境线是自然形成的，较为曲折，其维度则接近二维，海岸线同理。例如，南非的海岸线维度为 1.082，说明它的海岸线几乎是直的；而英国西岸的海岸线维度为 1.25，显得更为曲折。

分形理论不只体现在二维平面上，也可以用来解释三维物体。例如，将一张纸揉成一个球团，它的维度会接近 2.5。人体心脏和肺部的血管也接近分形结构。主动脉分支成多支动脉，而这些动脉又进一步分成更小的动脉，其总体与花椰菜的形状非常相似。肺的表面积非常大，体积却很小，这样可以确保血液在肺内尽可能多地与吸入的空气接触。大血管和小血管的分支也具有局部自相似性，可以用公式估算出它的维度 D 约为 2.17。

有序与无序，自然奥秘的普遍存在形式

现在说回混沌。

事实上，即使在包含人口和资源限制的简单确定系统中，也会出现混沌现象，以致系统的长期行为呈现不可预测性。那么人工智能技术，尤其是深度神经网络，是否对混沌系统的长期预测有所帮助？深度神经网络在一定程度上提高了我们对时间序列预测的能力，但对混沌系统的长期预测问题，它尚无法提供有效的解决方案。我们知道，对于混沌系统的长期预测，通常需

要使用长时间序列的历史数据进行模型训练，而深度神经网络在处理长时间序列数据时容易出现梯度消失或梯度爆炸等问题，因此模型训练和预测依旧困难重重。

混沌系统通常具有高度的非线性和复杂性，其行为对初始条件的微小变化非常敏感，因此深度神经网络虽然可以处理复杂的非线性关系，但在长期预测问题中，模型可能无法捕捉到系统更复杂的长期非线性动态特性，导致预测结果不稳定或不准确。要想对混沌系统进行长期预测，模型需要具有良好的长期依赖关系和记忆能力。然而，传统的深度神经网络结构，如前馈神经网络或循环神经网络往往会出现信息丢失的问题，导致其长期预测能力不足。

混沌现象揭示了这样一个事实：即便我们掌握了描述系统状态的方程和初始状态的准确信息，也无法对系统的未来状态进行精确预测。在量子力学中，这种局限性表现得尤为明显。海森堡不确定性原理告诉我们，我们无法同时精确测量一个粒子的位置和动量：当我们试图更精确地确定其位置时，其动量的不确定性就会增加；反之亦然。位置和动量的这种制衡关系意味着对于任何运动的物体，我们无法在某一时刻同时准确知晓其位置和动量，微小误差天生存在。以洛伦茨的天气预测公式为例，即使以海森堡不确定性原理来计算最小误差，其预测有效性也不会超过 80 天。

在牛顿力学中，拉普拉斯妖的存在依赖两个前提：一是有稳定的动力学方程；二是能对系统的当前状态进行精确测量。然而，量子力学和混沌理论的发展使得这两个前提都变得不再可能。初始状态的不确定性，加上混沌现象中的微小误差会被指数级放大，精确预测未来变得不可能。

相对论进一步瓦解了绝对时间和空间的概念，量子力学则使得对初始状态的精确测量成为不可能。在这些科学进步的共同作用下，拉普拉斯妖从一个理论可能性成为一个悖论，揭示了宇宙中存在根本性的规律限制了计算的预测能力。如果连像逻辑斯谛增长模型这种相对简单的力学系统都会因为控制参数过大而呈现出混沌特性，那么对于复杂的系统，如人类社会系统，想要通过“大力出奇迹”来突破限制显然是不符合数学规律的。

一个多世纪前，就在众多科学家认为物理学的大厦已经建成，剩下的只是修修补补，从而提高物理常数的精确度时，量子力学的观念开始萌芽，随后爱因斯坦的相对论横空出世。混沌理论最早通过庞加莱的开创性工作得到提炼，随后在计算机技术进步的推动下，非线性分析的发展促成了洛伦茨等人关于自然界混沌行为的先驱性研究。这些突破性进展共同催生了自然哲学的新观念。混沌学与分形几何学的兴起宣告了拉普拉斯基于决定论的可预测性理想的破灭。确定的非线性模型也能导致复杂的动力系统行为以及由此而来的不可预测性，这是人们对自然世界的新认识。概而言之，**有序中存在着无序，无序中蕴藏着有序；确定性中藏有随机性，随机性中隐有确定性。有序与无序，是自然奥秘的普遍存在形式，二者相斥相生。**

第 12 章

概率，描述信心的数学工具

Logic
of the World

风险来自你不知道自己在做什么。

——沃伦·巴菲特

人类对未来抱有期望：基于已有的经验，让未来更有确定性。但当我们断言某事将会发生时，实际上我们只能说它极有可能按照我们已知的经验模式发生。不过，很多人常常误将因果关系与事件相关性混为一谈。为了避免或减少这种情况，人们开始关注概率。

概率提供了一种描述事件发生可能性的数学工具，贝叶斯统计即为其中之一，它作为一种动态更新信念的方法，为我们提供了一种新的视角：即使是看似确定无疑的事件，如太阳每天从东方升起，我们依然不能断言这一事件的发生概率为 100%。每次看到太阳从东方升起，我们对这一现象的信念或许会增强，但这并不意味着这一现象发生的概率是绝对确定的。贝叶斯统计的思维方式似乎更符合认知的真实过程，因为这种思维方式意味着承认未来事件的不确定性。基于此，我们需要将新的证据和信息纳入考量，不断调整我们对事件发生概率的估计，从而认识到现实世界的复杂性。

足够多的不确定性会呈现一定的确定性

为了更好地理解概率，我们先来看两个案例。

摇号的技巧

某城市为限制机动车辆总数，规定要先通过抽签摇号获得车牌才能购买新车。假设每个月的中签率是 1/1 000，那一个人要等 80 年左右才有可能中签。因此在黑市里，一个车牌的价格可以被炒到 8 万～ 10 万元。某家中介机构自称有特殊关系，可以通过内部渠道获得车牌。如果有客户想要获得这项服务，要向该中介机构支付 1 000 元定金。如果想要在 3 个月以内抽中的话，客户需要再交 3 万元买车牌，这比黑市价格要便宜很多。如果没抽中的话，客户可以选择退款，此外，中介机构不仅全额退还 1 000 元定金，还会赠送 50 元利息，这远超普通银行存款的利率。

我们来看看这项生意背后的“算计”。

假设有 1 000 个人相信了该中介机构的说辞并支付了定金。根据中签率估计，3 个月内大约有 3 个人会中签，那么中介机构将收入 9 万元。同时，他们需要向其余 997 人退还定金并支付利息。具体计算如下：

收入：90 000 元

支出：$997 \times 50 = 49\,850$ 元

净利润：$90\,000 - 49\,850 = 40\,150$ 元

可见，该中介机构实际上不需要借助内部渠道，只要有 1 000 个人相信它的说法，就能轻松赚取 40 150 元，还不包括将定金额存在银行 3 个月的利息。

这个案例体现了概率论的核心原理：从局部的随机性到整体的确定性。具体而言，某一件事在某一时刻的发生具有随机性，比如车牌摇号、股市涨落、天气阴晴……这些事情都具有局部随机性，但是当我们观察足够多的此类事件以后，其整体的统计规律就会浮现出来，并会表现出确定性。

芝加哥期货

芝加哥是美国中部重要的交通枢纽，既是东西铁路的交会点，也是五大湖东西航运和密西西比河水系南北航运的节点。密西西比河穿越美国中部，流经被誉为美国“面包篮”的农产品主产区。芝加哥依托地理优势在 19 世纪发展成为全美农产品集散交易中心。但是农产品产量受天气等诸多不可控因素的影响，产量波动又会导致价格变动，给粮食生产者和农产品加工企业的经营带来巨大的不确定性，导致经营者难以提前规划物流、设备和资金等资源。以大豆为例，年初时榨油商无法预知当年大豆的价格，而到了秋天，他们需要尽早确定收购价格以保证供应和筹备工作，并据此测算收入。正因如此，所以有时就会出现“丰产不丰收”的现象，丰收年农产品价格反而下降，即“谷贱伤农”。

为了应对这种不确定性，有金融机构提出了一种解决方案：在年初农产品尚未生产之时，就撮合榨油商和农民双方，让他们同意在秋天以固定价格交易一定量的大豆，由金融机构提供价值担保，多退少补。这样的安排使榨油商和农民都能提前规划全年的运营，无须等待大豆产量与价格的最终确定，从而优化资源配置，实现利润最大化。当然，金融机构提供这种价格保障服务会向双方各收取一定比例的手续费，并利用自身资本为双方提供担保来抵御价格涨落带来的市场风险。当交易规模足够大时，金融机构能通过统计方法降低不确定性，实现稳定收益。这种锁定交易价格的方式提高了参与各方对未来的经营信心，使他们可以根据预期收益规划生产。

虽然金融机构似乎是在没有提供实物产品的情况下获利的，但实际上，它通过提供期货合约，即一种到期才交割的货品合约，降低了生产参与各方未来的经营风险，激励生产者规划和再投入，促进了生产效率的提升。期货合约最早由 82 位芝加哥谷物交易商在 1848 年发起，他们成立了芝加哥期货交易所。通过运用概率统计方法，期货交易将短期局部的不确定性转化为更长时间、更大范围的确定性，减少了市场参与者可能的个体损失，促进了生产，增加了整体收益。

概率的诞生

对概率有了直观的感性理解之后，我们就可以用科学的语言来描述概率论了。我们知道，学科的建立通常是一个渐进的过程，源于一群人在特定时期的持续讨论，因此很难精确地说某一天某门学问正式诞生。然而，概率论作为一门学科，却有着明确的“生日”：1654 年 7 月 29 日，帕斯卡写给费马的信被认为是概率论的“出生纸”。

信中，这两位数学家讨论了这样一个问题，我们简化一下就是：有两个人 A 和 B 通过抛硬币猜正反来赌胜负，每人各拿出 10 元，先赢 10 次的人可以赢得全部的 20 元。但是，因为一些原因，双方还没有分出胜负，赌局就中断了。这时，A 赢了 8 次，B 赢了 7 次。那么，怎样在 A、B 之间分配 20 元才公平呢？

在信中，帕斯卡给出了如图 12-1 所示的解决方案。

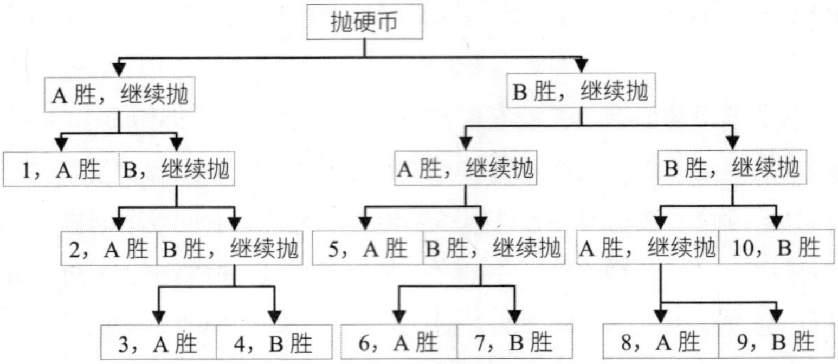

图 12-1　帕斯卡的解决方案

在图 12-1 中，A 胜的情况是：1、2、3、5、6、8。相应地，可以算出 A 胜的总概率：

$$\frac{1}{2}\times\frac{1}{2}+\frac{1}{2}\times\frac{1}{2}\times\frac{1}{2}+\frac{1}{2}\times\frac{1}{2}\times\frac{1}{2}\times\frac{1}{2}+\frac{1}{2}\times\frac{1}{2}\times\frac{1}{2}+\frac{1}{2}\times\frac{1}{2}\times\frac{1}{2}\times\frac{1}{2}+\frac{1}{2}\times\frac{1}{2}\times\frac{1}{2}\times\frac{1}{2}=\frac{11}{16}$$

B 胜的情况是：4、7、9、10。相应地，B 胜的总概率为：

$$\frac{1}{2}\times\frac{1}{2}\times\frac{1}{2}\times\frac{1}{2}+\frac{1}{2}\times\frac{1}{2}\times\frac{1}{2}\times\frac{1}{2}+\frac{1}{2}\times\frac{1}{2}\times\frac{1}{2}\times\frac{1}{2}+\frac{1}{2}\times\frac{1}{2}\times\frac{1}{2}=\frac{5}{16}$$

因此，A 应拿走 20 元中的 11/16，即 13.75 元；B 应拿走 5/16，即 6.25 元。这样，概率论自诞生之日起，就致力于在未曾发生的事件中探寻最大的可能性，但同时也烙上了与赌博“剪不断理还乱”的印记。

随机性是“已知的未知”，不确定性是“未知的未知”

在讨论概率统计的时候，我们常常混淆两个概念：随机性和不确定性。

二者虽然都涉及对未来事件的判断，但定义是不同的。随机性指在一个确定的选项集合内，我们无法准确预知哪个具体选项会发生，即“已知选项的未知”。我们经常借用“灰犀牛事件”来比喻随机性，指的是那些有可能发生且其影响已知的事件，我们只是不确定它是否会发生以及何时发生。这就像我们能预见灰犀牛有冲过来的可能性，但无法确切知道它会不会或者将在何时发起攻击。在这种情况下，我们也许知道所有可能的结果，但结果会不会发生无法确定，因其具有随机性。

不确定性虽然也包含随机性，但它蕴含预料之外的可能性，包含“未知选项”。无论我们的知识多么渊博，总会有一些可能性是我们无法认知的。我们通常用“黑天鹅事件”来代指不确定性。选项的未知带来了判断的不确定性。对于有些可能性存在与否，我们无法获得确切完备的知识。因此，不确定性提醒我们不仅要考虑到已知的风险和机遇，还要为那些未知的、未被充分考虑的因素留下考虑的余地。

统计讨论的是随机性，即在有限的已知选项范围内的可能性。不确定性则超出了统计理论的讨论范畴。但在某些情况下，这两者之间可以相互转化。比如，通过改变问题的表述方式，可以把不确定性转化为随机性。如果问“今天上街会遇到谁”，这是个关于不确定性的问题，我们无法预知遇到的每个人的身份。但如果把问题改为“今天会不会遇到认识的人”，这就转化为一个关于随机性的问题了，答案只有“会”和“不会”这两个已知选项。

因此，在讨论随机性的时候，我们必须明确所有可能的选项，这被称为样本空间的完备性。但实际上，完备性很有可能是无法得到保证的，因为我们往往无法确保已经穷尽了所有可能性。我们只是在已知选项中通过概率来计算某一个选项出现的可能性，并不能肯定这就是所有的可能，即很多情况下我们无法保证样本空间的完备性。

用整体的确定性对抗局部的随机性

虽然随机性是概率论的核心，但随机并不意味着无法度量和预测。我们总希望借由已经发生的事情来推断出未发生事情的可能性，这是研究概率统计的根本目标之一。要实现这个目标，首先要从理解随机性出发。接下来，我们来了解几个关于随机性的基础概念。

随机

掷骰子是一个经典的随机过程。爱因斯坦认为不存在理想的随机，他曾说“上帝不掷骰子”，所有的随机性最后都回归为可计算问题。他曾认为，当我们掌握了足够多的参数，一定可以精确描述某个物理系统。比如，当我们清晰地知道骰子的材质、桌面的材质、扔骰子的力度和角度，甚至是风速等所有相关因素以后，理论上就能准确计算并预测骰子最终落地停下来时面朝上的点数。面对量子力学中出现的随机性，爱因斯坦自然而然地将其视为量子理论不完备的表现。他坚信存在一个尚未被发现的更基本的理论，只要找到足够多的参数，就能消除量子现象的随机性，从而使得量子力学重新回到确定性的框架里来。

这就像我们在研究伪随机函数的问题时，当我们从不同的角度或在不同的参数空间中观察这些函数时，可能会发现它们并非完全理想。比如在不同的参数空间进行变换时，换一个角度来看，我们会发现随机数的产生有一定的分布规律，在某一个区域内，某些数值可能会异常频繁地出现，进而体现出非随机性。这种表现并不符合我们对高质量随机函数的期望。比如在密码学中，我们希望得到的是均匀分布的随机函数。如果随机函数在某些特定区域内产生结果的概率明显高于其他区域，这就会带来潜在的安全风险。一旦攻击者察觉到这种随机函数生成的规律或分布的倾向性，他们就可以利用这种倾向性来预测函数的输出，并有可能破解依赖于该随机函数的加密算法。在统计学中常使用的蒙特卡洛方法也会遇到类似的情况：如果随机函数不够公平的话，会使得研究结果出现明显的偏差。

另外，像在集合论中一样，维恩图在概率统计学中也常常被用到（见图 12-2）。维恩图可以用来描绘集合重叠关系，在图 12-2 中，我们可以直观地看出不同事件之间的关系，从而计算概率。比如以事件 A 为例，事件 A 发生的可能性跟事件 A 不发生的可能性共同构成了完整的概率空间。

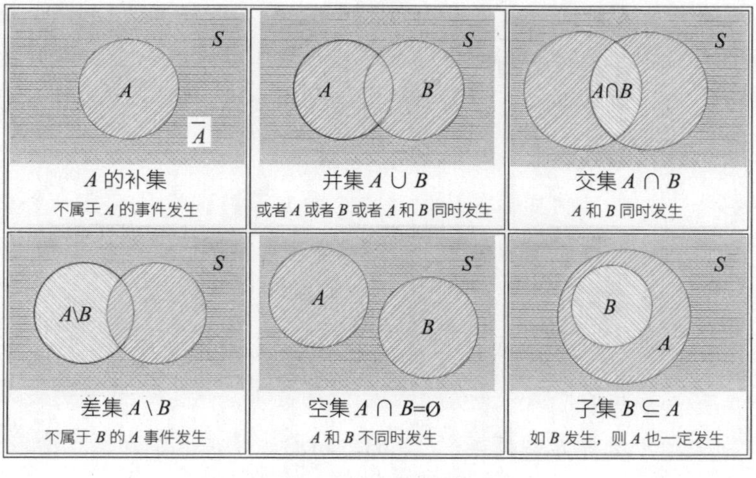

图 12-2 维恩图与概率论

为了方便理解，我们设 E 是某随机事件集，S 是它的样本空间，对于 E 的每一事件 A，赋予其一个实数，记为 $P(A)$，那么 $P(A)$ 即被称为事件 A 的概率。

由以上可知，概率是描述随机事件发生可能性大小的一个度量：对于任何事情，只要设定一个条件，从可能性的角度出发，对某一个发生结果进行陈述，就可以转化为随机事件，从而度量其发生的概率。

扩展
知识的边界
Logic of the World

概率公理和独立性

关于概率，有以下 3 条公理，也是概率论的基础。

第一公理：概率非负性。任意一个事件集合 E，对于任意事件发生的概率 $P(A_i) \geqslant 0$，其概率都可以用 0 到 1 区间上的一个实数来表示。

第二公理：概率归一化。对于 E 事件发生的所有可能 A_i，其总概率 $\Omega=\sum A_i$，且 $P(\Omega)=1$。

第三公理：概率可加性。任意两两不相交的事件集 E_1，$E_2 \cdots$ 的可数序列满足 $P(E_1 \cup E_2 \cup \cdots) = P(E_i)$，即不相交子集的并集的概率为各子集的概率之和。如果存在可能事件发生的子集间重叠，那这一关系将不成立。这要由事件的独立性来约束。

独立性描述的是两个独立事件，当且仅当一个事件发生与否不影响另一个事件发生的概率。关于独立性，也有 3 条定理：

定理一：如果 A 和 B 是相互独立事件，则 $P(B|A) = P(B)$，即在事件 A 发生的前提下，发生事件 B 的概率等于事件 B 的概率；$P(A|B) = P(A)$，即在事件 B 发生的前提下，发生事件 A 的概率等于事件 A 的概率。

定理二：如果 A 和 B 是相互独立事件，则事件 A 发生和事件 B 不发生也是相互独立事件；事件 B 发生和事件 A 不发生也是相互独立事件。用公式描述为：

$$P(A) > 0 \text{ 且 } P(B) > 0$$

$$P(\overline{B}|A) = P(\overline{B}) \text{ 或 } P(\overline{A}|B) = P(\overline{A})$$

定理三：如果 A 和 B 是相互独立事件，则事件 A、B 同时发生的概率等于事件 A 和事件 B 发生的概率乘积：

$$P(A \& B) = P(A \cap B) = P(A) \times P(B)$$

赌徒谬误和热手谬误

电影里经常有这样的情节：一个赌大小的赌局上已经接连开了几次大，接下来该怎样选择大小？有人的想法是：连开几次大了，接下来该轮到小了吧？好运气总有用完的时候，所以接下来应该做反向选择。这种思维方式被称为赌徒谬误。与之相反：有人可能认为，既然已经连续开出了几次大，说明今天运气好，继续应该赌大。这种思维方式被称为热手谬误。

事实上，所有的类似事件都是独立事件，无论前一次出现的随机结果如何，接下来的投掷还是随机事件。除非出现新证据，表明它与其他事件存在关联，否则每次投掷得到大或小的概率仍然是均等的，即均为 50%。我们对事件独立性的把握往往是不充分的，只能假设独立性的存在，而对于可能存在的潜在非独立性，我们的认识往往是有限的。这种局限性与我们对概率系统完备性的认知的局限是一致的。

接下来，我们看看如何计算概率。

在信息缺乏的情况下，我们通常基于对称性，认为事件发生的概率均等地分配在所有可能之间，这被称为无差别原理。事件 A 发生的概率是该事件出现的可能场合数（事件 A 包含的样本数，用 M 表示）与总样本数（用 N 表示）的比例，本书称之为概率的统计解释定义，那么事件 A 发生的概率即为：

$$P(A)=\frac{\text{事件}A\text{包含的样本数}}{\text{样本空间的总样本数}}=\frac{M}{N}$$

在实际应用中，无差别的前提一般很难满足。比如，利用这种定义无法解释给定一个质地不均匀的骰子掷出 6 的概率有多大。计算经典概率需要知道事件发生样本数 M 和样本空间的总样本数 N，这意味着事件已经发生过了，我们只是对其进行统计，难以对未来事件进行有效预测。

上述两种情况都无法满足人们对概率的期望，因为人们总希望从已经发生的事情里推断出未发生事情或不确定事件的可能性。

概率的频率解释

概率的频率解释认为，一个事件发生的概率是在一个恰当的参考类中该事件发生的相对频率。比如，对于一个可在同样条件下重复进行的试验，如果事件 A 在所有 N 次试验中已经发生了 M 次，则它的概率可以用其发生的频率来近似取值：

$$P(A)=\frac{\text{事件}A\text{已发生的样本数}}{\text{样本空间的可能总样本数}}\approx\frac{M}{N}$$

频率解释的实用性大大高于统计解释的定义，它在今天被广泛应用于统计学、科学实验和工程实践。在统计数据足够多的情况下，我们可以将事件发生的频率视为概率，这就是大数定律。

大数定律

同样来自瑞士伯努利家族的雅各布·伯努利曾意识到，随着试验数据的不断积累，频率和概率的差距会越来越小。只要重复实验或观测的数据量足够大，随机事件发生的频率会无限接近它的概率。这意味着在环境相同、重复实验的条件下，用历史数据预测未来是可行的。

理论上，当 N 趋于无穷大时，频率几乎在任何时候都接近概率。不过，对于按频率解释的概率，只有当试验可以在同等条件下无限次重复时才有意义。在实际中，人们往往需要研究一些不可重复事件发生的概率。所以频率解释无法应对一次性事件，如总统竞选或体育比赛的结果。在信息不足的情况下，人们往往会采用无差别原理。比如抛硬币或掷骰子，在缺乏其他信息的情况下，我们会默认一枚硬币正反两面朝上的概率均为 1/2，一枚骰子每个面朝上的概率均为 1/6。这就是对未发生事件或即使发生但还未知结果事件进行预言的常用办法。

根据大数定律，任何随机事件都存在一个客观的真实概率。随着试验次数的增加，观察到的频率会逐渐收敛于真实概率。以抛硬币为例，假设我们进行了 1 000 次试验，结果出现 524 次正面朝上，476 次反面朝上。虽然这个结果接近理论上的“50-50”分布，但我们不能断定硬币一定是完全“公平”的。因为即使在大量试验后，仍可能存在一些细微的偏差或高阶效应。这就引出了一个关键问题：究竟需要进行多少次试验，才能充分接近大数定律所描述的真实概率？还有一个问题同样关键：多少次才算足够多？

大数定律告诉我们，数据和试验次数越多，频率就越接近概率。当然，二者也只是接近，观察结果总是会在真实概率的上下浮动。这种浮动的范围叫精度误差。比如抛硬币的结果，正反两面朝上的概率并不是刚好等于理想的 50%，实际概率和理想概率之间的差距就是精度误差。假如抛出正面朝上的频率为 47% ～ 53%，那么精度误差就为 ±3%。

针对这 ±3% 的误差率，进行 100 组试验所得到的数据，在统计学上被称为 100 组样本。如果其中 95 组的结果落在了 ±3% 的误差范围内，我们就称之为 95% 的置信度。理论上，我们需要进行无穷多次试验才能让置信度等于 100%。

但是，假设选取 99.9% 的置信度和 ±2% 的精度误差，就可以把重复次数从无穷降到 7 000 次左右；如果把置信度要求下降到 95%，那么重复次数可以降低到 2 500 次左右；如果再放宽标准，把精度误差从 ±2% 升至 ±3%，那么试验次数可以下降到 1 000 次左右。

然而我们必须意识到，大数定律在逻辑上是不严密的，它所描述的只是数学上的一个统计结果。因此，这种情况下的大数定律也被称为“弱大数定律”。当我们基于大数定律将概率与频率等同时，我们实际上是采用了概率论中的频率定义。这种等同的做法虽然在实践中十分有用，但从理论上讲，概率和频率并不完全一致。

20 世纪 30 年代，苏联数学家、概率论的先驱柯尔莫哥罗夫在弱大数定律的基础上，做出了更加严谨的证明，并提出“强大数定律”。这一定律表明，随着样本量的增加，观察频率不仅仅“很有可能”接近于真实概率，而是“必然”会收敛于真实概率。换言之，当我们不断增加数据量时，所观察到的频率最终必定会趋近于事件的真实概率。

到此为止，我们先用弱大数定律找到了大量数据分布概率的整体特征，又用强大数定律确定了这个整体特征一定是稳定的。大数定律又被称为“黄金定理”，借由它，我们可以真正用整体的确定性来对抗局部的随机性。

选择更有指导意义的统计方法

理解了随机性的概念，我们接下来讨论如何通过统计方法来计算不同事件发生的概率，以及掌握一些常见的统计学规律。

正态分布

概率统计中最常见的分布是正态分布（见图 12-3）。在正态分布的情况下，所有数据的均值（数学期望）常常是判断一件事值不值得做的整体量化指标。计算数学期望时，要基于每个结果的具体值对随机事件的发生概率加权求平均，从而对事件的长期价值进行数字化衡量。

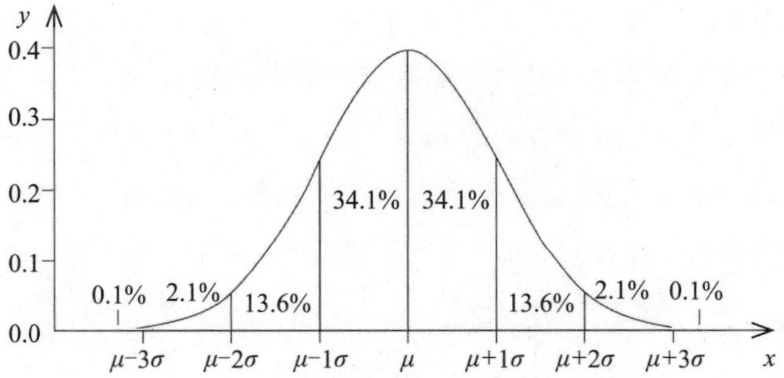

图 12-3　正态分布

正态分布的函数公式为：

$$f\left(x:\mu,\sigma\right)=\frac{1}{\sigma\sqrt{2\pi}}\exp\left(-\frac{\left(x-\mu\right)^{2}}{2\sigma^{2}}\right)$$

其中，μ 表示均值，σ 表示标准差。正态分布通常表现为一个高斯函数，因此也常常被称为高斯分布。

以图 12-3 来说，公式中的 σ 控制了曲线的半高宽，半高宽决定了高斯分布的宽窄。正态分布的期望值正好是它的峰值，即最高点所对应的 x 轴坐标，这也是数据的均值。

正态分布应用广泛，因为它具有一些重要特性：在均值两侧各 1 个标准差（表示为 $\pm 1\sigma$，后同理）的范围内，包含了约 68.2% 的数据；在 $\pm 2\sigma$ 范围内，包含了约 95.4% 的数据；在 $\pm 3\sigma$ 范围内，包含了约 99.7% 的数据。这就是为什么我们通常认为超出 3σ 范围的事件发生的概率极小。

正态分布通常具有如下特征：

- 期望值就是均值：用来评估数据的整体表现。
- 极端值极少：小概率事件通常不会对整体结果产生显著影响。
- 标准差决定了正态分布曲线的“胖瘦”（宽窄）：反映数据的波动性。

魔球理论

我们来看这样一种情况，一支篮球队里的某位队员在不同位置的投篮命中率为：55% 的概率命中篮下 2 分球，45% 的概率命中中距离 2 分球，35% 的概率命中远距离 3 分球。对他的得分能力进行简单的数学期望值计算，就会得出：

- 篮下期望值：$0.55 \times 2 = 1.1$。
- 中距离期望值：$0.45 \times 2 = 0.9$。
- 远距离期望值：$0.35 \times 3 = 1.05$。

比较其得分的期望值以后，教练会要求他更多地在篮下进行投篮，以发挥他的优势。这就涉及所谓的魔球理论。

魔球理论主张，要根据每个队员的优势，把他们各自的最大得分期望值叠加起来，以此来优化上场队员的组合。这时候，球队里可能每个队员都不是“全面高手”，但是他们的总体成绩可以很好。

魔球理论的前身理念始于 20 世纪 80 年代，当时，球队教练将统计学理论应用于体育比赛，开创了一种以相对低成本获得球队高竞争力的新方法。培养一个全能明星选手往往成本高昂，但通过科学的统计分析和策略安排，就能打造出一支得分能力很强的球队。

数学期望值与方差

假设银行有以下两种投资方案：

- 投资方案一：收益稳定，100% 能挣 5 万元。
- 投资方案二：收益不稳定，有 50% 的可能赚 20 万元，但另外 50% 的可能赔 10 万元。

当资本充足时，这两种投资方案的收益的长期期望值是一致的，均为 5 万元（5% 的收益率）。但对投资人来说，他们会选择哪种方案呢？

多数人倾向于选择方案一，因为他们会有稳定的收入。为什么方案二不太受人欢迎呢？因为它的涨落比较大。数学期望只能反映长期平均值，而涨落是由方差决定的。我们通常会用下面这个公式来计算期望值附近的方差：

$$\sum\left(x_i-\bar{x}\right)^2$$

标准差是对方差进行归一化处理，用每一次实验的结果与期望值的差值平方后求平均，再开平方根，可用如下公式表达：

$$\sqrt{\frac{\sum\left(x_i-\bar{x}\right)^2}{N}}$$

在投资上，人们通常更希望获得稳定收益。但对更愿意冒险的人来说，他们可能更偏好较大的涨落。所以与银行的投资求稳不同，一些活动为了增加参与者的刺激感，会充分利用方差。例如，某彩票要筹集 1 000 万元，需要 500 万人参与，平均每人要贡献 2 元。既然是对所有的参与者都要求净付出的项目，为什么还会有人参与？它所利用的就是调高方差，即让大多数人收益为负的同时，让极少数人获得巨额收益，并对这些幸运儿进行大肆宣传。这样能激发参与者放手一搏改运的心态。正是因为涨落方差比较大，所以能刺激更多的人参与，如果是稳定收益，甚至稳定地亏钱，那么参与的人就会很少。

拉普拉斯中心极限定理

在许多情况下，对于独立同分布的随机变量，即使原始变量本身不是正态分布，经过长期演化之后，也会趋向标准正态分布。这就是中心极限定理，它揭示了以下两种情况：

- 正态分布普遍存在。
- 所有分布最终都会演化成正态分布。

中心极限定理是数理统计学和误差分析的理论基础，指出了大量随机变量之和近似服从正态分布的条件。中心极限定理的重要意义在于，我们可以将其他分布近似看作正态分布，这在统计分析中极为有用。我们经常假设某一数据呈正态分布，部分原因是缺乏充分信息。但统计分布不一定总是正态分布，正态分布只是最常见的一种概率分布方式。在信息不完整的情况下，一开始假设数据呈正态分布通常是合理的，之后可以再根据实际测量结果对模型进行修正。

大偏差理论

常见的概率分布也有因幂律分布导致的大偏差理论。大偏差理论可以探究诸如股市崩盘和大型自然灾害等罕见的事件的发生概率。我们常说的“二八定律”也符合大偏差理论：研究销售市场的时候会发现，通常 20% 的消费者提供了 80% 的消费能力；只有 20% 人喜欢吃甜食，但他们会消耗 80% 的甜食。

在幂律分布中，小概率事件一旦发生，其影响往往异常显著。对于遵循幂律分布的事件，平均值并不能提供有意义的统计信息，这与高斯分布中期望值等同于均值的情况形成了鲜明对比。

均值无意义的幂律分布

社会收入分配往往也呈现出二八定律：约 20% 的人拥有 80% 的社会财富。幂律分布的均值缺乏足够的统计含义。例如，当统计部门宣布某城市的人均月收入为 1 万元时，大多数居民可能会说这个数字远高于自身的实际收入，并产生“被平均”的感觉。这往往是因为我们默认了收入呈高斯分布，而这种默认在研究社会平均收入时并不成立。在这种情况下，使用中位数可能会提供更具指导意义的统计结果。

泊松分布

常见的概率分布有幂律分布、均匀分布、伯努利分布、二项分布、拉普拉斯分布、泊松分布、伽马分布、贝塔分布、费米－狄拉克分布、多项分布、狄利克雷分布。接下来，我们简单介绍其中的一种：泊松分布。对于其他概率分布理论，本书不再详述。

泊松分布描述的随机事件之间相互独立，每个事件的发生不会影响后续事件，这一特性又称事件无记忆性。当样本量足够大时，泊松分布也会越来越接近于正态分布（见图 12-4）。假设已知事件在单位时间内发生的平均次数为 λ，事件 X 在单位时间内发生的具体次数为 k 的概率，则其泊松分布为：

$$P\left(X=k;\lambda\right)=\frac{e^{-\lambda}\lambda^{k}}{k!}$$

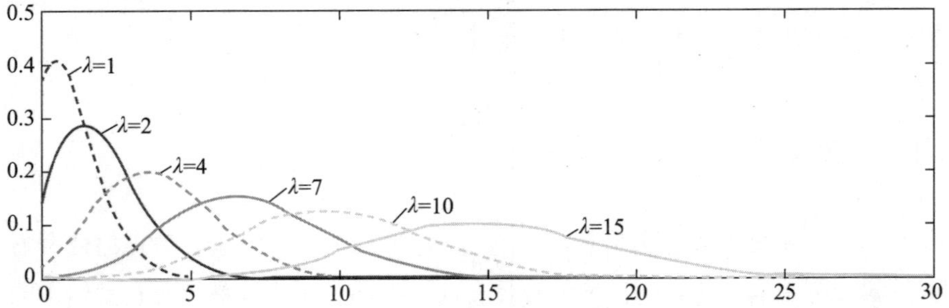

图 12-4 泊松分布

扩展
知识的边界
Logic of the World

利用泊松分布来预测极端天气事件

在讨论极端天气事件如 50 年一遇的大暴雨时，泊松分布常被用来模拟这类事件的发生概率。根据泊松分布，即使某个事件被认为是 50 年一遇，也并不意味着该事件每隔 50 年会发生一次。实际上，50 年内可能会发生两次类似的事件，而在另外的 50 年中则一次也没有发生。尽管如此，从长期统计角度来看，这类事件的整体发生概率仍维持在每 50 年一次。

利用泊松分布公式，如果以 50 年的时间跨度为单位，那么 $\lambda=1$，可计算得到：

当 k=0 时，接下来的 50 年不发生任何大暴雨的概率为 37%；当 k=1 时，接下来的 50 年发生 1 次大暴雨的概率为 37%；当 k=2 时，接下来的 50 年发生 2 次大暴雨的概率为 18%。

因此，接下来的 50 年发生 2 次和 2 次以上 50 年一遇的大暴雨的概率为 100%-37%-37%=26%。

也就是说，尽管我们将这种大暴雨称为“50 年一遇”，但在接下来 50 年里发生 2 次和 2 次以上大暴雨的概率有 26%。

为了更准确地理解和预测这类事件的发生概率，我们依然需要借助大数定律。随着试验次数的增加，事件发生的相对频率将趋近于正态分布给出的概率。尽管短期内可能会遇到符合泊松分布预期的情况，但从长远来看，极端事件符合正态分布的统计模型的预测。

均值回归

北京海淀区是全国著名的学区，因为这里云集了大量的高校和高科技公司。在这里工作的父母往往望子成龙、望女成凤，希望孩子能青出于蓝而胜于蓝。但与此同时，这些父母也更加焦虑，特别是当他们发现孩子的学习能力或智力水平似乎不及自己年轻时的时候。遗传学告诉我们，亲代的突出特征不会完全遗传给子代，这些特征在代际传递过程中往往会向群体平均水平靠拢，这种现象被称为“均值回归”。这种回归现象在智力遗传上同样存在。简单地说，智商高的父母，其后代的智力水平可能会有所回落；而智商一般的家庭的后代，也有可能在智力方面表现出色。

从概率论的角度来看，父母倒是该有平常心：若孩子是平凡之人，那就承欢膝下；若孩子出类拔萃，那就让他们展翅高飞。

本福德定律

本福德定律也称“首位数字定律”，常被用来预测在许多统计现象中数字出现的概率分布，特别是首位数字出现的倾向，最初是由物理学家弗兰克·本福德（Frank Benford）提出的。他指出，在大量自然出现的数字集合里，较小的数字作为首位数字出现的概率较大。这与人们通常认为所有数字作为首位出现的概率均等的直觉相悖。例如，数字 1 作为首位数字出现的概率约为 30%，而数字 9 作为首位数字出现的概率则不到 5%（见图 12-5）。本福德定律的应用范围非常广泛，从银行存款数额到河流长度，从人口统计数据到国家的 CPI（消费价格指数）、GDP（人均国内生产总值），甚至是全球 200 多个国家和地区的人口出生率、国土面积，这些数据的首位数字分布都惊人地符合本福德定律所预测的频率（见图 12-6）。

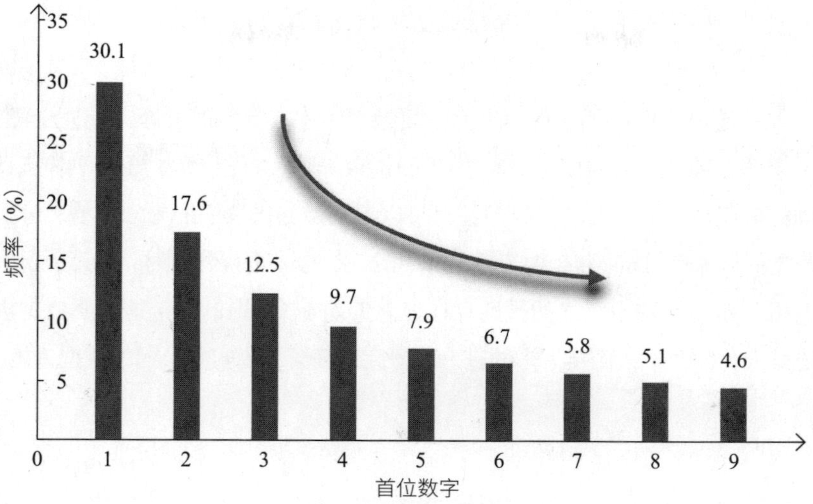

图 12-5　本福德定律

资料来源：© 2017 J. Carlton Collins。

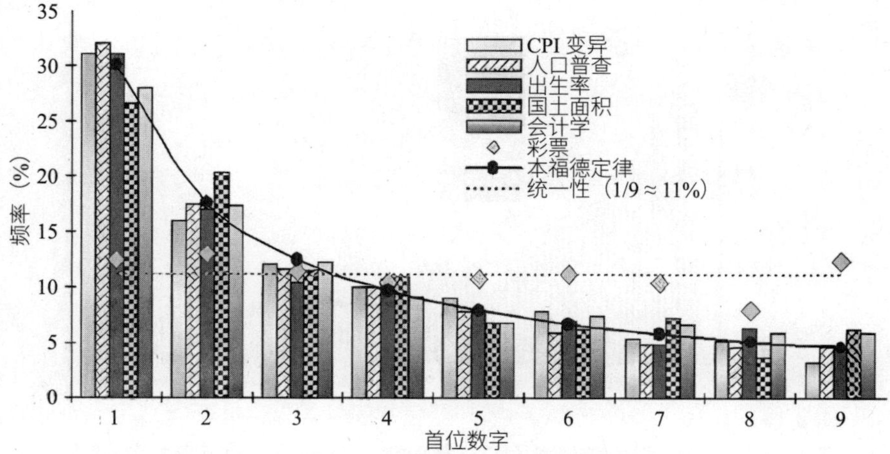

图 12-6　本福德定律在不同数据中的表现

资料来源：© 2007 Jesús Torres。

用 d 代表首位数字，本福德定律的数学表达式为：

$$P(d)=\lg(d+1)-\lg(d)$$

本福德定律揭示了在现实世界的复杂系统中，数字的分布并非完全随机，而是遵循一种可预测的模式。本福德定律在物理学、生物学、经济学和统计学等同样应用广泛，借助它，我们甚至可以识别财务报表中的异常交易、分析科学数据的可靠性。2000 年，对安然公司[①]的银行报表进行分析时，会计人员发现其数据分布与本福德定律的预期存在显著偏差（见图 12-7），这表明数据极有可能被人为修改了，而接下来的进一步研究的确证实了安然公司的数据造假。

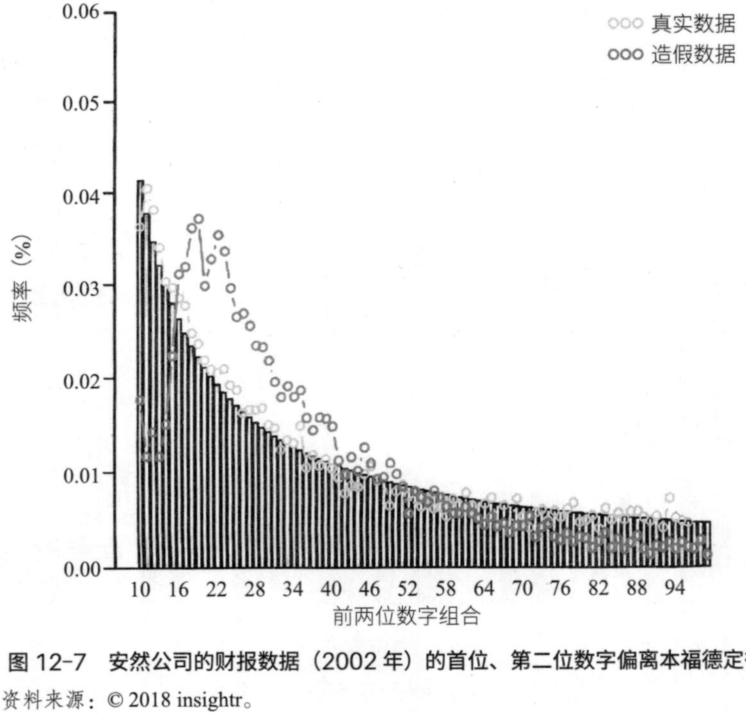

图 12-7　安然公司的财报数据（2002 年）的首位、第二位数字偏离本福德定律

资料来源：© 2018 insightr。

① 安然公司，美国知名能源类公司。2001 年因财务造假在全世界"声名大噪"，这个拥有上千亿美元资产的公司在几周内破产，持续多年精心策划乃至制度化、系统化的财务造假丑闻也被公之于世。从那时起，安然公司就成为公司欺诈以及堕落的象征。

与经典统计学息息相关的熵

在热力学中，熵被作为一个衡量大型系统无序程度的量化指标。热力学中的熵增加原理阐述了一个基本的自然规律：在一个孤立的系统中，熵总是倾向于增加，这意味着系统会自发地从有序状态向无序状态演变。熵增加是自然界中普遍存在的一种趋势，它表明封闭系统会向着更加混乱和随机的状态发展。

从热力学的角度来看，熵增加原理可以从原子层面的变化来理解：在由很多原子组成的系统中，原子初始是有序排列的，而随着时间的推移，原子会因为热运动和相互碰撞而逐渐失去最初的有序性。这些随机的碰撞过程导致原子的位置和动量分布变得更加均匀和不确定，最终使得系统趋向于更加无序。从统计学的角度来看，这种从有序到无序的演变可以通过概率分布的变化来描述。例如，系统演化开始阶段，原子的能量分布处于幂律分布状态，其中的少数原子拥有较高的能量，而大多数原子能量较低。随着系统的演化，原子通过碰撞交换能量，其幂律分布状态会逐渐转变为正态分布状态。在正态分布中，原子的能量分布呈现出对称的钟形曲线，大多数原子的能量集中在均值附近，其动力学特征的概率分布变得更加均匀和随机，如图 12-8 所示。

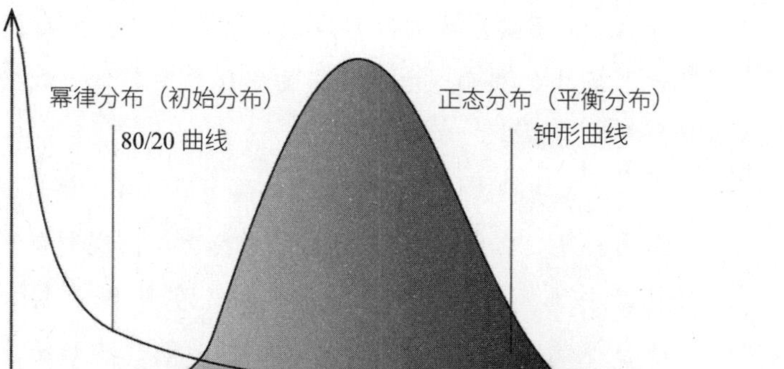

图 12-8　钟形曲线

信息熵

1948 年，香农在研究信息编码方法时提出了信息熵（香农熵）的概念，旨在弄清楚如何用最少的比特数来传递最可能丰富的内容，例如用由字母 A、B、C、D 这 4 个字母组成的信息序列，怎样以最节省的方式对一段内容进行编码。

最简单的编码方案是 A=00，B=01，C=10，D=11。然而，这种方案并没有考虑字母的实际使用频率，因此可能不是最优的。在编码系统中，字母的出现概率对其编码长度有重要影响。以英文为例，字母 A 出现的概率远高于字母 Z。因此，为了有效利用空间和传输带宽，我们应该为出现概率较高的字母（高频字母）分配较短的编码，为出现概率较低的字母（低频字母）分配较长的编码。

在这个具体例子中，假设字母 A、B、C、D 的出现概率分别是 1/2、1/4、1/8 和 1/8。根据这些字母出现的概率，我们可以设计一个优化的编码方案，以减少整体的平均编码长度。我们可以重新分配编码，使得高频字母 A 的编码更短。例如，我们可以将字母 A 编码为单个比特 0，对于字母 B，由于其出现的频率较低，我们可以保持其编码为 1。对于字母 C 和 D，由于它们的出现频率较低，我们可以使用较长的编码，如 10 和 11。

通过这种方式，我们可以计算出以上 4 个字母新的平均编码长度。在新的编码方案下，字母 A 出现的概率是 1/2，所以平均编码长度为 1 比特（0）。字母 B 出现的概率是 1/4，平均编码长度为 1 比特（1）。字母 C 和 D 分别出现的概率均是 1/8，平均编码长度都为 2 比特（10 或 11）。

因此，这 4 个字母新的平均编码长度计算如下：

- 字母A：1/2×1比特 = 1/2比特
- 字母B：1/4×1比特 = 1/4比特
- 字母C：1/8×2比特 = 1/4比特
- 字母D：1/8×2比特 = 1/4比特

将这些值相加，我们可以得到新的平均编码长度：1/2比特 + 1/4比特 + 1/4比特 + 1/4比特 = 1.25比特。

这样，我们就将原来的平均编码长度2比特减少到了1.25比特，提高了编码效率。当编码内容较多时，这种优化方式尤其有效，因为它减少了传输和存储所需的总比特数。通过这种方式，我们可以更有效地利用资源，提高信息传输和处理的速度。

在这个基础上，香农给出了信息熵的定义，即信息中排除冗余后的平均信息量。在没有任何预先信息的情况下，字母A、B、C、D是“平权”的，一旦有了新的信息，就可以重新设计编码方案，以减少平均使用比特数。所包含的信息量可以用以下公式来表达：

$$H(x) = -\sum_{i=1}^{n} p_i \log p_i$$

其中，p_i是某个字母出现的概率，满足以下约束条件：

$$0 \leqslant p_i \leqslant 1,\ i = 1,\ 2,\ \cdots,\ n$$

并且所有概率之和为1：

$$\sum_{i=1}^{n} p_i = 1$$

这个公式描述了在给定概率分布的条件下系统的不确定性（信息熵）。信息熵越大，不确定性就越高，需要越多的比特来编码信息。

对于熵这个名称，香农是听从了冯·诺伊曼的建议："你应该将它叫作'熵'，理由有二：第一，'不确定性函数'在统计物理学中已经被使用了；第二，更重要的是，没有人真正理解'熵'是什么，所以你在任何讨论中都可以先发制人。"而香农提出的熵与玻尔兹曼提出的熵[①]是等同的，更确切地说，前者是后者在信息学领域的对应。在热力学平衡状态下，所有与宏观量相容的微观状态出现的可能性都相等。玻尔兹曼在50多年前就认识到，在宏观量已知的前提下，可以精确地量化微观上的不确定性。

贝叶斯统计，利用已知推断未知的新方法

人类总想预测未来，利用概率的频率解释的大数定律是一种方法，其实还有另一个思路，即贝叶斯统计。

罗素在《哲学问题》一书中说："我们大家都相信太阳明天还会出现。为什么呢？这种信念仅仅只是过去经验的盲目产物呢，还是一个可以验证的合理的信念呢……如果有人追问，为什么我们相信它今后仍会照样出来，那我们就要诉诸运动定律了：我们要说，地球是一个自转的物体，这样的物体只要不受外力干涉是会永不停止地转动的，而今天和明天之间并没有外力干涉地球……但真正的问题是：一条定律在过去起作用的例子很多，这就足以证明它未来也会起作用吗？应当注意，所有这些预料都仅只是或然的；这样，我们便无须证明这些预料必然会实现，而只需寻找证据来支持哪个可能更容易实现。"

① 玻尔兹曼提出的玻尔兹曼熵公式揭示了热力学熵与微观状态数目之间的关系，即系统的熵是其所有可能微观状态的加权和（或）对数的度量，反映了系统的混乱程度或无序性。

罗素把太阳明天是否出来的问题推广为对他所谓的“大自然的恒常性”的信念问题，即相信从对自然界的观察导出的定律将无例外地适用于预测未来。他试图解决这个问题的方法是把归纳法提高到普遍公理的地位。

归纳法问题正是若干不同哲学观点的分歧点。其中一个在今天仍然流行的观点是接受科学推理过程中的主观因素，承认绝对确定性是无法达到的，只能不断提高理论正确的概率，这种概率可以被精确地表述为“理论不断逼近某种最终真理”的数学陈述。剑桥大学的一群哲学家，包括凯恩斯，因此发展出了贝叶斯法。他们认识到，科学本质上似乎在处理一种反映科学家对特定理论的置信度的概率。他们借鉴了托马斯·贝叶斯首先提出的一种概率分析原理方法，即贝叶斯统计。运用这种方法时，我们需为某一理论赋予一个先验概率，即对其基本正确性的主观评估，在经过实验或观察的检验之后，修正先验概率以得到后验概率。如果后验概率大于先验概率，则表明检验提供了对理论有利的证据；如果后验概率小于先验概率，则表明检验提供了对理论不利的证据。后验概率又成为未来进一步检验中的新的先验概率，从而进行下一步迭代。

贝叶斯统计和频率统计是两种截然不同的思想方法。频率统计基于这样的假设：某一事件的发生具有一个固定的、客观的概率。在这一假设下，通过大量的重复试验，依据大数定律，观察到的事件发生频率就会趋近这一概率。贝叶斯统计则换了个思路，即不预先假定存在一个客观的事件发生概率，而是依据已有的知识，通过不断迭代更新对可能发生事件的认知。

根据贝叶斯统计，我们对事件发生可能性的估计是由先前的经验累积而成的，且不一定存在某个客观概率。因此，贝叶斯统计中的概率有时也被称为条件概率。条件概率意味着过去发生的事件将成为未来事件发生的条件。随着不同条件的出现，我们对某事件发生的把握度也会相应变化。这种方法在机器学习领域得到了广泛的应用，尤其是在模拟生物学习行为的神经网络算法中。总结来说，频率统计和贝叶斯统计的区别如下：

- 频率统计把需要推断的概率参数 θ 看作固定的未知常数，即概率 θ 虽然是未知的，但至少是确定的一个值。同时，样本 X 是随机的，所以频率统计重点研究样本 X 的特征空间，大部分的概率计算都针对样本 X 的分布。
- 贝叶斯统计则截然相反，即认为概率参数 θ 是随机变量，而样本 X 是固定的，由于样本是固定的，所以重点研究因实验带来的参数 θ 的分布。

因此，贝叶斯统计和频率统计之间的根本区别在于随机性出现的位置。根据频率统计，数据被视为可变的，概率分布参数（如均值、方差）是固定的。而根据贝叶斯统计，概率分布参数被视为可变的，数据则是固定的。

我们知道，人有三种认知途径：演绎法、归纳法和类比法。演绎法逻辑可靠，但无法得出新知识。归纳法得出来的东西在逻辑上是不可靠的，有可能出现黑天鹅事件。归纳法通过经验的积累，观察和参考了大量案例，提炼出类似的案例发生的概率，从而得出确定性规律。新事件的发生，可以增加我们对事件再度发生的信心。从这个角度来说，归纳法和贝叶斯统计存在数学上的一致性。因此，贝叶斯统计可能更接近于智慧生物的认知过程。很多时候是没法做大规模的测试和试验来得到大数定律意义上的确定概率的，智慧生物要通过以前学到的东西不断迭代认知，对未来可能发生的事情进行一定的预测，虽然并不能保证这种预测一定是对的。相比之下，频率统计依赖于大规模实验，但生物的许多行为和环境适应不需要如此多的实验。

贝叶斯统计通过考虑先验概率并根据新证据更新后验概率，从而迭代地调整对某一假设的置信度。对此，初始值并不那么重要，甚至可以相对随意地赋值，每引入一个证据，我们将其代入贝叶斯公式进行迭代，从而得到更准确的概率估计。

扩展
知识的边界
Logic of the World

贝叶斯公式的推导

贝叶斯统计基于先验知识和新证据不断更新我们对未来的预测。它不同于传统的频率主义统计，后者认为通过足够多次的重复试验，我们可以越来越接近一个客观的真实概率。

贝叶斯统计则从主观的先验概率出发，通过每次新证据的出现修正我们的期望值（见图 12-9）。这种修正并不一定趋向于一个客观的真实值，因为新的证据有可能与我们最初的预测相悖。

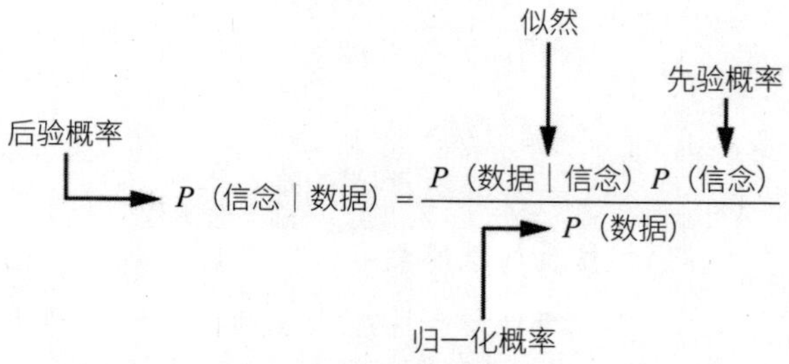

图 12-9　贝叶斯统计的推理

在贝叶斯统计中，初始值并不至关重要，甚至可以相对随意地赋予，每引入一个证据，我们将其代入贝叶斯公式进行迭代，从而得到更准确的概率估计。

我们来看贝叶斯公式的推导。

对于两个同时发生的独立事件，事件 A 发生的前提下事件 B 发生的概率与事件 B 发生的前提下事件 A 发生的概率相等，即由

$$A \cap B = B \cap A$$

可以得出其概率：

$$P(A \cap B) = P(B \cap A)$$

由乘法规则：

$$P(A \cap B) = P(A|B)P(B)$$

$$P(B \cap A) = P(B|A)P(A)$$

这里，我们称 $P(A|B)$ 为事件 B 发生的前提下事件 A 发生的概率，则

$$P(A|B)P(B) = P(B|A)P(A)$$

$$P(A \mid B) = \frac{P(B \mid A)P(A)}{P(B)}$$

当事件 A 是以一组相关独立事件为前提条件时，这一组事件 B_j 为前提都可导致事件 A 发生，我们需要引入全概率事件的概念。

全概率事件是将一个事件的概率分解为在不同条件下发生的概率之和。它考虑了所有可能的情况，将每种情况下事件发生的概率相加，从而得到事件总的发生概率，即事件 A 发生的总概率等于在所有可能的互斥条件下 A 发生的概率之和（见图 12-10）。因为条件概率，可以得到：

$$P(A) = \sum_{j=1}^{n} P(A \mid B_j)P(B_j)$$

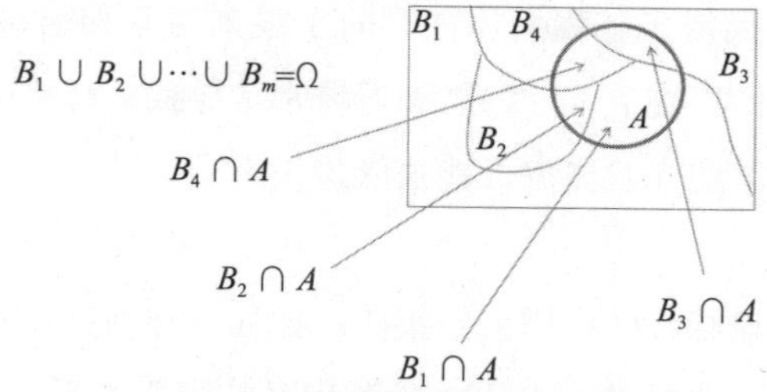

图 12-10　一个事件空间可以被分割为独立的事件组分

资料来源：© 2019 Brenda Flynn。

我们考虑每一种可能的情况，计算在该情况下 A 发生的概率，将所有这些概率相加，即可得到 A 发生的总概率。

$$P(A|B) = \frac{P(B|A)P(A)}{\sum_{j=1}^{n} P(B|A_j)P(A_j)}$$

这个公式的连续变量形式写为：

$$f(\theta|y) = \frac{f(y|\theta)f(\theta)}{\int f(y|\theta)f(\theta)\mathrm{d}\theta}$$

我们需要谨慎考虑假阳性的可能

上文的推导比较抽象，下面我们来看一个生活化的例子。

假设你搬新家了，新邻居是一位温文尔雅、不苟言笑、穿着整洁、按时上下班的中年男性。你觉得他是图书馆管理员的可能性更大，还是普通工人的可能性更大？通常来说，一个城市的图书馆管理员数量很少，因此他是图书馆管理员的先验概率可能不到千分之一。而普通工人的数量则相当多，因此从统计学角度来看，基于城市人口职业分布的先验概率，他是普通工人的可能性要大得多。我们往往倾向于根据表象和第一印象来判断一个人的职业。这种“以貌取人”的思维习惯常常导致一种错误认知，也就是我们会忽视某些情况的先验概率可能很低这一事实。

贝叶斯统计的应用范围很广。比如，在新型冠状病毒感染疫情期间，我们可以用它来计算一个人在检测出某病毒阳性后，他实际真的感染的概率。假设病毒检测试剂的准确率是 99%，这意味着有 1% 的误报率（假阳性率）。如果当时疫情稳定，感染率 $P(A)$ 是 1/1 000，即 0.1%。现在我们要计算的是，一个人检测出阳性后，他实际感染病毒的概率 $P(A|B)$ 是多少，其中事件 B 表示检测结果为阳性。

在讨论病毒检测的问题时，我们需要考虑几种不同的情况，这些情况涉及检测的准确性和实际感染状态之间的关系。以下是 4 种可能的情况：

- 真阴性（TN）：没有感染病毒，检测结果也为阴性，即真没事。
- 真阳性（TP）：感染了病毒，检测结果也为阳性，真有事。
- 假阴性（FN）：感染了病毒，但检测结果为阴性，即漏检，假没事。
- 假阳性（FP）：没有感染病毒，但检测结果为阳性，即误报，假有事。

在这个例子中，检测试剂的敏感性（真阳性率）是 99%，即感染者有 99% 的概率能被准确检测出来。同时，检测试剂的特异性（真阴性率）也是 99%，即未感染者有 99% 的概率检测结果为阴性。误报率是 1%，漏检率（假阴性率）是 1%。

我们想要的结果是 PD，即在所有检测出阳性结果的个体中真正感染病毒的概率。这可以通过以下公式计算：

$$PD = \frac{TP}{TP + FP}$$

其中，TP 是真阳性的数量；FP 是假阳性的数量。

为了计算 PD，我们需要知道总人数中感染病毒的比例，即感染率 $P(A)$。$P(A)$ 是 1/1 000，即 0.1%。那么，在 10 000 人中，预期会有 10 人感染病毒。这 10 人中有 99%（9.9 人）会被检测出阳性（真阳性），而 0.1%（0.1 人）不会被检测出来（假阴性）。同时，在 9 990 未感染病毒的人中，有 99%，即 9 890.1 人会被正确检测为阴性（真阴性），而 1%，即 99.9 人会被误报为阳性（假阳性）。

应用贝叶斯公式可知：

- $P(B|A)$ 是在已知感染的情况下检测结果为阳性的概率，即真阳性率，这里为 99%。
- $P(A)$ 是感染病毒的先验概率，即在没有任何检测结果的情况下一个人感染病毒的概率，这里是 0.1%。
- $P(B)$ 是一个人检测结果为阳性的总概率，包括真阳性和假阳性的概率。

为了计算 $P(B)$，我们需要考虑两种情况：真阳性（TP）和假阳性（FP）。真阳性的概率是感染率乘以真阳性率，即 $P(A) \cdot P(B|A)$。假阳性的概率是没有感染但检测结果为阳性的概率，即 $(1-P(A)) \cdot P(B \mid \overline{A})$，其中 $\overline{A}$ 表示未感染，$P(B \mid \overline{A})$ 是假阳性率，即 1%。

所以 $P(B)$ 是：

$$P(B) = \text{TP+FP} = P(A) \times P(B \mid A) + (1 - P(A)) \times P(B \mid \overline{A})$$

代入已知数值：

$$P(B) = 0.001 \times 0.99 + (1 - 0.001) \times 0.01 = 0.010\ 98$$

我们可以计算 $P(A|B)$：

$$P(A \mid B) = \frac{0.99 \times 0.001}{0.01098} \approx 0.090\ 2$$

也就是说，在检测出阳性的人群中，大约有 9.02% 的人真正感染了病毒。这意味着即使检测试剂的准确率很高，但由于感染率较低，大多数检测出阳性的人实际上可能是假阳性。这也是为什么在低感染率的人群中，需要谨慎对待阳性结果，并可能需要进一步的确认测试来验证检测结果的准确性。同时，由于存在假阴性的情况，一些感染者可能未被检测出来，这就需要通过其他措施（如隔离、追踪接触者等）来控制病毒的传播。

没有任何检测方法能达到 100% 的准确率。因此，即使检测结果呈阳性，也存在误报的可能性。这就是为什么在某些疾病筛查的初步检测结果呈阳性后，医生通常会建议进行复查和其他类型的检测，以便从不同角度验证结果，确保结果的准确性。因此，如果在体检中发现某个指标呈阳性，首先不要慌张。与病毒测试的案例类似，在疾病筛查的过程中，阳性结果只是初步的指示，需要通过进一步的检查来确认。

太阳明天会照常升起吗

回到这一节开篇提到的罗素在《哲学问题》中的问题，太阳明天照常升起的概率是多少？从贝叶斯统计的角度来看，这是人们甚至某一个特定的人对于一个客观事件的主观判断。

比较频率统计和贝叶斯统计两种方法，一种会得出太阳在过去和未来的每天都会升起，另一种会得出太阳在过去每天都会升起，但明天不一定会升起。这两种方法都预测了我们已经得到的观察结果，也都让我们期待这些观察结果，所以我们目前所拥有的观察结果并没有区分这两种方法。

拉普拉斯利用贝叶斯统计计算了这一概率，计算过程大致如下：

1. 我们的模型是太阳升起的概率。
2. 由于完全无知，我们假设初始均匀概率，即升不升起的概率均为 50%。
3. 太阳每天都会升起，有文字记载的历史已有 3 000 多年。

经过稍微复杂的推导，拉普拉斯得出关于明天太阳升起的概率为：

$$\overline{p}=\frac{k+1}{N+2}$$

其中，N 是已经观察的天数；k 是在已观察的天数里太阳升起的日子。这被称为拉普拉斯法则。这样，明天太阳升起的概率，也就是我们要求的后验概率为：

$$P\left(r_{明天} \mid r_{今天}, r_{昨天}, r_{前天}, \cdots, r_0\right) = \frac{3\,000年 \times 365日/年 + 1}{3\,000年 \times 365日/年 + 2} \approx 0.999\,999\,1$$

我们有充分的理由相信明天太阳还会升起，但仍不排除有很小的可能性——太阳明天不能照常升起。

显然，明天太阳还会升起具有很高可能性的情况更有说服力，因为我们拥有的信息不仅仅是太阳在过去升起过，还包括对季节模式的观察、对月相和金星相位的预测，以及大量其他显著增加太阳还会升起概率的因素。拉普拉斯非常了解这一点，他并不是把这个例子作为严肃的计算，而是作为一个教学案例。

即使我们只接受过去频率统计或贝叶斯统计角度都一致的观察结果，我们也必须从预测的角度来看待这两种方法。比如，明天“理论 B1.0”（贝叶斯统计）不起作用，所以我们将它修改为“理论 B2.0”，即明天太阳不会升起。但第二天我们发现，太阳又升起了，这个“理论 B2.0”是错误的，必须再次对其进行修改。很明显，“理论 B2.0”失败了，我们对它的正确性也没有太大的把握。这就是为什么在科学中，新的数据仅仅与过去的数据保持一致是远远不够的。我们必须做出预测，而不仅仅是事后统计，并对其进行新的测试。对我们已经拥有的数据提出解释往往意义不大，这是经济学研究中常面临的问题。

扩展
知识的边界
Logic of the World

两台股市预测器

再来看一个例子，假设有两台股市预测器，它们每天晚上都会预测次日股市是涨还是跌。如果一台预测器对涨跌这两个状态的预测准确率均为50%，这台预测器实际上毫无价值。根据历史统计，每台预测器的准确率是70%。已知预测器的预测结果是相对独立的，某一天晚上两台预测器预测结果都是次日股市会涨。我们可以使用贝叶斯统计来计算次日股市涨的概率。设定以下变量：

A：明天股市涨。

B_1：第一台预测器预测涨。

B_2：第二台预测器预测涨。

我们要计算的是后验概率$P(A|B_1,B_2)$，即在两台预测器都显示“涨”的情况下第二天股市上涨的概率。

根据贝叶斯统计得：

$$P(A \mid B_1, B_2) = \frac{P(B_1, B_2 \mid A) \times P(A)}{P(B_1, B_2)}$$

$P(B_1,B_2|A)$：在股市涨的情况下，两台预测器都显示涨的概率。由于预测器之间的预测结果是独立的，所以概率可以计算为$P(B_1|A) \times P(B_2|A)$。

$P(A)$：次日股市涨的先验概率。由于没有提供先验信息，我们假设此概率为0.5。

$P(B_1,B_2)$：两台预测器都显示“涨”的概率，可计算为$P(B_1, B_2 \mid A) \times P(A) + P(B_1, B_2 \mid \overline{A}) \times P(\overline{A})$，其中$\overline{A}$是股市跌的情况。

现在我们可以计算这些概率：

$$P(B_1, B_2 \mid A) = P(B_1 \mid A) \times P(B_2 \mid A) = 0.7 \times 0.7 = 0.49$$

$$P(B_1, B_2) = P(B_1, B_2 \mid A) \times P(A) + P(B_1, B_2 \mid \overline{A}) \times P(\overline{A})$$

$$= 0.49 \times 0.5 + \left[1 - P(B_1 \mid \overline{A})\right] \times \left[1 - P(B_2 \mid \overline{A})\right] \times \left[1 - P(A)\right]$$

$$= 0.49 \times 0.5 + 0.3 \times 0.3 \times 0.5 = 0.245 + 0.045 = 0.29$$

接着，我们可以计算后验概率：

$$P(A \mid B_1, B_2) = \frac{0.49 \times 0.5}{0.29} = \frac{0.245}{0.29} \approx 0.845$$

因此，在两台预测器都预测涨的情况下，次日股市涨的概率约为 0.845，即 84.5%。

在量化交易领域，根据大量的历史数据，我们会发现，由于市场存在各种影响因素，预测器的准确率往往会高于 50%。这时，它就具备了实际应用价值。交易者可以利用这种短期预测偏差进行高频交易，在市场趋势发生显著变化之前及时进行操作。

朴素贝叶斯分类

贝叶斯统计的主要应用领域之一就是人工智能。2007 年，由斯坦福大学的李飞飞教授等人发起的 ImageNet 项目标志着深度学习进入了一个关键的发展阶段。在这个项目中，深度学习的神经网络通过多层结构来提取和描述对象的特征，每一层都以不同的权重来表达对象的不同属性。经过大量数据的训练，网络中的参数逐渐得到调整，使得网络在面对新的输入图像时，能以高准确率识别出其中的内容。

为此，机器必须做的事情之一就是解释像素之间的复杂关系和模式。比如，当图像中的某些像素构成了眼睛的形状时，那么在它的左边或右边不远处，通常会有一组与这些像素相似的数据。一只眼睛的图像通常伴随着另一只眼睛的图像。这种成对出现的特征模式反映了现实世界中的规律：眼睛通常是成对存在的。

图像识别算法的设计在很大程度上是从人类视觉系统，特别是大脑皮质的工作机制得到启发的。神经科学发现，我们的大脑会采用一种层级化的抽象过程来分析眼睛所看到的事物。眼睛中的视锥细胞和视杆细胞是视网膜中的光感受器，其功能类似于传感器，会探测那些使它们进入激发状态的光线，获取光线的亮度和颜色。计算机科学家将此对应为图像中每一个像素的亮度和颜色。我们赋予深度神经网络的可观测变量正是这种原始数据。人类大脑的第一层神经元都连接着眼睛的视锥细胞和视杆细胞。在连接的视锥细胞和视杆细胞都被激活或都没有被激活的时候，神经元才可能被激活。负责计算的第二层神经元会衡量相邻像素之间的相关度。接下来，第三层神经元会将这些相关度结合起来，在视觉中识别出明显的线条。第四层神经元则会将线条结合起来，以此识别图像中的基本对象，比如猫的耳朵、眼睛或脚。更高层次的神经元继而将这些基本对象结合起来，确定更深层次的结构，比如图像中是否存在猫。

当前人工智能领域的前沿技术之一是卷积神经网络。这类网络的灵感来自视皮质的大体结构。人工神经网络在经过图像训练之后，就能像人类的神经网络一样，可以计算图像中层次越来越高的抽象概念。图像分析的性能依靠的正是这种抽象层次的堆积，而只有深度足够大的网络才能做到这一点。神经网络的发展又结合了我们对语言中词语的认知，人类能在诸如“人”“猫”“狗”等概念上达成基本共识。我们甚至没有意识到这些概念既抽象又模糊，比如“猫”是什么，怎么定义“猫”这个概念，以及更重要的问题：“猫”存在吗？

要理解“猫”这个概念，我们可以先强调“猫”的定义有多么模糊。我们必须理解这个显而易见的事实：“猫”这个字并没有一个令人满意的严谨的定义。如果我问你“猫是什么”，你无法给出一个普遍适用、毫无争议的定义。而这并没有可惊讶的，毕竟你不是通过这种方式学到怎么认知并使用

“猫”这个概念的。如果你自以为知道猫是什么，那是因为你已经看过上千张甚至上百万张猫的图像，你也听说过猫，也读过有关猫的材料。你通过观察大量数据学到了猫是什么，但你从来没有看见过关于“猫是什么”的形式定义。下面，我们通过一个简化版的实验来了解机器利用贝叶斯统计实现识别猫的方法。

在一个神经网络的训练样本中，我们可以用 3 种水果——香蕉、苹果和梨的不同特征来说明问题（见表 12-1）。这些特征包括长度、甜度和颜色，它们在神经网络中分别对应不同的层，这些特征是相互独立的，即它们代表了不同的属性。朴素贝叶斯分类就是基于这种特征发展出的一种贝叶斯统计方法，它的“朴素”之处在于，假设特征之间相互独立，即在类别一定的情况下，一个特征的出现不会影响另一个特征的出现概率。在实际应用中，人们需要手动对样本进行分类和标记。这些标记的数据对神经网络的训练至关重要，因为不同的标记者可能会有不同的分类标准。

表 12-1　1 000 个水果的数据样本

水果	长	甜	黄	总数
香蕉	400	350	450	500
苹果	0	150	300	300
梨	100	150	50	200
总数	500	650	800	1 000

扩展
知识的边界
Logic of the World

如何确定一个形状是长的、颜色为黄色、味道甜的水果最有可能是什么

假设我们随机挑选了一个水果，它的特征是长、黄、

甜。我们如何确定这个水果最有可能是哪种水果呢？我们可以通过计算每种水果满足这些特征的概率来进行判断。例如，如果一个水果是长的，那么它是香蕉的概率是多少？如果一个水果是甜的，那么它是苹果的概率又是多少？进一步，如果这个水果同时具有长、黄、甜三个特征，那么它最有可能是哪种水果？在贝叶斯统计的计算中，我们会考虑所有可能的特征组合，并计算它们的概率。最后，我们会根据概率来判断这个水果属于哪种水果的可能性最大。

根据表 12-1，我们进行如下计算：

$$P(\text{长黄甜}\mid\text{香蕉}) = P(\text{长}\mid\text{香蕉}) \times P(\text{甜}\mid\text{香蕉}) \times P(\text{黄}\mid\text{香蕉}) = \frac{400}{500}\times\frac{350}{500}\times\frac{450}{500} = 0.504$$

$$P(\text{香蕉}\mid\text{长黄甜}) = \frac{P(\text{长黄甜}\mid\text{香蕉})=P(\text{香蕉})}{P(\text{长黄甜})} = P(\text{长黄甜}\mid\text{香蕉})\frac{P(\text{香蕉})}{P(\text{长黄甜})} = \frac{0.504\times\frac{500}{1\,000}}{P(\text{长黄甜})}$$

$$P(\text{长黄甜}\mid\text{苹果}) = P(\text{长}\mid\text{苹果})\times P(\text{甜}\mid\text{苹果})\times P(\text{黄}\mid\text{苹果}) = 0\times\frac{150}{300}\times\frac{300}{300} = 0$$

$$P(\text{长黄甜}\mid\text{梨}) = P(\text{长}\mid\text{梨})\times P(\text{甜}\mid\text{梨})\times P(\text{黄}\mid\text{梨}) = \frac{100}{200}\times\frac{150}{200}\times\frac{50}{200} = 0.093\,75$$

因此，分母是所有长、黄、甜特征组合的总概率之和。

$$P(\text{长黄甜}) = P(\text{长黄甜} \mid \text{香蕉}) \times P(\text{香蕉}) + P(\text{长黄甜} \mid \text{苹果}) \times P(\text{苹果}) + P(\text{长黄甜} \mid \text{梨}) \times P(\text{梨})$$
$$= 0.504 \times 0.5 + 0 \times 0.3 + 0.093\,75 \times 0.2 \approx 0.271$$

据此，我们进一步计算出：

$$P(\text{香蕉} \mid \text{长黄甜}) = \frac{0.504 \times 0.5}{0.271} \approx 93\%$$

$$P(\text{苹果} \mid \text{长黄甜}) = 0$$

$$P(\text{梨} \mid \text{长黄甜}) = \frac{0.09375 \times 0.2}{0.27073} \approx 7\%$$

这样在这个数据样本中，随机选择一个水果，它同时具有长黄甜的特征，那么它是香蕉的可能性是93%，是梨的可能性是7%。

在神经网络的训练中，利用贝叶斯统计可以有效地处理不同层的特征和权重。通过对特征进行标记并计算其概率，我们可以训练神经网络来识别新的样本并对其进行分类。这种方法不仅适用于图像分类，也可以广泛应用于其他领域的数据分析和模式识别任务。通过对每个标记进行大量训练和分类，每个分类的参数都会得到一个最终权重。当再次给计算机输入一张陌生图像时，它就能计算出图像上是什么的最大可能性。

回到“猫是什么”的问题上，在使用神经网络进行图像分类时，猫通常符合以下特征：脸圆、身上有毛且有一条长长的尾巴。每个特征在人工标注后都会获得一个权重。在符合这 3 个特征的动物中，猫的可能性是最大的（93%），但也可能是狗（7%），而是兔子的概率为 0。请注意，神经网络输出的是它是猫的概率，而不是百分之百确定它就是猫。随着数据量的增加和标注的准确性的提高，先验概率在迭代过程中会越来越接近 100%。在图像的不同尺度上，从像素到局部特征，再到整体特征，神经网络对每一层都进行权重分析，从而提高判断的概率和估计的准确度。朴素贝叶斯分类为神经网络提供了最基础的工具。随着计算变得越来越复杂，会涉及大量的数据标注。不同的证据会叠加形成深度神经网络，每一层都可以有一个新的证据。

在更复杂的情况下，如在处理大段文字时，会出现另一个问题：语义识别问题。对计算机来说，“看到”纸上的一串字母后，它如何知道这串字母所代表的含义呢？首先，我们可以通过贝叶斯统计形成不同的判断层。然后，在特征层判断字母本身的形状，通常它们由折线构成。第一层会分析这些折线是横的还是竖的，第二层提取这些折线的特征，识别出不同的字母。然后，根据这些字母的组合进行分类，形成词汇层，在词汇层之上，进一步形成句法层。在句法层中，对每一层进行权重分类，最后进入语义层。语义层通过整合词汇和句子来理解字母的含义。随着网络复杂度的增加，每个节点都需要通过大量的数据进行权重分析、标注和学习。不同的神经网络算法都旨在优化这些参数，以便更高效地获得最优结果，从而最终得到大语言模型（见图 12-11）。概括来讲就是以下几点：

- 特征层：分析个体特征，如折线的方向。
- 字母层：识别个体特征，如线条和折线，判断它们可能构成哪个字母。
- 词汇层：根据识别的字母和字母组合猜测可能的单词。
- 句法层：根据猜测的单词和语法规则进行进一步的推断。
- 语义层：考虑上下文信息，对整个句子或短语进行解释。

根据贝叶斯统计，我们可以在信息不完全或模糊的情况下先做出决策，并意识到决策过程中存在的风险。我们可以视其为归纳法的数学基础，即使我们无法遍历所有可能的情况，利用贝叶斯统计，仍然能量化不确定性。进一步说，贝叶斯统计引入了一个新的思路，即事件发生的置信度可以通过迭代不断更新。因此，一开始有没有把握并不重要，关键在于找到新证据来更新我们的知识。当证据越来越多时，对事情发生的概率的确认就会越来越准确。下面，我们通过贝叶斯统计来验证一个难以通过传统考证方法完全确定事实的历史问题。

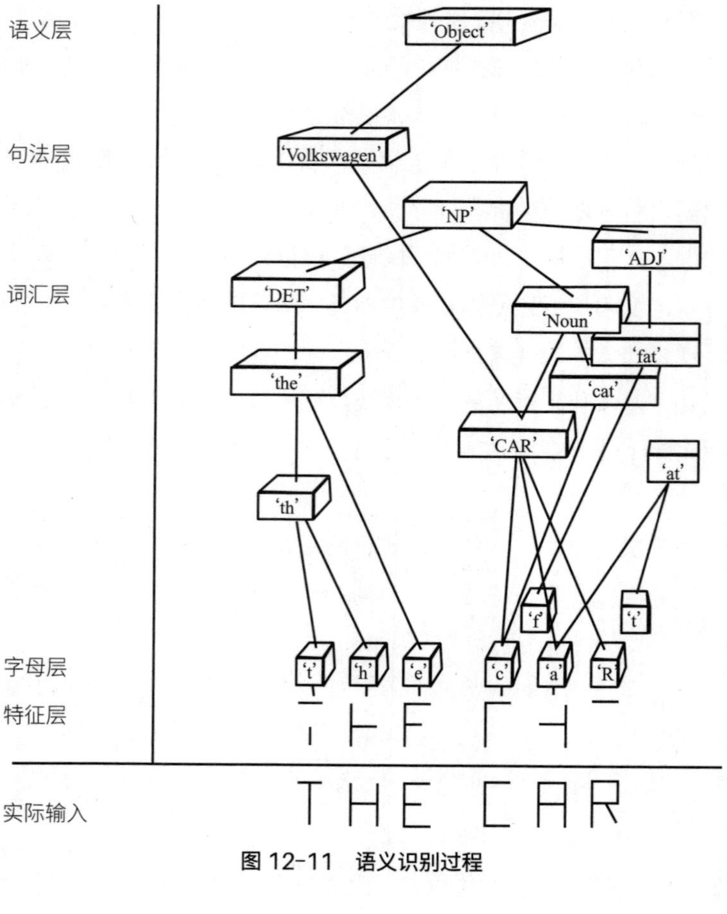

图 12-11　语义识别过程

用贝叶斯统计验证夏商周断代工程

通过对古埃及文字的破译，学者们如今可以推断出古埃及历史的精确年表，这份年表一直延续至约公元前 31 世纪，我们可以精确得知古埃及法老的生卒年和继位年代。而在中国商周时期，人们以天干和地支记日，但不记年。在中国，通过《史记》等历史资料记载的确定年代，最早只能上溯到周公辅政共和元年，即公元前 841 年。这之前的年代只能通过估算得出，如商朝的建立大约在公元前 1600 年。因此，我国在 1996 年启动了夏商周断代工程，希望将确定的年代进一步往前推移，一个关键时间点是标志着周王朝建立的武王伐纣的具体年代。

这项工程由中国科学院牵头，北京大学、清华大学等高校的 200 多名科研人员参与，结合历史、天文、地质、地理环境、考古和文化等诸多因素，多学科联合攻关，致力于制定一个涵盖商、周及更早时期的精确年表。例如，通过考古研究得到的文物与古文字资料，对比不同时期的社会文化遗存，推断出一定的文化序列与世系；再利用天文学方法，比如日食、月食等天文现象的记录，结合现代科技，如计算机模拟等，以此推测相应的历史年代。

我们举例来说明这项工程是怎样进行的。

青铜器“利簋”是我国的一件严禁出国展示的国宝级文物。簋里有这样的文字：“珷征商，唯甲子朝，岁鼎，克昏夙有商。辛未，王在阑师，赐右史利金，用作旜公宝尊彝。”这为武王伐纣的年代判定提供了一个有力证据。铭文清楚地记载，武王伐纣的牧野之战发生在甲子日，并且战斗在当天结束。“岁”指的是岁星，即木星，“岁鼎”意味着木星正好位于天顶（一说），因此可以通过天文模拟来计算出甲子日木星位于天顶的年份。

通过对太阳、地球和月球运动轨迹的精确计算，我们可以推测出历史上可能发生此类天象的年份。然而需要注意的是，推测出来的结果虽然置信度较高，仍并不能百分之百确定它就是牧野之战当天的时间。古代的占星家和史官可能会将一些重要的天象与特定的历史事件相联系来表明重大的事件是顺应天意的。因此，他们可能会将前后几年内发生的某个天象与当下的特定事件相联系。这种做法可能会导致记录出现误差。

在商代，重要的事情发生之前，巫师会用甲骨占卜，根据火烧甲骨所出现的裂纹来推断吉凶。事情结束后，巫师会把发生的事情刻在甲骨上。通过测定甲骨的年代，就会知道甲骨上所记载的事情发生的年代。常规的测量方法是通过检测样品内碳 -14 的丰度来推断年代。碳 -14 的产生与宇宙射线的作用密切相关。当宇宙射线穿透地球大气层时，宇宙射线的高能粒子会与大气中的氮原子相互作用。氮原子的一个质子可能会被撞击出去，留下的氮原子通过捕获一个中子转变为碳 -14。碳 -14 在生物体内与普通碳同位素一样参与生物化学过程，成为生物体的一部分。生物体通过呼吸、摄取食物等方式吸收碳 -14，并在生命周期内与大气保持一致的碳 -14 水平。当生物死亡后，它不再与大气中的碳进行交换。生物体内的碳 -14 通过放射性衰变转化为氮 -14，其半衰期大约为 5 730 年。通过测量死亡生物遗体中碳 -14 的剩余含量，就可以推算出该生物死亡的大致时间，这种方法被称为放射性碳定年法，即碳 -14 测年法。

传统的碳 -14 测年法需要将样品烧毁，测量碳 -14 跟碳 -12 的比例来获得碳 -14 的丰度。但有文字的甲骨极为珍贵，因此不能完全按传统的碳 -14 测年法来检测。为此，夏商周断代工程采用了北京大学的加速器质谱技术，只需要在甲骨上提取毫克级的样品量即可。因为高速运动的不同质量的原子在磁场里旋转的半径不一样，这样就能把碳 -14 与碳 -12 分离，进而求得它们的比例，算出碳 -14 的丰度。

但是，碳 -14 测年法的应用还基于一个重要的假设，即宇宙射线产生的碳 -14 在大气中的丰度是相对恒定的，并且碳 -14 衰变的起点是一致的。虽然这个假设在短时间内是成立的，但在长时间尺度上，由于太阳活动、地磁场、宇宙射线变化等因素的影响，大气中碳 -14 的产生速率可能会有所波动。因此，科学家在进行碳 -14 测年时，会参考已知年代的样本来校准碳 -14 的丰度变化，以提高测定的准确性。国际公认的误差范围为 ±50 年，结果通常以置信区间的形式呈现，最大可能性处在某一个区间内。

图 12-12 显示了 1980—2005 年宇宙射线到达地球的平均量。太阳每隔 11 年左右发生一次黑子爆发，更复杂的变化取决于每年宇宙中其他粒子能到达地球大气的数量，这也会引起碳 -14 水平的变化。矫正方法之一是在南极取万年冰柱。在南极冰盖的永冻层里，每年会形成一层新的积雪，积雪里会冻结少量气泡。通过测量气泡中碳 -14 的丰度，就能对历年大气里碳 -14 的水平进行校正。另一种方法是在样品的统计过程中，根据样品之间的前后顺序来修正相对置信度。通过排列样品，如二里头、河南商城二里岗、安阳殷墟等地的样品，包括甲骨、小米和编织物，研究人员可以在测量过程中确定它们的相对年代。这些样品所在年代的前后顺序大体是已知的，再结合碳 -14 样品测量数据，也能修正碳 -14 测量的准确度。

不过，关于用甲骨占卜，人们迄今没有找到文献来说明甲骨的存储和占卜之间的关系如何。比如，占卜时需要取用鲜活的甲骨，还是存储了一段时间的、集“天地精华”的灵气甲骨？在河南地区，如果某事件即将发生，临时找到一块牛肩胛骨相对容易，但要找龟甲可能就没那么容易了。如果甲骨已经存放了若干年，碳 -14 测年法只能测出甲骨对应的动物的死亡时间，而不能确定这块甲骨是何时被用于占卜的。所以我们至今仍不清楚在甲骨上刻字的时间与动物死亡的时间的关系，二者可能相差几年，甚至几十年。

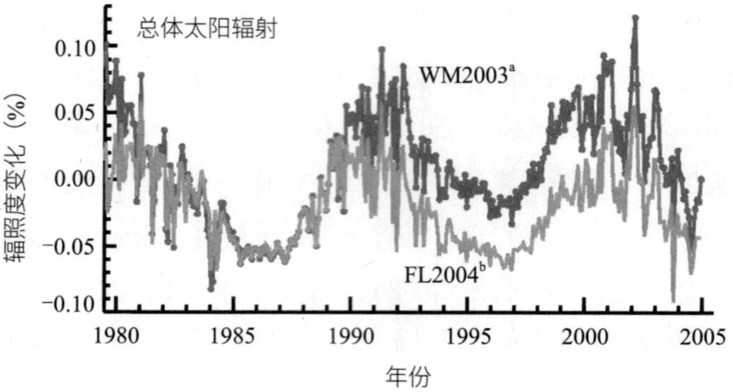

图 12-12　1980—2005 年宇宙射线到达地球的平均量

资料来源：© 2007 IPCC。

a，参见 Willson and Mordvinov，2003；b，参见 Fröhlic and Lean，2004。

在考古学中，应用贝叶斯统计，研究人员能将不同来源的信息综合起来，以最大可能性地估计特定历史事件发生的年代。它的应用不仅仅限于确定具体的年份，还可以通过综合各种证据来计算特定年代的置信度。根据这种方法最终得出的是一个置信度范围，而非单一的具体日期，这样的处理方式更为科学。人们可以综合考虑考古发现的确信度、碳 -14 测年法的结果，以及对古代文献记录的分析，综合利用每个领域的证据，以作为先验概率的修正条件。这样，贝叶斯统计不仅帮助研究人员确定历史事件的可能年份，还提供了一种量化不确定性的方式，这对于历史年代的推断尤为重要。

因此，以夏商周断代工程为例，通过构建具有贝叶斯统计特征的数学模型，结合已知的甲骨的可能年代、天文事件和历史记载，可以计算出各个历史时期的起始和终止年代的最可能范围。例如，通过使用贝叶斯统计，我们就可以给"武王伐纣发生在公元前 1046 年"这一事件赋予一个置信度，比如 96%。这个置信度是基于当前所有可用证据的综合考量，而不是绝对的确定性判断。如果后续考古学发现能提供新的证据，我们可以将新的证据"叠加"到之前的判断上，进一步修正概率估计。对于很多历史事件，我们也可以采取类似的处理方法，从而得到一定前提下和众多论证中更有把握的说法。这被称为贝叶斯历史观，它可以给将来发现新的证据留下余地。

贝叶斯统计是一种统计决策框架，它能在处理不确定性问题时进行数学化表达并利用已知信息推断未知信息。它的优势在于能整合多方面的证据，提高我们对某一事件的置信度，但同时它也提醒我们不确定性的存在，防止我们对任何事件做出过于绝对的判断。通过这种方法，我们可以更好地理解因果关系，将因果关系视为概率上的关联，从而在不确定性中寻找到更可靠的决策依据。因此，贝叶斯统计也成为描述因果关系的新语言，概率则可作为解释工具。

在不确定的世界里，概率往往比逻辑更有效

在本节中，我们将进一步区分事件的相关性和因果关系。相关性指的是两个或多个变量之间的统计关联，因果关系则是指一个变量（原因）直接影响另一个变量（结果）的关系。要准确地判断因果关系，我们需要进行更为严谨的统计分析和实验设计。概率论和统计学提供了一套工具和方法，能帮助我们区分相关性和因果关系。

今天，在数据科学和人工智能领域，如何从数据中提取和理解因果关系，可能不完全符合古典因果律。人们对因果律的反思主要体现在它如何处理和解释数据中的因果关系。从贝叶斯统计的角度来看，因果关系经常是通过相关性和统计相关来表达的，但这些关系并不总是指向直接的因果联系。事实上，确定某些事件的因果性非常困难，而确定它们之间的相关性有时候却很容易。这一点尤其体现在人工智能的神经网络技术的发展上，很多时候，人们只在乎机器识别的准确性，而不再苛求机器一定要说明每个分类为

什么这样或那样。贝叶斯统计提供了一种独特的视角和方法论：**贝叶斯统计学通常不是在寻找绝对的因果证据，而是在探索数据支持特定因果关系的概率。**在贝叶斯统计的框架下，因果关系被视为概率性的，而非确定性的。

贝叶斯统计可以被视为一种研究因果关系的双向建模工具，它不仅能帮助我们利用数据表达概念的确定性，还能帮助我们表达概念的不确定性或模糊性。虽然随着实验的进行，不确定性会降低，但它永远不会完全消失。贝叶斯统计提醒我们，即使是小概率事件，也有可能发生。使用这种方法时，我们不仅需要对结论的可能性抱有信念，还要对证据的可靠性保持怀疑。

因此，贝叶斯统计为我们提供了一种在确定性和不确定性之间寻找平衡的方法，随着实验数据的积累，我们可以更准确地评估事件发生的概率，当然同时要始终对不确定性抱有充分的认识和尊重。

贝叶斯统计除了使我们可以在复杂性和简单性之间找到平衡，同时也能让我们从多个角度审视问题。这种思想不只在数学中有用，也能延伸到其他领域。接下来，我们来看几个例子。

我们先看下面的贝叶斯公式：

$$P[T\mid D]=\frac{P[D\mid T]P[T]}{P[D\mid T]P[T]+\sum_{A}P[D\mid A]P[A]}$$

其中，T 表示我们已经掌握的理论，D 表示已知数据，A 表示所有 T 的替代理论。这个公式给我们的启示是：最初假设或观点根本不重要，即使从任何一个不那么接近的假设起步，它也可以通过不断实验一步步被修正成一个好的假设。经验主义把实验放在第一位，假设或观点是通过实验得出来的。出来混什么最重要？“出来”最重要，大胆迈出第一步来得到经验。

简约与全面：奥卡姆剃刀准则与多维证伪

奥卡姆剃刀准则也被称为节俭原则、经济原则或简洁原则，即“如无必要，勿增实体”。换句话说，简洁的理论更可取。有了基本假设之后，通过应用逻辑推演规则，可以推导出某一知识体系的所有定理。在某一个知识领域里，每一个定理都可以追溯其基本假设。如果基本假设无法解释定理，那么我们就有可能推翻该理论，或促使其进行修正。

我们知道，贝叶斯统计要求以下条件必须成立：

$$P[T_1]+P[T_2]+P[T_3]+P[T_4]+\cdots=1$$

这里，每个 $P[T_n]$ 的值都是正数，并且存在无数个这样的值。

$$\sum_{n=1}^{\infty}P\left[T_n\right]<\infty\Rightarrow\lim_{n=\infty}P\left[T_n\right]=0$$

贝叶斯公式表明，需要更多可能性来描述的理论，其先验置信度更低。在概率统计的视角下，一套理论的公设的成立可以看作某一套理论成立的独立条件。当这些条件全部或部分成立的时候，事件发生的概率就是它们的概率乘积。

$$P\left(A_{i1}\cap A_{i2},\cdots,\cap A_{ik}\right)=\prod_{j=1}^{k}P\left(A_{ij}\right)$$

因此，当哥德尔引入哥德尔配数，并将命题证明表达为假设的乘积形式时，便展现出自然的流畅性。根据奥卡姆剃刀准则，我们在考虑先验条件的重叠性时，如果某一基本公允假设可以被其他假设证明，那么我们无法保证所有前提事件的独立性。由此，奥卡姆剃刀准则并非一个需要特别对待的哲学原则，而是由贝叶斯统计能自然推导出来的一个数学定理。

先验至上与克伦威尔规则

英国资产阶级革命中的代表人物克伦威尔于 1650 年写信给苏格兰教会，信里有一句至今常被引用的话：

> 我恳求你，以基督信仰的名义，在内心承认自己是错的。

我们由这句话引出克伦威尔规则，通俗来讲就是，如果某个先验概率等于 0（我知道某些事情一定不是真的）或等于 1（我知道某事一定是真的），那么无论别人展示任何证据，我的信念也不会动摇。

如果分配给假设的先验概率为 0 或 1，根据贝叶斯公式，后验概率也只能为 0 或 1。任何证据，无论多么有力，都不可能产生任何影响。克伦威尔规则的强化版是将概率的第一条规则或凸性规则 $0 \leqslant P(A) \leqslant 1$ 更改为 $0 < P(A) < 1$。因此，我们应避免使用 1（“事件肯定会发生”）或 0（“事件肯定不会发生”）的先验概率，除非将之应用于知识体系的基本假设、逻辑上已经证明的正确或错误的命题，如 2+2=4。

正如统计学家丹尼斯 · 林德利（Dennis Lindley）所说，“分配”概率时应该“为月球由绿色奶酪制成的可能性留下一点点；即使概率小至百万分之一，也要保留它，否则一大群宇航员带着奶酪返回地球也会让你无动于衷”。

同样，在评估抛硬币时正反面朝上的概率时，虽然正面或反面朝上的可能性较大，但也要考虑到硬币落地之后边缘立在地上的可能性，尽管这种可能性很小。

伯恩斯坦－冯·米塞斯定理

当我们获得足够多的数据后，我们的后验估计将渐近地独立于我们的初始（先验）信念，这就是伯恩斯坦－冯·米塞斯定理（Bernstein-von Mises theorem）所描述的情况。当然，我们要假设它遵循克伦威尔规则。这条定理在某些方面类似于频率统计中的大数定律，即随着数据的增加，样本的均值最终将与总体相符。

贝叶斯认知过程

约翰·洛克认为，人心中没有天赋观念，“人心如同一块白板”，人的一切知识和观念都源于经验。洛克主张，观念是思维的对象，感觉和反省是观念的两大来源，二者合称为经验，“通过经验了解外界事物并对其进行反省，人们便获得了知识”。关于此，贝叶斯统计提供了经验的数学描述方法。

- 感觉：外物刺激感官，感官被动地产生观念，如黄色、白色、热、冷、软、硬、苦、甜，以及一切可感知的事物。
- 反省：我们的心灵主动地反省自身的心理活动，如知觉、思想、怀疑、信仰、推论、认识、意欲，以及人心的一切作用。

贝叶斯统计在一定程度上是带有主观色彩的，这使它与洛克的经验主义更加契合。近 20 年，贝叶斯统计基于神经网络的应用有了极大的发展，在这之前，它一直以来都不是学术的主流，因为它所关注的先验概率可以由主观随意设置，实验的起点并不固定。

频率学派方法的魅力在于客观性，这些方法不仅严谨、具有确定性，还能应用于所有问题。与频率学派贬低的贝叶斯学派方法不同，频率学派方法不允许借助“有问题”的先验概率来歪曲实验结论。频率学派假设事物本身存在一个早已存在的客观概率，依靠大数定律会越来越接近这个先验概率，它本身是稳定的。但事实上，我们会发现自然界中的很多事情都不是这样的，都需要我们不断先尝试，等有了反馈之后，再修正期望值，之后，拿这个期望值去做实验，并根据实验的反馈对期望值再次进行修正。经过多次修正之后，我们会得出一个相对稳定的概率。

相较之下，贝叶斯学派方法的美妙之处在于，即使是对于极其复杂的问题，也可以通过概率论简洁而精确地进行描述。**在面对不确定性时，贝叶斯统计提供了一种构建信念和进行客观分析的有效工具，它通过迭代更新来适应新的信息，使我们能更好地理解和应对复杂现象。通过简单的算法，我们可以在不确定的世界中做出合理的推断和决策。**

贝叶斯统计将概率理解为对某件事情的信念，并承认这种信念是“灰度”的，而非绝对的判断。人们会根据观察到的信息更新信念：初始信念是先验概率，更新后的信念是后验概率。在新一轮的观察中，后验概率又变成先验概率。这往往也是我们解决实际工程问题的思维方式。比如在解决工程问题时，我们往往是在确定的有限条件下寻找最佳解决方案。这就意味着我们需要从某一基础开始，不需要确保百分之百成功，而是要不断迭代，见招拆招，通过实践、反馈、修正和再试验的过程，不断优化，直至最终成功。

贝叶斯统计不仅提供了一种数学方法，还提供了一种实用主义的思维方式，尤其适用于工程、创业和企业管理等领域。在这些领域中，我们往往无法事先确保事情的绝对“成功”，因为追求百分之百的确定性往往意味着犹豫不决和停滞不前。贝叶斯学派的思想在于，即使初始假设并不完美，我们也可以通过不断的迭代和试错，利用实验和经验逐步修正我们的概率估计，使之越来越接近真实的结果。

这种思维方式鼓励我们在实践中采取实用主义的方法行动，接受不确定性，并将其作为学习和进步的催化剂。即使我们对结果只有大致的估计而非绝对的把握，这也没有多大问题，重要的是开始行动，通过实践来验证和调整假设。每一次实验都会提供宝贵的数据，使我们能更新已有的概率模型，并为下一步行动提供更坚实的基础。它允许我们将基于以往经验而初步估计的先验概率通过新数据转化为后验概率，并进一步以此作为新一轮实验的起点。这种迭代过程不仅适用于科学研究，也适用于任何需要在不确定性中做出决策的情况。我们常常谈论企业家的创业精神和所谓的工程思维的精髓，也常常在于勇于接受不确定性，并在不完全掌握所有信息的情况下采取行动。

结合贝叶斯统计的思想，我们对工程思维总结如下：

- 信念的力量：从主观的先验概率开始，贝叶斯统计教会我们如何在不确定性中找到希望的起点。
- 粗略也是一种智慧：行动在不完美中也能达成美好。贝叶斯统计告诉我们，即使在信息不完全或模糊的情况下，我们也能做出明智的决策。
- 知识的三重旋律：经验、探索和更新。

贝叶斯统计强调知识基于经验、通过探索获得，并随着新信息的出现不断更新。一个“贝叶斯主义高手”能在相信中怀疑，在怀疑中相信，并在充满不确定性的世界里持续前行，在相信与怀疑之间找到平衡。

贝叶斯思维因此讲究一种流动的信念，即持续更新的艺术。这种思维强调信念不是静态的，随着时间的推移和数据的增加，它也在不断更新和适应，它是一个动态的过程。它是智慧的进化：不断逼近真相。它教我们如何通过不断自我修正和更新，逐渐接近真相或最优解。**即使是看似复杂的问题，也可以通过概率精确地将其表述出来，并用简单的算法求解。很多时候，尤其是在一个不确定性不可避免的世界里，概率往往比逻辑更有效。**

在科学领域，经验主义强调证据，尤其是在实验中发现的证据。科学方法论的一个普遍共识是，所有假设和理论都必须根据对自然世界的观察进行检验，而不是仅仅依赖于先验推理、直觉或启示。维也纳学派的科学学者经常使用经验主义：合理构架可靠的经验，通过数据挖掘经验，从而修正既有理念。他们有如下几条原则：

- 知识是基于经验的。
- 知识是试探性的和概率性的，会不断被修正和证伪。
- 以经验或观察为依据进行研究，包括实验和经过验证的测量工具，指导科学方法。

贝叶斯统计整合了已有经验、新的证据和修正后的判断，提供了一种将新观察到的证据和已有经验结合起来，然后进行统计推断的客观方法。理性不在于知道事实本身，而在于认识到哪些因素是相关的。我不禁想到，《黑天鹅》一书的作者纳西姆·塔勒布（Nassim Taleb）曾嘲讽鸟类学家不能教会鸟飞行，但工程师却可以“教会”飞机飞行。

扩展
知识的边界
Logic of the World

蒙提霍尔问题

关于概率，我们再来了解一个有趣的问题：蒙提霍尔问题。

蒙提霍尔问题源自美国的一个火爆的电视节目。一次节目中，主持人向观众展示三扇门，其中一扇门背后藏着一辆汽车，另外两扇门背后各藏着一只山羊。参赛者需要预先选择一扇门，随后主持人会打开剩余两扇门中有山羊的一扇给观众看。这时候，主持人会给参赛者一个更改选择的机会。那么，参赛者是否应该改变自己的选择呢？

直觉上，许多人可能会认为，每扇门背后藏有汽车的概率均是1/3，在主持人宣布某一扇门背后藏有一只山羊后，剩下两扇门背后藏有汽车的概率应该是相同的，即都为1/2，参赛者改不改选择都一样。然而，这种直觉是错误的。实际上，改变选择会提高获胜的概率（见图 12-13）。

我们不妨罗列出所有可能：

- 参赛者一开始就挑中背后藏有汽车的门，主持人挑剩余两扇门的任何一扇门打开。参赛者改变选择将失败。
- 参赛者一开始挑中背后藏有 *A* 山羊的门，主持人挑背后藏有 *B* 山羊的门打开。参赛者改变选择将赢得汽车。
- 参赛者一开始挑中背后藏有 *B* 山羊的门，主持人挑背后藏有 *A* 山羊的门打开。参赛者改变选择将赢得汽车。

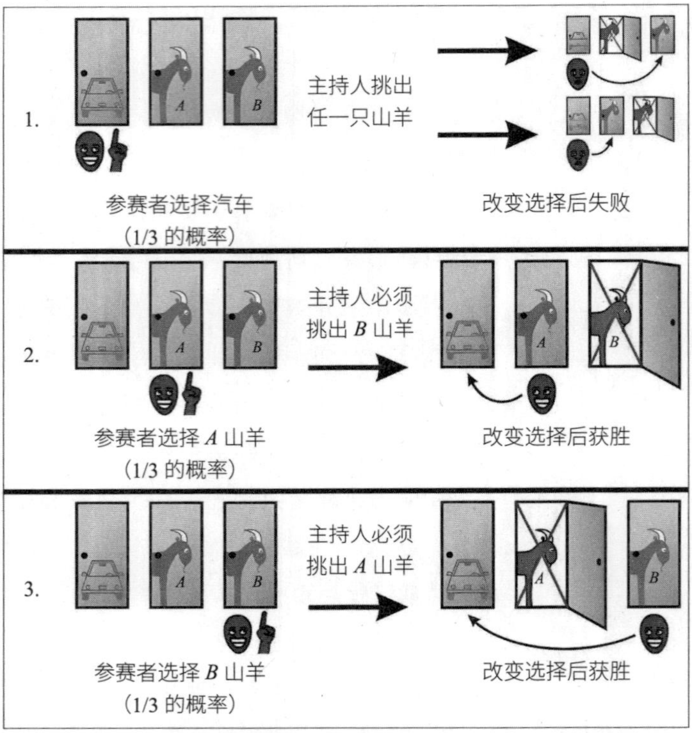

参赛者最初选择时有 1/3 的相同概率选择汽车、*A* 山羊和 *B* 山羊，改变选择后的获胜概率为 2/3。

图 12-13　蒙提霍尔问题

为了理解为什么改变选择是有利的，我们可以分析所有可能出现的情况。最初，每扇门后藏有汽车的概率确实均为 1/3。当主持人打开一扇背后藏有山羊的门后，如果参赛者最初选择的是背后藏有汽车的门（概率为 1/3），那么改变选择将导致失败，因为剩下的门背后必定是山羊。但如果参赛者最初选择的是背后藏有山羊的门（概率为 2/3），那么改变选择将确保获胜，主持人只能打开有山羊的门，剩下的门背后必然是汽车。这意味着改变选择的获胜概率为 2/3，而保持原选择的获胜概率为 1/3。

在信息缺乏的情况下，我们通常认为各种可能的结果出现的概率是相等的，但事实上可能并非如此。在以上这个问题中，关键信息掌握在主持人手里，他知道哪扇门后是山羊，哪扇门后是汽车，这并不是一个等概率事件。信息并非完全缺失，而是被主持人巧妙地操控着。主持人每打开一扇门就代表了一次实验，每次实验的结果提供的新信息都会改变事件发生的概率。这种操控过程虽然隐蔽，但会对结果产生决定性影响。

第 13 章

量子逻辑，改变对自然界的认知

Logic
of the World

如果谁不为量子力学而感到困惑，那他就是还没有理解它。

——尼尔斯·玻尔[①]

1900年，普朗克为解决黑体辐射问题提出了能量量子化假设，量子理论由此诞生，到如今已过去了100多年。尽管对其理论基础的诠释至今仍然存在困难，但我们仍然可以断言，量子力学是非常成功的物理学理论。它奠定了原子弹和核技术研发以及半导体工业等领域的物理学基础，如今，它又在量子计算、芯片技术等现代高科技领域大显身手。在过去的一个多世纪里，诺贝尔物理学奖得主的许多研究课题都与量子理论密切相关。可以说，缺乏量子力学视角的物理学问题已经远离现代科学了。

量子力学揭示的现象与经典力学截然不同，难以用传统理论解释，至今尚未被完全融入经典物理学的确定性框架中。即使作为这个领域的开拓者爱因斯坦本人，花费了数十年的时间，对量子力学进行了深入的探索，但最终也未能成功地将量子力学与经典力学统一起来。我们当然可以选择仅仅将这

① 尼尔斯·玻尔是量子物理学的奠基人之一，他通过引入量子化条件，提出了玻尔模型来解释氢原子光谱；还提出了互补原理，作为哥本哈根诠释的重要支柱之一，来解释量子力学。

些现象视为实验结果，得出所谓的唯象理论[①]。但这往往难以让人感到满足，因为我们总希望将新发现的现象与旧有的知识体系协调起来，或者期待能得出一个能融合所有现有理论的全新理论。

至今，这样的理论尚未出现。

量子现象之所以令人困惑，是因为它与我们日常生活中能用经典的牛顿力学理论解释的现象大不相同。实际上，科学最初就是源于人类感官对世界上发生的现象的认识。这些现象以及观察者人类本身，都是宏观的。物理学家也正是在此基础上建立了牛顿经典力学理论以及经典电磁理论。然而，量子力学所描述的微观世界完全超出了人类感官的直接观测能力。比如，你能感觉到电流，但无法直接感知一个电子、一个质子；你能看到各种颜色的光，但看不到一个个的光子。至于“夸克”等更深层次的概念，我们的感官就更不能直接体验了。微观世界之小，对于量子所体现的分立性、随机性和关联性，人类不可能直观体验，只能用某些实验方法间接地测量，用抽象的数学手段想象性地加以描绘。我们因此没有理由“要求”微观现象遵循常见的宏观规律，也没有理由试图用理解经典现象的理论来理解量子理论。

不过，经典的科学研究方法塑造了很多基本的科学原则，如实在性、客观性、确定性、决定论、因果律、局域性等。物理学家们也许能容忍微观世界中千奇百怪的量子现象，却难以接受它们违反人们原本认同的基本哲学原则。量子力学在过去的 100 多年似乎颠覆了科学家们 2 000 多年来确立起来的、引以为豪的世界观。当然，对于这些原则中的每一项，是坚持或摒弃，因人而异，而这造就了物理学家对量子力学的各种不同诠释，量子力学也成

① 唯象理论是指物理学中在解释物理现象时，不用其内在原因，而用概括实验事实得到的物理规律。概括起来就是，“知其然，不知其所以然”。——编者注

为著名学者互相争论不休的根源。尽管我们目前可能还未完全理解量子力学的深层含义，但它无疑已经改变了我们对自然界的认识。

在这一章中，我们将尝试采用维也纳学派的科学规范，通过实证方法进行推演，坚持“证据第一性”和“观点第二性”。尽管观点有可能令人费解，但我们应该相信，这种费解主要在于我们认知的局限，以及我们固有的常识和习惯，或者说我们掌握的数学工具还未满足我们对更直观的解释的需求。

当认知与现实证据不符时，就应当修改我们的认知

牛津大学的校徽上镌刻着校训 Dominus Illuminatio Mea，意为“神是我的光”。语言可以被无穷诠释，每个人都会用自己的阅历和知识来解读同一句话。这里，我们还是从光开始。它带领物理学从经典世界走向了量子世界。对物理世界而言，光便是神的启示。

牛顿认为光由微粒组成，因为它进行的是直线运动，契合牛顿第一定律，即在特定条件下，光做匀速直线运动。而且这也可以解释光的反射，光在反射面上的入射角等于反射角，类似乒乓球撞击桌面后的反弹。在他之前，惠更斯主张光的波动说，因为波动能更好地解释光的折射现象。不过，光的微粒说也能解释折射现象，只是据此推论出来光在水里的传播速度比在空气中更快，这一点后来被实验否定了。由于当时的实验技术的局限，这两种学说的支持者都无法提出进一步的证据，其讨论还停留在哲学层面。令牛顿不安的地方还在于，如果光做匀速直线运动，那它的速度是相对于哪个参照系而言的?

直到 1801 年，被称为“最后一个全才”的托马斯·杨通过光的干涉实

验，对光的本质提出了新的挑战。干涉现象是波的特性，这毋庸置疑。这个实验后来以他的姓氏命名，即杨氏双缝干涉实验，它证明了光的波动性（见图 13-1）。

托马斯·杨，英国物理学家

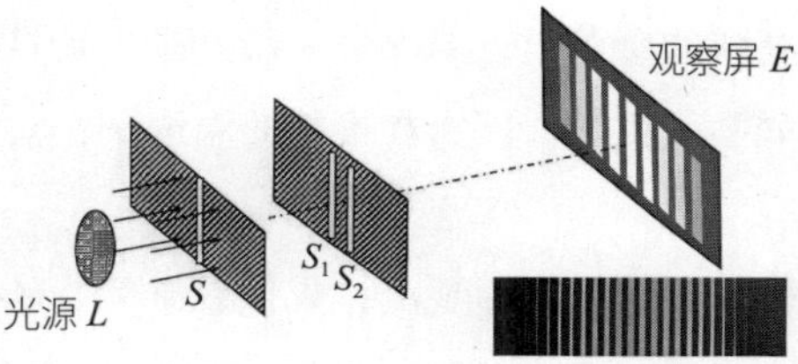

杨氏双缝干涉实验装置

图 13-1 托马斯·杨以及杨氏双缝干涉实验装置

杨氏双缝干涉实验使“光是波”的理论在 19 世纪成为主流，人们逐渐接受了这个结论，认为光的本质问题已经解决。一直到 1900 年，开尔文勋爵在他的一场演讲中隐喻，物理学大厦已经几近完工，唯独天上有两朵“小乌云”让人不安。很快，其中一朵引发了相对论的诞生，另一朵则催生了量子力学。这两个领域的开拓，都离不开爱因斯坦在他的“奇迹年”——1905 年的工作。

开尔文勋爵所说的第一朵乌云指的是光速不变问题，第二朵乌云指的是“紫外灾难”。这一事件的起源是一个理论物理学并不重视的问题，但它是工业需求推动科学进步的又一例证。19 世纪下半叶，世界钢铁产量大幅度增加，怎样测量熔炉的炉温成了一个需要解决的技术问题。显然，将玻璃温度计放入炉中测量温度是不可能的，炉温远超过玻璃的熔点。

人们发现，光的颜色本质上是光的波长，它可以作为测量温度的依据。人们抽象出来“黑体辐射”这个理想化的热力学概念。黑体并不一定是黑色的，它指的是只吸收而不反射电磁波，但仍然可以辐射电磁波的理想物体。比如一根乌黑的铁棒，当它被放进炼铁炉中加热以后，它的颜色便会随着温度的升高而变化：温度逐渐升高后，它首先会变成暗红色，接着是明亮的红色、亮眼的金黄色；温度进一步升高，还可能呈现出蓝白色。为什么它会呈现不同的颜色呢？因为在不同的温度下，它辐射出了不同波长的光。

依据大量的实验观测，人们总结了光的波长和炉温之间的关系，并给出了两个经验公式（见图 13-2）：一个是维恩公式；另一个是瑞利 - 金斯公式。然而，这两个公式都不太准确，前者在短波段时更符合实验数据，后者在长波段时更准确，但当波长变短到紫外线范围时，两个公式计算出的光的能量都会趋近于无穷大。

物理不喜欢无穷大！这是灾难！紫外灾难！

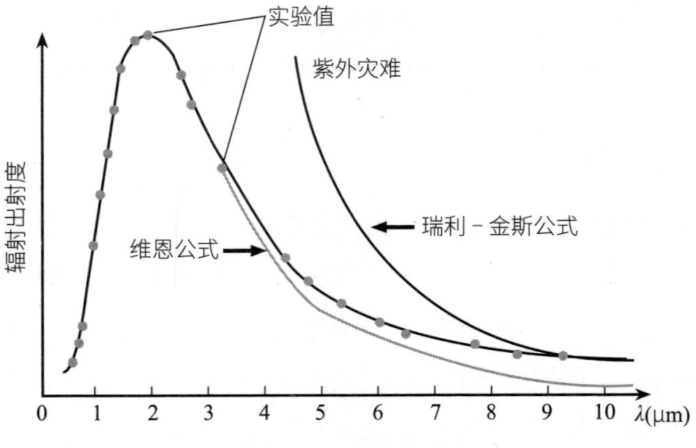

图 13-2　紫外灾难

扩展
知识的边界
Logic of the World

必然有一个能量最小值

德谟克利特的原子论认为，物质世界由某种最小的单元组成。那么能量是否也如此？对此，普朗克提出了他的假设。普朗克从辐射本身出发，假设黑体辐射时能量会一份一份地发射出来。每份能量只与其频率 v 相关，即 $E=hv$[①]。他采用这种模型推导得到的黑体辐射公式与基于电磁波谐振子模型推导出的结果是一致的，即黑体辐射定律。

根据玻尔兹曼分布，在黑体里的电磁波处在各个能级的谐振子数量公式为：

$$N_0, N_1 = N_0 e^{-\hbar v/KT}, N_2 = N_0 e^{-2\hbar v/KT} \cdots$$

因此，电磁波的谐振子在忽略零点能时的平均能量为：

$$\langle E \rangle = \frac{N_0 \times 0 + N_1 \times \hbar v + N_2 \times 2\hbar v + \cdots}{N_0 + N_1 + N_2 + \cdots}$$
$$= \frac{N_0 \times 0 + N_0 (\hbar v) e^{-\hbar v/KT} + N_0 (2\hbar v) e^{-2\hbar v/KT} + \cdots}{N_0 + N_0 e^{-\hbar v/KT} + N_0 e^{-2\hbar v/KT} + \cdots}$$

设 $x = e^{-\hbar v/KT}$，可以将 $\langle E \rangle$ 写成：

$$\langle E \rangle = \frac{\hbar v \left(x + 2x^2 + 3x^3 + \cdots \right)}{1 + x + x^2 + x^3 + \cdots}$$

① 普朗克常数记为 h，是一个基本物理常数，可用来定义质量。$h = 6.626\,070\,15 \times 10^{-34}$J · s（焦耳 · 秒），它揭示了微观粒子的能量不是连续的，而是以一份一份的形式存在的，每份能量的大小与频率成正比。

利用如下函数的幂级数展开：

$$y(x)=\frac{1}{1-x}=1+x+x^2+x^3+\cdots$$

在 $\langle E\rangle$ 的表达式中，分子部分正好正比于 x 乘以 $y(x)$ 的一阶导数，所以

$$\langle E\rangle=\hbar v\frac{xy'(x)}{y(x)}=\hbar v\frac{x}{1-x}=\frac{\hbar v}{e^{\hbar v/KT}-1}$$

根据这个结果，就可以得到黑体辐射的能量为：

$$I(v)=\frac{\hbar}{\pi^2c^2}\cdot\frac{v^3}{e^{\hbar v/KT}-1}$$

这就是普朗克的黑体辐射定律。用这个理论计算出的能量曲线在长波段和短波段均与实验结果高度吻合，涵盖了瑞利－金斯公式和维恩公式。

然而，这一理论要求黑体内部的电磁波以类似弦上驻波的方式存在最小能量单位，能量不得不量子化，具有非零的最小单元。

由于当时的物理学家们难以接受能量必须有最小能量单位的观点，以至于在长达 10 年的时间里，普朗克每每跟人提起这个公式都觉得不好意思。他解释说，这就像去商店买白糖，你只能一包一包地买，吃的时候却可以一

点一点地吃。能量本身是连续的，但在黑体辐射的粒子里，它必须一份一份地放射出来。普朗克的黑体辐射定律与实验结果符合得如此完美，即使难以理解，也应该有合理的地方。

很快，量子力学的另一个重要证据出现了，它来自光电效应。

1887 年，德国物理学家海因里希·赫兹发现，紫外线照射到金属电极上，可以促使电火花的产生。进一步的研究发现，在光的照射下，物质材料中电子会逸出其表面而形成电流，即光电效应。此外，在更多的实验中，人们发现了以下现象：

- 单位时间内从阴极逸出的光电子数与入射光的强度成正比。
- 存在一个截止电压，只有当光的频率超过某个值时才会产生光电流，低于该频率时，无论光照多久，都不会产生光电流。这个频率被称为红限频率。
- 无论光的强度多么微弱，当光的频率大于红限频率时，光电流便会立刻产生，实验测得的时间小于 10^{-9} 秒。

第 1 个现象容易解释。当时被普遍接受的光的波动性理论主要在解释第 2 个和第 3 个现象时遇到了困难。如果光的能量是连续的，那么即便是极微弱的光，只要照射时间足够长，也应该能累积足够的能量让电子脱离金属表面，从而形成光电流，但人们在实验中并未观察到这一现象。

1905 年，爱因斯坦在关于光电效应的论文中借鉴了普朗克的想法。他假定光是以光速 c 运动的微粒流，即光量子。光量子的能量是 $E=h\nu$，即普朗克在解释黑体辐射时引入的能量量子化假设。金属中的自由电子吸收一个光子 $h\nu$，剩余部分转化为电子的动能，公式为：

$$h\nu = \frac{1}{2}mu^2 + A$$

根据爱因斯坦对光电效应的解释，光强越大，光子数就越多，释放的光电子也越多，因此光电流就越大。光子的能量必须大于 A，即频率必须大于 ν，才能提供足够的能量（$h\nu > A$），从而逃逸金属的束缚而形成电流。同时，电子只需要吸收一个光子就可以从金属表面逸出，形成光电流，所以不需要时间的累积。这样光电效应现象就完全说得通了。

爱因斯坦认为这项工作是他在自己的“奇迹年”中最不起眼的，但它为量子力学的开拓奠定了基础，并使爱因斯坦赢得了 1921 年的诺贝尔物理学奖。尽管他引以为傲的狭义相对论也在 1905 年发表，但在那个年代，尚未有足够的实验验证狭义相对论的正确性，因此它未成为他获奖的理由。

波即粒子，粒子即波

黑体辐射和光电效应的实验证据都指向光具有粒子性，但杨氏双缝干涉实验又确证其波动性，这就导致我们不得不接受光的波粒二象性，承认光必须同时具有这两种特性，即光既是粒子，也是波。这一现象超出了经典认知的理解范围，连经典物理学的集大成者兼现代物理学的开山祖师爱因斯坦也没能马上接受。

维也纳学派要求我们尊重证据，如果我们的认知与之不符，那就应当修改我们的认知。基于此，光必须具有波和粒子的双重性质，前者对应的量是波长和频率，后者对应的量是能量 E、动量 p 和质量 m。

德布罗意[①]在爱因斯坦关于光量子的理论基础上，提出了物质波假说，即波粒二象性不仅适用于光，也适用于所有实物粒子。1924 年，德布罗意在他的博士论文中提出，实物粒子的能量 E、动量 p 与相关联的频率 ν 和波长 λ 之间存在如下关系：

$$E = h\nu$$

$$p = \frac{h}{\lambda}$$

$$m = \frac{h\nu}{c^2}$$

公式的左边 E、p 和 m 反映光的粒子性质；公式的右边 ν、λ 反映光的波动性。

苏黎世大学物理系很快注意到了德布罗意的论文，系主任彼得·德拜（Peter Debye）把论文给了当时的年轻教师薛定谔[②]，让他给大家讲讲。薛定谔读完一头雾水，只知道德布罗意大讲特讲“波即粒子，粒子即波”。两周之后，薛定谔硬着头皮在报告会上讲解了这篇论文。讲者不甚明了，听者自然也是云里雾里。德拜则做了一个客气的评价：“这篇论文的观点还是有些新颖的，虽然显得有点幼稚。当然，如果他提到了波的概念，那么总该有一个波动方程吧？”言者有意，听者有心，薛定谔于 1925 年 12 月带着这个问题和德布罗意的论文去度假，到了 1926 年 3 月，他给出了薛定谔方程：

① 德布罗意是法国著名的理论物理学家，创立了物质波理论，该理论为波动力学的建立奠定了基础。

② 薛定谔是奥地利著名的理论物理学家，也是量子力学的奠基人之一，他在德布罗意物质波理论的基础上，建立了波动力学，与海森堡的矩阵力学共同构成了量子力学的两种基本形式。

$$-\frac{\hbar^2}{2m}\cdot\frac{\partial^2\Psi}{\partial x^2}=i\hbar\frac{\partial\Psi}{\partial t}$$

既然有了波动方程，就可以求解得到一个波函数，写为：

$$\Psi\left(x,t\right)=\Psi_0 e^{-\frac{i}{\hbar}(Et-px)}$$

那么，接下来的新问题是：这个数学上的波函数在物理学上到底意味着什么？1926 年，哥本哈根学派的马克斯·玻恩（Max Born）[①] 提出概率幅的概念，成功地解释了波函数的物理意义。可是，薛定谔本人不赞同这种统计或概率方法，尤其是它所伴随的非连续性波函数坍缩。他像爱因斯坦一样，认为量子力学只是某种确定性理论的统计近似，因此无法接受哥本哈根学派的概率论解释。

在电子双缝干涉实验中观察到的相干条纹是大量事件所显示出来的概率分布，这正是玻恩对波函数物理意义的解释，即波函数模的平方对应微观粒子在某个位置出现的概率密度。哥本哈根学派的概率论认为，电子在屏上不同位置出现的概率密度是变化的：出现在某些位置的概率较高，因此形成干涉图样中的“亮条纹”；而出现在某些位置的概率为零，电子不会到达，于是形成“暗条纹”。也就是说，微观粒子在各处出现的概率密度才具有明显的物理意义。

---

① 马克斯·玻恩是德国著名的理论物理学家与数学家，也是量子力学的奠基人之一，他与海森堡、帕斯库尔·约尔当（Pascual Jordan）等人合作，以严整的数学形式全面、系统地阐明了海森堡的矩阵力学理论。此外，他还提出了波函数的统计诠释。

据此我们可以认为，波函数所代表的是一种概率的波动。物质波的解释标志着量子力学彻底摆脱了经典观念，迈向成熟。波函数和概率密度是构成量子力学理论最基本的概念。

要理解这种波函数，我们得先从简单的波现象开始。对于单个狭缝，物质波穿过之后，会在屏幕上形成衍射条纹（见图 13-3）。物质波穿过狭缝时，它一定从狭缝 a 的宽度上过去，但不知道具体在哪里，即位置的不确定量与狭缝的宽度相当，我们姑且认为它们相等，即 $\Delta x = a$。从狭缝出来之后，粒子会以一定的速度在 x 方向上扩展，这样“打”到屏幕上才会形成衍射条纹。这个速度在 x 方向上的分量与速度在 y 轴上的分量关系大致是 $\Delta p_x = \theta p_y$，形成第 1 条亮纹的距离差大致是一个波长，因此 $\theta a = \lambda$。根据德布罗意关系公式可得，$p_y = h/\lambda$，由此，$\Delta p_x \Delta x = \theta p_y a = h$。这样我们从量级上得到，动量的不确定性和位置的不确定性不是无穷小，而是与普朗克常数的大小相当。这就是海森堡不确定性关系的“位置—动量”形式。

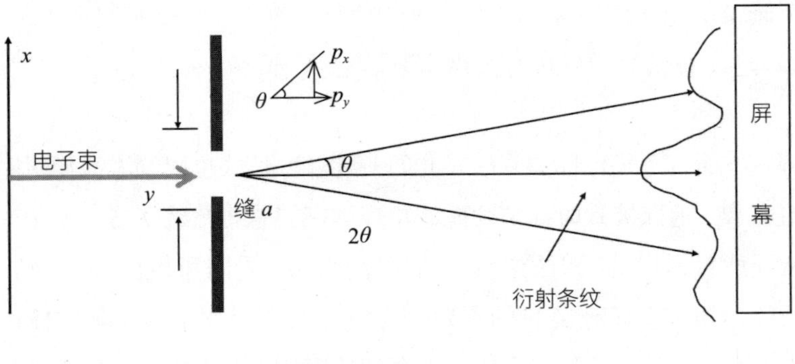

x 方向电子的位置不准确量为：$\Delta x = a$

图 13-3 电子单缝衍射实验

海森堡不确定性关系的准确表达式为：

$$\Delta p \Delta x \geqslant \frac{1}{2}\hbar$$

类似地，能量和时间的不确定性关系的表达式为：

$$\Delta E \Delta t \geqslant \frac{1}{2}\hbar$$

其中，t 表示时间；E 表示能量。与位置和动量一样，时间和能量也是一对不能同时精确测量的物理量。如果时间的不确定性很小，那么能量的不确定性就很大，反之亦然。

一方面，不确定性关系的这一形式具有实用价值，如用于测量瞬间衰变粒子的寿命。这种粒子的寿命极短，这意味着 Δt 很小，因而 ΔE 很大。实验人员测量出了在许多衰变中观测到的能量“展宽”，从而确定 ΔE，通过计算 Δt 即可得到粒子寿命的大致范围。

另一方面，不确定性关系的“时间—能量”形式也限制了我们对时间精确度的追求。追求极致时间精确度的物理学家们总想精确地得出原子中某些量子跃迁所发射出的辐射的频率。根据普朗克－爱因斯坦公式 $E=h\nu$，频率由跃迁能量决定，跃迁能量的不确定性将会对发射频率的不确定性产生影响。能量不确定性又依赖于激发态寿命的长短，一个在衰变发射光子前存在很长时间的态具有很大的时间不确定性，相应发射光子的能量不确定性就非常小。最终，对于精确频率测量的追求，就变成在原子中寻求具有较长寿命的合适激发态。

1927 年，海森堡提出不确定性原理。这个原理实际上也受到爱因斯坦“可观测量”思想的启发。在爱因斯坦看来，一个完善的理论必须以直接可观测量为依据。但具有讽刺意味的是，海森堡由此启发而得到的却是爱因斯坦至死都不愿接受的结果：在量子尺度上，某些成对的物理量（如位置和动量，能量和时间）不能同时被精确观察到，这是量子系统的固有属性。海森堡不确定性原理有时也被叫作测不准原理，但它不是测量技术的问题：并不是用来观察的工具足够好，测量动量和位置的准确性就可以提升。

不确定性关系的“时间—频率”形式在宏观世界中是常见的，它并不涉及普朗克常数，只是与波动性有关。工程师都知道，通过金属丝传递一个准确的音调是不可能的，除非这个音调能持续相当长的时间。如果减小音调这一脉冲的持续时间，会导致频率的不确定。比如用老式电话拨号时，如果每个声音的持续时间过短，不同的频率将互相混合，接收站就无法分辨按的是哪个键，这也就是为什么老式电话要有个转盘来拨号，这么做是为了保证每个号码之间的间隔足够长。谱曲的音乐家也知道，用过于欢快的节奏演奏低频音符是不明智的。如果每个音符的持续时间过短，那么由于频率的混杂，演奏出的声音听起来会模糊不清。

这样，我们就可以从经典波的角度来理解不确定性关系：只有当不同的波长混合在一起时，波才会定域[①]或部分定域。这一混合被称为经典波的态叠加，这与量子态叠加在加减形式上相同，但其实质不同。

我们可以借鉴经典图像来理解不确定性关系。我们先来考虑当几个不同波长的波相互叠加时所发生的情况，图 13-4（a）展示了波长相差 10% 的两列波的叠加结果。距最大加强点（干涉相长）5 个周期处，两列波干涉相消。

① 定域，在物理学中指的是一个特定的物体，只能被它周围的力量影响。——编者注

再经过 5 个周期，两列波再次干涉相长，波动部分定域，即波聚集在一些长度约为 10 个波长的区域。在这种情况下，粒子的位置不确定性减小到大约 10 个波长，动量不确定性则扩展了 10%，与混合波长的范围（百分比）相同。这样，我们就可以进一步定位该波。图 13-4（b）给出坍缩为单个波峰、波谷的一列波，要获得这一图像，需要叠加波长几乎 100%，这样动量不确定性接近 100%。

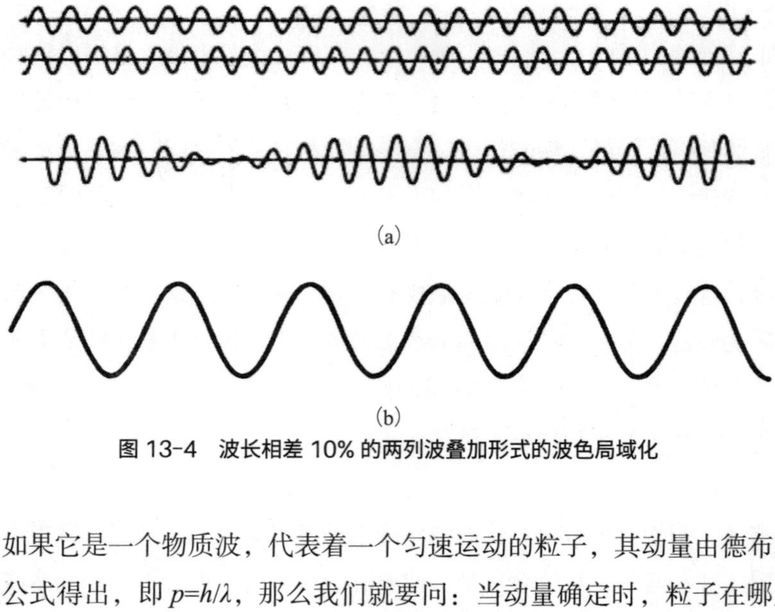

(a)

(b)

图 13-4　波长相差 10% 的两列波叠加形式的波色局域化

如果它是一个物质波，代表着一个匀速运动的粒子，其动量由德布罗意关系公式得出，即 $p=h/\lambda$，那么我们就要问：当动量确定时，粒子在哪里？粒子无处不在，或者说它可能在任何地方！它的位置不确定性无限大，而动量（以及波长）的不确定性为零，这是与不确定性关系相符合的最极端的情况。进一步，如经典波的类似情况，降低一个粒子的位置不确定性（减小 Δx）要求混合多种波长，由德布罗意关系公式可知，这必然导致动量不确定性（Δp）增大。氢原子基态的波函数验证了这一思想，电子虽然被限制于原子内，我们却无法指出它的精确位置，它的位置不确定性几乎覆盖了整个原子。相应地，其动量也无法被精确测量。

对于不确定性关系，也有从测量扰动的角度进行解释的说法。例如，在双缝干涉实验中，我们不得不通过电子和探测光相互作用来知道电子的位置，即它从哪个狭缝穿过。当使用的光子波长较短时，我们能更精确地测量电子的位置。但短波长光子的动量比较大，在光子与电子的相互作用过程中，电子的动量会受到探测光子的显著干扰，导致其动量发生剧烈变化。由光电效应可知，光子的能量与其波长成反比，这意味着波长越长的光子能量越低，与电子相互作用时对电子动量的影响越小。如果换波长较长的光来探测，又会导致测量电子位置的准确性下降。也就是说，位置和动量的精确测量无法共存，而这是海森堡不确定性原理的直接体现。我们对电子位置的测量越精确，对其动量的了解就越模糊，反之亦然。在双缝干涉实验中，如果我们选择使用波长较短的光，以便提高对电子位置的测量精度，那就必须接受这样做就会影响对电子动量的测量精度。然而，这个说法并不完全对，因为光子的能量虽然大，但如果其光是相干的，电子散射之后的动量未必是随机的，这样我们仍有可能从中获取电子的信息，其动量和位置的关系并不能直接导致不确定性。

再举个例子：黑洞。在黑洞的内部，粒子的总能量小于 0；在黑洞的外部，粒子的总能量大于 0。因此，黑洞的表面被称作视界，其总能量是严格等于 0 的。黑洞的大小和形状只取决于其质量和自转速率，被约翰·惠勒戏称为“黑洞无毛”。任何能量的“凸起”，都会被巨大的引力引向黑洞的中心。1974 年的一天，霍金在睡觉前想到了黑洞的这一特点，同时也联想到其与海森堡不确定性原理的关系。在黑洞视界，ΔE 不可以等于 0！尽管其平均值为 0，但根据海森堡不确定性原理，能量的涨落不能为 0。

这样，正能量部分转化为粒子从黑洞逃逸，负能量部分则进入黑洞，使其质量减少。这个机制叫霍金辐射，是黑洞的性质之一。通过霍金辐射，黑洞也会往外抛出物质，而不像我们之前想象的那样，认为黑洞只会吞噬所有物质。霍金辐射改变了黑洞的经典图像：黑洞不是完全“黑”的，也不单纯是个“洞”，它既可以通过吸引物质使质量增加，也可以因为量子的不确定性原理引起的能量涨落而向外发射物质，从而使质量减小。虽然目前我们在实验上还未直接观测到霍金辐射，但它表明量子力学在宇宙尺度上依然成立，而不仅仅限于微观世界。

我们现在有足够的证据证明物质的波粒二象性的存在，接下来的问题就是：如何修正我们的观点，以便更好地理解这一物理事实？

对波粒二象性的一个解释是，当粒子穿过狭缝并打在屏幕上时，粒子是一个个单独完成的，当粒子数量足够多时，屏幕上便会显示出干涉条纹（见图 13-5）。这一点并不难通过实验验证。用电子枪发射电子，电子穿过双缝装置后落在屏幕上，经过足够长的时间，干涉条纹就会显示出来。但我们马上会面临一个困难，即当电子的强度足够低，每一时刻只有一个电子穿过双缝，甚至在某一段时间内，从电子枪到屏幕之间只有一个电子存在时，当我们谈到电子的干涉，它究竟是与什么（谁）发生干涉的呢？

事实上，电子只能与它自己发生干涉。这听上去似乎显得矛盾，甚至有些荒谬。但相比于其他说法，比如电子与跨越时空的其他粒子或与相隔很久远的粒子，甚至与未必存在的粒子发生干涉，电子与它自己发生干涉显得更为合理。

既然电子与它自己发生干涉，如果不是两个电子，那么干涉必然是由多个状态引起的。对双缝干涉实验而言，只能是狭缝的两种可能之一，即电子通过狭缝时的叠加态，这样才能形成相干的状态。通常，对于电子穿过左边

狭缝的状态，我们写为“| 左〉”；对于电子穿过右边狭缝的状态，我们写为“| 右〉”。电子穿过狭缝的状态为：（α | 左〉+ β | 右〉），即 | 左〉、| 右〉两个状态的叠加态，而 $|\alpha|^2$ 和 $|\beta|^2$ 是它们穿过左右两个狭缝的概率。诸多实验都证实了电子确实是以这种方式穿过类似的狭缝的。

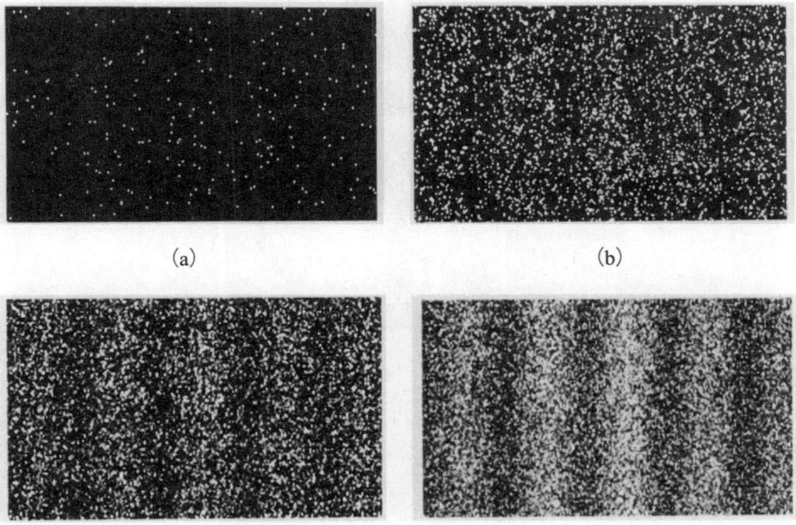

（a）　（b）　（c）　（d）

图 13-5　电子双缝干涉的不同时间积累

资料来源：© 2012 Dr. Tonomura and Belsazar。

此外，电子衍射实验也证实了德布罗意的假设。无论是穿过由钙钛矿的单晶、非晶或多晶材料构成的晶体片，电子投射到屏幕上，都会得到不同的衍射花样，如图 13-6 所示。电子在穿过晶体结构时显示出来的波动性，证实了叠加态是最合理的解释。

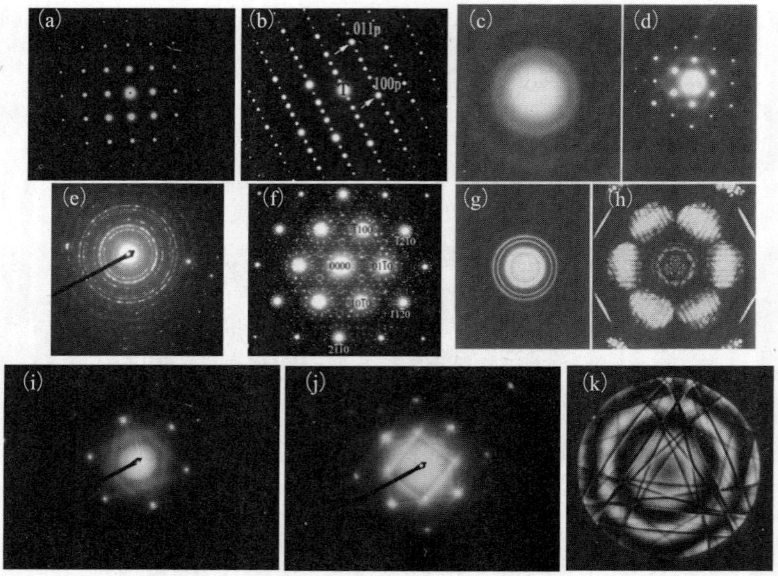

注：图（a）和图（d），简单的单晶电子衍射花样；图（b），6倍周期的有序钙钛矿的单晶电子衍射花样（有序相的电子衍射花样）；图（c），非晶的电子衍射结果；图（e）和图（g），多晶电子的衍射花样；图（f），二次衍射花样，由于二次衍射的存在，每个斑点周围都出现了大量的卫星斑；图（i）和图（j），典型的菊池花样；图（h）和图（k），会聚束电子衍射花样。

图 13-6　不同的电子衍射花样

无论规则是什么，量子都知道答案

量子力学的数学化陈述

量子力学的建立离不开20世纪二三十年代兴起的维也纳学派的有效陈述。这之后，有效陈述最好的方式便是数学。在罗素、希尔伯特等人积累了足够多的有效陈述工具之后，量子力学从一开始就被描述为一个高度数学化的理论，以至于它的基本假设与物理学的其他学科非常不同，让大多数人理解起来相当困难。

量子力学有 5 个基本假设，为了便于记忆，我们把它们缩写为 HUMP+I，具体如下：

1. 量子态公设（H）：量子系统在任意时刻的状态（量子态）可以由希尔伯特空间 $\mathcal{H}$ 中的态矢量 $|\psi\rangle$ 来设定，态矢量完备地给出了量子系统的所有信息。这条公设意味着量子系统遵守态叠加原理，假若 $|\psi_1\rangle$、$|\psi_2\rangle$ 属于希尔伯特空间 $\mathcal{H}$，则 $c_1|\psi_1\rangle+c_2|\psi_2\rangle$ 也属于希尔伯特空间 $\mathcal{H}$，其中 c_1 和 c_2 皆为常数。

2. 时间演化公设（U）：态矢量为 $|\psi(t)\rangle$ 的量子系统，其动力学演化可以用薛定谔方程表示：

$$i\hbar\frac{\partial}{\partial t}|\psi(t)\rangle=\widehat{H}|\psi(t)\rangle$$

其中，哈密顿算符 $\widehat{H}$ 对应量子系统的总能量，$\hbar$ 是约化普朗克常数。根据薛定谔方程，假设时间从 t_0 流动到 t，则态矢量从 $|\psi(t_0)\rangle$ 演化到 $|\psi(t)\rangle$，该过程以方程表示为 $|\psi(t)\rangle=U^{(t,t_0)}|\psi(t_0)\rangle$；其中，$U^{(t,t_0)}=e^{-i\widehat{H}(t-t_0)/\hbar}$ 是时间演化算符，又被称为幺正变换[①]。

3. 可观测量公设（M）：每个可观测量 A 都有其对应的厄米算符 $\hat{A}$，而

① 幺正变换是一个数学概念，在量子力学中，一个量子系统的状态可以用一个向量来表示，而幺正变换则是将一个状态向量映射到另一个状态向量的线性变换，它能保持变换前后量子态的概率分布不变。

算符 $\hat{A}$ 的所有本征矢量共同组成一个完备态空间。

4. 概率公设（P）：对于量子系统测量某个可观测量 A，这一过程可以表示为将其对应的厄米算符 $\hat{A}$ 作用于量子系统的态矢量 $|\psi\rangle$，测量值只能为厄米算符 $\hat{A}$ 本征值。在测量后，假设测量值为 a_i，则量子系统的量子态立刻会坍缩为对应于本征值 a_i 的本征态 $|\psi_i\rangle$。对于该测量，获得本征值 a_i 的概率为量子态 $|\psi\rangle$ 处于本征态 $|\psi_i\rangle$ 的概率幅的绝对值的平方。

5. 全同性原理公设（I）：在全同粒子所组成的体系中，两个全同粒子相互调换不改变体系的状态。

量子化现象

“量子”指的是物理量的不连续性，微观粒子运动状态的物理量只能取某些离散的数值，这种现象被称为“量子化”。在经典物理学中，物理量变化的最小值没有限制，它们可以任意连续地变化，理论上要多小就能有多小。但在量子力学中，物理量只能以确定的大小一份一份地进行变化。例如，1913 年，尼尔斯·玻尔用量子的概念建立了新的原子模型，他发现原子只能稳定地存在于一系列离散的能量状态之中，玻尔称之为定态。任何原子能量的改变，只能在两个定态之间以跃迁的方式进行。原子中的电子只能处在一系列定态上。

叠加态是波的典型特征，如水波一样，当两个波源在水面上产生波动时，两个不同的波叠加在一起，水面的涨落就会形成叠加态。多个波也可以相互叠加。量子的叠加态表明，一个量子系统可以同时处于多个状态的叠加中。这意味着与经典物理学中的对象不同，量子对象（如电子或光子）的属性（如位置、动量、自旋）在被观测之前并不具有确定的值，它们以概率波的形式存在于多种可能的状态之间，这些概率波对应不同的定态。

量子叠加是量子力学与经典物理学差异显著的地方之一。它允许量子计算中的比特（量子比特）同时处于 $|0\rangle$ 和 $|1\rangle$ 的状态，这是量子计算能力超越经典计算能力的关键因素之一，如以下公式：

$$\frac{1}{\sqrt{2}}\left(|0\rangle+|1\rangle\right)$$

在两个量子比特的操作过程中，它们会不断地与环境相互作用，一旦受到环境的“观测”，就无法保持叠加态。当对一个处于叠加态的量子系统进行测量时，波函数会坍缩到一个可能的状态上。至于坍缩到哪个态，这是随机的，由波函数的概率分布决定。

思想实验“薛定谔的猫”是一个封闭盒子里有一个放射源、一个毒药瓶和一只猫。当放射源放射出一个粒子时，电路会被触发，把装有毒药的瓶子敲碎，毒药被释放出来，继而毒死了猫。假设放射源半衰期是 1 分钟，1 分钟之后，它有 50% 可能衰变、50% 可能保持原状，那么 1 分钟后，猫的状态是什么？

此时，猫的状态只能表示为死态和活态的叠加态：

$$|\text{猫}\rangle=\frac{1}{\sqrt{2}}\left(|\text{死}\rangle+|\text{活}\rangle\right)$$

其中，$|\text{死}\rangle$ 表示猫处于死亡状态；$|\text{活}\rangle$ 表示猫处于存活状态。这种叠加态意味着在没有观测之前，猫既处于死亡状态，又处于存活状态。

在经典物理学中，粒子的运动状态是明确且独立的，代表了不同的运动轨迹。但在量子力学中，粒子可以从一个稳定状态直接跃迁到另一个稳定状态；空间中的一个点，既可以属于这个波函数，又可以属于那个波函数。例如，电子可以从基态跃迁到激发态，这种状态跃迁涉及概率分布的变化。当我们测量电子时，它实际上是从一个概率分布跃迁到另一个概率分布。这与经典物理学不同，在经典物理学中，粒子从一个轨道跃迁到另一个轨道需要经历一个明确的过程，存在跃迁过程中的轨迹。而在量子层面，粒子的跃迁是从一个稳定态的概率直接跳跃到另一个稳定态的概率，中间不需要明确的跃迁过程，没有对应于经典轨道跃迁之间的轨迹。

以氢原子为例，当外层电子从 s 轨道跃迁到 p 轨道时，这个过程并非从一个确定的轨道跳到另一个确定的轨道，而是在两个概率云之间重叠部分中的转移。这两个轨道的重合概率高时，跃迁的可能性就大。而如果没有重合，这种跃迁则是不允许的，即“禁戒跃迁”。在量子跃迁中，空间的某一点可以同时属于两个概率分布，而不是非此即彼的。

如果你问量子物理学家：“当氢原子中的一个电子处于低能态运动时，该电子在特定时刻的动量是什么？”他们可能会回答说：“是大量不同动量的混合。”假如你继续问：“难道不能测量电子的动量，确定其具体值吗？”他们一定会说：“我可以，如果我这样做了，我会得到一个特定的动量，但这也只是在众多混合的动量中选择了一个，这正是叠加态和概率联合作用的结果。”如果在许多全同原子中多次重复相同的测量，将会得到许多完全不同的结果。

任何特定结果的概率都取决于不同动量的混合方式，每个动量都以不同的幅度叠加在一起，每个幅度值的平方即为特定动量的测量概率。对此，非常重要的一点是，叠加态并不意味着一个电子可能具有某一个或其他动量，我们并不知道电子具有哪个动量。叠加态意味着电子同时具有所有的动量。

为什么一个无懈可击且发挥作用的理论让物理学家们如此困扰？事实上，这不仅仅是因为这个理论违反直觉和日常经验（相对论也是如此，却没有困扰任何人，因此相对论本身是以确定论为基础的），还因为量子令人恐惧的不可观测量（波函数），这一点使得概率成为其基本性质，并且使得量子领域和人类感知领域之间的边界无法分辨。如果量子理论有内在原因，它一定源于更深层的物理规律。这不仅存在于亚原子领域的最小空间和时间间隔中，在大尺度宇宙中的宇宙理论中也能体现出来，例如霍金蒸发。

对叠加态坍缩的解释

一旦量子态被写成叠加态，“测量导致叠加态坍缩”便成为一种自然的解释，因为我们每次只能观测到一个态。对象是粒子还是波，取决于我们选择哪种方式去观测它：当我们用观测波的手段去观测的时候，我们会看到波的特性；当我们用观测粒子的手段去观测的时候，我们就会看到粒子的特性。这引发了人们对人类在观测世界时所扮演角色的思考：难道主观性又回归了吗？确实，电子在被观测时会坍缩到叠加态中的某一态，或者体现出某种特性，这个随机的过程由观测来确定。

有一种观点认为，未被观测到的叠加态仍然存在，只不过是在另一个宇宙中，不为我们所感知，这个宇宙被称为平行宇宙或多重宇宙。多重宇宙解释是诸多量子力学诠释中的一种，它认为每当发生量子测量时，宇宙就会分裂，每个可能的测量结果都在各自的宇宙中实现。根据这种解释，所有可能的历史和未来，都在不同的宇宙中平行存在。例如，在思想实验“薛定谔的猫”中，猫在未被观测前同时处于生和死的叠加态。在进行观测的瞬间，根据多重宇宙解释，宇宙分裂成两个版本：在一个宇宙中，猫是活的，而在另一个宇宙中，猫是死的。每个宇宙的观测者只能感知到自己所在宇宙的现实，无法观测到其他宇宙的现实。但问题是，仅因为一个电子，宇宙就做了个备份，这个代价是不是太大了？

这种解释无法直接进行验证，因为它涉及的平行宇宙是我们无法接触或观测的，目前还是不可检验的事实。但即便如此，它仍为理解量子力学中的测量问题提供了一种新的视角。利用多重宇宙解释可以避免量子力学中的观测者效应和波函数坍缩的概念，将每一个可能的测量结果视为实际发生的现实，只不过它们发生在不同的宇宙中。

尽管多重宇宙解释提供了一种解释量子现象的方法，但它也带来了一系列新的物理问题，如宇宙分裂的具体机制、不同宇宙之间的关系，以及这一理论如何与我们的日常经验相协调。尽管如此，多重宇宙解释仍然是量子力学中一个引人入胜的想法，也成为科幻创作的重要灵感源泉。

哥本哈根诠释的量子论对不确定性有不同的解释。该解释认为微观世界的不确定性是内在的、本质的，没有隐藏更深的隐变量，有的只是波函数坍缩到某个本征态的概率。这种观点令人不安，一个原因是它暗示实物的存在取决于我们的观测，这又回到了主观视角。诚然，主观性有其合理性，但宇宙在我们这些有感知的人存在之前又是什么样子的？

在思考这个问题时，我们必须牢记一点：我们很容易受到常识的欺骗，将已经获得的思维习惯强加于任何自然界理论之上。虽然对于给定的物理客体（或物理系统），若没有同它接触，就无法给出任何事实陈述，然而，这完全误解了玻尔和海森堡及其追随者的本意。他们所说的是，客体不能独立于观测主体而存在。

一个合理的观点应当既尊重宇宙不应由人类决定其形貌，又能考虑到人类的观测对宇宙的影响。我们或许可以暂时抛开对粒子的执念，而理解其本质。这些对象本身就是波动的、跳跃的、不连续的。我们所有关于粒子的概念受限于宏观世界的经验，所以我们把它想象成一个球、一个具有具体质量并因此占有一定空间和时间的实体。但如果这些实体本身就是一定概率的形式波动呢？它的运动也以波函数的概率方式来描述，是跳跃的、忽前忽后的，以一定概率出现在某一状态。当我们选择以粒子的方式来观测它的时候，我们就只能观测到它的粒子属性；而当我们选择波动方式来观测它的时候，我们就只能看到它的波动属性。这种与宏观认知不一致的模式，正是这些实体的本质模式。我们只是屈从于我们自己的认知，习惯于用粒子或波的方式来描述它们，而这种模式其实正是量子化的模式。

尽管量子的概念很像夹生饭，但一代又一代的物理学家还是硬着头皮吞了下去。他们之所以对它感到不解，也许只在于他们旧习难改。毕竟，我们的思维也得进化。而爱因斯坦这位不容含糊的老先生，非常不喜欢量子力学，因此他不断抛出各种挑战，硬是逼着量子力学长大和成熟。

量子纠缠和量子信息

两个或更多分散在时空中的量子系统发生态叠加，这通常被称为纠缠。从根本上来说，量子的态叠加和纠缠以及量子隧穿实际上是一回事，原因在于两个叠加系统会组成一个单独的系统。实际上单个原子的两个叠加态之间，以及两个叠加的原子之间，并没有任何不同，如两个互相远离的光子实际上都是一个系统的一部分，它们共同的运动可用一个波函数来描述。

量子纠缠这个概念，最初是爱因斯坦为反对量子力学的哥本哈根诠释而假想的思想实验。1935 年，爱因斯坦、鲍里斯 · 波多尔斯基和纳森 · 罗森[1]共同提出了EPR佯谬[2]，薛定谔将该思想实验描述的量子关联现象称为量子纠缠。1964年，英国物理学家约翰·贝尔[3]提出了贝尔不等式，使得EPR佯谬有了明确的实验检测方法，也使得用实验揭示量子纠缠的深层物理意义成为可能。

爱因斯坦、薛定谔以及贝尔等人研究量子纠缠的初衷，都是为了证明量子力学中可能存在的不自洽或不完备性，企图用具体实验来验证量子理论背后隐藏的定域隐变量理论，从而证明非定域量子理论是错误的。

然而，爱因斯坦等人的文章已经发表了近百年，至今还没有一项实验结果支持他们的观点。相反，一次次实验的结论证实了量子力学的正确性。尽管如此，量子纠缠的机制仍然需要深究和探索，但大多数物理学家逐渐接受了这种反直觉的“鬼魅般的超距作用”确实存在。

爱因斯坦对量子纠缠的看法可以通过一个比喻来说明：想象有一副手套，左手手套和右手手套被分别放入两个箱子。这两个箱子随后被分开，一个被送到北极，另一个被送到南极。在打开被送到北极的箱子并发现里面是左手手套的那一刻，我们立刻知道了被送到南极的箱子里是右手手套。爱因斯坦认为这并不稀奇，因为在手套被分开的那一刻，它们是左手手套还是右手手套已经被确定了。他认为这种确定性是瞬时的，并不涉及

① 鲍里斯·波多尔斯基（Boris Podolsky）和纳森·罗森（Nathan Rosen）都是美籍犹太裔物理学家，与爱因斯坦共同提出的EPR佯谬对量子力学的完备性提出了疑问。

② EPR佯谬的思想实验涉及两个处于量子纠缠态的粒子。这两个粒子在相互作用后，无论相距多远，其中一个粒子的状态变化都会立即影响另一个粒子的状态。爱因斯坦等人认为，如果量子力学是完备的，那么这种超距作用（瞬间信息传递）将违反相对论中的光速不变原理。

③ 约翰·贝尔（John Bell）针对EPR佯谬设计了一个由可观测物理量构成的不等式，引出一系列物理实验，证明了量子纠缠的确为真，从而改变了人们对量子现象的认识。

任何神秘的超距作用。

爱因斯坦进一步说，量子力学中的纠缠现象因此出了问题。当两个粒子，比如一个负电子和一个正电子相互湮灭并产生一对光子时，这对光子的总动量是守恒的。如果一个光子的动量是正方向的，另一个光子的动量就必然是负方向的，而两者大小严格相等。这样，就可以利用一个光子来测量动量，用另外一个光子来测量位置。这样一来，两个量都能分别得到精确测量，这就违背了海森堡不确定性关系。这种关系在光子被分开后仍然得到保持，即使它们相隔很远。除非有某种机制让两者不能同时得到测量，两者才能维持海森堡不确定性关系。但这又意味着它超出了经典物理学的解释范畴，因为它似乎违反了信息不能超光速传播的原则。

更进一步，如果我们考虑粒子的自旋，情况会变得更加复杂。当两个粒子纠缠在一起时，它们的自旋状态是相关的，但每一个粒子的自旋在测量之前是完全随机的。如果测量了一个粒子的自旋，便能立即知道另一个粒子的自旋状态，无论它们相隔多远。可以简单地把这两个粒子想象成两个骰子，如果它们是纠缠的，比如无论怎么扔，它们的点数一定一样。当这两个骰子分开很远之后，相对论中提到的时空间隔会确保它们不会相互影响。这时候，扔一个骰子，让它的状态确定下来；与此同时因为纠缠，另一个骰子的状态也立刻定在与前一个骰子点数一样的面上了。这种即时的相关性似乎表明，纠缠粒子之间的信息传递是瞬时的，与爱因斯坦的相对论相冲突。

爱因斯坦与玻尔之间的争论的核心问题在于，爱因斯坦认为粒子的状态在它们被测量之前就已经确定了，就像两个骰子在分开时已经确定了点数；玻尔则认为粒子的状态只有在测量时才确定，在这之前是随机的。二者观点的差异反映了量子力学的本质问题：粒子的随机属性是在观测之前就存在，还是观测本身创造了粒子的随机属性。但在玻尔之前，人们的争论更多停留在哲学层面：一个还没测量的实体状态，怎样知道它的状态呢?

设想甲、乙两个同学玩扑克牌游戏。甲做庄家，每次任意抽出两张牌，一张给乙，一张自己留着。规则很简单，如果两张牌的颜色一样，比如都是红色或都是黑色，则甲赢；如果颜色不一样，则乙赢。第一局甲抽 10 次，两张牌的颜色都一样，乙输了。乙会觉得甲作弊，要求修改游戏规则。再来一局，还是甲发牌。这次规定，如果两张牌的颜色不一样，则甲赢；如果颜色一样，则乙赢。又玩 10 次，结果两张牌的颜色始终不一致，还是乙输。乙意识到甲肯定是根据游戏规则在发牌时就作弊了。虽然发牌看似随机，但甲根据游戏规则，在发牌之前就做了某种非随机的手脚。于是，乙提出一个新规则，先让甲发牌，牌发好后再由乙来制定游戏规则，继而根据两张牌的颜色相同还是不同来决定输赢。注意，这时候游戏规则发生了根本的变化。如果我们把制定游戏规则看作测量手段的一部分，实际的测量手段是在事件发生之后才有的。

我们依此可以对爱因斯坦的问题进行判定，在前文提到的手套比喻中，“选择”发生在两个箱子被分开前还是打开箱子之时。如果在第三次猜牌的游戏中，甲输赢各一半，说明甲前两次只是以某种我们不知道的方法作弊了，但那个关联一定存在，我们只是不知道而已。但如果在第三次游戏中，甲还能连赢 10 次，或者赢的概率大于 50%，就说明扑克牌之间有某种莫名其妙的关联，而规则的制定，在这里就是测量，会影响这种关联。

约翰·贝尔用数学方法描述了这样的判定过程。如果贝尔不等式成立，那么爱因斯坦的预先已经确定的描述就是正确的，庄家一定不可能全赢；如果贝尔不等式不成立，那么就有可能是规则制定在发牌之后才起了作用，以及打开箱子观察这一过程决定了手套是左手的还是右手的。

贝尔通过一个经典的光学现象，找到了这样的办法。在图 13-7 中，假设有 *A*、*B*、*C* 三种性质相互重叠。我们对每个不重叠区域进行编号，分别为 1 ～ 7。我们来求：*A* not *B* + *B* not *C* ≥ *A* not *C*，即求这些区域的和，虽然有（1+4）+（2+3）≥ 1+2，因此该不等式自然成立，这是承认 *A*、*B*、*C* 三种性质具有经典的概率分布。

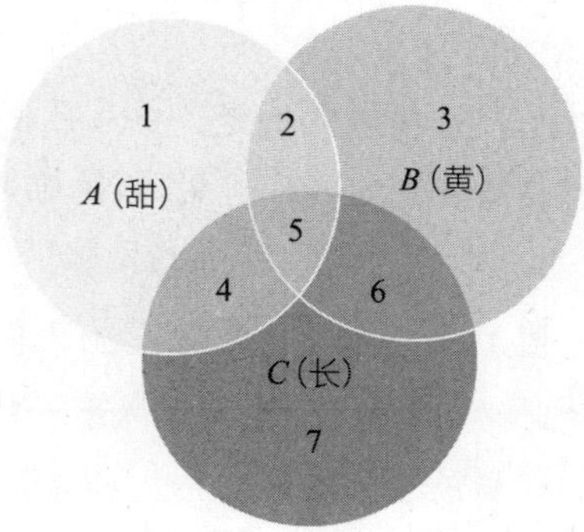

图 13-7 贝尔不等式的证明

扩展
知识的边界
Logic of the World

利用光学的马吕斯定律验证贝尔不等式

1808 年，物理学家艾蒂安·马吕斯（Étienne Malus）通过多次重复实验发现，从玻璃表面或水面上反射的光，在通过转动着的双折射晶体时，都出现了光强变化的现象。马吕斯把这种光强随双折射晶体转动方向变化而增减的现象称为光的“偏振化”，而这种偏振化了的光就是偏振光。当光线以特定角度入射时，反射光是全偏振光，折射光是部分偏振光。马吕斯对光的偏振现象进行了研究，得出马吕斯定律（见图 13-8）。

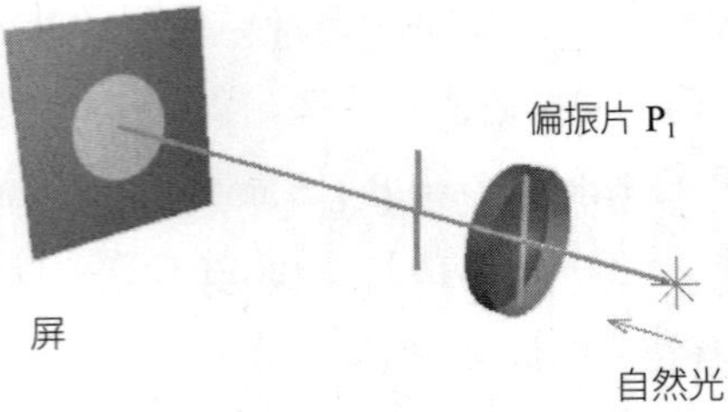

图 13-8 通过偏振片由自然光获得偏振光

对于穿过偏振片的光，由马吕斯定律可得，入射偏振光 I_0 与偏振片光轴夹角为 θ，则透射光的辐照度 I 为：

$$I=I_0\cos^2\theta$$

如图 13-9 所示，I_0 是入射光的辐照度，也就是未经过偏振片时初始光的强度，θ 是入射光的偏振方向与偏振片的偏振轴（光轴）之间的夹角。当偏振光通过一个偏振片时，不论光的偏振方向如何，透射光的强度至少会减少一半，所以透射光的辐照度为 $\frac{1}{2}I_0$。

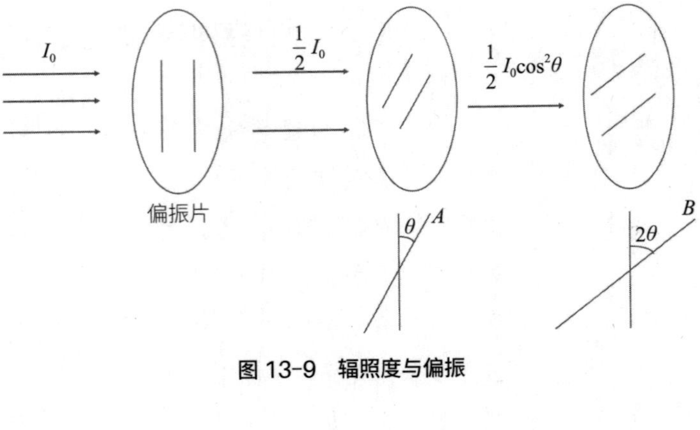

图 13-9 辐照度与偏振

$P(A,B)$ 描述了两个偏振片之间的透射光的强度关系。假设这两个偏振片，一个的方向为 A，另一个的方向为 B，则透射光的概率（强度）与两者之间夹角 θ 的余弦平方成正比。

$$P(A,B)=\frac{1}{2}\cos^2\theta$$

$P(A,\overline{B})$ 描述的是偏振光经过两个偏振片时光线透射与反射的互补关系。其中，$\overline{B}$ 代表与 B 方向垂直的方向（偏振片旋转了 90°）。

$$P\left(A,\overline{B}\right)=\frac{1}{2}\left(1-\cos^2\theta\right)$$

上面这组公式表明，两个互补方向（透射和反射）上的概率分布加起来为 1。

贝尔在这里得到启发：当有一对纠缠光子对穿过 A、B 两个偏振片时（见图 13-10），光子同时通过 A、B 两个偏振片的概率有多大？根据马吕斯定律，光子通过 A 并且通过 B 的概率为 $\frac{1}{2}\cos^2\theta$，光子通过 A 但不通过 B 的概率为 $\frac{1}{2}(1-\cos^2\theta)$。

我们把问题稍做升级，如图 13-11 所示，从以下 3 个偏振片中随机选出两组放在光源两边。

在这个场景中，考虑如下不等式：

$$P\left(A,\overline{B}\right)+P\left(B,\overline{C}\right)\geqslant P\left(A,\overline{C}\right)$$

其中，$P(A,\overline{B})$ 是通过偏振片 A 但不通过偏振片 B 的概率。$P(B,\overline{C})$ 和 $P(A,\overline{C})$ 分别表示光通过或不通过某一偏振片的概率。这些概率之间的关系分别可以用三组夹角 $(0, \theta, 2\theta)$ 来表示。

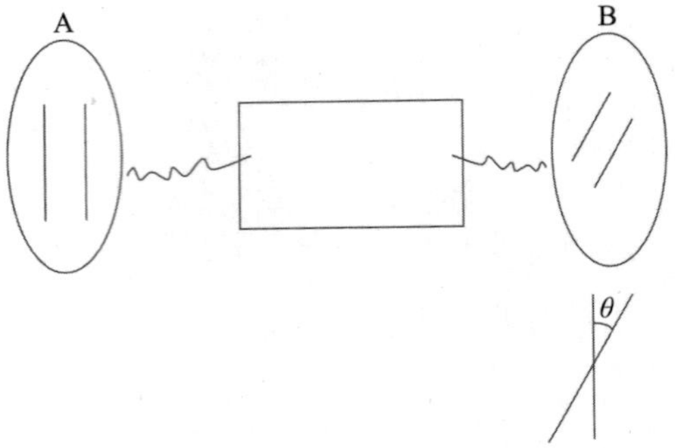

图 13-10　一对纠缠光子穿过 A、B 两个偏振片

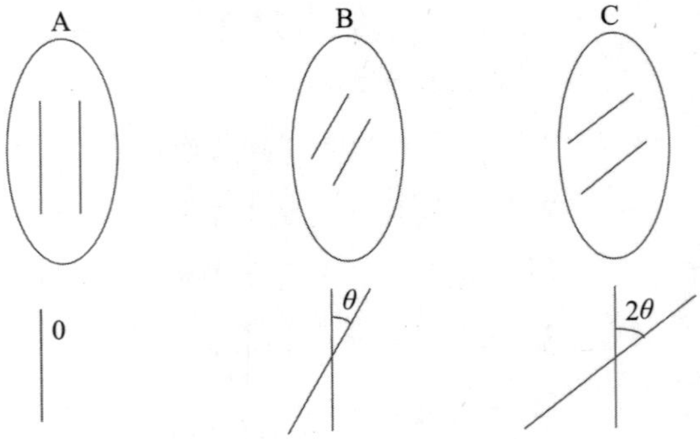

图 13-11　从 3 个偏振片中随机选出两组

通过马吕斯定律的计算，我们得到以下关系：

$$\frac{1}{2}(1-\cos^2\theta)+\frac{1}{2}(1-\cos^2\theta)\geqslant\frac{1}{2}(1-\cos^2 2\theta)$$

不等式左边是偏振片 A 和 B、B 和 C 的透射概率和互补透射概率之和，右边是偏振片 A 和 C 的透射概率。将该不等式进一步简化可得：

$$2\sin^2\theta \geqslant \sin^2 2\theta$$

$$\sin\theta \geqslant \frac{\sqrt{2}}{2}\sin 2\theta$$

由此我们可以很容易算出当

$$\theta=22.5°$$

时，这个不等式就成立。

马吕斯定律在经典光学中描述了偏振光的强度衰减，将其拓展到量子领域时，为验证贝尔不等式提供了关键实验方向。按照 θ=22.5° 随机摆放 3 个偏振片，当生成很多光子对且对它们的统计行为进行计算时，发现结果并不满足贝尔不等式——EPR 佯谬被实验否定了！人们甚至设计了翻转更快的偏振片，保证光子已经在路上了，再随机决定偏振片的方向，这样光子显然只能在出发后才决定我们怎样测量。当生成很多光子对并且对它们的统计行为进行计算的时候，实验结果依然违背贝尔不等式！这证明量子纠缠是真实存在的，没有任何预置的像图 13-7 所示的经典统计的特性可以被光子拥有。由于通过实验验证了这个结论，约翰·克劳泽等 3 位科学家获得了 2022 年的诺贝尔物理学奖。①

① 1972 年，约翰·克劳泽（John Clauser）首次实现了贝尔不等式的违背实验，但是在这个实验中，对两个粒子的测量尚未做到空间间隔。1982 年，阿兰·阿斯佩（Alain Aspect）实现了空间间隔测量的贝尔不等式违背，但测量方向的选择是预先设定的，仍然不完全符合贝尔不等式的理论假设。1998 年，安东·蔡林格（Anton Zeilinger）实现了随机快速切换测量方向的实验，填补了以往贝尔不等式违背实验的漏洞。这 3 位科学家因为“进行了纠缠光子的实验，确立了贝尔不等式的违背，并开创了量子信息科学”获得了 2022 年的诺贝尔物理学奖。

最终人们确认，爱因斯坦错了——无论规则是什么，量子都知道答案！

时间能倒流吗

“时间”至今仍是一个日常频繁被提及的概念，每个人都知道它是什么，却说不清楚。所以严格来说，时间还不能成为一个有效陈述，它仍是一个超验概念。我们知道时间是单向性的，这一特性也是古典逻辑中因果律的内涵和原因。到今天，我们的经验是，我们只能从现在走向未来，当下的因造就未来的果。关于因果律的本质，热力学观点认为它仅仅是统计规律的表现。我们观察到的事件之间的关联性，并不意味着它们之间存在确定的因果关系。在我们上一章的讨论中，贝叶斯统计从概率论角度为我们提供了新的视角，它挑战了我们对因果关系的传统认知，使我们重新思考事件之间的关联性和概率性。在这个视角下，时间的顺序并不特别，也不是必要的。

物理学界目前有 4 种跟时间相关的概念。第一种是相对论意义上的时间，它是基于爱因斯坦狭义相对论里的时空观定义的。第二种是热力学时间，特别是与熵增相关的热力学第二定律所揭示的时间方向，但热力学第二定律并没有告诉我们如何规定时间的度量单位。第三种时间的定义来自量子力学。在量子理论中，时间似乎可以双向流动，而不是单一方向的。这种观念挑战了我们对因果律的传统理解。因为在量子层面，事件似乎不必按照传统意义上的时间顺序发生，比如今天的事件可以影响未来的事件，未来的事件也可以影响今天发生的事件。量子动力学告诉我们，时间在某些情况下是可以反演的，这意味着因果律在量子力学世界里可能并不总会按照我们预期的方式运作。在量子力学世界里，退相干（decoherence）[①] 行为可能与时间的

① 退相干，简单地说，就是量子系统与环境相互作用，使原本有序的量子叠加态变得无序，从而变成经典态，也即“退出相互干涉”。——编者注

方向性有关。第四种是人类意识中的时间，我们记得过去发生的事件，但无法“记得”未来。人类对时间的理解也受到我们自身意志和经验的影响。我们通过地球的自转和公转来度量时间，从而定义了日常生活中的时间长短。然而，如何将这些不同的时间概念联系起来？它们之间是如何相互作用的？人类意识中的时间究竟源于热力学中的熵增，还是源于量子力学中的退相干行为？对此，尚无定论。

接下来，我们讨论一下“时间反演对称性”这个概念。在物理学中，时间反演对称性是指物理系统的动态方程在时间反转变换下的不变性。对于经典物理系统，这意味着如果将时间的箭头反转，系统的动态演化也会遵循相同的物理定律。通俗地讲，这就是时间倒流。

爱因斯坦在年少时思考过这样一个问题：如果我以光速追赶一束光，会观察到什么？那么，如果人能以超过光速的速度奔跑，那将会发生什么？假设一只燃烧着的蜡烛被吹灭了，一个能比光跑得更快的人决定追赶蜡烛燃烧时发出的光。因为他的速度超过光速，当他追上并超过这些光之后，他回头看就会捕捉到蜡烛在熄灭之前的影像，这意味着他可以目睹过去发生的事件。换句话说，如果人能以比光更快的速度移动，就能观察到过去发生的事件，相当于穿越到了过去。

然而，这种可能性在今天的物理学现实中是不存在的，因为光速是宇宙中的极限速度。这一认识成为狭义相对论的基础假设之一。爱因斯坦的这一想法与迈克尔逊-莫雷实验的结果相吻合，该实验未能检测到光速在不同方向上的变化，验证了光速在所有惯性参照系中都是恒定的最大速度。爱因斯坦的狭义相对论告诉我们，光速是物体在时空间相互作用和影响的最大速度。在这个框架下，光速与时空间的关系是相互制约的。在这个基础上，爱因斯坦推翻了绝对时空的概念，并预言了时间膨胀和长度收缩等现象。

狭义相对论并没有排除时间反演的可能性，它仅仅规定了物体间的相互作用速度不能超过光速。这表明，尽管物体间的相互作用有速度限制，时间本身却可能具有双向性。狭义相对论并不排斥我们穿越到过去的可能。

在热力学中，时间的定义与熵的概念密切相关。熵是一个衡量系统无序程度的物理量，在热力学中，熵增加的方向定义了时间的方向。例如，当我们看到一个鸡蛋从桌子上滚落到地上，从完整变为破碎时，我们会知道这是一个随时间发生的自然过程，因为熵从低到高增加了。当我们观察到一个过程的熵减少时，比如看到一段视频，视频中破碎的鸡蛋“组合”成一个完整的鸡蛋，从地上“跳回”桌面。这时直觉会告诉我们，这段视频是倒放的，因为我们看到的过程与我们习惯的时间顺序不符。同样，大量微小粒子随机运动构成的系统也可以为时间提供方向标志，因为随着时间的推移，系统的熵趋于增加，从有序走向无序。

在我们的宇宙中，熵的增加是普遍现象，这使得时间具有明确的方向性，即朝着熵增的方向。虽然我们无法确定其他宇宙中的熵是否可能减少，但在我们所处的宇宙中，熵的增加为我们提供了时间的明确指向。当然，我们还可以把熵增作为我们所处宇宙的基本假设，因而有“弱人择原理”[①]，只有在熵增的宇宙中，才能产生问这个问题的人。这样，具有其他不同规律的宇宙存在，又成了一个新的假设，目前尚无法验证。

在量子力学中，幺正变换有着至关重要的作用。它描述了一个量子系统的时间演化，确保了量子态的总概率保持为 1（保持归一化）。这种变换由

① 弱人择原理指的是我们之所以观察到宇宙与我们存在相互兼容，是因为如果宇宙没有这样的条件，我们就不存在，也就无法进行观察。——编者注

薛定谔方程描述，根据时间演化算子（量子力学中的幺正算子），系统可以从一个时间的量子态映射到另一个时间的量子态，同时保持量子态的物理属性不变。在孤立的量子系统中，量子算符的幺正变换特性在量子波函数里具有时间对称性，使得系统可以朝过去和未来两个方向对称进行，这引发了经典物理学中难以理解的时间反演现象。无论如何，在量子力学中，时间的概念也是存在的，但量子力学中的时间与经典物理学，尤其是热力学第二定律所要求的时间单向性并不完全兼容。量子力学中的时间方向性体现在量子系统的退相干上。

在量子力学中，随着时间的推移，开放量子系统的量子相干性会因为与外在环境发生量子纠缠而逐渐丧失，这种效应就是量子退相干。但量子力学缺乏对退相干现象的完整描述，这只是其基本假设的一部分。我们仅知道，量子退相干是量子系统与环境因量子纠缠而产生的后果。由于量子相干性而产生的干涉现象会因为量子退相干而消失。量子退相干促使系统的量子行为坍缩成为经典行为。从这个意义上讲，它跟熵类似，即它在数学上并非无法逆转，而是在物理上逆转的概率极小。对应于宏观系统中的熵增，系统因为退相干而导致的关联消失同样决定了时间的方向。由此我们得知，量子态由于被测量而坍缩，与经典世界相联系，但又立刻重新发生关联而继续演化，在这个过程中，我们找到了时间的痕迹。

时间在量子世界里的奇怪特性

接下来，我们进一步揭示时间在量子世界里更为奇怪的特性，这些特性会让我们不得不怀疑经典世界里因果律的正确性。

“时间停止”的量子芝诺效应

在量子力学中一个关于时间的奇特现象是，如果通过频繁地观察一个量子系统，可以使其在时间上“停止”，这就是量子芝诺效应。在量子力学中，粒子的状态可以是多种可能性的叠加。但一旦进行测量，这种叠加态便会塌缩到某一个确定的状态。这种坍缩过程仍是量子力学中尚未完全理解的谜团之一。

量子芝诺效应的名称源于古希腊哲学家埃利亚的芝诺提出的悖论之一：飞矢不动。芝诺通过这个悖论试图证明运动的不可分割性，即一支飞行中的箭在每一个瞬间都是静止的，因此，它实际上并没有运动。虽然芝诺的悖论在经典物理学中并不成立，但它为量子力学中的芝诺效应提供了一个形象的比喻。量子版的芝诺悖论表明，通过频繁地观察，可以使一个量子系统的状态时间冻结，从而停止其演化。这一现象的数学描述依赖于量子态的频繁投影。根据量子力学的原理，每次测量都会将量子系统的波函数投影到一个特定状态，假如在极短的时间间隔内对系统状态进行测量，系统保持在初始态的概率将趋近于 1。这意味着频繁的测量会使系统的状态冻结，量子态不会随着时间的推移而自然演化。这样，假设一个量子系统处于初始态，在没有测量的情况下，该系统会根据其哈密顿量随时间演化。然而，如果我们在足够短的时间间隔内进行测量，将系统投影回初始态，系统在每次测量后的状态将再次成为初始态。

量子芝诺效应的实际观测依赖于高精度、高频率的测量技术。为了实现这一点，实验需要具备以下几个条件：

1. 高频测量，也就是测量的频率必须足够高，以至于在每次测量之间，系统没有足够的时间演化到其他状态。

2. 高精度测量，每次测量的准确性必须足够高，以确保系统确实被投影回初始态。
3. 低环境干扰，实验需要在低环境噪声和干扰的条件下进行，以防止外界因素影响系统状态。

随着量子技术的发展，科学家已经能够在很多量子系统中观察到这一现象。例如，研究人员通过快速重复测量冷却的铷原子，使得原子状态保持不变，成功展示了量子芝诺效应。

在实际应用中，量子芝诺效应为量子计算中的错误修正提供了新的方法。通过频繁测量量子比特的状态可以抑制其自然演化，从而减少计算过程中因环境噪声或其他因素引起的错误（见图 13-12）。这种方法被称为量子态保护，它在维持量子比特的纯度和稳定性方面显示出巨大潜力。具体而言，量子芝诺效应可以用于实现量子纠错码。通过不断检测和校正量子比特的状态，确保计算结果的可靠性和准确性。

通过频繁测量量子系统的状态，量子芝诺效应也可以提高传感器的精度和稳定性。例如，在原子钟的设计中，量子芝诺效应可以用于提高时间测量的精度。原子钟依赖于原子能级跃迁的精确测量，频繁观测原子的量子态，可以减少噪声干扰，从而提高原子钟的稳定性和准确性。因此，量子芝诺效应在量子传感和精密测量中也有重要应用，它可以广泛应用于导航、医疗成像和地质勘探等领域。量子芝诺效应在生物物理学中也开始展现其应用潜力。研究表明，某些生物过程可能涉及量子效应，如光合作用中的能量传递和鸟类导航中的磁感应。通过研究这些过程中的量子芝诺效应，科学家们有望揭示生命系统中的量子现象，开拓生物物理学研究的新领域，例如研究蛋白质折叠过程中量子效应的潜在作用，可以揭示蛋白质如何快速且高效地折叠成特定结构。量子芝诺效应在此过程中可能起到稳定特定量子态的作用，从而影响蛋白质的功能和活性。

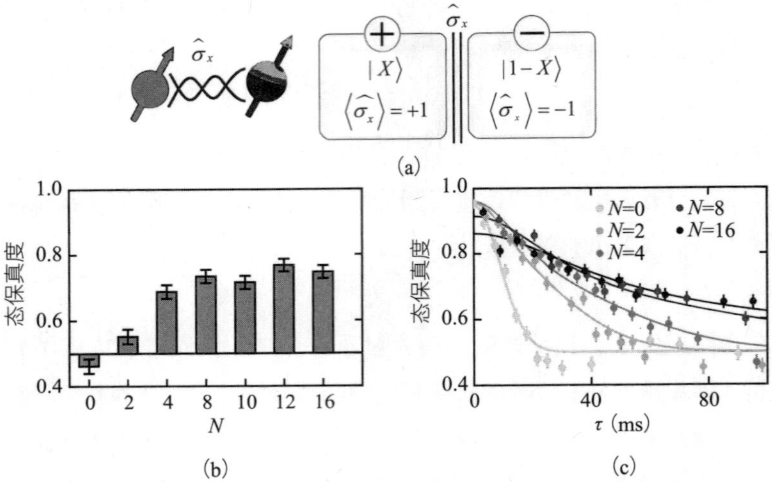

图 13-12　通过频繁测量使原子的自旋停留在初始态

资料来源：Kalb, N., Cramer, J., Twitchen, D. et al.(2016) Experimental creation of quantum Zeno subspaces by repeated multi-spin projections in diamond. *Nature Communications* 7, 13111 .

“时间倒流”的延迟选择实验

在电子双缝干涉实验中，要想知道电子从哪个狭缝穿过，要用光子来测量。光子会与电子相互作用，使得电子穿过狭缝的行为受到干扰，让本来应该从某个狭缝穿过的电子改变“策略”。然而我们可以在电子穿过狭缝之后再测量，也就是说，我们依然可以通过测量来控制量子最终体现波的性质还是粒子的性质（见图 13-13）。而这对因果律是一次挑战。因为这时，粒子已经穿过了狭缝，而干涉消失与否仅体现为在狭缝处的叠加态，那已经是刚才的事了！

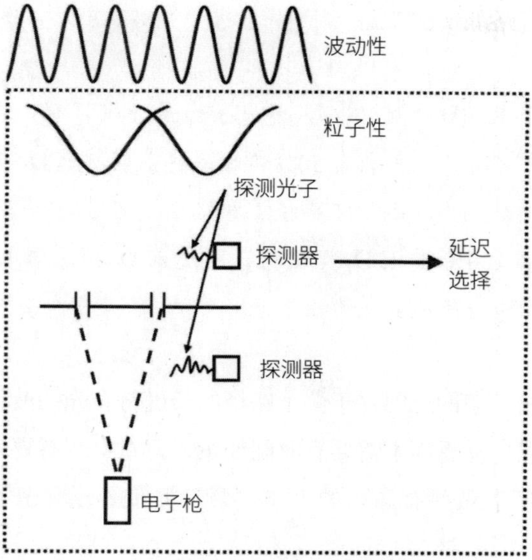

图 13-13　探测光子

为了证实以上这一点，费曼的老师约翰·惠勒在 1979 年提出了延迟选择实验的构想，几年后，该构想在实验室中得到了验证，物理学家成功进行了多种延迟选择实验（见图 13-14）。

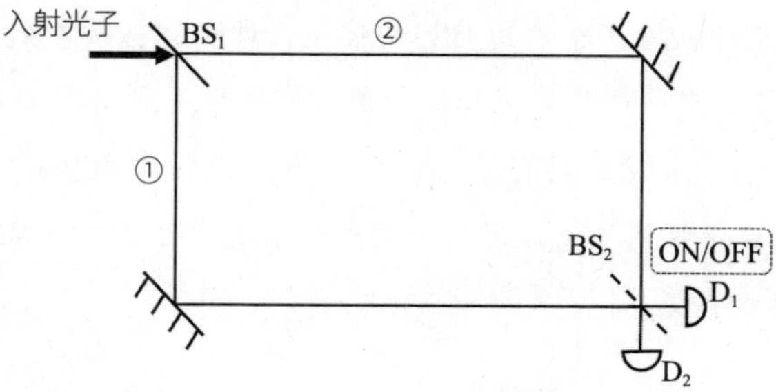

图 13-14　延迟选择实验

第一类布局，光路是静态的，分光片 BS_2 预先被放置在光路里（ON）

或者未放置在光路里（OFF）。

- 情况 1-1，B1-1_2 OFF：入射光子经过分光片 BS_1 后选择路径①或路径②，光子各有 50% 的概率进入探测器 D_1 或 D_2。
- 情况 1-2，BS_2 ON：在路径①和路径②相位差合适的情况下，光子会 100% 进入 D_1 探测器，而进入 D_2 探测器的概率为 0。这是两个分光片实现的相干态。

出现这种相干态的原因在于两个路径的长度符合光的波动性所要求的整数波长差就可以，这里面不需要有时间变量，只对空间有要求。这时候，我们就可以在时间上做些有意思的工作。第二类布局即考虑了有时间参与的情况。

第二类布局，光路是随时间变化的，在光子飞行过程中，我们再决定分光片 BS_2 存在（ON）或者不存在（OFF）。

- 情况 2-1：当光穿过分光片 BS_1 时，分光片 BS_2 不存在，光子经过 BS_1 后确定走路径①或路径②。这与情况 1-2 一致。
- 情况 2-2：当光子快到 BS_2 的位置，即到达探测器之前，再把 BS_2 放入光路中。从光程上来说，实验恢复到情况 1-2 的情况。但对光子来说就具有了实际的困难，比如有 50% 的可能性马上就要接收到光子，但情况切换回情况 1-2。D_2 本来应该接收到的光子没了！

光子不得不重新以相干的状态通过分光片 BS_1，才能保证相干态的结果。这时候发生在未来的事件——BS_2 被放入光路，改变了已经发生的事情——光子以粒子态的方式已经通过了 BS_1。我们延迟加入分光片 BS_2 的行为，让光子已经确定第一种情况的路径之后，神奇地切换到第二种情况。但问题来了，难道马上就要到探测器的光子见到 BS_2 在前面时，要回去重新再走一遍？这意味着延迟选择决定了光子之前已经发生过的行为，“时间”被倒流了。或者在探测之前，光子“同时”遍历所有可能，那么这时“同时”是如何定义的？

对于这个实验，惠勒引用玻尔的话说：“任何一种基本量子现象，只在其被记录之后才是一种现象。在量子实验中，无论我们是在光子发射之前还是途中做出决定，结果都是一样的。从光子通过第一个透镜到我们插入第二个透镜的这一过程中，它到底在哪里？它是什么样的状态？这样的问题没有意义，因为它不是一个客观实在！”

发生在未来的事件影响了过去，至少延迟选择实验可以展示这一点。后来，惠勒继续扩展了这个实验。假设一个遥远的星体发出了一束光，这束光到达地球之前经过黑洞附近。黑洞的巨大引力在其周围使空间弯曲，从而形成了引力透镜，这个透镜也可以看作双缝实验中的双缝。几十万年之后，我们在地球上接收到这束光时再决定怎样测量。这个测量过程同样会影响几十万年前光通过引力所形成的双缝的行为！量子力学是允许这样的事情发生的，而且量子力学必然导致这样的事情发生。在量子力学层面，时间是被允许反演的，它不再是单向的。那么在这种情况下，因果又代表着什么呢？

量子逻辑可能是一套更完备的逻辑理论

从古希腊时期开始，理性逐渐占据主导，人们希望把个人的影响从对自然的认知中排出去，从而开始追求客观。人们希望观察者是客观的，不会影响被观测系统。而在量子过程中，观察者不仅决定了可以看到什么，还决定了物质的状态，甚至决定了什么时候看：如果选择观察波的观测手段，那物质就是波动状态；如果选择观察粒子的观测方式，那它就是粒子状态。因此，观察者并不是独立于系统的。

量子力学是建立在古典逻辑上的，却要爬过古典逻辑的山，超越古典逻辑来认识量子世界，这就是理解量子力学非常困难的核心原因。当然，有不求甚解的人在发现了量子力学与古典逻辑不完全一致时，他们可能连古典逻辑都还没搞清楚，就嘲讽说：看，他们自己打自己了！就像当科学家爬上山以后，却看到和尚们在山顶拈花微笑，便宣称“科学自相矛盾”，转而投入神学。然而，科学与神学并不是同一座山。许多古代思想都被现代科学逐步修正。而几百年来，科学本身也在构建和颠覆中前行。

经典物理学一直认为物理学的研究对象是独立于观测手段存在的客观世界，而哥本哈根学派对量子力学测量的解释，似乎将观测者的主观因素掺和到了客观世界中，认为两者无法分割。不过，在测量中主、客观因素难以分割的观点并不等于否定客观世界的存在。正如维特根斯坦提出的家族相似性的说法，主、客观的界限本来就是模糊的。

目前的量子力学看起来更像是唯象理论，我们在观察到现象后，使用合适的数学工具来描述它。对于在宏观尺度无法观察到的微观事物，我们甚至不再追求通过古典逻辑学的第一性原理对其进行解释。在过去的 100 多年里，量子力学取得了巨大的成功，人们开始有兴趣从量子的角度来重新审视古典逻辑。

基于此，我们的确需要发展一种新的理论——比如我们姑且称它为“量子逻辑”，它可能是一套更具完备性的数学理论。就像物理学及其他学科的发展历程一样，我们希望新的理论能包容旧的理论。就像牛顿力学后来被狭义相对论所包容，狭义相对论并没有否定牛顿力学的正确性，而是表明牛顿力学在低速情况下依然有效。为此，**量子逻辑通常使用形式化的语言和数学结构来描述逻辑关系，这些结构与古典逻辑的结构有显著的不同**。例如，它可能使用希尔伯特空间的数学框架来表述逻辑命题，同时应在可以说明的条件下，将其简化为古典逻辑。但我们又必须通过古典逻辑学来建立这套理论的认知。接下来，我们先来讨论量子对古典逻辑的基本规律的挑战。

量子力学对同一律的挑战

同一律，或者说身份原则，是古典逻辑的核心原则，它指出每个事物都与自身是唯一一致的。但量子力学不要求这样，比如以下两方面：

1. 波粒二象性：量子既展示出波动的特性，又展示出粒子的特性。波粒二象性暗示着一个实体可以表现出完全不同的性质。
2. 观测者：在量子力学中，观测者的存在和观测行为本身会决定量子系统的状态，我们想观测什么和我们能观测什么共同决定了系统的表现。这意味着一个量子系统在未被观测时与被观测时不是同一的。虽然这个观测过程的影响可以非常微弱，只是信息的获取。

量子力学对矛盾律的挑战

矛盾律是指一个命题和它的否定不能同时为真。然而在量子力学中，某些现象与古典逻辑原则相矛盾，比如以下几方面：

1. 波粒二象性：光子、电子等既展示出波动的特性，又展示出粒子的特性，然而这两种性质在古典物理学中是相互排斥的。在量子层面，这种“矛盾”的共存是自然现象的基本特性。

2. 量子叠加态：量子叠加态原理表明，一个量子系统在没有被观测之前可以同时处于多个状态。“薛定谔的猫”思想实验描绘了猫在被观测前同时处于活和死的状态，它允许一个实体同时处于两个相互排斥的状态，这挑战了古典逻辑中的矛盾律。
3. 量子纠缠的非定域性：在量子纠缠现象中，两个粒子的状态在空间上是非定域相关的。这意味着对一个粒子的测量会即时影响到另一个粒子的状态，无论它们相距多远。这种非定域性可以解释为同时存在相互不兼容的状态，这依旧为矛盾律不允许。

量子力学对排中律的挑战

排中律告诉我们：在两个相互矛盾的命题中，必然有一个是正确的。在量子领域，某些现象并不遵循排中律这一逻辑原则，比如以下几点：

1. 量子叠加态要求一个量子系统在被观测之前可以同时处于多个状态。这意味着一个量子粒子在没有被观测时，并不一定处于某个特定状态或与之完全相反的状态。例如，在“薛定谔的猫”思想实验中，猫在盒子被打开前，既不是完全活着的，也不是完全死亡的，而是处于这两种状态的叠加态。这两种相反态并不是非此即彼的，而是叠加的，既此又彼。
2. 量子不确定性：海森堡不确定性原理表明，我们无法同时精确地知道一个粒子的位置和动量。这种不确定性意味着对于某些属性的确切测量值，我们不能断言它们处于某个特定值或非特定值，因为在某些情况下，这两种情况都不成立。
3. 观测者的作用：在量子力学中，观测者的作用是根本性的。一个量子系统的状态在被观测之前并不一定是确定的，系统的真实状态在被观测之前并不遵循“是或非”的二元逻辑，它甚至不遵循多元逻辑、连续的逻辑。

量子力学对因果律的挑战

量子力学对因果律的挑战是致命的，因为因果律的根本在于时间的方向性。只有在时间有明确方向性的情况下，因果关系才存在，才能明确原因和结果。然而在量子层面，例如延迟选择实验所展示的，时间是可以反演的，这使得经典意义上的因果关系变得不再清晰。因此，量子力学对经典因果律的挑战主要包含以下几点：

1. 量子不确定性：量子的随机是绝对的。经典意义上的因果性源于确定性，量子的不确定性意味着未来的某些事件无法用经典的因果关系预测。这也是以确定论为知识背景的爱因斯坦非常不愿接受的内容。
2. 量子叠加态：量子系统在未被观测之前同时处于多个可能的状态。这意味着在量子层面，系统的未来状态不是由单一的、明确的因果链决定的，而是由一系列潜在可能性的叠加及相干决定的。
3. 量子纠缠与非定域性：当对纠缠粒子对中的一个粒子进行测量时，另一个粒子的状态也会立即改变。这种非定域性挑战了狭义相对论所要求的经典因果律的局域性，即物体间的相互作用和信息传递不能超过光速。
4. 因果关系的可逆性：在量子力学中，某些过程在时间上是可逆的，这与宏观经验不同。例如，惠勒的延迟选择实验以及量子擦除实验都是时间可以反演的证据。

虽然我们不认为量子力学完全否定了经典因果律，但它确实要求我们重新思考和理解因果关系。

那么，因果性是否必然存在呢?

在古典逻辑体系下，因果律被理解为事件之间的确定性关系，即一个事件的发生必然有另一个事件作为原因，这是亚里士多德古典逻辑的第四条假设。古典逻辑的4条规律想要成立，是要靠信仰的，为了逻辑推演有效，我们必须相信它们是基础。从20世纪20年代开始，特别是在量子力学、概率论、复杂系统理论等方面，对经典因果律的理解受到了挑战，人们开始重新对其进行评估。

量子力学不确定性揭示了非必然因果的关系。量子纠缠现象中的非定域性违背了因果律的局域性原则，由此我们不妨大方承认纠缠粒子间的影响超越了时间和空间的经典限制。20世纪七八十年代发展起来的混沌理论及复杂系统理论无疑是火上浇油，因为由此可推出因果关系可能是非线性和多层次的，这导致因果关系原本所暗示的确定性难以保证了，远不是我们以上帝视角看世界时希望看到的简单图景。

自20世纪30年代以来，现代量子力学深度发展，海森堡不确定性原理和哥德尔不完备定理的提出，对自亚里士多德以来的古典逻辑学提出了挑战，它们使得人们对一些基本理论也产生了质疑。我们并不是要推翻古典逻辑，而是希望找到一种方法使其得到完善，以便能兼容新发现的物理现象，因为我们还不清楚微观和宏观之间的界限究竟在哪里。我们希望提出一套理论，既能解释宏观现象，又能解释微观现象。这套理论应当是统一的，而不是让微观现象遵循量子力学，让宏观现象遵循经典物理学，人为地在那儿画出一条界线。这可能意味着量子逻辑的诞生。虽然我们不知道基于量子逻辑该如何修正 3 000 多年前亚里士多德建立起来的古典逻辑体系，但基于布尔对古典逻辑的数学化所造出的经典计算机的经验，我们已经可以在量子逻辑的基础上设计量子计算机了。

构建通用的量子计算机还存在一些核心困难

古典逻辑的数学化产生了布尔代数，基于布尔代数，产生了计算机的逻辑基础。基于此，当将量子逻辑考虑进来时，允许逻辑真值的 0 和 1 处于叠加态时，自然可以制造出量子计算机。为了区分，我们把基于布尔代数的计算机叫作经典计算机，把基于叠加态和其他量子现象的计算机叫作量子计算机。这样，对应于经典计算机编程需要的算法和程序，也就有了量子计算算法和量子计算程序。

量子计算机通过量子比特进行计算，量子比特可以同时处于多种状态的叠加态，并利用量子纠缠和量子干涉等现象进行信息处理。这些特性使得量子计算机在解决某些类型的问题上具有超越经典计算机的潜在能力。但困难在于，怎样证明这种算法比经典算法更快、更有效。因此，开发一种全新的算法并不容易。到目前为止，量子计算共有 5 种基本算法，其他算法都是基于这些算法衍生出来的。接下来，我们先简单介绍这些算法。

量子计算算法

下面介绍 5 种量子计算算法。

第一种算法：Shor 算法。对任意整数进行质因数分解，最快的经典算法需要的时间也是指数级的。Shor 算法利用了量子傅里叶变换，能在多项式时间内完成，广泛应用于其他量子算法中。量子傅里叶变换能有效地处理周期性问题，对于某些特定问题的处理，它比经典的傅里叶变换算法更加高效（这对现有的基于大整数分解难题的加密系统，如后文讲到的 RSA 加密算法，构成了根本威胁）。

第二种算法：Grover 算法。Grover 算法可以在无序数据库中查找特定元素，其时间复杂度[①]相比于经典算法有显著提升。虽然这只是一个二次加速，但对于大型数据库而言，这一加速仍然非常重要。

第三种算法：量子纠错。量子纠错用于保护量子信息免受退相干和其他量子噪声导致的错误的影响。量子纠错校正对于实现容错量子计算至关重要，它可以减少环境对存储量子信息、量子门操作和量子测量的影响，进而允许量子计算扩展到更大的量子线路。量子纠错将量子信息存储多个备份，当这些副本不一致时，则进行多数表决。量子纠错的量子计算由作用于量子位的门循环、特征量测量、错误推断和校正组成。用工程师更熟悉的术语来说，量子纠错是一种稳定的反馈形式，它使用间接测量来获得纠错所需的信息。

第四种算法：量子行走算法。量子随机行走（又叫量子随机漫步）是一种利用量子力学性质产生随机过程的数学统计模型，分为离散量子随机行走和连续量子随机行走，前者使用一枚量子硬币与漫步者共同演化，后者无须使用随机硬币，而是透过马尔可夫矩阵来演化。和经典的随机行走相比，由于量子纠缠的非局域性和量子叠加态的相位干涉，量子随机行走能以更高的速度探索目标空间。

---

① 时间复杂度，用于描述算法在处理输入数据时所需的时间与输入规模之间关系的一个概念。——编者注

第五种算法：多伊奇算法。多伊奇算法证明了量子计算确实比经典计算快。该算法最初由英国物理学家、计算机学家戴维·多伊奇（David Deutsch）在 1985 年展示。这是第一个展示量子计算比经典计算机快的案例，把量子计算这一个想法变成一个在数学上可验证的事实。

扩展
知识的边界
Logic of the World

用多伊奇算法证明量子计算比经典计算快

多伊奇解决的是这样一个问题：一个函数，它的输入是 0 和 1，输出是 $f(x)$，输出值仅限于 0 和 1（见图 13-15）。那么对于不同的输入值，输出结果是相同的还是不同的？

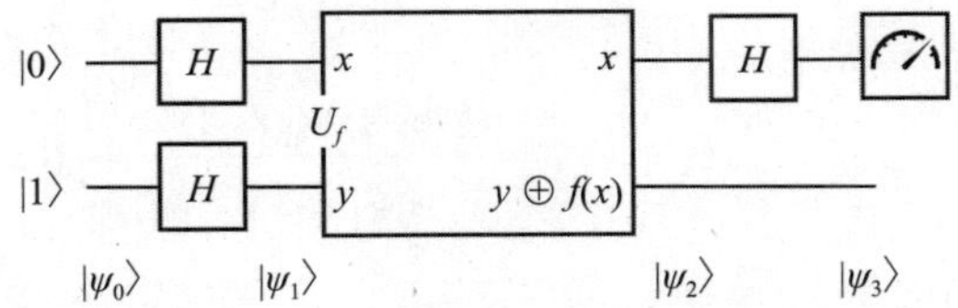

函数	x	$f(x)$	类型
$f(x)=0$	0	0	恒定
	1	0	
$f(x)=1$	0	1	恒定
	1	1	
$f(x)=x$	0	0	对称
	1	1	
$f(x)=x \oplus 1$	0	1	对称
	1	0	

图 13-15 多伊奇算法

如果 $f(x)$ 是恒定的，那么无论输入 0 还是 1，它输出的将都是 0 或都是 1。如果输出不同的话（被称为“对称”），输出为 0 或为 1 的机会相等。经典计算机需要调用至少两次 $f(x)$：把 0 输进去，得到 $f(x)$ 的输出，再把 1 输入，得到 $f(x)$ 的输出，比较两次输出结果，看它们是否一致。

多伊奇算法证明，通过量子计算，只需要调用一次函数 $f(x)$ 就够了。

1. 首先准备两个量子比特，分别初始化为 $|0\rangle$ 态和 $|1\rangle$ 态：

$$|\psi_0\rangle = |0\rangle\,|1\rangle$$

2. 在每个量子比特上作用一个 H 门：

$$H = \frac{1}{\sqrt{2}}\begin{pmatrix} 1 & 1 \\ 1 & -1 \end{pmatrix}$$

$$|\psi_1\rangle = \frac{(|0\rangle+|1\rangle)}{\sqrt{2}}\frac{(|0\rangle-|1\rangle)}{\sqrt{2}} = \frac{1}{2}(|00\rangle-|01\rangle+|10\rangle-|11\rangle)$$

3. 通过 U_f 时，对这两个量子比特进行操作，即 $U_f|x\rangle|y\rangle \to |x\rangle|y \oplus f(x)\rangle$。

当 $f(x)=0$ 时，$|y \oplus f(x)\rangle \dfrac{|0\otimes 0\rangle-|1\otimes 0\rangle}{\sqrt{2}} = \dfrac{|0\rangle-|1\rangle}{\sqrt{2}}$。

当 $f(x)=1$ 时，$|y \oplus f(x)\rangle \dfrac{|0\otimes 1\rangle-|1\otimes 1\rangle}{\sqrt{2}} = \dfrac{|0\rangle-|1\rangle}{\sqrt{2}}$，即 $\dfrac{|0\rangle-|1\rangle}{\sqrt{2}} \xrightarrow{U_f} (-1)^{f(x)}\dfrac{|0\rangle-|1\rangle}{\sqrt{2}}$。

将 U_f 作用到 $|\psi_1\rangle$：

$$|\psi_2\rangle = \frac{|0\rangle+|1\rangle}{\sqrt{2}} \otimes (-1)^{f(x)}\frac{|0\rangle-|1\rangle}{\sqrt{2}}$$

$$=\frac{|0\rangle(-1)^{f(0)}\frac{|0\rangle-|1\rangle}{\sqrt{2}}+|1\rangle(-1)^{f(1)}\frac{|0\rangle-|1\rangle}{\sqrt{2}}}{\sqrt{2}}$$

$$=\frac{|0\rangle(-1)^{f(0)}+|1\rangle(-1)^{f(1)}}{\sqrt{2}}\frac{|0\rangle-|1\rangle}{\sqrt{2}}$$

$$|\psi_2\rangle=\begin{cases}\pm\left(\frac{(|0\rangle+|1\rangle)}{\sqrt{2}}\frac{(|0\rangle-|1\rangle)}{\sqrt{2}}\right) if\ f(0)=f(1)\\ \pm\left(\frac{(|0\rangle-|1\rangle)}{\sqrt{2}}\frac{(|0\rangle-|1\rangle)}{\sqrt{2}}\right) if\ f(0)\neq f(1)\end{cases}$$

4. 接下来，继续使用 H 门：

$$|\psi_3\rangle=\begin{cases}\pm|0\rangle\left(\frac{(|0\rangle-|1\rangle)}{\sqrt{2}}\right) if\ f(0)=f(1)\\ \pm|1\rangle\left(\frac{(|0\rangle-|1\rangle)}{\sqrt{2}}\right) if\ f(0)\neq f(1)\end{cases}$$

5. 最后一步是测量第一个量子比特。

由此可见，当 $f(x)$ 为恒定时，即 $f(0)=f(1)$ 时，测得 $|0\rangle$ 的概率为 100%；当 $f(x)$ 为对称函数时，即 $f(0)\neq f(1)$ 时，测得 $|1\rangle$ 的概率为 100%。所以，可以根据对第一个量子比特的测量判断 $f(x)$ 的输出是恒定还是对称的。这个算法的设计充分使用了量子的相干性而使计算加速了 1 倍。不要小看这 1 倍，它证明了量子计算机确实可以比经典计算机更快。

这些算法展示了量子计算的巨大潜力，特别是对于加密、搜索、优化和模拟等数学问题，相比起来，经典计算机无法解决或需要占用大量物理资源。随着量子硬件的发展和量子算法的进一步优化，我们可以预见，量子计算在未来将解决更多当前无法高效处理的问题。

用于破解密码的量子计算机

1977 年，麻省理工学院的数学家罗纳德·李维斯特（Ronald Rivest）、阿迪·沙米尔（Adi Shamir）和伦纳德·阿德尔曼（Leonard Adleman）提出了 RSA 加密算法。这个算法允许两个通信人通过互联网上的公开通信来创造共享的秘密信息，从而实现安全通信。

RSA 加密算法是一种非对称加密算法，使用者拥有两个协同使用的密钥：公钥 e（加密密钥）和私钥 d（解密密钥）。其关键在于，给定公钥 e，用户可以先秘密选取两个足够大的素数 p 和 q，迅速计算出与公钥 e 对应的私钥 d。然而，为了让其他人能向自己发送加密信息，用户需要公开这两个素数的乘积 N。因此，如果攻击者能将 N 分解为两个素数 p 和 q，他们就可以按照用户的步骤，根据公钥 e 快速计算出私钥 d，从而破解 RSA 加密。

对大数分解而言，如果使用 10 万台计算机，每台主频为 3GHz，每秒运行 30 亿次，那么分解一个 1 000 位的大数可能需要大约 137 亿年，这相当于整个宇宙的年龄。今天我们在互联网上进行通信时，RSA 加密算法是最常用的。然而，如果量子计算机被制造出来，那么理论上安全的密码就不再安全了。使用量子计算机，特别是使用 Shor 算法的情况下，假设量子计算主频只有 1MHz，每秒钟运行 100 万步，它也可以在 1 分钟之内把这个 1 000 位的大数进行分解，得出其质因数。这就像第二次世界大战后期，图灵在布莱切利园使用计算机解密德军密码一样。在实验上，量子计算机在 2001 年实现了对 $15=3\times5$ 的质因数分解，在 2012 年实现了对 21 进行大数分解，在 2021 年，又实现了对 143 进行大数分解。

比特币的编码和加密方式虽然设计得很复杂，但其基本原理与寻找质数本质上是一致的，而确定一个大数是否为质数是一个复杂的计算问题（NP 复杂问题）。在有限的时间内找到的解可以被视为金融上的等价交换物，再赋予每一个解唯一的编码。像在自然数序列中找到前几个质数一样，刚开始找到前几个比特币相对容易，但随着自然数越来越大，找到新的质数的难度越来越大，需要更强的计算能力。如果量子计算机可以得到实用，比特币的特殊价值可能会消失，挖矿变得轻而易举。因此，为应对量子计算的挑战，人们已经开始探索各种基于量子层面的新加密算法。

量子计算可以解决一些经典计算无法高效解决的问题。例如，旅行商问题，即在有限节点内找到一条最短路径以访问所有节点，在经典计算中是一个 NPC 问题。同时，对于大分子的直接模拟，量子计算也显示出巨大潜力。尽管如此，目前深度学习在大分子模拟方面也取得了快速进展。那么，有没有可能通过其他方法（如利用神经网络）有效地解决某些复杂的 NP 问题，而无须真正实现量子计算？对于一些问题，神经网络可能利用概率降低其难度，放弃对绝对解的诉求，如在与人对弈的围棋问题上。但理论上量子计算可以在数学层面有效且完整地解决这类问题。

量子计算在计算复杂性方面与经典计算有相对应的概念。在经典计算中，我们会讨论 P 问题、NP 问题、NPH 问题和 NPC 问题等。量子计算则引入了 BQP（bounded-error quantum polynomial time）问题的概念（见图 13-16）。BQP 问题指的是在经典计算中可能是 NP 困难的问题，但在量子计算的框架下，其复杂性可以降为 P 问题，可以在多项式时间内解决，大数分解就是一个典型的 BQP 问题。大数分解在经典计算中是一个 NP 不可解的问题，但在量子计算的范畴下，它成了一个在有限时间内可解的问题。量子计算在传统计算复杂性分类中引入了新的维度，这能改变某些问题的可解性。

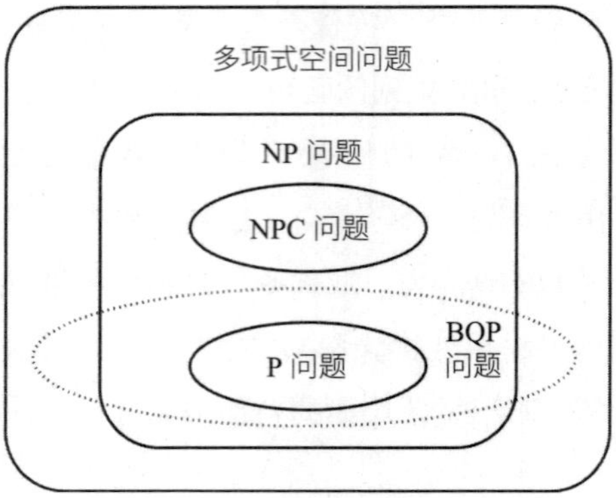

图 13-16　量子计算中的 BQP 问题

资料来源：© 2007 Mike1024。

根据爱因斯坦的质能关系与海森堡不确定性原理，我们可以推导出布雷默曼极限（Bremermann's limit）。它表明，在物质宇宙的某个封闭体系中，每单位质量的物质可以提供的计算速度是有限的，即每千克物质最多提供约 1.36×10^{50} 比特 / 秒的计算速度。但整个地球的物质总量是有限的，大约是 6×10^{24} 千克。因此，即使用上整个地球的物质总量，计算的速度也无法超过 10^{75} 比特 / 秒。这种"天花板"级的计算能力，依靠的正是经典计算的密码学保证通信安全原则。然而，今天加密行业常用的密码协议需要超过 10^{90} 个计算步骤才能破解，也就是说，即使使用整个地球的物质总量，至少也需要数百万年。所以说，如果没有量子计算，攻克今天常用的加密技术仍然是很困难的。

实现可实用的量子计算机

为了实现量子态的叠加，我们可以将任意原子置于基态或激发态。例如，通过光子将原子从基态激发到激发态，经过一段时间原子会再衰变回到基态。由于这个过程受激发态原子半衰期的限制，因此它可能非常短，如只有 1 纳秒（10^{-9} 秒）。一旦检测到光子释放，就表明原子已经返回到基态。接下来，我们可以在这个基础上实现量子门的操作。例如，把基态当作量子操作时的 $|0\rangle$ 态，把激发态当作 $|1\rangle$ 态，量子门可以通过一系列的光子激发和吸收来构建。在完成量子操作后，通过检测释放出的光子，我们可以了解原子发生的变化，实现量子测量。量子态的制备也可以通过多种方法实现。比如，利用超导线圈中的电流，将顺时针旋转和逆时针旋转分别定义为 $|0\rangle$ 态和 $|1\rangle$ 态。

量子计算发展几十年来，物理学家利用不同的量子系统来克服一些核心困难，从而期望最终实现大规模的量子计算。为了构建量子计算机，量子操作必须易实现且易规模化。其面临的挑战在于，在操作过程中不能过早地测量或破坏叠加态，否则量子系统可能会提前坍缩，丢失所携带的量子信息。同样重要的是，在非操作状态下，系统应与环境保持隔离，确保量子比特始终保持在预设的叠加态。不过，因为让量子计算易操作这一点和系统的稳定性往往是排斥的，所以要想实现量子计算机的可实用性，一般要满足以下几点要求。

第一，控制相互作用强度，兼容操作的高效性和系统的稳定性。量子比特通过相互作用来实现纠缠，再利用纠缠态来做计算。当我们需要操作的时候，量子态需要能迅速做出反应，这决定了量子操作的效率。要实现操作高效往往需要量子比特之间的相互作用很强，但这往往会导致纠缠量子比特的相干性易受操作系统的破坏。

第二，克服量子退相干，从而维持量子相干性。在“薛定谔的猫”思想实验中，观察会导致退相干。当打开箱子时，猫的叠加态消失，观测结果会让猫处于活或死中的某一个确定状态。量子计算需要维持叠加态等量子效应，与环境保持微弱的相互作用，甚至完全无相互作用，因为一旦跟环境相互作用，相干性就消失了。在量子计算机的实现过程中，长时间维持一个量子态的相干性非常不容易。

第三，任何量子态都可以用来实现量子比特，困难之处在于如何使之具有可扩展性，从而实现规模化的量子门操作。在进行任何操作时，需要同时制备多个量子比特，如多个超导线圈，每个超导线圈都可以代表一个量子比特。当进行多比特的量子算法时，这些比特需要在同一个实验环境中实现。这意味着我们不仅需要实现对单个比特的操作，还需要在多个比特之间建立纠缠和叠加态，这些态可以随时进行操作和测量。

第四，量子算法的通用性。很多团队都在展示“量子优越性”的概念，这一概念的提出被认为是量子计算机发展历史上的重要里程碑。然而迄今为止，量子计算在“特定的问题求解”方面，通常需要满足以下两个条件：

1. 该问题适合采用量子计算机进行计算处理，从而发挥出量子计算的潜力。
2. 对于经典计算机而言，该问题的计算需要足够复杂，且同时仍然能用经典计算机验证计算结果的正确性。

已经展示的“特定的问题求解”包括量子随机线路采样、量子随机行走和玻色采样等。只要量子计算机在这种特定的问题求解上消耗的计算资源或计算时间远少于最先进的经典超级计算机，就可以充分展示自身的量子优越性。

问题是经典图灵机之所以重要，关键在于其通用性，它可以作为通用设备解决所有可计算问题，而量子计算目前还没有被证明具有像通用图灵机那样的通用性。所以，人们往往不得不退而求其次，设想将量子计算的优势领域由量子计算机完成，将通用性计算任务留给经典计算机。

量子保密通信

在真正实现量子计算机的情况下，抵御密码的破译看起来十分困难，于是人们开始另辟蹊径。量子保密通信就是其一，它是一种利用量子力学原理来确保信息传输安全的技术。在信息传输过程中，任何未授权的测量都会被发射端和接收端立即检测到。一旦被检测到受到了干扰后，信息会被重新编码并被再次发送。量子保密通信是通过量子态的脆弱性来实现的：量子系统在未经授权的观测下会发生变化，这种变化可以被通信的合法双方察觉到。

然而，这带来了一个新的问题：通信线路本身是非常脆弱的。量子态十分脆弱，任何环境干扰都可能导致通信错误，这使得发送端难以区分错误是由窃听引起的，还是仅仅因为信号在通信线路上损失引起的。因此，发送端可能需要不断地重新发送信号，而这会导致通信效率降低。尽管量子保密通信的安全性极高，其通信带宽却非常有限。例如，我们现在使用的 5G 通信带宽可以达到 20Gbps，即百亿比特 / 秒水平，而量子保密通信仍然停留在千比特 / 秒（kbps）水平。尽管量子保密通信在理论上非常安全，但在实际应用中，由于其通信带宽的限制，它在大规模工业应用方面面临着挑战。目前，传统的加密方法，如基于 RSA 的加密技术，已经能提供足够的安全性和可靠性，在量子计算机尚未成为现实之前，传统加密技术的主流地位和实用性将依然持续下去。

量子贝叶斯统计，更新观测者关于系统的知识状态

量子力学的实验结果表明，每进行一次测量都会使我们对系统有更新的认识，从而改变我们对概率分布的理解，这与贝叶斯统计中通过新证据更新信念的过程相似。在贝叶斯统计中，我们根据新的观测数据调整假设。

量子力学的发展为逻辑学和概率论带来了新的视角，同时也带来了挑战。传统的概率论，如贝叶斯统计，提供了一种基于主观信念和证据更新来计算概率的方法。量子态的概率波描述了粒子在某位置被发现的概率，这似乎是一个客观的物理现象，类似于物理实体的属性，但量子测量确实有主观因素。结合这两者，便有了量子贝叶斯统计，它已成为一个新的研究领域。这种方法旨在用贝叶斯统计方法来解释量子力学现象。在量子贝叶斯统计体系中，量子力学的概率被视为观测者对系统的主观信念，而不是客观的物理属性。这种方法强调了观测者在量子事件中的作用，将概率解释为对不确定性的度量，以及对观测结果的预期。它为我们理解量子力学提供了一个新的视角，尤其是在处理量子系统的概率性质时。量子贝叶斯统计可能会帮助我们更好地理解量子力学与逻辑学、概率论之间的关系，并可能为未来的量子技术应用提供新的理论基础。

量子贝叶斯统计能提供一种解释量子力学的哲学和理论框架，将贝叶斯概率论应用于量子力学，主张量子状态不是物理系统的固有属性，而是代表观测者对系统状态的知识和信念。量子贝叶斯统计强调观测者在量子测量中的作用。根据这个观点，量子态（如用波函数描述的态）是观测者对量子系统的个人信念或知识的表达，而不是独立于观测者存在的物理实体。在量子贝叶斯统计中，当观测者获得新信息时，他们会使用贝叶斯统计更新对量子系统状态的信念。这意味着量子测量不是为了揭示系统本身的固有属性，而

是观测者关于系统的知识状态的更新。此外，量子贝叶斯统计也提供了对量子纠缠的独特解释，认为量子纠缠反映了观测者对两个或多个量子系统之间关联的信念，而不是实际的物理连接。

贝叶斯统计的一大优势在于引入了主观因素，但怎样从量子层面结合贝叶斯统计给出新的解释，还是一个开放的未知命题。我们希望能有一套新的数学理论或其他不同的理论，将宏观现象和微观现象联系起来，而且这套理论最好能像传统的逻辑一样，具有稳定性和可靠性。

逻辑构架了现代科学的基础，使我们能理解世界。然而随着量子力学的发展，我们发现传统的古典逻辑的基础似乎并不如想象中那样坚实。在量子力学、哥德尔不完备性定理、混沌理论以及贝叶斯统计出现之后，古典逻辑所建立的确定性导向似乎都体现出了不确定性。于是，基于新的证据，人们希望发展出一套新的逻辑基础来帮助我们重新建立认知，重新认识世界。这个新的认知体系能将宏观跟微观统一起来，例如让我们对宏观上的时间跟微观上的时间能有一个统一的定义。这项任务变得非常重要，并且在过去的一个多世纪中，人们一直在对其进行探索。不过，我们目前无法确切预知未来将构建出怎样的体系，无法明确界定何时应用宏观理论或微观理论来进行判断，也无法确定多少原子能构成一个组合系统，在多少原子以上的层面应采用宏观基础来描述，这与前文讨论过的谷堆悖论异曲同工。

经典力学通常被认为是量子力学的简化形式，至少在某些适当的限度内的确是这样的。例如，牛顿第二运动定律有时被认为是在大质量极限下由薛定谔方程推导出来的。但为了恢复经典动力学，通常需要解释为什么宏观物体不会产生量子叠加态所特有的干涉现象。人们普遍认为，环境退相干的量子模型可以对此给出解释，而这需要利用薛定谔方程，并用于与其量子环境相互作用的系统。

但是我们仍然致力于建立统一的理论框架。就像狭义相对论适用于高速运动，牛顿力学适用于低速运动一样，我们希望找到一种方法来说明古典逻辑在什么情况下与量子逻辑近似及如何近似，以及在什么情况下，量子逻辑可以顺延到经典世界，形成更丰富和准确的描述。然而，这种更准确的新逻辑体系至今尚未完全形成。对于这个问题，我们知道未来的发展一定会有所不同，但究竟会有多大不同，我们现在无法回答。

人脑的自由意志是一种量子效应吗

在本章的最后，我还想讨论一个迟早会被关注的话题，即人脑的自我意识是不是一种量子效应。在阅读本书时，你可能会不禁一次又一次地回味以经典物理学为主导的黄金时代，在那个美好的年代，一切似乎都建立在坚实、可计算且确定的基础上。经典物理学基于这样一种宏大的构想：在一个如机械时钟般的宇宙中，每一种效应都可以找到与之对应的某种原因。在精确且已知的初始条件下，这个如机械时钟般的宇宙应能被无限且详尽地预测其未来发展。然而对此，除了我们是否能以足够的精度掌握初始条件这个问题，还存在两个哲学问题：第一，如果每一种效应必有其原因，则必有一个导致宇宙存在的第一原因；第二，如果每一种效应均由符合物理学定律的物质实体的行为所决定，那么自由意志是否存在呢？

牛顿的世界观是还原论的：一个复杂客体的行为可以通过其基本组成部分的性质和行为来理解。如果我们把这种观念应用到脑和意识，最终会导向一种现代观点，即两者皆应通过发生在机器中的复杂（但符合决定论）的化学和物理过程来理解，这样就能“滑入”强人工智能领域。

基于这种完全决定论的观点，我们会得出，每个个体的个性、行为、思想、活动、情感等，在原理上都可找到一个或多个物质原因。比如，我在这个句子中选择的词并非出自我个人的自由意志，而是我的大脑里发生的许多化学和物理过程的必然结果。我贸然决定在这个句子中使用某个语法或词语，原则上是由我的构造及物理环境（集成到我的“心灵状态”让我“做出”这一决定的那一刻）所指导的。

对此我们应当区分基本上是本能的行动（反应）与显然是出于自由选择的行动。对疼痛的反应是完全可预测的，而对价值、正义、真理和美的判断似乎是个人自行决定的。你可以去问问表现出某种条件行为模式的人，他们可能会（有些愤慨地）告诉你，至少在行为标准和法律的框架内，他们有自己的想法，并能行使他们的自由意志。他们是否受到了错觉的蒙蔽？

对于这个问题，在量子理论和混沌理论出现以前，大多数哲学家的回答大概是“是的”。我们已经知道，爱因斯坦本人是一位实在论者，也是一位决定论者，因此他拒绝接受自由意志的观念。比如，在某个显然无法预测的时间点燃烟斗，在爱因斯坦看来，这并不表示他有选择这种行动发生的自由，而是一种有着某种物理原因的效应。一种可能的解释是，由于他的身体已习惯于依赖血液中的尼古丁，他的大脑中的化学平衡因尼古丁水平过低而失衡，于是发生了一系列复杂的化学变化，这些变化又被他的大脑转变为抽烟的欲望。这些变化引起他想要点燃烟斗的欲望，而这种欲望又由他的大脑转变为达到其最终目的所需的肢体运动。如果这种说法是正确的，那么一切都可以归结于物理和化学规律，自由意志可能只是复杂因果链的错觉。而物理和化学规律又由上帝掌管——爱因斯坦坚信上帝不掷骰子。但玻尔说：“别告诉上帝该怎么干！”

经典物理学画出了一幅宇宙图画，在这幅图画中，我们不过是宏大的宇宙机器里无足轻重的渺小齿轮。然而，量子物理学可以画出一幅截然不同的图画，它也许能使我们多少恢复一点儿自尊。它摆脱了因果性和决定论，代之以不确定性关系所体现的非决定论，一个系统的未来发展只能以概率来预测了。此外，如果我们接受冯·诺伊曼关于意识在量子物理学中所起的作用的观点，那么我们的意识本身就变成了宇宙中最重要的事物。道理十分简单：没有具有意识的观测者，物理实在就不存在。我们不再是在那个不由我们设计、我们也不知其目的的客观世界里被迫无休止地磨来磨去的渺小齿轮，而是成为宇宙的创造者，我们是主人。

罗杰·彭罗斯（Roger Penrose）所写的《皇帝新脑》（*The Emperor's New Mind*）和《心灵的阴影》（*Shadows of the Mind*）是针对强人工智能观念的论战性著作。强人工智能观念认为，思维是脑的计算，意识是脑对信息处理的结果。彭罗斯的论据很复杂，但基本上立足于意识固有的非算法性质。正如哥德尔不完备定理否定了自洽公理系统内可以通过逻辑证明所有由该系统构建的命题，彭罗斯指出，在基本数学逻辑法则之内理解数学是不可能的。一如“理解世界”在世界之外，理解数学需要依赖其他因素，如洞见和直觉，而这些因素不在数学形式逻辑的框架内，它们是不可计算的。后来，彭罗斯进一步将这一观点扩展至人类意识。

为了在量子力学的基础上解释意识，彭罗斯把这两个现代的“谜”拼在一起，提出了意识事件就是波函数的客观叠加的观点。彭罗斯认为量子微管（假想的位于体内包括神经元在内的几乎每一个细胞中心的蛋白质微细管）是量子叠加自发坍缩的地方，但这显然“证据不足”！

在大脑中谈论客观性至少是有问题的，因为大脑中并没有独立的观测者。要做出这种推测，必须假设能产生量子微管在特定蛋白质构象上的相干叠加，这种叠加跨越大量神经元。通过时空曲率或其他尚待研究的机制，相干叠加态坍缩，于是意识事件发生。彭罗斯认为这一观点似乎合理，因为他将意识的非算法性追溯到坍缩过程的基本非算法性。这要比冯·诺伊曼走得远多了。冯·诺伊曼认为意识是无法用物理学定律描述的“外部”作用导致的波函数坍缩，而彭罗斯则认为是坍缩导致了意识的产生。

彭罗斯反对强人工智能的论点挑起了许多争论，在一定程度上也促使科学哲学界进一步两极分化为“赞成”和“反对”两个阵营。他对意识的量子力学基础的设想，也挑起了类似的争论。反对者认为，温暖的大脑中有太多的环境“噪声”，对量子来说犹如一锅沸腾的粥，因此量子叠加不可能保持在记录意识事件的时间尺度上，环境退相干将迅速“冲掉”这样的叠加。不过，彭罗斯的这些观点都只是设想而已。虽然有量子生物学①这个新的科学分支，但要对彭罗斯的观点提供实验上的证据，这还远远不够。

我们也无法对这些观点进行太深入的推演。尽管观测者的角色显然已经改变，但这并不意味着我们在量子物理学中拥有大量的自由选择。当波函数坍缩时，它是以一种似乎超越我们的控制、不可预测的方式发生的。虽然我们的意识在某一特定实在中起着基本作用，但我们事先无法知道或决定量子测量的结果会是什么。除了选择测量本征态的方法，我们无法选择最终呈现哪种实在的结果。在量子测量的这种解释中，我们对于物质的唯一作用是让它变成某个实在。除非我们准备接受各种各样的超常现象，否则我们无法让物质迁就我们的主观意志。

① 量子生物学是利用量子理论来研究生命科学的学科。该学科包含利用量子力学研究生物过程和分子的动态结构，相关量子过程被研究的生物学现象主要包括对辐射的频率特异性吸收（出现在光合作用和视觉系统等内）、化学能到机械能的转化、动物的磁感应及许多细胞过程中的布朗马达。该领域还在积极地研究磁场及鸟类导航的量子分析，并可能为许多生物体的昼夜节律（生理节律）的研究提供线索。

当然，“意识为维持实在所必需”这个观念对哲学家来说并不新颖，不过，当他们得知意识被宣布为量子力学的一种解释时，大概还会认为它是一个新的挑战。

第四部分

科学与技术发展的哲学基础

在科学探索中，经验主义强调实验和观察的重要性，认为所有的假设和理论都应当基于自然事件的实证观察来验证，而非仅仅依赖于先验的逻辑推理。这种对经验的重视是科学方法论的核心。

第 14 章

务实，找到有效解决问题的方法

Logic
of the World

物理学家的最高使命是得到那些普遍的基本定律，由此世界体系就能用单纯的演绎法建立起来。要通向这些定律，没有逻辑推理的途径，只有通过建立在经验的理解之上的那种直觉。

——爱因斯坦

本书马上要完结了，有些读者会希望我能明确地告诉他们，该怎样选择，应该有哪些确定性结论。无论这种预置的知识是来自上帝，还是来自古典理性所提供的客观实在的确定性，我们姑且把这种思维模式称为先验主义。与之相对比，就会有来自经验的知识，从容地接受不确定的自然状态和未来，通过不断进行实验，根据实验结果来改进举措。我本来是反对给出确定性结论的，但读者恐怕不会满意。

读完一本书总要有所得，所以这一章更多的是通过回顾本书所讲的内容，阐述我所经历过的、我认为好的观点。这种从先验到经验的转型，无异于从地心说到日心说，或从认知的客观主体到主观主体的康德式转型，但这次转型是以更多的数学和自然科学的证据为基础的。

苏格兰古典学者约翰·柏奈特在《早期希腊哲学》的序言中写道："科学是'以希腊的方式思考世界'……除了那些受到希腊影响的民族，科学从未存在过。"但古希腊的诸多学说中有一个无可置疑的基本特性，那就是假设"自然的表现可以被理解"。这是一种非唯灵论的、非迷信的看法。古希腊先贤对这样的观点具有很高的一致性。

大卫·休谟的伟大发现是原因与结果的关系无法直接观察到，所谓因果关系仅仅基于我们对事件按特定顺序发生的习惯性理解。基于这一基本的认识论，德国物理学家、化学家古斯塔夫·基尔霍夫（Gustav Kirchhof）和奥地利物理学家恩斯特·马赫等人坚称，自然科学无法给出任何解释，只能对观察到的事实做出一种完备的和简洁的描述。现代物理学家热情地接受了这种观点，它衍生为一种更加精致的实证主义哲学[①]。同时，思想家们在不知不觉中退回到了外部观察者的角色。科学在试图描述和理解自然时，将非常困难的问题进行了简化。这虽然大大方便了任务的完成，却留下了巨大的空白。

20 世纪初，以罗素和维特根斯坦为代表的逻辑分析哲学开始兴起，它致力于消除"数学派"中的毕达哥拉斯主义，并试图将经验主义和人类知识中的演绎部分结合起来。逻辑分析哲学学派的目标没有过去大多数哲学家的目标那样宏大壮观，然而，它取得的成就像自然科学家的成就一样坚实可靠。除数学之外，物理学也为逻辑分析哲学提供了丰富的材料，特别是相对论和量子力学的研究成果，为这一学派注入了新的内容并提供了新的视角。

面对各种对立、混乱或狂热的学说，某些力量能对其进行一定的协调统一，这就是"科学的实事求是"。它是指我们在观察事物和推导结论时，能

---

① 实证主义哲学强调感觉经验，排斥形而上学传统。

够避免个人色彩、不带地域性及气质性的偏见。对这种精神的一贯提倡和坚持，使我所欣赏的哲学派别创造出一种能给现实带来丰硕成果的方法，这一派别的最大功绩就在于此。通过不断地运用这种哲学方法，我们可以逐渐养成细致认真、科学求实的习惯，而这一习惯对人类从事任何活动都大有助益。现代哲学正在摒弃武断的浮夸作风，继续发展并启发出一种新的生活方式。

实用主义者是一群有耐性、够耐心的人

实用主义是 19 世纪 70 年代出现的哲学学派，20 世纪在美国成为一种主流思潮，对美国的法律、政治、教育、社会以及宗教和艺术都产生了巨大影响。实用主义被美国人当成本土的第一个哲学流派，但它与英国的经验主义有很深的渊源，在很多情况下，我们也把它称作“保守主义”。19 世纪 70 年代，哈佛大学的形而上学俱乐部（活跃于 1872 年左右）把实用主义组织化，早期的奠基人包括美国本土的哲学家查尔斯·皮尔士、威廉·詹姆斯、约翰·杜威等。19 世纪末，实用主义学派越来越为人熟知。

约翰·洛克是英国经验主义的始祖。他断言，简单观念是不可再分的，它是构成知识的固定不变的、最单纯的要素，所有的简单观念都有两个来源：感觉和反省。感觉源于感官对外部世界的感受，反省则来自人们对自己心灵活动的知觉。在教育方面，洛克强调经验在知识获取中的重要性，并主张教育应该根据参与教育者的兴趣和能力来进行，以培养孩子成为理性、独立的个体。洛克的立场逐渐发展为一种以证据为基础的思考方式，他主张研究问题时，所得出的结论应当受到所持证据的限制，而不能超越证据所能支持的范围。洛克反对随意“指导”他人，他认为，这种态度缺乏“爱真理”的基本精神。

实用主义继承了经验主义的传统，并进一步强调行动的效果。查尔斯·皮尔士是美国实用主义的创始人，他在数学、研究方法论、科学哲学、知识论和形而上学领域都称得上一位改革者。他认为自己首先是一名逻辑学家，他的"逻辑"涵盖了许多现在被称为科学哲学和认识论的内容。但威廉·詹姆斯认为皮尔士的主要贡献在于创立了实用主义的方法论，詹姆斯本人后来进一步确立了实用主义的真理观，构建了实用主义的整个理论体系。杜威是实用主义的集大成者，将其发展为影响全美国的工具主义思想。2006 年，美国知名杂志《大西洋月刊》在评选美国历史上最具影响力的 100 位人物时，将杜威列为第 40 位。

詹姆斯主张从实用的角度来评判真实性。关于实用主义与宗教的关系，他曾说，"对于任何一个假设，如果由它可以推出对生活有用的结果，我们就不能排斥它""如果'有神'这一假说在最广泛的意义上能产生令人满意的效果，那么这个假设就是真的"。因此关于上帝是否存在的命题，在他看来，如果相信上帝存在可以让人心灵安定，让社会有秩序，那人们就有理由接受其真实性。这真是典型的"实用主义"！

詹姆斯会这样说与他的宗教观不无关系，但同时他的宗教背景又使他极力抑制自己的这种倾向。他的宗教观饱含温情和民主精神，散发着浓厚的新教徒气息。从理智上来说，詹姆斯是否定基督教教义的，但他乐意鼓励别人去信基督教，而他自己只欣赏所谓的基督教神话。他曾说："我既然好不容易把自己从正统神学中解放出来，就不会再去用另一套神学来约束自己。"在詹姆斯眼中，他的这种态度多少有点恶作剧式的"不道德"。他认为，宗教只是人间的一种现象，他不关心宗教关注的是什么。他希望人人都能幸福："如果对神的信仰能带给他们幸福，他们便可以信仰神。"但对于渴望崇拜对象的人来说，詹姆斯的观点无法让他们满意。他们关心的是"我信仰神，所以我幸福"，但不愿接受"如果我信仰神，我就会幸福"的说法。他们认为神是现实的存在者，而不仅仅是人们出于良好愿望的想象。

因此，我们也可以设想一个经过“亿万人年”考验的信仰标准，即一个信仰体系的建立大概需要 10 亿信徒，通过上千年的思考与沉淀，才能尽可能地把分歧和差异进行糅合，达成和谐共处，即便大家是勉强接受的。但这样的信仰一定要对人的内心有价值，人们才可以信仰它，以免除自我探索的困扰。需要特别指出的是，信仰和科学并不矛盾，只不过科学需要实在的证据，而信仰需要的只是信念。

杜威是詹姆斯思想的继承者。从严格的哲学观点来看，杜威哲学的重要性主要在于对传统“永恒真理”概念的批评，这种批评主要涵盖于他称之为“工具主义”的理论中。杜威年轻的时候深受黑格尔哲学的影响，但是他并没有接受该学说中试图追求绝对和永恒真理的观念。在杜威看来，任何知识理论都应具有实践性，知识理论的进化不是在黑格尔所说的永恒的概念之上展开的。杜威把探究的过程当作逻辑的基本要素，而不把真理或具体的知识当作逻辑的基本要素。他对探究的定义如下：探究，即有控制地或有指导性地把不确定的事态变成在组分及关系上相对确定的状态，以至于把原来事态的各个要素变成一个统一的整体。

实用主义是美国工业进程中形成的一种哲学思想，带有强烈的反教条主义色彩和反抽象思辨色彩，反映了美国工业时代的求实和创新的精神。实用主义继承了美国西部的开拓精神，不再追求绝对真理或绝对权威，而是强调实践的成效：只要成功，便拥有发言权。如今，它有各种变体，如西部精神、企业家精神、创业精神。

在杜威之前，詹姆斯和皮尔士等人发展了通用实用主义。他们认为，只有实用本身的价值才具有真正的价值。杜威本人不太喜欢“实用主义”这个叫法，认为它容易流于机会主义，而更倾向于使用“工具主义”或“实验主义”。事实确实如此，实用主义在后来的许多应用中，逐渐被等同于“机会主义”。

因此，杜威逐渐把实用主义改造成实验主义，鼓励人们提出构想并进行验证。杜威主张，观点必须在实验中进行“锻炼”，只有经过实验证明的、在实践中能解决实际问题的观点，才是真正有价值的观点，且知识也必须自实践出发。在现代中国，“实践是检验真理的唯一标准”这一理念与实验主义对实践的强调有相同之处。实验主义不是只论目的、不择手段；相反，它更关注如何在实践中选择正确、有效的手段，以解决实际问题。杜威的实验主义最重要的特点有以下两点：

1. 它力图与研究自然的科学与自然科学方法论达成一致，因此具有浓厚的科学与客观的色彩。
2. 它不限于一般的谈论实用主义的理论，而是极力地将这种理论推广应用于政治、教育、哲学、宗教以及现实生活中的诸多领域。

杜威一生著述甚众，但他似乎并没有留下振聋发聩的名言，甚至有人评价杜威本人不是特别善于言谈。尽管杜威的课堂上少有人听讲，他依然孜孜不倦地传播自己的思想。他的思想很难被归纳成“高大上”的金句本，他的“教义”往往显得琐碎且工程化。因为实用主义强调，在解决问题时遇到困难要坚韧不拔，尝试多种方法。只要某种方法有效，它就被视为是相对正确的；而无效的方法，无论多么“高大上”，都是空谈，没有意义。杜威用实践来践行自己的主张，验证自己的思想。杜威在芝加哥大学任教期间甚至亲自办了一所“杜威学校”，以此研究教育应如何发展。他在教育学，尤其是实用主义教育方面，做出了奠基性的贡献。

实用主义的知识体系框架与激进的理想主义不一样。实用主义学派更趋于保守。从实用主义者的气质来看，他们是一群有耐性、够耐心的人，热衷于制定详细的理论，讲究循序渐进地进行改进，再根据改进结果来决定下一步的措施，最终达到某一目的。但这个目的并不是唯一的、绝对的，而是相对的，且大致是好的。

扩展
知识的边界
Logic of the World

杜威与罗素的思想对中国的影响

在政治理论上，杜威的思想是自由主义的。他曾访问过苏联和中国，前者给他带来的是消极影响，后者给他带来的是积极影响。作为一个自由知识分子，杜威认为，通过暴力革命实现独裁政治并不是达到理想社会的方法。1919年2月，杜威利用学术休假机会赴日本游历讲学，他在中国的学生陶行知、胡适等人得知后，立即协商请他来华讲学。杜威本来只是计划到中国观光几周后便回国，但经不住中国学界的盛情邀请，竟在中国讲学两年多。正是因为杜威在中国讲学，使得由美国发展出的实用主义在20世纪20年代初被很多中国知识分子理解并接受。从洛克到贝克莱，再到詹姆斯和杜威，实用主义哲学体系经历了持续的发展和践行。胡适接受了杜威的思想，又基于中国近代实际状况进行了调整和发展。

杜威对近代中国影响深远，他在中国讲学期间经历了作为近代中国启蒙运动的“五四运动”的整个过程。1919年初，杜威正在日本游学，胡适听说之后写信给杜威邀请他来中国。于是在杜威的学生蒋梦麟、陶行知等人的推动下，以北京大学为主的几个中国教育团体出面请杜威来中国讲学。最初，蔡元培亲自致电哥伦比亚大学校长，向哥伦比亚大学为杜威申请了一年的学术休假。后经与哥伦比亚大学沟通，将讲学延长至两年多。

1919年4月底，胡适专门从北京到上海欢迎杜威夫妇。在接下来的两年间，胡适几乎全程陪同杜威在北京、南京、杭州、上海等地的巡回演讲。两年间杜威演讲200多次，大多数是由胡适现场翻译。胡适为杜威巡回演讲做了很多工作。经常是杜威前一晚将演讲稿交给胡适，胡适把它翻译成中文再在现场翻译。其间，胡适也在不断整理杜威的思想和言论，为杜威在中国出版了很多书，后来他还发表了《杜威五大演讲》，涵盖社会哲学、政治学、教育哲学、思想流派、现代哲学、伦理演讲等内容。这些演讲覆盖到了社会治理、政治体制、教育和哲学各个方面，体现了实验主义的思想精髓。

在这个时期，中国刚刚结束皇权统治，各种思想思潮都在中国蓬勃发展。实用主义从美国传入后，杜威作为其早期实践者，在实用主义学派思想方式的传播上起到了很大的作用。推广工作中身体力行，在胡适的陪同下，他在全中国很多高校进行了演讲，在实用主义学派思想方式的传播上起到了很大的作用。对于那个时期的中国人来说，社会改造和进步所学习的样板有两个：一个是美国；另一个是苏联。这两个国家在当时都被中国视为先进的国家。放眼看世界的知识阶层在思考，体量庞大的落后国家究竟要走哪一条路？

杜威返回美国后，胡适作为实用主义在中国的诠释者，继续传播实用主义的思想。胡适将他的言论和思想融入毕生的文章和演讲中，影响了一个时代。然而，当我们具体想起胡适时，他的形象是怎样的？哪部著作是他成名的代表作呢？这便是实用主义的特点。

在那段时间，除了杜威，对中国思想界影响颇深的还有一个人——罗素。

1915 年 7 月，罗素在写给一位美国朋友的信中说："我很想去中国。" 1920 年 6 月，罗素收到希望他来中国讲学的邀请，他很快接受了这一邀请。罗素为什么会在这个时候被邀请来中国？清末洋务运动之后的几十年，中国知识分子一直在国外学习，也在积极寻求外界对国家政治和经济发展的指导。这一进程随着 1912 年清朝的覆灭而加快。第一次世界大战及其后续事件更是加速了这一进程。旧秩序正在消亡，新秩序如何建立？

正是在这些事件发生之后，梁启超建议邀请罗素来中国。他的这一建议得到了上海商务印书馆负责人张元济资金上的大力支持。罗素的邀请函由北京大学教授傅铜[①]执笔，他在邀请函中写道："约翰·杜威先生已答应再来这里讲课一年，他一直赞扬当代三位伟大哲学家的思想：詹姆斯、柏格森[②]和您——罗素先生。" 傅铜补充说，中国年轻人迫切希望了解西方哲学和科学的趋势，罗素教授的政治观点"会受到我们的热烈欢迎"。毛泽东也于 1920 年 6 月写信给一位朋友，说他最近开始集中精力研究"当代三位伟大

① 傅铜，字佩青，中国近代哲学家、教育家。原西北大学校长、安徽大学校长。1913 年，他赴英国留学，先后就读于牛津大学、伯明翰大学，1917 年获伯明翰大学硕士学位。在英国期间，他曾师从罗素。后在蔡元培的邀请下回国任教于北京大学。1920 年罗素访华期间，傅铜陪同并担任翻译。

② 亨利·柏格森（Henri Bergson）是法国生命哲学流派、非理性主义、直觉主义的代表性人物，被学界誉为 20 世纪最重要的法国哲学家。

的哲学家”。

这一阶段的罗素也在寻求更妥善的社会改革的解决方案，以避免诉诸战争和暴力。在这方面，他的中国之行将他的视野从欧洲中心主义扩展为全球视角，并让他在此后漫长的一生中一直保持。

在五四运动期间的代表期刊上，讨论罗素的著作文章随即大量涌现。《改造》杂志发表了《罗素导论》，这是一系列长篇，内容涉及政治理想、自由思想等。《东方杂志》和《觉悟》也发表了文章来介绍和讨论罗素。《新青年》除了在多期刊登文章和译文，还在1920年10月为罗素做了一期专刊，封面上印有他的肖像，以庆祝他即将到来。1920年秋，罗素抵达上海。在那个时期，对中国学术界来说，罗素是最理想的嘉宾之一，因为他在数学和哲学方面都取得了辉煌成就。他深入研究了黑格尔和马克思，还是英国工党的早期党员，而当时的中国学者正在努力设计一个能吸收西方现代性最佳思想的共和国。在中国期间，罗素除了讲学，也花了很多时间学习中国文化。他把自己的所见所闻写下来，回应那些对中国有偏见的西方学者。罗素认为中国是一个高度文明的社会，拥有光荣的历史和文化，“虽然中国需要西方科学，但传统中国文明提供了一种美好生活的愿景，可以遏制西方世界的破坏性活力”。因此，罗素也被孙中山评价为“唯一了解中国的英国人”。

从1920年10月到1921年7月，罗素在中国待了9个月，这位后来的诺贝尔文学奖得主走遍了中国，做了63场公开演讲。这被证明是一次对罗素本人和中国社会都具有变革性的经历。

罗素对中国及中国人民的第一印象非常好。正如他后来在自传中所写："我对他们的机智和文化程度感到有些惊讶。直到那时我才意识到，中国人是世界上最文明的人……我们的中国朋友带我们去杭州游览了两天，参观了西湖。第一天我们乘船环湖游览，第二天坐轿子出游。那里美得令人惊叹，有着古老文明的美，甚至超越了意大利。"几十年过去，罗素显然对自己在中国的游历生活有着美好的回忆，这一点在他自传中的另一段文字中有所体现："许多中国人都具有一种高雅的幽默感，即使别人不明就里时，他们也能享受其中的乐趣。"罗素在1921年的告别演讲中还对他在中国期间学到的东西发表了一些广泛的看法："我认为有两点非常普遍的事实是显而易见的：第一，中国不应该完全接受欧洲文明；第二，中国的传统文明已不能适应当前的需要，不得不对崭新的知识让步……我坚信，中国的将来和它的过去一样，一定会对人类文明做出独特的贡献，并为世界的精神财富增添更多内涵，而不仅仅是数量。"他强调："一个彻底的、永久的解决方案必须依赖于教育……它必须是普遍的，必须是科学的，而且科学不能仅仅是理论上的，而要与近代工业和经济紧密联系。"

罗素承认，中国需要一代人甚至更长的时间才能发展出有效的大众教育体系。相比之下，他预计中国的"工业资源将在不久的将来引领工业主义的大发展"，并警告说："所有大国都渴望从你们的资源开发中获得一份利益，除非你们发展出比迄今为止更强的国力，否则你们将无法抵御外国工业家煽动的侵略。"

罗素以儒家哲学为出发点敦促中国发展"积极的爱国主义"。他补充道："如果要保持独立，就必须把以前对家庭的忠诚转移到国家上。"罗素提出了一个问题，他发现："几乎所有我所遇到的有思想的中国人都问过这个问题：我们如何才能在避免发展资本主义及其一切弊端的情况下发展工业呢？”

在社会组织形式上，罗素主张先解决政治问题，再解决经济问题。“中国的政治改革在未来许多年内不可能采取西方模式的民主形式。民主的前提是人民能读写，并对政治事务有一定的了解。在中国，这些条件至少要等到一代人建立一个致力于公共福利的政府之后才能满足。你将不得不经历一个类似于俄国的阶段，因为只有通过这样的手段，才能对人民进行必要的教育，并实现非资本主义的工业发展。俄国作为先驱，自然也犯过许多错误，尤其是那些激怒农民的措施。现在他们非常明智地废除了这些措施，那些沿着同样道路追随他们的人将能从他们的经验中获益。”

在长沙，杜威和罗素，当时世界思想界的两大巨擘，第一次碰面了。1920 年 10 月底，应湖南教育会（由黄炎培主导）的邀请，两位国际著名学者几日内先后抵达长沙，一同前来的还有蔡元培、章太炎、张东荪、吴稚晖等重量级人物。

在《中国问题》一书中，罗素回忆说：“我与杜威教授及其夫人第一次见面是在湖南长沙由督军招待的宴会上。在饭后的发言中，杜威夫人对督军说，湖南必须采取男女同校的制度。督军以颇似政治家的口吻答复道：此事要认真考虑，但湖南的情况还不成熟。”

这次中外名人学术讲演大会持续十日左右，内容涉及哲学、教育、社会改造、男女平等诸问题。风云际会间，深深影响了当时在场做笔录整理的记录员。其时，正值毛泽东参加和领导的湖南自治运动失败，他不仅前往听讲演，还应长沙《大公报》之邀，担任讲演会的特约记录员。

美国人杜威在长沙讲的是教育哲学、学生自治；而英国人罗素，来自刚刚打完世界大战的欧洲，他的演讲则更多地探讨社会改造。

在这时的中国学者眼里，这两位不仅是学术巨擘，更是动荡时局中降临的指明方向的智者。杜威在信里写道，有人在邀请他演讲时“非常天真地说，既然罗素和我（杜威）都在中国，他们希望把一切问题都解决了”。

罗素有英国绅士风度，一站到台上就神采奕奕，口若悬河。赵元任更是出彩，能用各地方言进行翻译。尽管非常佩服导师的学识，胡适也不得不委婉地承认，同罗素的潇洒自如相比，杜威就显得木讷得多。然而，尽管罗素更有人格魅力，他在中国得到的认可却比杜威少得多。

纵观演讲内容，“杜威先生最注重的是教育革新”，契合中国传统的经世致用思想，既规避了敏感的政治话题，又拉近了同国人的距离。罗素则模棱两可，一会儿劝中国走社会主义道路，一会儿又对正在实验这一模式的苏联提出了严肃批评，国人先是疑惑不解，“最后是讥评四起”。

回到英国后，罗素写了一本名为《中国问题》的书，讲述了他在中国的经历，并对中国成为仅次于美国的、资源和人口最丰富的大国之一的潜力，提出了预言和见解。罗素密切关注当时中国思想界关于选择最适合中国的政治治理结构的激烈辩论。他本人对寻找“第三条道路”有着浓厚的兴趣，这条道路既可以替代西方资本主义，也可以替代俄国革命式的社会主义。

总的来说，实用主义和理想主义是渐行渐远的两套思维方式。前者以洛克、杜威为代表，重视经验式的摸索，讲究日拱一卒式的尝试，以及“走一走，看看效果”式的处理方式，希望通过自由讨论解决问题。后者是在数学哲学基础上发展起来的，以康德、笛卡尔所推动的关于万事万物的“大规划”和“大设计”为代表，它是受数学第一性原理启发而出现的思维方式。理性主义的思维方式认为先验是存在的，只需要被找到。康德的理性主义的特点在于反对功利主义，而且是先验的、“高贵的”：既然预知了一切，自然可以根据预知的结果来修正今天的方案。这两套思维方式影响至今。

实用主义学派非常重视经济学，认为应将经济学发展为一门独立的学科。相比之下，理性主义承袭了康德的思想，因此具有进化论的特色，这影响了后来的基础假设和社会认知的规划。

理性主义学派认为社会是被契约规定的，这些契约可以形成条文，由权威者来掌握。理性主义学派还认为，人的思想源泉深处是数学和对自然的认知，通过类似于拉普拉斯妖的工具，人也可以对未来进行全局的掌控。当人们有了掌控全局的能力和认知之后，人们就可以打破现行体制，按照自己的意志构建新的、更理想的社会状态。这无疑是一种革命者的作风。

实用主义学派则认为契约是由人制定的，契约存在的前提是人让渡自己的自由，并通过讨论跟商讨来解决问题。他们信仰改革，但推崇渐进式改革，而不是翻天覆地的革命。比起理性主义学派，实用主义学派的逻辑明晰且具有片段性；当他们接受某个一般原理后，便要审查其应用，并按归纳方式来证明。此外，这两个学派还影响了今天的大陆法系和英美法系这两套不同的国际法律体系。其中，大陆法系秉承了理性主义的理念，英美法系在思维上则以实用主义为基础。

对经验的修正，是科学方法的核心

贝叶斯学派是经验式的，假设“现实”的所有模型、理论或概念都只不过是某种信念，尤其要指出的是，“所有模型都有可能是错的”。我们应该基于实际数据来调整赋予不同模型的重要性，即置信度；且关键在于，调整置信度的方式应该尽可能遵循贝叶斯公式所提供的数学方法。贝叶斯学派的主张似乎否定了所有关于现实和绝对真理的概念，即使这些概念对研究人员来说非常重要；但它又与理查德·费曼说的“我能带着疑问、不确定和无知活着”相吻合。

柏拉图的理念论认为，人类的灵魂在前世曾经存在于理念的世界中，并在生前与理念相遇。因此，人类的知识并不是在这个世界获得的，而是在前世通过与理念的接触而获得的。在柏拉图看来，真正的学习过程并不是学习新知识，而是通过学习回忆内心已知的知识。这个理论是通过其对话集中所谓的“苏格拉底式的诘问”来表达的，即通过提问来激发人们内在的记忆，从而使他们回忆起“先天”的知识。因此柏拉图认为，真正的智慧和知识并不是来自外部的教导，而是来自内省，他暗示这些知识本来就存在，这便是先验的。这启发了以笛卡尔为代表的理性主义。理想主义认为知识是客观存在的，等待人类去认知，无论这种先验的知识是存在于我们的内心（主观），还是来自神、外在（客观）。

洛克作为经验主义的早期奠基人，他认为这种先验知识和天赋本身并不存在。他认为，我们内心其实有一个随机信心集合，对每一件事情有不同的观念，甚至没有。我们最初进行检验和认知时，就像是一块白板，赋予随机的可能性，通过不断与外界接触，获得新的经验，从而对原有经验和随机的可能性进行修正，并逐渐构成我们的认知。

我们通过感官接触外界事物，感官则提示我们进行实验。感官的刺激会让我们产生一种信念，从而形成对外界的预测，将这种预测与外界的实际情况进行比对后，我们根据实验结果不断进行修正。这样的过程类似于学习的状态：当我们真正学习时，我们也可能已有一些概念，但通过不断与外界接触、积累经验，我们对已经有的知识进行修正，形成新的先验概率，进而使未来的预测越来越准确。

贝叶斯学派告诉我们，每一个新判据的出现都会增强或削弱我们对先前事件的信心。同时，并不存在永恒的、客观的、预制的、独立于观察者的上帝视角而存在的概率。认知一个可能的事件要不断对自我内在的信心进行修正。从这个角度来看，洛克提出的经验主义认识论认为，在自然世界中，客观事物与我们的感知相对应，再通过我们的感知系统，比如眼睛这种传感器，在大脑里形成观念、构思和概念。这种概念会通过语言或神经网络反馈，最后变成我们的某种表达方式。

这让我想起维特根斯坦所构架的世界—语言—意念图景。他认为，世界是已经存在的事实，我们通过认知把它变成脑海里的概念。脑海里的概念，通过语言来描述。客观世界、描述客观世界的语言以及大脑里的图像，构成了三级认知系统。客观事物通过感官在人的大脑里形成观念，人再对客观事物进行验证，从而进行修正。这种修正使人的观念越来越接近客观事物，逐渐形成更加准确的概念，之后再通过语言把它表达出来，与人沟通。但维特根斯坦告诉我们，这种准确性一定是模糊的，它在每一次信息传递的时候都有一定的缺失和再创造。

在科学探索中，经验主义强调实验和观察的重要性，认为所有的假设和理论都应当基于自然事件的实证观察来验证，而非仅仅依赖于先验的逻辑推

理。这种对经验的重视是科学方法论的核心。

维也纳学派是逻辑实证主义的代表，他们深受维特根斯坦思想的影响，认为不存在绝对正确的形而上学理论。对维也纳学派来说，形而上学理论虽然可能提供有趣的开拓性洞见，但这些洞见必须通过实验来检验和修正，以便转化为更可靠、更稳定的认知。维也纳学派认为知识是试探性的，需要不断通过可重复性实验和观察来修正和验证。维也纳学派强调了经验的作用，并将可检验性的有效实验视为知识增长的驱动力。每一次实验结果都被用来更新我们的认知，为下一次实验提供基础，使我们对自然界的理解越来越深入。

经验主义、维也纳学派的逻辑实证主义以及贝叶斯统计的方法论，都强调了经验在知识构建中的关键作用。**通过不断的实验和观察，我们可以修正和更新自己的认知，使之更加符合自然界的实际情况。这种方法论不仅在科学领域具有重要意义，也为我们在充满不确定性的世界中做出决策提供了强有力的工具。**

接纳自然的不确定

我们再回过头来谈谈先验主义和经验主义。

先验主义由柏拉图和苏格拉底倡导，认为知识预先存在于人脑中，人们会不断回忆起这些知识；存在唯一的神，也因此存在绝对正确的真理，人类的任务是认知这个真理。经验主义更强调知识是后验的，基于经验发展而来。人的大脑中本身并没有预先的现成知识。大脑更多的时候只是提供一个随机的可能性，通过不断跟外界接触来修正这些可能性，并逐渐形成稳定的知识。从先验主义的角度来看，知识是基于推理的，尤其基于亚里士多德建立起来的逻辑的 4 大基本规律，即同一律、矛盾律、排中律和因果律，根据这些基本规律，我们可以获得稳定的、预知的正确知识。经验主义则更多是由数据驱动的，这些数据是通过真实的实验获得的，我们基于已知的知识进行更多的测试，以便知道如何对其进行迭代和修正。

自 20 世纪 30 年代以来，现代科学尤其是数学和物理学在认知基础上的发展，逐渐使人们认识到，经验主义或实用主义可能更接近现代科学的核心理念。由证据得出的结论，证据、经验或实验是第一性的，结论、观点是第二性的。与之相比，先验主义会默认观点是第一性的，证据是第二性的，这要求我们首先要有观点，之后再去找证据。所有的神学思想都有这样的特征，比如先假定上帝存在，再研究地球围绕太阳运作的规律，进而得出万有引力定律，以证明上帝是伟大的。它的前提假设是观点第一性，在观点成立的前提下去找支持和整理这一观点的证据。

这恰恰是维特根斯坦之后的维也纳学派所摒弃的想法，也是现代科学和古代神学发生分裂之处。在现代科学原则确立之前，在玻尔兹曼的时代，物理学家和哲学家还在进行形而上学的讨论，比如物质的本源是原子还是能量，争论哪个观点是正确的。20 世纪二三十年代，维也纳学派确立了“实验是检验理论的唯一标准”，如果检验结果显示物质的本源是原子，那么它就是原子；如果结果表明物质的本源是能量，那么它就是能量。

我们可以说，在没有证据之前，任何讨论都是没有意义的。但怎样得到这些证据呢？那就要不断进行实验，根据实验进行迭代，并遵循科学共同体在近代建立起来的普遍原则。哪怕最开始的猜想是错误的，通过经验性的迭代，我们最终能修正错误并趋近更可靠的理论。这正是实验主义的核心。

胡适将经验主义方法总结为“大胆假设，小心求证”，这种思维方式涉及如何实践，如何获取新的知识，以及如何搭建新的事业。即使我们把所有条件都考虑了，也未必成功，因为许多事情都存在“黑天鹅事件”。但如果你什么都不做，你就一定无法积累经验，也无从验证。也就是说，最重要的是迈出第一步，哪怕第一步是错的，通过不断的迭代，我们就会越来越接近更好的、更客观的，或者说更准确的知识。

如今，科学也已将“实验是检验真理的唯一标准”作为基本原则。而科学进步的本质就在于发现那些能动摇现有理论的“黑天鹅事件”，这些事件能促使我们构建新的知识体系。

我们不再追求绝对真理，在研究中也知晓了结论存在动态性和可修正性，这也提醒我们，即使对于最坚固的信念，也应始终保持开放和可修正的态度。通过这种方式，科学不断推动我们的认知边界向外拓展。科学的核心在于不断学习和积累新知识，而旧知识是理解新知识的基础。这一过程体现了知识的定向积累的重要性，也为现代工业发展和科学进步所证明。

实用主义作为一种哲学思想，认为无论是归纳还是类比，任何能有效解决问题的方法都是可行的。从这个角度来看，实用主义似乎不强调逻辑的严格性，而是更注重方法的实用性和效果。

从 20 世纪二三十年代的科学发展来看，哥德尔不完备定理否定了我们对绝对正确的工具的想象，混沌理论则否定了我们精确预测未来的尝试，而量子力学对初始状态的不可测量及随机性的自然秉性，都导致我们不得不放弃对确定性的追求，并坦然接受不确定性。现代科学揭示了传统的普遍真理和对绝对确定性的追求是有局限性的。实用主义在科学层面接受了不确定性，并认为我们应该根据实际情况调整对确定性和不确定性的认知比例。由此，根据具体情况来调整我们的策略以适应不确定性的实用主义，是更恰当的选择策略。

如果用贝叶斯统计重新定义理性，它将不再是简单陈述已知的事实，而是描述我们对事实的信心，或者说对其可能性的评估，这可能是当今认知知识的唯一有效途径。描述知识时，我们实际上是在表达我们对它们的信心程度，而不是声称拥有绝对真理。因为即使在今天，人类的认知仍然无法遍历宇宙中的所有可能性，包括物理学中已得到验证的相对论和量子力学。我们无法确定这些理论在平行宇宙或其他星球上是否同样适用，因为我们无法验证平行宇宙存在与否，也无法验证其他星球上的规则是否与我们的相同。但根据我们观察到的实验结果，我们对这些理论的信心是建立在不断的验证之上的。科学的价值就在于通过实验不断增强我们的信心，从而构建新的知识体系。

总的来说，我们可以把理性分为两个层次：一个基于古典逻辑学，它构成了现代科学的框架；另一个是实用主义，即在现代科学的背景下重新审视和认证传统的科学观念。两个层次所涉及的理性虽然表面上看可能不一致，但它们都强调知识在实践中的适用性和有效性。

在实践中，实用主义鼓励我们灵活运用各种方法来解决问题，而不是拘泥于某一种固定的逻辑模式。正是对灵活性和结果的关注，使得实用主义成为推动科学和技术发展的重要哲学基础。同时，实用主义也提醒我们，在追求知识时要保持开放的态度，注重适应性，接受不确定性是学习和进步的一部分，并更好地对其进行利用。

概括来讲，实用主义有以下观点：

- 知识是控制现实的工具，而现实是可以改变的。
- 实际经验是最重要的，原则和推理是次要的。
- 信仰和观念是否真实，在于它们是否能带来实际效果。
- 理论只是对行为结果的假定总结，它是一种工具，它是否有价值取决于它是否能促使行动成功。
- 行动优于教条，经验优于僵化的原则。
- 概念的意义来自其结果，真理的意义来自印证。

结　语

应对不确定性的世界

Logic
of the World

在我接受的教育经历里，北京大学的物理学教育是很好的。

我写下这本书，顺便回答一下李约瑟之问[①]。对于历史的解释是不可重复的，我们需要解决的更重要的问题是：面对人工智能等新物种的挑战，我们应该如何应对？对年轻人指指点点是注定会惹人厌的，因为我们对未来的了解一定不如他们：他们可以活在未来，但我们一定不会。未来，我们能被后人提起，就应该心怀感激了。那么，我们今天还能教给年轻人什么呢？

对于未来，我们要承认自己的无知，所以我们还是应该关注过去，关注那些经过人类几千年文明史验证的有效方法，以及这些方法如何引领我们走到了今天。其中，最有用的工具大概就是逻辑，它是人类现代科学赖以产生、发展的基础。几千多年了，人们一路走来，凭借逻辑这一强大的工具知道了哪些方法是有效的，哪些是失败的教训，而这大概是可以传递给年轻人的、在未来有用的工具。至于他们能用这些工具发现什么，我们这一代人的想象力已经不够用了，无法给出答案了。但我们不应该因此懊恼。回看我们走过的路，再看看我们的上一代——我们曾经是他们的未来，我们对知识的掌握程度也远远超过了他们。然而，人类终究有一些稳定不变、相对沉稳的

① 李约瑟之问是英国著名科学家李约瑟提出的一个著名议题："尽管中国古代对人类科技发展做出了很多重要贡献，但为什么科学和工业革命没有在近代的中国发生？"

事物会代代相传，我们相信这些事物能继续传承下去。这就是本书所关注的理性和感性的内容。

中医说西医“头疼医头，脚疼医脚”。同理，我们今天的科研何尝不是面临同样的问题？这种策略在追随他人成果的时候并无不妥，即所谓的后发优势。但当我们需要依靠自己开辟新道路，甚至引领新方向时，再使用这种策略就会显得力不从心了。这也是我国的科学家很难获得诺贝尔奖的原因之一。当我们踏入一片知识的荒原需自行开拓时，常常不知所措，因为我们不清楚自身的起点，也不了解如何建立新的学问体系。而这种建立学问体系的方法便是逻辑学，它起源于古希腊。古希腊人发现了逻辑，并了解如何在逻辑规则的框架下构建新的知识体系。

北京大学物理学系的教学理念强调从基础假设出发，通过逻辑推理和数学公式的推导来构建知识体系，并得出结论。这种方法与其他学校直接教授学生解决问题的方式形成鲜明对比。后者虽然能让学生掌握众多问题的解法，却忽视了知识体系的构建过程，导致学生在需要进行创新时缺乏构建新知识体系所需的经验。有些学校的教育注重科学的“术”而忽视学问的“道”，只教授学生纷繁庞杂的知识点，却很少帮助他们构建知识体系。如今，在面对人工智能这种“新物种”的挑战时，这种方式所培养出的学习方式显得非常脆弱。一个人可能在某一领域表现出色，但在跨领域学习时，其原本掌握的知识点可能就不再适用了。而且当大量知识点堆积在脑海中以后，人的思维可能会变得混乱不清。

因此，**逻辑不仅是学习逻辑学本身，更是关于如何建立学科知识体系的方法，并引导我们思考人类是如何从无知状态走向如今科技高度发达的社会的**。从逻辑开始学习对于学生来说至关重要，因为它能帮助学生理解科学知识的相互联系及演绎过程。

进一步来说，逻辑学习的目的是让我们了解人类认知的发展过程，以及我们曾经追求的伟大的理性梦想是如何在20世纪被打破的。在过去的100多年中，人类对自身的认知取得了巨大的进步，学习逻辑可以帮助人们在这个过程中找到自己的位置，理解科学知识的发展脉络，从而更好地进行跨领域的学习和创新。

如果你已经开始使用某种大语言模型工具，你可能会发现，随着使用频率的增加，你越来越能感受到当前教育方式的不足。如果我们只教给学生知识点，如历史事件和人物，让他们通过死记硬背获得知识，这种能力很快就会被人工智能等技术超越，因为它们能更轻松地获取和处理这些具体信息。传统的教育方式和考核标准在新技术的冲击下，将逐渐被淘汰。我们不得不深入思考我们所创造的确定性系统，如人工智能或图灵机与人类的本质区别何在。

此外，人类对确定性的追求源自何处？理性认知从何而来？科学的起源又在哪里？我们该如何应对不确定性的世界？对这些问题的思考让我们更加关注人类本身，而不是过分担忧我们被“新物种”取代。幸好我们还有时间关注这样的命题：在当前的教育环境下，我们应该如何强化人类的独特优势，包括如何探索世界，如何拓展人类的认知边界？在这个层面上，理解教育的真正意义变得更加重要。我们教授给学生的不应该只是这样或那样的知识本身，因为今天教授的知识点在未来很容易过时，而机器在处理这些具体任务上将越来越出色，它们能帮助我们整理和分析已知的知识。一旦我们明确了这一点，就能确定教育的发展方向。在未来，我们应该思考哪些是人类特有的天赋，人类和机器各自应该承担哪些任务。

因此，理解知识的构建过程，认识到人类是如何从无知走向“有知”，并创造众多新事物的历程，以及掌握这一过程中相对稳定的方法，将帮助我们在未来从容应对机器的挑战，实现人机文明的和谐共生。

人类一路走来，传统的科学方法可能显得有些陈旧，但通过这些基础知识，我们至少获得了可靠的知识并发现了新的世界，同时我们也保持住了好奇心和沟通能力。因此，我们构想的未来基础教育体系由以下 5 个部分（首字母组合为“MAPLE”）构成：

- Math（数学），保证人可以与人工智能“新物种”的沟通能力。
- Art（艺术），保证人与自己内心的沟通能力。
- Physics（物理学），保证人与自然科学的沟通能力。
- Literature（文学），保证人与人的沟通能力。
- Engineering（工程学），动手能力，改变现实，保证人与未来的沟通能力。

未来，属于终身学习者

我们正在亲历前所未有的变革——互联网改变了信息传递的方式，指数级技术快速发展并颠覆商业世界，人工智能正在侵占越来越多的人类领地。

面对这些变化，我们需要问自己：未来需要什么样的人才？

答案是，成为终身学习者。终身学习意味着永不停歇地追求全面的知识结构、强大的逻辑思考能力和敏锐的感知力。这是一种能够在不断变化中随时重建、更新认知体系的能力。阅读，无疑是帮助我们提高这种能力的最佳途径。

在充满不确定性的时代，答案并不总是简单地出现在书本之中。“读万卷书”不仅要亲自阅读、广泛阅读，也需要我们深入探索好书的内部世界，让知识不再局限于书本之中。

湛庐阅读 App：与最聪明的人共同进化

我们现在推出全新的湛庐阅读 App，它将成为您在书本之外，践行终身学习的场所。

- 不用考虑“读什么”。这里汇集了湛庐所有纸质书、电子书、有声书和各种阅读服务。
- 可以学习“怎么读”。我们提供包括课程、精读班和讲书在内的全方位阅读解决方案。
- 谁来领读？您能最先了解到作者、译者、专家等大咖的前沿洞见，他们是高质量思想的源泉。
- 与谁共读？您将加入优秀的读者和终身学习者的行列，他们对阅读和学习具有持久的热情和源源不断的动力。

在湛庐阅读 App 首页，编辑为您精选了经典书目和优质音视频内容，每天早、中、晚更新，满足您不间断的阅读需求。

【特别专题】【主题书单】【人物特写】等原创专栏，提供专业、深度的解读和选书参考，回应社会议题，是您了解湛庐近千位重要作者思想的独家渠道。

在每本图书的详情页，您将通过深度导读栏目【专家视点】【深度访谈】和【书评】读懂、读透一本好书。

通过这个不设限的学习平台，您在任何时间、任何地点都能获得有价值的思想，并通过阅读实现终身学习。我们邀您共建一个与最聪明的人共同进化的社区，使其成为先进思想交汇的聚集地，这正是我们的使命和价值所在。